"十四五"普通高等教育本科系列教材

全国电力行业"十四五"规划教材

建筑材料

（第三版）

主　编　张光碧

副主编　董建华

参　编　丁　虹　徐　迅　陈　媛

　　　　付俊峰　姚　强　王勇威

主　审　姚　燕　杨长辉

中国电力出版社

CHINA ELECTRIC POWER PRESS

内 容 提 要

本书为"十四五"普通高等教育本科系列教材，也是全国电力行业"十四五"规划教材。全书共分十五章，主要内容包括建筑材料的基本性质，天然石材，气硬性胶凝材料，水泥，混凝土，建筑砂浆，沥青及沥青混凝土，金属材料，建筑玻璃，合成高分子材料，木材，墙体材料和屋面材料，防水材料，绝热、吸声隔声及装饰材料，建筑材料试验等。本书按现行国家标准、部颁行业标准和最新规范编写，反映国际国内建筑材料的最新进展及最新成果，语言精练、条理清楚、选材合理、图文并茂、中英结合。

本书可作为高等院校水利类、土建类、交通运输类专业的教材和教学用书，也可作为相关专业工程技术人员的参考用书。

图书在版编目（CIP）数据

建筑材料/张光碧主编．—3 版．—北京：中国电力出版社，2023.7（2025.1重印）
ISBN 978-7-5198-7697-5

Ⅰ.①建… Ⅱ.①张… Ⅲ.①建筑材料—高等学校—教材 Ⅳ.①TU5

中国国家版本馆 CIP 数据核字（2023）第 057196 号

出版发行：中国电力出版社
地　　址：北京市东城区北京站西街 19 号（邮政编码 100005）
网　　址：http://www.cepp.sgcc.com.cn
责任编辑：孙　静（010-63412542）
责任校对：黄　蓓　李　楠
装帧设计：张俊霞
责任印制：吴　迪

印　　刷：北京锦鸿盛世印刷科技有限公司
版　　次：2006 年 8 月第一版　2016 年 2 月第二版　2023 年 7 月第三版
印　　次：2025 年 1 月北京第二十二次印刷
开　　本：787 毫米×1092 毫米　16 开本
印　　张：22.5
字　　数：559 千字
定　　价：67.00 元

出 版 说 明
Publishing Explanation

  本书为"十四五"普通高等教育本科系列教材，也是全国电力行业"十四五"规划教材，在《建筑材料（第二版）》的基础上修订而成。本书具有如下特点：

  （1）反映国际国内建筑材料的最新进展；

  （2）按现行国家标准、行业标准和最新规范编写；

  （3）反映近年来我国建筑材料科研、生产及工程应用的最新成果；

  （4）语言精练、条理清楚、选材合理、图文并茂、中英结合；

  （5）本书主要讲述水利水电工程、水运工程、土木工程中常用主要建筑材料的组成、成分、生产过程、技术性能、质量检验、使用等基本知识。

  本书由四川大学张光碧主编，并负责全书统稿，四川大学董建华副主编。绪论、第一章、第五章、第十五章的第一、三、四、五节由四川大学张光碧编写，第二章、第四章、第十五章的第二节由西华大学丁虹编写，第三章、第十二章、第十五章的第十节由西南科技大学徐迅编写，第六章、第七章、第九章、第十章、第十五章的第六、七、八节由四川大学董建华编写，第八章由四川大学陈媛编写，第十一章、第十五章的第九节由昆明理工大学付俊峰编写，第十三章由四川大学姚强编写，第十四章由山东省建筑科学研究院有限公司王勇威编写。

  全书由中国建筑材料研究院院长姚燕教授和重庆大学杨长辉教授主审，四川大学张建海教授担任英语审查，在此表示感谢！

  在编写过程中参考了各校对本书上一版的修改意见，很多同仁和同事对本书提出了许多宝贵的意见和建议，在此表示深深的谢意！

  限于编者水平，书中错漏之处在所难免，恳请广大读者批评指正，以利我们修订重印。

编 者
2023 年 5 月

出版说明

Publishing Explanation

目　录

绪　　论

Introduction

一、建筑材料的定义和分类 The definition and classification of building materials

建筑材料是指建造一切建筑结构物中使用的各种材料和制品，它是水利、水运、房屋、道路、桥梁等一切土木工程的物质基础。

建筑材料品种繁多、性质各异，为了方便应用，工程中常按不同的方法对建筑材料进行分类。根据材料的来源，可分为天然材料和人造材料；根据使用部位，可分为承重材料、屋面材料、墙体材料和地面材料等；根据建筑功能，可分为结构材料、装饰材料、防水材料、保温绝热材料等。从研究材料的角度出发，通常根据材料的组成将材料分为有机材料、无机材料和复合材料三大类，见表 0-1。

表 0-1　　　　　　　　　　建筑材料按组成分类

Tab. 0-1　　　The classification of building materials according to composition

分　类			举　　例
无机材料	金属材料	黑色金属	钢、铁、合金、不锈钢等
		有色金属	铅、铜、铝合金等
	非金属材料	天然石材	砂、石及石材制品
		烧土制品	砖、瓦、玻璃、陶瓷制品
		胶凝材料	水泥、石灰、石膏、水玻璃、菱苦土等
		混凝土及制品	混凝土、砂浆、硅酸盐制品等
		无机纤维材料	玻璃纤维、矿物棉等
有机材料	植物材料		木材、竹材、植物纤维及制品等
	沥青材料		天然沥青、石油沥青、煤沥青、页岩沥青
	合成高分子材料		塑料、合成橡胶、合成纤维、合成胶黏剂、合成树脂、涂料等
复合材料	无机非金属与有机材料的复合		玻璃纤维增强塑料、树脂混凝土、聚合物水泥混凝土、沥青混凝土
	无机金属材料与非金属材料的复合		钢筋混凝土、钢纤维混凝土
	无机金属材料与有机材料的复合		PVC钢板、金属夹芯板、塑钢等

二、建筑材料的发展和标准化生产 The development and standardized production of building materials

建筑材料的发展是随着人类社会生产力的不断发展而发展的，与建筑技术的进步有着不可分割的联系，它们相互制约又相互推动。

人类最早以洞穴为居住地，一万八千多年前，北京周口店龙骨山山顶洞人，仍住在天然岩洞里。但在距今六千多年的西安半坡遗址，就已采用木骨泥墙建房。在距今三千多年的河南安阳的殷墟、西周早期的陕西凤雏遗址，就发现了冶铜作坊、烧土瓦和三合土。说明我国劳动人民在三千多年前就已能烧制石灰、砖瓦等人造建筑材料。历史上，我国曾兴建了大量世界闻名的土木工程，如都江堰、长城、大运河、赵州桥、应县佛宫寺木塔、北京故宫等。但这些工程基本以土、石、砖、木、三合土为建筑材料，三合土是最早的混凝土。19 世纪20 年代波特兰水泥的发明，作为混凝土的胶凝材料有了质的飞跃，产生了水泥混凝土。19世纪中期以后，钢铁工业得到了发展，在混凝土中配入钢筋，形成钢筋混凝土复合材料，弥补了纯混凝土抗拉强度不足的缺陷，大大促进了混凝土在各种工程结构上的应用，这是建筑材料的巨大进步。20 世纪 20 年代预应力混凝土的出现，使大跨度建筑，高层建筑，抗震、防裂的建筑成为可能，这是建筑材料史上的再一次飞跃，促进了世界范围内建筑结构和建筑艺术的迅速发展。2003 年建成的中国台北金融大厦，结构高达 455m；2008 年建成的上海环球金融中心，101 层、高 492m，为中国第一高楼；2003 年开工，于 2008 年建成的连接上海与宁波的杭州湾跨海大桥长 36km，为世界上最长的跨海大桥；于 2009 年建成的长江三峡水利工程，其装机容量达 1820 万 kW，大坝混凝土浇筑量达 2800 万 m^3，是目前世界最大的巨型工程；于 2009 年动工建设，2018 年建成的港珠澳大桥全长 55km，拥有世界上最长的海底隧道。水泥、混凝土、钢筋混凝土、预应力混凝土仍然是现代建筑的主要结构材料。

近年来，建筑工程规模日趋扩大，保温、隔热、吸声、防水、耐火等功能材料应运而生，玻璃、塑料、铝合金、塑钢等新型复合材料更是层出不穷，促进了建筑材料生产及其科学技术的迅速发展。采用现代的电子显微镜、X 衍射分析、测控技术的先进仪器设备，可从微观和宏观两个方面对材料的形成、构造与材料性能的关系进行研究，可以实现按指定性能来设计和制造材料，以及对传统材料进行各种改性，充分利用工农业废料及再生资源的建筑材料不断出现，节约能源、减少污染、保护环境的高性能、多功能、绿色、智能化材料和现代化生产工艺不断开发，已成为 21 世纪建筑材料工业的发展方向。

建筑材料的蓬勃发展，要求建筑材料的标准化生产。标准化是现代社会化大生产的产物，也是科学管理的重要组成部分。标准化生产表明我国建筑材料生产已完成了从量到质的转变。建筑材料的技术标准，是产品质量的技术依据，生产企业必须按标准生产合格产品；使用者应按标准选用材料、按规范进行工程的设计与施工，以保证工程的安全、适用、耐久、经济。同时，技术标准也是产品质量检查、验收的依据。

世界各国均有自己的国家标准，如美国的"ASTM"标准、德国的"DIN"、英国的"BS"、日本的"JIS"，世界范围统一使用的国际标准"ISO"。

我国的技术标准分为国家标准、部颁标准及地方标准和企业标准。技术标准的表示方法由标准名称、代号、标准号、年代号组成。国家标准代号 GB 及 GB/T（推荐标准）；住建部行业标准代号 JGJ；国家建材局标准代号 JC；水利部标准代号 SL；电力行业标准代号 DL；交通运输部标准 JT。如：GB 50119—2013《混凝土外加剂应用技术规范》；JGJ/T 12—2019《轻骨料混凝土应用技术标准》；SL 211—2006《水工建筑物抗冰冻设计规范》；DL/T 5144—2015《水工混凝土施工规范》等。一般企业、行业标准应高于国家标准。对于建筑材料使用者，熟悉和运用建筑材料技术标准，有着十分重要的意义。

三、建筑材料的重要性 The importance of building materials

建筑材料是一切土木工程的重要物质基础，是国民经济的支柱之一，与人们生活息息相关，不可分割。为了解决人们居住问题，必须修建房屋；为了解决粮食和能源问题，必须兴建水利工程和水利设施；为了解决衣食问题，必须修建纺织厂、化学纤维合成厂；为了解决人员流动，必须兴建铁路、公路、港口、机场等设施。在任何一项土木工程中，用于建筑材料的投资都占有很大的比重，一般大约占工程总造价的 40%～60%。同时，建筑材料与建筑、结构、施工存在着相互促进、相互依赖的密切关系。建筑材料的品种、质量与规格，直接影响着工程结构形式和施工方法，决定着工程的安全性、适用性、耐久性、经济性。建筑工程中许多技术问题的解决，往往依赖于建筑材料问题的突破。一种新型建筑材料的出现，必将促进建筑形式的再创新、结构设计和施工方法的改进。所以建筑材料是推动建筑结构和建筑艺术的一个重要因素。如轻质高强的新材料的出现，使高层建筑成为可能。建筑工程的需要，对建筑材料的品种、质量不断提出更高、更新的要求，从而又推动建筑材料的不断发展。建筑材料生产及其科学技术的发展，对于社会主义现代化建设具有重要作用。

四、本课程的学习目的和方法 The study goals and methods of this curriculum

本课程是水利水电工程、农田水利工程、河流工程、港口、航道及海洋工程、工业与民用建筑工程、道路工程等土木工程专业实用性很强的一门技术基础课程，但又具有很强的专业性。本课程以数学、力学、物理、化学等课程为基础，为学生学习后继专业课程提供必要的技术基础知识，也为学生和工程技术人员解决实际工程中的建筑材料问题提供一定的基本理论知识和基本试验技能，为从事建筑材料科学研究打下基础。

本书主要讲述水利水电工程、工业与民用建筑工程及水运工程等土木工程中常用的各种建筑材料的组成、生产、性质、应用及检验等方面的内容。对于工科学生和工程技术人员，应以材料的性质和合理选用为重点，了解各种材料的特性，并进行相互比较，注意材料的成分、构造、生产过程等对其性能的影响；对于现场配制的材料，如普通混凝土、砂浆等应掌握其配合比设计的原理和方法。实验课是本课程的重要教学环节，通过实验操作及对实验结果的分析，不但可加深了解材料的性能和掌握实验方法，而且可培养科学研究能力以及严谨、求实的工作作风。

第一章　建筑材料的基本性质

Chapter 1　Basic Properties of Building Materials

建筑材料使用在不同的建筑物中，处于不同的环境，起着各种不同的作用，要求具有相应的性质。承重构件要求材料有足够的强度；保温隔热的屋顶和墙面要求材料有热容量大且不易传热的性质；挡水、蓄水或防水的建筑物要求材料有一定的抗渗性或不透水性；受水流泥沙冲刷的建筑物要求材料能抗冲耐磨。同时建筑物在使用过程中还会长期受到环境因素的影响，如大气因素引起的热胀冷缩、干湿变化、冻融循环、化学侵蚀以及昆虫和菌类等的生物危害，因此还要求建筑材料具有与环境相适应的耐久性。

正确合理选择和使用材料是保证建筑物经久耐用的关键，而材料的性质是选择和使用材料的重要依据，为此我们必须研究和掌握材料的有关性质。建筑材料的性质是多方面的，不同材料又具有不同的特殊性。本章只研究和讨论建筑材料共同的、基本的物理性质和力学性质，各类材料的技术性质和特殊性质，分别在以后相应的章节中讨论。

第一节　材料的物理性质

Section 1　The Physical Properties of Building Materials

一、建筑材料的基本物理性质The basic physical properties of Building Materials

（一）密度Density

材料在绝对密实状态下单位体积的质量称为密度，用 ρ 表示。其计算公式为

$$\rho = \frac{m}{V} \qquad (1-1)$$

式中　ρ——密度，kg/m^3；

　　　m——材料在干燥状态下的质量，kg；

　　　V——干燥材料的绝对密实体积，m^3。

材料的绝对密实体积，指不包括材料孔隙在内的体积。钢材、玻璃等少数密实材料可根据外形尺寸求得体积，按式（1-1）求得密度。大多数有孔隙的材料，在测定材料的密度时，应把材料磨成细粉，干燥后用李氏瓶测定其体积。材料磨得越细，测得的密度数值就越精确。砖、石等块状材料的密度即用此法测得。在测定某些致密材料（如卵石、碎石等）的密度时，直接以颗粒状材料为试样，用排水法测定其体积，材料中部分与外部不连通的封闭的孔隙无法排除，这时所求得的密度称为视密度或近似密度，通常也称为密度。

（二）表观密度Apparent density

材料在自然状态下单位体积的质量称为表观密度，用 ρ_0 表示。其计算公式为

$$\rho_0 = \frac{m}{V_0} \qquad (1-2)$$

式中　ρ_0——表观密度，kg/m^3；

　　　m——材料的质量，kg；

　　　V_0——材料在自然状态下的体积，m^3。

材料在自然状态下的体积，指包含材料内部孔隙的体积。外形规则的材料，可直接按外形尺寸计算出体积，按式（1-2）求得表观密度。外形不规则的材料可加工成规则外形后求得体积。当材料孔隙内含有水分时，其质量和体积均有所变化，故测定表观密度时，须注明其含水情况。表观密度一般是指材料在气干状态下（长期在空气中干燥）的测定值。干表观密度指材料在烘干状态下的测定值。

（三）堆积密度 **Bulk density**

散粒或粉状材料，如砂、石子、水泥等，在自然堆积状态下单位体积的质量称为堆积密度，用 ρ_0' 表示。其计算公式为

$$\rho_0' = \frac{m}{V_0'} \tag{1-3}$$

式中　ρ_0'——材料的堆积密度，kg/m^3；

　　　m——材料的质量，kg；

　　　V_0'——材料的自然（松散）堆积体积（包括材料颗粒体积和颗粒之间空隙的体积），m^3。

测定散粒材料的堆积密度时，按一定的方法将散粒材料装入一定的容器中，则堆积体积为容器的容积，如图 1-1 所示。

图 1-1　堆积体积测试图

Fig. 1-1　Schematic diagram

of bulk volume testing

  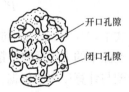

开口孔隙

闭口孔隙

图 1-2　颗粒的孔隙类型

Fig. 1-2　Types of the pore in the grain

由于散粒材料堆积的紧密程度不同，堆积密度可分为疏松堆积密度、振实堆积密度和紧密堆积密度。

在土木工程中，材料的密度、表观密度与堆积密度，经常用来计算材料的用量，构件的自重、配料、运输、堆放、碾压参数等。

（四）孔隙率和空隙率 **Porosity and void ratio**

1. 孔隙率 **Porosity**

在材料自然体积内孔隙体积所占的比例，称为材料的孔隙率，用 P 表示。其计算公式为

$$P = \frac{V_0 - V}{V_0} \times 100\% = \left(1 - \frac{V}{V_0}\right) \times 100\% = \left(1 - \frac{\rho_0}{\rho}\right) \times 100\% \tag{1-4}$$

式中，V、V_0、ρ、ρ_0 同前述。

孔隙率的大小直接反映了材料的致密程度。孔隙率大，材料的表观密度小、强度降低。孔隙率和孔隙特征对材料的性质均有显著影响。材料内部孔隙的构造，可分为连通的与封闭的两种，如图 1 - 2 所示。连通孔隙不仅彼此贯通且与外界相通，而封闭孔隙则不仅彼此不连通且与外界相隔绝。可用公式表示为

$$P = P_k + P_b \qquad (1 - 5)$$
$$P_k = (m_{sat} - m)/(V_0 \cdot \rho_w)$$

式中　P_k——材料的开口孔隙率（指能被水饱和的孔隙体积占材料自然体积的比例）；

　　　m_{sat}——材料吸水饱和时的质量，kg；

　　　ρ_w——水的密度，kg/m³；

　　　m——材料干燥下的质量，kg；

　　　P_b——材料的闭口孔隙率。

孔隙按尺寸大小又分为微细孔隙（孔径在 0.01mm 以下）、细小孔隙即毛细孔隙（孔径在 1.0mm 以下）、粗大孔隙（孔径在 1.0mm 以上）。孔隙特征对材料的性能影响较大。开口孔隙、粗大孔隙水分易于渗透，渗透性最大；微细孔隙，水分及溶液易被吸入，但不易在其中流动，渗透性最小；介于二者之间的毛细孔隙，既易被水分充满，水分又易在其中渗透，对材料的抗渗性、抗冻性、抗侵蚀性均有极不利的影响。闭口孔隙，不易被水分或溶液渗入，对材料的抗渗、抗侵蚀性能影响甚微，且对抗冻性起有利作用。

2. 空隙率 Void ratio

散粒材料自然堆积体积中颗粒之间的空隙体积所占的比例称为散粒材料的空隙率。其计算公式为

$$P' = \frac{V_0' - V_0}{V_0'} = 1 - \frac{V_0}{V_0'} = \left(1 - \frac{\rho_0'}{\rho_0}\right) \times 100\% \qquad (1 - 6)$$

式中，V_0、V_0'、ρ_0、ρ_0' 同前述。

空隙率的大小反映了散粒材料的颗粒互相填充的致密程度。空隙率可作为控制混凝土骨料级配与计算砂率的依据。

（五）材料的压实度与相对密度 Compactness and relative density of materials

1. 材料的压实度 Compactness of materials

材料的压实度是指散粒堆积材料被碾压或振压等压实的程度。散粒材料的压实度常用经压实后施工现场的干堆积密度 ρ_0' 与材料经充分压实后（在实验室振动台上按规定的振动次数振实后）的最大干堆积密度 ρ_m' 比值的百分率表示。可用下式计算：

$$R_d = \frac{\rho_0'}{\rho_m'} \times 100\% \qquad (1 - 7)$$

式中　R_d——材料的压实度，%；

　　　ρ_0'——散粒材料在施工现场经压实后的实测干堆积密度，kg/m³；

　　　ρ_m'——在实验室内将相同散粒堆积材料试样经充分压实后的最大干堆积密度，kg/m³。

对重要性建筑物要求压实度为 98%～100%，对一般的建筑物要求压实度为 96%～98%。

2. 相对密度 Relative density

相对密度是散粒材料压实程度的另一种表示方法，可用下式计算：

$$D_r = \frac{P'_{max} - P'}{P'_{max} - P'_{min}} \qquad (1-8)$$

式中　　D_r——散粒材料的相对密度，重要性建筑物取 0.7～0.75，一般建筑物取 0.65～0.7；

　　　　P'——散粒材料在施工现场经压实后测定的空隙率；一般在 20%～28%；

　　P'_{max}——散粒材料在实验室可以取得的最疏松状态时测定的空隙率；

　　P'_{min}——散粒材料在实验室经充分压实后，最紧密堆积时测定的空隙率。

　　在施工现场为了便于控制施工质量，通常将相对密度转换成对应的干堆积密度来控制。其换算公式为

$$\rho'_0 = \frac{\rho'_{01} \rho'_m}{\rho'_m(1 - D_r) + D_r \rho'_{01}} \qquad (1-9)$$

式中　ρ'_{01}、ρ'_m——分别为散粒材料最松散状态和最紧密堆积时（充分压实）的干堆积密度，kg/m³。

　　材料的密度、表观密度、堆积密度、孔隙率或空隙率是认识材料、了解材料性质与应用的重要指标，所以称为材料的基本物理性质，且一定有 $\rho > \rho_0 > \rho'_0$ 的关系式存在。常用材料的密度、表观密度、堆积密度及孔隙率、空隙率见表 1-1。

表 1-1　　　　　　　常用材料的密度、表观密度、堆积密度及孔隙率

Tab. 1-1　　　**The density、apparent desity、bulk density and porosity of commonly used materials**

材料名称	密度 ρ（g/cm³）	表观密度 ρ_0（kg/m³）	堆积密度 ρ'_0（kg/m³）	孔隙率 P（%）
建筑钢材	7.85	7850		0
花岗岩	2.70～3.00	2500～2900		0.5～1.0
石灰岩	2.40～2.60	1800～2600		0.6～3.0
碎石（石灰岩）	2.60		1400～1700	
砂	2.60	2500～2600	1400～1700	35～40（空隙率）
黏土	2.60		1600～1800	
水泥	2.80～3.10		1200～1300	50～55（空隙率）
普通混凝土		2300～2500		5～20
沥青混凝土		2200～2400		2～6
普通黏土砖	2.50～2.70	1600～1900		20～40
黏土空心砖	2.50～2.70	1000～1400		50～60
松木	1.55～1.60	400～800		55～75
泡沫塑料		20～50		98

二、材料与水有关的性质 Properties related to water of materials

　　建筑物中的材料在使用过程中经常会直接或间接与水接触，如挡水坝、桥墩、基础、屋顶等部位的材料会时常受到水的作用。不同的固体材料表面与水作用的情况不同，对材料性质的影响也是不同的，为了防止建筑物受到水的侵蚀而影响使用性能，有必要研究材料与水接触后的有关性质。

（一）材料的亲水性与憎水性Hydrophilic and hydrophobic nature of materials

1. 亲水性Hydrophilic nature

材料能被水润湿的性质称为亲水性。具备这种性质的材料称为亲水性材料，如砖、石、木材、混凝土等。这是因为亲水性材料与水分子的亲和力大于水分子自身的内聚力。

2. 憎水性Hydrophobic nature

材料不能被水润湿的性质称为憎水性。具备这种性质的材料称为憎水性材料，如石蜡、沥青、油漆、塑料等。这是因为憎水性材料与水分子的亲和力小于水分子自身的内聚力。用于防水的材料一般应是憎水性材料。

材料的亲水性与憎水性可用润湿角 θ 来说明，当材料与水接触时，在材料、水、空气三相的交点处，作沿水滴表面的切线，该切线与固体、液体接触面的夹角称为润湿角 θ。θ 越小，表明材料易被水润湿。实验证明，当润湿角 $\theta \leqslant 90°$ 时，这种材料称为亲水性材料，如图1-3（a）所示；当润湿角 $\theta > 90°$ 时，这种材料称为憎水性材料，如图1-3（b）所示。水滴在亲水性材料表面可以铺展得较平，且能通过材料毛细管作用自动将水吸入材料内部。水在憎水性材料表面不能铺展平，而且水分不能渗入材料的毛细管中。这种现象如图1-4所示。

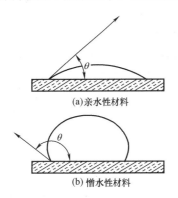

(a)亲水性材料

(b)憎水性材料

图1-3　材料的润湿示意图

Fig. 1-3　Schematic diagram of wetting of materials

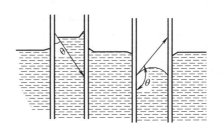

(a)亲水性毛细管　　(b)憎水性毛细管

图1-4　材料毛细管吸水性示意图

Fig. 1-4　Schematic diagram of capillarity of materials

（二）材料的吸水性与吸湿性The water absorption and moisture absorption of materials

1. 吸水性Water absorption

材料浸入水中吸收水的能力称为材料的吸水性，常用质量吸水率表示。即

$$W_{\mathrm{m}} = \frac{m_1 - m}{m} \times 100\% \tag{1-10}$$

式中 W_{m}——材料的质量吸水率，%；

        m——材料干燥状态下的质量，g 或 kg；

        m_1——材料吸水饱和状态下的质量，g 或 kg。

材料的吸水性也可以用体积吸水率 W_{v} 表示，即材料吸入水的体积占材料自然状态体积的百分率，与质量吸水率的关系有 $W_{\mathrm{v}} = \rho_0 W_{\mathrm{m}} / \rho_{\mathrm{w}}$。但通常吸水率均指质量吸水率。

材料吸水率的大小主要取决于材料本身的亲水性与憎水性，但与孔隙率大小和特征也有密切关系。对亲水性材料，孔隙率越大，吸水性越强，但若是封闭孔隙水分不易进入，粗大开口的孔隙，水分不易吸满和保留；只有具有密集微细连通而开口孔隙的材料，吸水率才特别大。但同一材料的吸水率常常是一基本固定的值。如对于质量吸水率，密实新鲜花岗岩为 0.1％～0.7％，普通混凝土为 2％～3％，而木材常达 100％。

2. 吸湿性**Moisture absorption**

材料在潮湿空气中吸收水分的性质称为吸湿性，吸湿性常用质量含水率来表示，即

$$W_h = \frac{m_h - m}{m} \times 100\% \qquad (1-11)$$

式中　W_h——材料的含水率，％；

$\quad\quad m_h$——材料含水时的质量，g 或 kg；

$\quad\quad m$——材料干燥状态下的质量，g 或 kg。

在空气中，某一材料的含水多少是随环境温度和空气湿度而变化的，当较干燥的材料处在较潮湿的空气中时，便会吸收空气中的水分，而较潮湿的材料处在较干燥的空气中时，便会向空气中释放水分，前者是材料的吸湿过程，后者是材料的干燥过程。在一定的温度和湿度条件下，材料与空气湿度达到平衡时的含水率则称为平衡含水率。一般亲水性强的材料、含有开口孔隙多的材料，其平衡含水率高，它在空气中的质量变化也大。

一般来说，吸水性和吸湿性大均会对材料的性能产生不利影响。材料吸水或吸湿后质量增加，体积膨胀，产生变形，强度和抗冻性降低，绝热性能变差，对工程产生不利影响。例如，制作木门窗时若木材的含水率高于平衡含水率，门窗在使用过程中就会变形。但干燥剂却是利用材料的吸湿性来除湿的，某些止水条也是靠吸水发挥作用的。

（三）材料的耐水性**The water resistance of materials**

材料长期在水的作用下不破坏，且其强度也不显著降低的性质称为耐水性，材料的耐水性用软化系数表示。可按下式计算

$$K_r = \frac{f_b}{f_d} \qquad (1-12)$$

式中　K_r——材料的软化系数；

$\quad\quad f_b$——材料在吸水饱和状态下的强度，MPa；

$\quad\quad f_d$——材料在干燥状态下的强度，MPa。

材料软化系数的大小表示材料在浸水饱和后强度降低的程度。材料的软化系数越小，表示材料吸水后强度下降越多，耐水性越差，所以 K_r 可作为选择材料的重要依据。材料的软化系数主要与组成成分在水中的溶解度和材料的孔隙有关，如黏土软化系数为 0，金属软化系数为 1。通常将软化系数大于 0.85 的材料称为耐水性材料。经常位于水中或潮湿环境中的重要结构，其材料的 K_r 不宜低于 0.85～0.90；受潮湿较轻或次要结构，其 K_r 也不宜小于 0.70～0.85。处于干燥环境的材料可以不考虑软化系数。

（四）材料的抗渗性**The impermeability of materials**

材料抵抗压力水渗透的性质称为抗渗性，用渗透系数 K 表示。可按下式计算

$$K = \frac{Qd}{AtH} \qquad (1-13)$$

式中　K——材料的渗透系数，cm/h 或 mm/s；

$\quad\quad Q$——渗透水量，cm^3 或 mm^3；

$\quad\quad d$——材料试件的厚度，cm 或 mm；

　　A —— 透水面积，cm^2 或 mm^2；

　　t —— 渗水时间，h 或 s；

　　H —— 静水压力水头，cm 或 mm。

　　渗透系数越小，则表示材料的抗渗性越好。对于防潮、防水材料，如沥青、油毡、沥青混凝土、瓦等材料，常用渗透系数表示其抗渗性。

　　材料的抗渗性也可用抗渗等级 W 表示，如砂浆、混凝土等材料（参见第五章第六节），常用抗渗等级表示其抗渗性，抗渗等级越高，则表示材料的抗渗性能越好。

　　材料抗渗性的好坏与材料的亲水性和孔隙率及孔隙特征有密切关系。亲水性材料由于毛细孔作用而有利于水的渗透。绝对密实的材料或只具有封闭孔隙和极细孔隙的材料，可认为是不透水的；含有粗大孔隙和开口孔隙的材料最易渗水，因此抗渗性最差；具有细小孔隙的材料，孔隙既易被水充满，水分又易在其中渗透，其抗渗性较差。地下建筑物和水工建筑物所用材料因常受到水压力的作用应具有一定的抗渗性，对于防水材料则要求有较高的抗渗性或不透水性。材料抵抗其他液体渗透的性质，也属于抗渗性，如贮油罐则要求材料具有良好的不渗油性。

　　（五）材料的抗冻性 The frost resistance of materials

　　材料在吸水饱和状态下，能经受多次冻融作用而不破坏，且强度和质量无显著降低的性能称为材料的抗冻性。材料的抗冻性常用抗冻等级 Fn 表示。Fn 表示材料标准试件在按规定方法进行冻融循环后，其质量损失不超过 5％或强度降低不超过 25％时，所能经受的最大冻融循环次数为 n 次，如 F50、F100 等。抗冻等级越高，材料的抗冻性越好。

　　一般称材料标准试件在 −25℃的温度下冻结后，再在 20℃的水中融化，这样一个过程为一次冻融循环。材料经过多次冻融循环作用后，表面将出现剥落、裂纹、产生质量损失，强度也将会减小。冰冻对材料的破坏作用主要是由材料孔隙内的水分结冰，体积膨胀而引起的。水结冰时体积约增大 9％，当材料孔隙中充满水，并快速结冰时，使材料体积膨胀，在孔隙内将产生很大的冰胀压力，使毛细管壁受到拉应力；当冰融化时，材料体积收缩，又会留下部分残余变形，且使毛细管壁受到压应力。经过多次冻融后，材料将会遭到破坏。冰胀压力的大小及破坏作用程度，取决于材料孔隙的水饱和程度及材料的变形能力。如果材料很脆，强度较低，内部孔隙基本为充满水的毛细孔隙或较粗孔隙，则经过一次或极少几次的冻融，即可导致材料破坏。强度较低的灰砂砖被冻融破坏即是如此。

　　抗冻性良好的材料，对于抵抗温度变化，干湿交替等破坏作用的性能也较强，因此，抗冻性常作为鉴定材料耐久性的一个指标。对材料抗冻性的要求，视工程类别、结构部位、所处环境、使用条件及建筑物等级而定。处于温暖地区的外部建筑物，虽无冰冻作用，但为抵抗风、雨、雪、霜、日等大气的作用，对材料也提出了不低于 F50 的抗冻性要求。室内建筑物和大体积混凝土内部可不考虑抗冻性要求。

　　三、材料与热有关的性质 Properties related to heat of materials

　　材料与热有关的性质主要包括材料的导热性、热容量、比热容、温度变形性等。

　　（一）材料的导热性 The thermal conduction of materials

　　材料传导热量的能力称为材料的导热性，其大小以导热系数 λ 表示，导热系数在数值上等于厚度为 1m 的材料，当材料两侧面的温差为 1K（或℃）时，在单位时间内通过单位面积的热量。用公式表示为

$$\lambda = \frac{Q\delta}{At(T_2 - T_1)} \tag{1-14}$$

式中 λ——导热系数，W/（m·K）；

Q——总传热量，J；

δ——材料厚度，m；

A——热传导面积，m^2；

t——热传导时间，h；

$T_2 - T_1$——材料两面温度差，K 或℃。

材料的导热系数越小，则材料的绝热性就越好。建筑上通常将导热系数小于 0.23W/（m·K）的材料称为绝热材料。影响材料导热性的因素很多，材料的导热性取决于其化学组成、结构、空隙率与孔隙特征、含水率及导热时的温度。

对于同种材料影响导热性的主要因素有孔隙率、孔隙特征及含水率。材料的孔隙率越大，导热系数越小；但具有粗大和连通孔隙时，导热系数增大；具有微小或封闭孔隙时，导热系数减小；材料孔隙中的介质不同，导热系数相差也很大。静态空气的导热系数 $\lambda = 0.023W/(m·K)$，水的导热系数 $\lambda = 0.58W/(m·K)$，是静态空气 20 倍，冰的导热系数 $\lambda = 2.33W/(m·K)$，是静态空气的 80 倍，所以当材料的含水率增大时，其导热性也相应增加，若材料孔隙中的水分冻结成冰，材料的导热系数将更大。因而材料受潮、受冻都将严重影响其导热性，这也是为什么工程中对保温材料施工时应特别注意防水避潮的原因。大多数材料的导热系数还会随温度的升高而增大。

（二）材料的热容量与比热容 **The heat capacity and specific heat of materials**

材料受热时吸收热量，冷却时放出热量的能力称为材料的热容量。可用下式表示

$$Q = cm(T_2 - T_1) \tag{1-15}$$

式中 Q——材料吸收或放出的热量，J；

m——材料的质量，g；

$T_2 - T_1$——材料受热或冷却前后的温差，K 或℃；

c——材料的比热容，也称热容量系数，简称比热，J/（g·K）或 J/（g·℃）。

材料比热容的物理意义是指质量为 1g 的材料，当温度升高（或降低）1K（或℃）时所吸收（或释放）的热量。用公式表示为

$$c = \frac{Q}{m(T_2 - T_1)} \tag{1-16}$$

式中符号的意义同式（1-15）。

比热容是反映材料吸热或放热能力大小的物理量。不同材料的比热容不同，即使是同一材料，由于所处物态不同，比热容也不同。如水的比热容 4.186J/（g·K），结冰后比热容则为 2.093J/（g·K）。各种材料的比热容均小于水的比热容，故水是吸热和放热最大的材料。

导热系数表示热量通过材料传递的速度，热容量或比热容表示材料存储热量能力的大小。材料的热容量，对保持建筑物内部温度稳定有很大的积极作用。导热系数小的材料，热不易被传入或传出。因此，设计中对保温隔热的材料均需要选择比热容大（即热容量大）、而导热系数小的材料。通常所说的导热系数和比热容是指材料干燥状态下的值。几种常见建筑材料的导热系数和比热容见表 1-2。

（三）材料的温度变形性 **The thermal deformation of materials**

材料的温度变形性是指温度升高或降低时体积变化的性质。除个别材料（－4℃以下的水）以外，多数材料在温度升高时体积膨胀，温度下降时体积收缩。这种变化表现在单向尺度上时，则为线膨胀或线收缩，工程上常以线膨胀系数 α 来表示材料的温度变形性。线膨胀系数的物理意义是，单位长度的材料在温度变化 1K（或℃）时，材料增加（减少）的长度。可用下式计算

$$\alpha = \frac{\Delta L}{(T_2 - T_1)L} \tag{1-17}$$

式中　α——材料在常温下的平均线膨胀系数，$1/K$，$1/℃$；

　　　ΔL——线膨胀或线收缩量，mm 或 cm；

　$T_2 - T_1$——材料升（降）温前后的温度差，K 或℃；

　　　　L——试件升（降）温前的长度，mm 或 cm。

土木工程中，对材料的温度变形大多关心某一单向尺度的变化。因此研究其平均线膨胀系数具有实际工程意义。材料的线膨胀系数与材料的组成和结构有关，应满足工程对温度变形的要求。几种常见材料线膨胀系数见表 1-2。

表 1-2　　　　　　　　几种材料的比热容、导热系数及线膨胀系数

Tab. 1-2　　**The specific heat、heat conductivity and linear thermal expansion coefficient of several materials**

材料名称	建筑钢材	普通混凝土	松木	普通黏土砖	花岗岩	密闭空气	泡沫混凝土	石膏板
导热系数 [W/(m·K)]	58	1.51	0.17	0.55	3.49	0.023	0.03	0.24
比热容 [J/(g·K)]	0.48	0.88	2.51	0.84	0.85	1	1.30	1.1
线膨胀系数（×10⁻⁶/K）	10～20	5.8～15		5～7	5.5～5.8			

第二节　材料的基本力学性质

Section 2　Basic Mechanic Properties of Materials

材料的基本力学性质，主要是指材料在外力作用下的强度和变形性质。

一、材料的强度、比强度和理论强度 The strength, specific strength and theoretical strength of materials

（一）材料的强度（静力强度）**The strength（static strength）of materials**

材料在外力作用下抵抗破坏的能力称为材料的强度，以材料受外力破坏时单位面积上所承受的外力表示。材料在建筑物上所承受的外力，主要有拉力、压力、剪力、弯力、弯矩等。材料抵抗这些外力破坏的能力，分别称为抗拉、抗压、抗剪和抗弯强度，材料的这些强度是采用标准试件，通过试验来测定的，故称为静力强度。

1. 抗拉、抗压、抗剪强度 **Tensile、compressive and shear strength**

受力情况如图 1-5（a）、（b）、（c）所示，其强度公式为

$$f = \frac{P}{A} \tag{1-18}$$

式中　f——材料的抗压、抗拉、抗剪强度，MPa；

　　　P——最大破坏荷载，N；

　　　A——受力面积，mm^2。

2. 抗弯强度（也称抗折强度）Bending strength（or flexural strength）

受力情况如图 1-5 中的 (d) 所示，对矩形截面试件，试验时将试件放在两支点上，中间作用一集中荷载 P，则抗弯强度公式为

$$f_f = \frac{3Pl}{2bh^2} \tag{1-19}$$

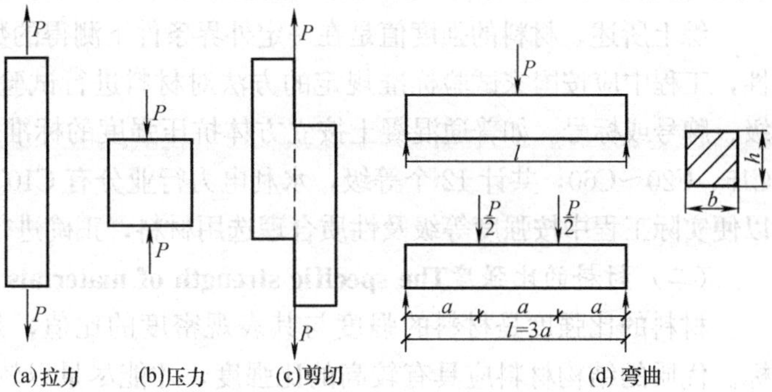

试验时将两个相等的集中荷

(a) 拉力　(b) 压力　(c) 剪切　(d) 弯曲

图 1-5　材料受力示意图

Fig. 1-5　Schematic diagram of load of materials

载 $P/2$ 分别作用在试件两支点间的三分点处，则抗弯强度公式为

$$f_f = \frac{Pl}{bh^2} \tag{1-20}$$

式中　f_f——抗弯强度，MPa；

　　　P——弯曲破坏时最大荷载，N；

　　b、h——试件横截面的宽及高，mm；

　　　l——两支点间的距离，mm。

部分材料的静力强度见表 1-3。

表 1-3　　　　　　　　　　几种常见材料的强度（MPa）

Tab. 1-3　　　　　　　The strengh of several commonly used materials

强度 MPa \ 材料	花岗岩	砂岩	普通混凝土	松木（顺纹向）	普通黏土砖	建筑钢材
抗压	100～250	20～170	7.5～60	30～50	5～30	210～600
抗拉	7～25	8～40	1～3	80～120		210～600
抗剪	13～19	4～25		7.7～10	1.8～4	4～8
抗弯	10～40		1.5～6	60～100	1.8～4	60～110

3. 影响材料强度的因素 Contributory factors of material strength

材料强度大小与材料的组成、结构、构造及测定强度值的试验条件等有关。不同种类的材料具有不同的强度值，参见表 1-3。同种材料，由于孔隙率及孔隙特征不同，材料的强度也有较大差异。随孔隙率的增加，强度呈直线下降；孔隙率低、表观密度大，材料强度就较高；大多数材料在温度升高或含水率增加时其强度均会降低，例如，钢材及沥青材料的强度

都在温度升高时明显降低；含水率增大时，砖、木材及混凝土等材料的强度都将降低；小试件的抗压强度试验值高于大试件试验值，试件受压面上有凹凸不平或掉角等缺损时，将引起局部应力集中而降低强度试验值；断面相同时，短试件比长试件的强度值高；试验时的加荷速度较快时，材料变形的增长速度落后于应力增长速度，破坏时的强度值偏高，反之，强度测定值偏低；采用刚度大的试验机进行强度测试，所得的强度值也较高。

综上所述，材料的强度值是在一定外界条件下测得的数值，为了保证材料静力强度的正确性，工程中应按国家试验标准规定的方法对材料进行试验，并按某种技术指标对材料划分等级、牌号或标号。如普通混凝土按立方体抗压强度的标准值大小，建筑行业分有 C7.5、C10、C15、C20～C60，共计 12 个等级，水利电力行业分有 C10、C15、C20～C60，共计 11 个等级，以便实际工程中按强度等级及性质合理选用材料，正确进行设计、施工和控制工程质量等。

（二）材料的比强度 The specific strength of materials

材料的比强度是材料的强度与其表观密度的比值，是衡量材料轻质高强性能的重要指标。优质的结构材料应具有较高的比强度，才能尽量以较小的截面尺寸满足强度要求，同时可以较大幅度减小结构体的自重。几种常用材料的比强度见表 1-4。

表 1-4　　　　　　　　　几种常用材料的比强度
Tab. 1-4　　　　　　　The specific strength of several commonly used materials

材料	低碳钢	普通混凝土（抗压）	松木（顺纹抗拉）	玻璃钢	黏土砖（抗压）
表观密度（kg/m³）	7850	2400	500	2000	1700
强度（MPa）	360	40	100	450	10
比强度	0.045	0.017	0.2	0.225	0.006

（三）材料的理论强度 The theoretical strength of materials

上节讨论材料的强度是通过试验测得的强度，称为材料的实际强度，材料的理论强度是指结构完整的理想固体从材料结构的理论上分析，材料所能承受的最大应力。材料在外力作用下的破坏实质上是由于拉力造成质点间结合键的断裂，或由于剪力造成质点间的滑移而破坏的，因此材料的理论强度仅取决于构成该材料的质点间的相互作用力。

根据材料断裂时，外力既要克服质点间的结合力，又需要产生新界面的表面能，可得出材料的理论抗拉强度的近似表达式为

$$f_m = \sqrt{\frac{EU}{d_0}} \tag{1-21}$$

式中　f_m——材料的理论抗拉强度；

E——材料的弹性模量；

U——材料的表面能；

d_0——材料质点间的距离。

从式（1-21）可知，提高材料的理论强度的有效途径是增大材料的弹性模量、表面能，减小原子间的距离，因此越密实的材料，理论强度越高。材料理论强度是在假定材料内部没有任何缺陷的前提下推导出来的。即外力必须克服内部质点之间的相互作用力，将质点间距离拉开足够大，才能使材料达到破坏。由于固体材料内部质点间的距离很小，通常在 1～0.1nm 数

量级，因此材料的理论强度值很大，通常可近似认为材料的理论强度 $f_m \approx E/10$。

实际上，各种材料都有结构、构造缺陷，如晶格缺陷，杂质的混入，存在孔隙及微裂缝等。因此，在比理论强度小得多的应力下，就可引起晶格滑移或断裂，在裂缝尖端处存在应力集中，在较小应力下可使裂缝不断扩大、延伸（如混凝土）。这些因素都使实际破坏应力降低，使材料实际强度远低于上述理论强度值。例如，抗压强度为 25MPa 的混凝土，其弹性模量约为 2.8×10^4 MPa，理论抗拉强度应为 2.8×10^3 MPa，而实际抗拉强度仅为 1.7MPa 左右。

二、材料的弹性与塑性 The elasticity and plasticity of materials

材料在外力作用下，将在受力的方向上产生变形，根据变形的特点分为弹性变形和塑性变形。

（一）弹性 Elasticity

材料在外力作用下产生变形，当外力除去后，变形能完全恢复的性质称为弹性。这种能够完全恢复的变形称为弹性变形。具有这种性质的材料称为弹性材料。弹性材料的变形曲线如图 1-6 所示。从图可知，弹性材料的应力—应变曲线是一条直线，加载和卸载线完全重合。这种材料的变形服从于虎克定律，其表达式为

$$\varepsilon = \frac{\sigma}{E} \qquad (1-22)$$

式中　ε——材料在外力作用下产生的应变，即单位长度产生的变形；

　　　σ——材料在外力作用下产生的应力，MPa；

　　　E——材料的弹性模量，MPa。

弹性模量 E 值在数值上等于应变为 1 时的应力值。E 值越大，表明材料越不易变形，即刚性越好。弹性模量是衡量材料抵抗变形能力大小的一个重要力学指标。

（二）塑性 Plasticity

材料在外力作用下产生变形，当外力除去后，仍保持变形后的形状，并不破坏的性质称为塑性。这种不可恢复的变形称为塑性变形（或永久变形）。理想的塑性材料的变形曲线如图 1-7 所示。

实际上，纯的弹性材料和纯的塑性材料都是没有的。有的材料在受力不大的情况下，表现为弹性变形，但受力超过一定限度后，则表现为塑性变形。建筑钢材就属于这种类型的材料。有的材料在受力后，弹性变形及塑性变形几乎同时产生，如果取消外力则弹性变形可以恢复，而塑性变形则不能恢复，这种类型的材料称为弹塑性材料，混凝土就属于这种类型的材料。图 1-8 是弹塑性材料变形示意图。

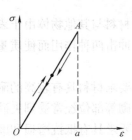

图 1-6　弹性材料的变形曲线
Fig. 1-6　Deformation curve
of elastic materials

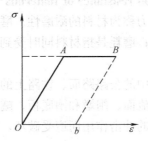

图 1-7　塑性材料的变形曲线
Fig. 1-7　Deformation curve
of plastic materials

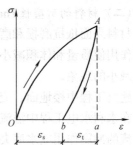

图 1-8　弹塑性材料的变形曲线
Fig. 1-8　Deformation curve of
elastoplastic materials

三、材料的脆性与韧性The brittleness and toughness of materials

材料在一定限度的外力作用下无明显的塑性变形时就突然破坏的性质称为脆性。具有这种性质的材料称为脆性材料。脆性材料的抗压强度远大于抗拉强度，而达到破坏荷载时的变形值很小，承受冲击和震动荷载的能力很差，脆性材料宜做承压构件。如石材、砖、陶瓷、混凝土等都属于脆性材料。

材料在冲击或震动荷载作用下能承受很大的变形也不致破坏的性质称为韧性。具有这种性质的材料称为韧性材料。韧性材料的变形能力大，且抗拉强度几乎与抗压强度相等。如低碳钢、低合金钢等属于韧性材料。在建筑工程中吊车梁、桥梁、路面等所用的材料均应具有较高的韧性。

四、材料的硬度和耐磨性The hardness and abrasion resistance of materials

（一）材料的硬度The hardness of materials

硬度是材料抗穿刺能力的度量。材料的硬度反映材料的耐磨性和加工的难易程度。常用的硬度测量方法有刻划法、压入法和回弹法。刻划法用于测定天然矿物的硬度，按刻划材料的硬度递增分为 10 个等级，依次为滑石、石膏、方解石、萤石、磷灰石、正长石、石英、黄玉、刚玉、金刚石。压入法测定的是布氏硬度值，将硬物压入材料表面，用压力（N）除以压痕面积（mm²）所得到的值为布氏硬度值，如图 1-9 所示。可用下式计算

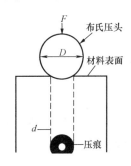

图 1-9　材料的硬度测试示意图

Fig. 1-9　Schematic diagram of hardness testing of materials

$$HB = \frac{2F}{\pi D (D - \sqrt{D^2 - d^2})} \tag{1-23}$$

式中　F——压力，N；

　　　D——压球直径，mm；

　　　d——压痕直径，mm。

钢材、木材、混凝土的硬度常用压入法测定。用压入法测定材料的硬度时，如果材料过软或压力过大，就会将球全部压入，得到 $d=D$。为测定精确的硬度值，必须控制 $d=0.25D\sim0.5D$，并对压球直径与压力作出一些规定：测定钢材时，$F/D^2=30$；测定铜材时，$F/D^2=10$。所用钢球的 HB 最大为 459，碳化钨球 HB 最大为 600。回弹法用于测定混凝土构件表面的硬度，并以此估算混凝土的抗压强度。

（二）材料的耐磨性The abrasion resistance of materials

材料表面抵抗磨损和磨耗的能力称为材料的耐磨性。磨损即指材料与其他物体由于表面摩擦作用使质量和体积减小的现象；磨耗是指材料同时受到摩擦和冲击两种作用而使质量和体积减小的现象。

建筑工程中楼地面、交通工程中的公路路面、铁路上的钢轨都要求材料具有较高的耐磨性；在水利水电工程中溢流坝的溢流面、闸墩和闸底板、隧洞的衬砌等部位经常受到夹砂高速水流的冲刷作用或水底夹带石子的冲击作用而遭受破坏，其材料要求具有抵抗磨损和磨耗的能力。

第三节　材料的耐久性

Section 3　The Durability of Materials

工程中所指材料的耐久性，是指材料在所处环境条件下，抵抗所受破坏作用，在规定的时间内，不变质、不损坏，保持其原有性能的性质。耐久性是衡量材料乃至结构在长期使用条件下的安全性能，它应以在具体环境条件和使用条件下保持原有工作性能的期限来度量。建筑物中材料所受的破坏作用归纳如下：

（1）物理作用　包括材料所受的温度变化、干湿交换、冻融循环作用。材料经受这些作用后，会产生膨胀、收缩、裂缝、质量损失、强度降低，久而久之就会使材料乃至建筑物发生破坏。

（2）化学作用　包括大气和环境水中的酸、碱、盐等溶液的侵蚀和日光、紫外线等对材料的作用。它会使材料逐渐发生质变、老化而破坏。

（3）机械作用　包括荷载的持续作用，交变荷载对材料引起的疲劳、冲磨、气蚀作用。

（4）生物作用　主要指菌类、昆虫等危害，导致材料发生腐朽、虫蛀等而破坏。

耐久性是材料的一项综合性质，某种材料是否具有耐久性，必须针对某种环境条件来讨论。一方面，到目前为止没有一种材料能够对上述各种破坏作用都具有很强的抵抗能力；另一方面，工程所处环境常常是发生一种或几种破坏作用。如金属材料主要是化学作用而引起锈蚀；沥青及高分子材料主要是在热、空气、阳光作用下发生氧化而老化变脆、开裂、破坏；溢流坝表面、泄洪洞的衬砌会因严重的冲磨、气蚀作用而破坏；木材、植物等有机质材料，最易受生物作用而腐蚀、腐朽。再如建筑材料中的砖、石、混凝土等矿物材料，当暴露于大气中，主要是发生物理和机械破坏作用；当处于水中时，除了物理和机械作用外还可能发生化学侵蚀作用。但几乎没有一种材料可能同时发生上述的全部破坏。所以，应在一定的环境条件下，在一定的时间内，结合材料抵抗的破坏作用，研究材料的耐久性才有工程实际意义。对材料耐久性的测定，目前通常是根据使用要求，在实验室进行如干湿循环、冻融循环、加湿与紫外线干燥循环、碳化、盐溶液浸渍与干燥、化学介质浸渍等快速试验，对材料的耐久性做出评判。

为提高材料的耐久性，延长建筑物的使用寿命和减少维修费用，可根据实际情况和材料的特点采取相应的措施。如合理选用材料，减轻环境的破坏作用（如降低湿度，排除侵蚀性物质等），提高材料本身对外界作用的抵抗力（如提高材料的密实度，采用表面覆盖层等措施），从而达到提高材料耐久性的目的。材料的耐久性与结构的使用寿命直接相关，材料的耐久性好，就可以延长结构的使用寿命，减少维修费用，收到巨大的经济效益。

第四节　材料的组成、结构、构造对材料性质的影响

Section 4　The influence of material composition, structure, constitution to material properties

环境条件是影响材料性质的外部因素，材料的组成、结构、构造是影响材料性质的内部原因。

一、材料的组成Material composition

材料的组成是材料的化学成分。材料的组成包括材料的化学组成、矿物组成和相组成。

（一）化学组成Chemical composition

化学组成指构成材料的基本化学元素或化合物的种类和数量。当材料与外界自然环境及各类物质相接触时，它们之间必然要按照化学变化规律发生作用。如沥青的老化、混凝土的碳化、混凝土能够保护钢筋不锈蚀等都属于化学作用。建筑材料有关这方面的性质都是由材料的化学组成决定的。

（二）矿物组成Mineral composition

无机非金属材料中具有特定的晶体结构、特定的物理力学性能的组织结构称为矿物。矿物组成指构成材料的矿物种类和数量。材料中的天然石材、无机胶凝材料等，其矿物组成是决定材料性质的主要因素。如石灰、石膏、石灰石的主要化学成分分别为氧化钙、硫酸钙、碳酸钙，这些化学成分决定了石灰、石膏易溶于水且耐水性差，而石灰石则较稳定。硅酸盐类的水泥主要由硅酸钙、铝酸钙等熟料矿物组成，决定了水泥具有凝结硬化的性能，同时当水泥所含的熟料矿物不同或含量不同时所表现出的性质就各有差异，如提高硅酸三钙的含量，可制得高强度水泥，降低铝酸三钙和硅酸三钙含量，提高硅酸二钙含量，可制得水化热低的水泥（如大坝水泥）。

（三）相组成Phase composition

材料中具有相同物理、化学性质的均匀部分称为相。凡由两相或两相以上物质组成的材料称为复合材料。土木工程材料大多数是多相固体，可看作复合材料。如水泥混凝土可认为是骨料颗粒（骨料相）分散在水泥浆基体（基相）中所组成的两相复合材料。两相之间的分界面称为界面，在实际建筑材料中，界面是一个很薄的薄弱区，可称为"界面相"，有许多建筑材料破坏时往往首先发生在界面，通过改变和控制原材料的品质及配合比例，可改变和控制材料的相组成，从而改善和提高材料的技术性能。如研究混凝土的配合比，就是为了改善混凝土的相组成，尽量使混凝土结构接近均匀而密实，保证其强度和耐久性。

二、材料的结构和构造Material structure and constitution

材料的结构和构造是决定材料性质的重要因素。材料的结构是指材料的组织状况，可分为宏观结构、细观结构和微观结构。

（一）宏观结构Macrostructure

宏观结构是指用肉眼或在$10\sim100$倍放大镜或显微镜下就可分辨的粗大级组织，尺寸范围在1mm以上。材料的宏观结构直接影响材料的密度、渗透性、强度等性质。相同组成的材料，如果质地均匀，结构致密，则强度高，反之则强度低。按照材料内部孔隙尺寸分类如下：

（1）致密结构　密度和表观密度极其相近的材料，一般可认为是无孔隙或少孔隙的材料，如钢材、玻璃、塑料等。这类材料表观密度大，孔隙率小，强度高，导热性强。

（2）纤维结构　由纤维状物质构成的材料结构。如木材、岩棉、矿棉、玻璃棉等。材料内部质点排列具有方向性，其平行纤维方向、垂直纤维方向的强度和导热性等性质具有明显的差异性，由于含有大量空气，在干燥状态下质轻，隔热性和吸声性强。

（3）多孔结构　材料中含有几乎均匀分布的几微米到几毫米的独立孔或连续孔的结构称为多孔结构。如加气混凝土、石膏制品等。这类材料质量轻、保温隔热、吸声隔声性能好。

（4）层状结构　用机械或黏结等方法把层状结构的材料积压在一起成为整体。可以有同种材料层压，如胶合板，也可以有异种材料层压，如纸面石膏板、蜂窝夹心板、玻璃钢等。这类结构能提高材料的强度、硬度、保温及装饰等性能。

（5）散粒结构　指松散颗粒状结构，如砂子、卵石、碎石等。

（二）细观结构（亚微观结构）**Mecrostructure（submicroscopical structure）**

细观结构是指用光学显微镜能观察到的材料微米（μm，尺寸范围在 10^{-3} mm 以上）组织。主要研究组成物质的单个粒子（如晶粒、胶粒）的形貌。如分析水泥水化产物中 C-S-H 粒子、AFt（水化硫铝酸盐）相生长的情况、形状、大小等。

（三）微观结构**Microstructure**

微观结构是指用高倍显微镜、电子显微镜或 X 射线衍射仪等手段来研究材料的结构，其分辨尺寸范围在纳米（nm，10^{-6} mm）以上，材料在微观结构层次上可分为晶体、玻璃体、胶体。

1. 晶体**Crystal**

物质中的分子、原子、离子等质点在空间呈周期性规则排列的结构称为晶体。晶体结构具有特定的几何外形、固定的熔点、各向异性（导电性、折光性等）等特点。但实际应用的晶体材料，通常是由许多细小的晶粒杂乱排列组成，故晶体材料在宏观上显示为各向同性。晶体受力时具有弹性变形的特点，但又因质点密集程度的差异而存在有许多滑移面，在外力超过一定限度时，就会沿着这些滑移面产生塑性变形。根据组成晶体的质点及化学键的不同可分为：

（1）原子晶体　中性原子以共价键结合而成的晶体。共价键的结合力很强，故其强度、硬度、熔点均高，常为电、热的不良导体，密度较高，如石英、刚玉、金刚石等。

（2）离子晶体　正负离子以离子键结合而成的晶体。离子键的结合力也很强，故强度、硬度、熔点也较高，是电、热的不良导体，密度中等，如氯化钠、石膏、石灰岩等。

（3）分子晶体　以分子间的范德华力（即分子键）结合而成的晶体。分子键结合力较弱，分子晶体具有较大的变形性能，为电、热的不良导体；但强度、硬度、熔点较低，密度小，如石蜡及合成高分子材料等。

（4）金属晶体　以金属阳离子为晶格，由自由电子与金属阳离子间的金属键结合而成的晶体。金属键的结合力最强，因而具有强度高和塑性变形能力大，以及良好的导电及传热性能，如钢材等。

晶体内质点的相对密集程度，质点间的结合力和晶粒的大小，对晶体材料的性质有着重要的影响。

2. 玻璃体**Viterous body**

玻璃体也称非晶体或无定形体。它与晶体的区别在于质点呈不规则排列，没有特定的几何外形，没有固定的熔点，但具有较大的硬度。玻璃体的形成，主要是由于熔融物质急剧冷却，达到凝固点时具有很大的黏度，使质点来不及形成晶体就凝成固体。由于玻璃体凝固时没有结晶放热过程，在内部蓄积着大量内能，因此，玻璃体是一种不稳定的结构，它具有较高的化学活性。如火山灰、粒化高炉矿渣、粉煤灰等都属于玻璃体，在混凝土中掺入这些材料，正是利用了它们的化学活性来改善混凝土的性能。

3. 胶体Colloid

粒径为 10^{-6}mm～10^{-4}mm 大小的固体微粒（称为胶粒）分散在连续介质中（水或油）组成的分散体系称为胶体。胶体具有很大的表面能，因而具有很强的吸附力和黏结力。

在胶体结构中，当连续相介质（水或油等）比例相对较大，此种胶体称为溶胶，如油分和树脂较多，而沥青质较少时、石油沥青胶体结构等，溶胶具有好的流动性和塑性。溶胶体由于脱水作用或质点的凝聚而形成了凝胶结构，凝胶体具有固体的性质，其流动性和塑性较低，如氧化的石油沥青。溶胶和凝胶具有互变性，在外力作用下，结合键很容易断裂，使凝胶变成溶胶黏度降低，重新具有流动性，这种流动称为黏性流动。混凝土的徐变性能主要是由于水泥水化后形成的凝胶体的黏性移动而产生的。

（四）材料的构造Material constitution

材料的构造是指材料的宏观组织状况。如岩石的层理，木材的纹理，混凝土中的孔隙等。胶合板、夹心板等复合材料则具有叠合构造。材料的性质与其构造有密切关系，如混凝土的强度、抗渗性、抗冻性就与其孔隙率和孔隙特征密切相关。随着孔隙率的增大，表观密度减小、强度降低。含有大量分散不连通的多孔材料，常常具有良好的保温、隔热、抗冻性能。含有大量与外界连通的微孔或气孔的材料，能吸收声能，是良好的吸声材料。材料构造与结构相比，更强调了相同材料或不同材料的搭配组合关系。如混凝土的孔隙率是指在混凝土自然体积内孔隙体积所占的比例。

 思 考 题

Exercise

1. 材料的密度与表观密度和堆积密度有何区别？如何测量材料的密度？

2. 材料的孔隙率和孔隙特征对材料的密度、吸水性、吸湿性、抗渗性、抗冻性、强度及导热性等性能有何影响？

3. 什么是材料的压实度和材料的相对密度？有何工程实际作用？

4. 什么是材料的亲水性与憎水性？它在工程中有何实际意义？

5. 保温、隔热材料为什么要注意防潮、防冻？

6. 什么是材料的抗渗性？如何表示材料的抗渗性高低？

7. 何谓材料的抗冻性？材料冻融破坏的原因是什么？

8. 软化系数是反映材料什么性质的指标？为什么要控制这个指标？

9. 导热系数和比热容分别反映材料的什么性质？进行热工设计时如何选用建筑材料？

10. 何谓材料的耐久性？研究材料的耐久性有何意义？

11. 现有甲、乙两种相同组成的墙体材料，密度均为 $2.7g/cm^3$。甲材料的干燥表观密度为 $1400kg/m^3$，质量吸水率为 18%；乙材料吸水饱和后的表观密度为 $1800kg/m^3$，体积吸水率为 40%。试求：

（1）甲材料的孔隙率、体积吸水率和闭口孔隙率。

（2）乙材料的干表观密度和孔隙率。

第二章　天　然　石　材

Chapter 2　Natural Dimension Stones

　　天然石材是从天然岩石中开采得到的毛石，经过加工后成为料石、板材和颗粒状等材料，统称为天然石材。由于天然岩石的分布较广，符合就地取材的经济原则。又由于天然岩石的质地坚硬、抗压强度高和耐久性好等，不仅广泛地用于房屋建筑工程中，而且也广泛地用于水利、道路和桥梁等工程。

第一节　天然岩石的组成及分类
Section 1　The Composition and Classification of Natural Rock

一、天然岩石的组成The composition of natural rock

　　天然岩石是由各种不同的地质作用所形成的天然固态矿物的集合体。组成岩石的矿物称为造岩矿物，主要的造岩矿物有长石、石英、云母、辉石、角闪石、橄榄石和方解石等30多种。由一种矿物组成的岩石称为单矿岩，如石灰岩和白色大理石等，这种岩石的性质由矿物和结构来决定。由多种矿物组成的岩石称为多矿岩，如花岗石、长石、石英和云母等，这种岩石的性质由组成矿物的相对含量和结构构造来决定。不同种类的岩石其矿物、结构和构造均不相同，其物理力学性能也不相同。同种类的岩石其产地不同时，其矿物组成和构造也不尽相同，其物理力学性能也有差异。

二、天然岩石的分类The classification of natural rock

　　天然岩石根据生成的地质条件分为三大类，即岩浆岩、沉积岩和变质岩。

（一）岩浆岩Magmatic rock

1. 岩浆岩的形成The form of magmatic rock

　　岩浆岩又称为火成岩。由地壳内部熔融岩浆上升冷凝而成，是组成地壳的主要岩石。根据岩浆冷却的条件不同，岩浆岩又可分为以下三类：

　　（1）深成岩　深成岩是地壳深处的岩浆，受上部覆盖层的压力作用，缓慢地较均匀地冷却而形成的岩石。其特点是矿物全部结晶，晶粒较粗，结构致密，抗压强度高，吸水率小，表观密度大，抗冻性好等。有花岗岩、正长岩和闪长岩等。

　　（2）喷出岩　喷出岩是岩浆喷出地表冷却而成。当岩浆喷出地表时，压力骤减迅速冷却，因此大部分结晶不完全，多呈细小结晶（隐晶型）或玻璃质（非晶质）结构。当岩浆喷出形成较厚的岩层时，其结构与深成岩相似；当岩浆喷出形成较薄的岩层时，由于冷却较快，岩浆中气体压力降低而膨胀，形成多孔结构与火山岩相似。有玄武岩、安山岩和辉绿岩等。

　　（3）火山岩　火山岩是火山爆发时，岩浆被喷到空中，急速冷却后形成的岩石。由于冷却极快而形成玻璃质结构，表观密度小。有火山灰、火山砂、浮石和火山凝灰岩等。

2. 岩浆岩的种类 **The classification of magmatic rock**

岩浆岩的矿物成分是岩浆化学成分的反映。其化学成分很复杂，但含量最大的为 SiO_2。根据 SiO_2 含量分为：

（1）酸性岩类（$SiO_2 > 65\%$）　由石英、正长石及少量的黑云母和角闪石等组成。有花岗岩、花岗斑岩和流纹岩等。其颜色较浅，密度较小。

（2）中性岩类（SiO_2 为 $52\% \sim 65\%$）　由正长石、斜长石、角闪石及少量的黑云母和辉石等组成。有正长岩、正长斑岩、闪长岩、闪长斑岩和粗面岩等。其颜色较深，密度较大。

（3）基性岩类（SiO_2 为 $45\% \sim 52\%$）　由斜长石、辉石及少量的角闪石和橄榄石等组成。有玄武岩、辉长岩和辉绿岩等。其颜色深、密度大。

（4）超基性岩类（$SiO_2 < 45\%$）　由橄榄石、辉石及角闪石组成，一般不含硅铝矿物。其颜色很深，密度很大，是沥青混凝土的优选骨料。

3. 常用的岩浆岩 **Commonly used magmatic rock**

（1）花岗岩　花岗岩是岩浆岩中分布较广的一种岩石，由长石、石英及少量云母或角闪石等组成。花岗岩为全晶质结构，其颜色一般为灰白、微黄和淡红色等。花岗岩构造致密，孔隙率和吸水率都很小，表观密度大于 $2700 kg/m^3$，抗压强度为 $10 \sim 250 MPa$，抗冻性为 $100 \sim 200$ 次冻融循环，硬度大耐磨性好，耐久性为 $75 \sim 200$ 年，对硫酸和硝酸有较强的抵抗性。但在高温作用下发生晶型转变，体积膨胀而破坏，其耐火性不好。

在土木工程中花岗岩可用于基础、闸坝、桥墩、墙石、勒脚、台阶、路面和纪念性建筑等。经加工后的板材色泽美观、华丽典雅等，是非常优良的室内外装饰材料。

（2）玄武岩　玄武岩是喷出岩中分布较广的一种岩石，由斜长石、橄榄石和辉石组成。玄武岩常为隐晶质或玻璃质结构，有时也为多孔状或斑形构造。表观密度为 $2900 \sim 3500 kg/m^3$，抗压强度为 $100 \sim 500 MPa$，硬度高脆性大，抗风化能力强。常用于高强混凝土的骨料、道路路面和水利工程等。

（3）浮石、火山灰　浮石是颗粒状的火山岩。粒径大于 5mm 的多孔结构，表观密度 $300 \sim 600 kg/m^3$，可作为轻混凝土的骨料。火山灰是粉状火山岩。粒径小于 5mm，在常温水中能与石灰反应生成水硬性胶凝材料。可作为水泥的混合材料和混凝土的外掺料。

（二）沉积岩 **Sedimentary rock**

1. 沉积岩的形成 **The form of sedimentary rock**

沉积岩又称为水成岩。由地表的各类岩石经自然界的风化作用破坏，被风力、水流和冰川搬迁后再沉淀堆积，在地表或地表下不太深的地方形成的岩石。沉积岩多呈层状结构，每层岩石的构造、成分、颜色和性能均不相同。沉积岩的孔隙率和吸水率大，表观密度小，抗压强度低，耐久性差。

沉积岩按生成条件可分为三类：

（1）机械沉积　是岩石经自然风化而松散破碎后，经风力、水流和冰川等搬运、沉积、重新压实或胶结而成的岩石，有砂岩和页岩等。

（2）化学沉积　是岩石中易溶于水的矿物，经聚集沉积而成的岩石，有石膏、白云岩和菱镁石等。

（3）生物沉积　是各种生物死亡后的残骸沉积而成的岩石，有贝壳石灰岩、白垩和硅藻土等。其中石灰岩虽然仅占地壳总量的 5%，但是在地壳表面分布极广泛，达到地壳表面积的 75%，是土木工程中用途最广、用量最大的岩石。

2. 常用的沉积岩 **Commonly used sedimentary rock**

（1）石灰岩　石灰岩又称为灰石或青石，主要矿物为方解石，主要化学成分为 $CaCO_3$，另外常含有白云石、蛋白石、石英、菱镁矿、含水铁矿物和黏土等。石灰岩的矿物组成、化学成分、致密程度和物理性质等的差别很大。石灰岩的吸水率为 2%～10%，表观密度为 2600～2800kg/m³，抗压强度为 20～160MPa。其颜色一般为灰白色、浅白色，含有杂质时为灰黑、深灰、浅黄和浅红等。

石灰岩是地表面分布最广的岩石，来源广、硬度低和易开采，在土木工程中使用如下：

1）石灰岩是生产水泥和石灰的主要原料；

2）石灰岩块石，在土木建筑工程中可用于基础、墙身、台阶和路面等工程，在水利工程中可用于堤岸、护坡等工程；

3）石灰岩碎石是混凝土常用的骨料。

（2）砂岩　由石英砂或石灰岩等细小碎屑经沉积并重新胶结而成的岩石。其性质决定于胶结物的种类和胶结的致密程度。以氧化硅胶结而成的为硅质砂岩；以碳酸钙胶结而成的为石灰质砂岩；另外，还有铁质砂岩和黏土质砂岩。砂岩的主要矿物为石英，其他矿物有长石、云母和黏土等。致密的硅质砂岩的性能接近于花岗石，密度和硬度大、强度高、加工较困难，适用于纪念性建筑和耐酸工程等；钙质砂岩的性能类似于石灰岩，硬度低易开采，抗压强度为 60～80MPa，可用于基础、台阶和人行道等，但不耐酸的腐蚀；铁质砂岩的性能比钙质砂岩差，较密实的可用于一般的土木工程；黏土质砂岩浸水后易软化，建筑工程和水利工程不用。

（三）变质岩 **Metamorphic rock**

1. 变质岩的形成 **The form of metamorphic rock**

变质岩是地壳中原有的各类岩石，在地层的压力和温度作用下，原岩石在固体状态下发生再结晶作用，其矿物组成、结构构造和化学成分发生部分或全部的改变所形成新的岩石。一般沉积岩变质后，结构更为密实，性能更好。例如，由石灰岩或白云岩变质而成的大理岩，不仅资源较为丰富，而且是一种高档的建筑饰面材料。由砂岩变质而成的石英是陶瓷和玻璃的主要原料，也可用于墙面、地面和台阶等。但是深成岩变质后，其性能变差。

2. 常用的变质岩 **Commonly used metamorphic rock**

（1）大理岩　大理岩又称为大理石，由石灰岩或白云岩在压力和温度作用下，重新结晶而成的岩石。其颜色一般为雪白色，当含有杂质时为红、绿、黄和黑色等。大理岩构造致密，表观密度为 2500～2700kg/m³，抗压强度为 50～140MPa，耐久性为 30～100 年，但硬度不高，锯切、雕刻性能好，磨光后自然、美观和柔和等，是非常优良的室内装饰材料。我国的汉白玉、雪花白、丹东绿、红奶油和墨玉等均为世界著名的装饰材料。

（2）石英岩　由硅质砂岩变质而成的岩石。石英岩晶体、结构致密，抗压强度为 250～400MPa，耐久性好，但硬度大，加工困难，常用于耐磨耐酸的饰面材料。

（3）片麻岩　由花岗岩变质而成的岩石，矿物成分与花岗岩相似，片状构造，各个方向的物理力学不相同。垂直于解理（片层）方向有较高的抗压强度，可达 120～200MPa；沿解理方向易于开采和加工，但抗冻性差，在冻融循环过程中易剥落分离成片状，容易风化。

常用作碎石、块石和人行道石板等。

第二节 天然石材的技术性质
Section 2 The Technical Nature of Natural Dimension Stones

天然石材的技术性质可分为物理、力学性质。

一、物理性质Physical properties

（一）表观密度Apparent density

石材的表观密度与矿物组成和孔隙率及含水状态有关。表观密度的大小可以反映石材的性能。因此可按石材的表观密度分为重质石材和轻质石材。

重质石材的表观密度大于 $1800kg/m^3$，例如致密的花岗石和大理石等，其表观密度接近于密度，孔隙率和吸水率小，抗压强度高，耐久性好，适用于建筑的基础、地面、墙面、桥梁和水利工程等。

轻质石材的表观密度小于 $1800kg/m^3$，例如火山凝灰岩和浮石等，孔隙率和吸水率较大，抗压强度较低，主要用于墙体材料。

（二）吸水性Water absorption

石材的吸水性与孔隙率和孔隙特征有关。不同的石材吸水性差别很大，深成岩和变质岩的孔隙率很小，因此吸水率也很小，例如花岗岩的吸水率一般均小于 0.5％。沉积岩形成的条件不同，密实程度与胶结情况也不同时，其孔隙的特征变化很大，吸水率的波动也很大，例如致密的石灰岩的吸水率可小于 1％，而多孔贝壳石灰岩可高达 15％。石材的吸水性对强度和耐水性有很大的影响，石材吸水后，会降低颗粒之间的黏结力，使结构减弱强度降低，还会影响导热性和抗冻性等。

（三）耐水性Water resistance

当石材中含有易溶物质和黏土时，吸水后易溶解或软化，使其强度下降或结构破坏。经常与水接触的建筑，石材的软化系数应不低于 0.75～0.90。

（四）抗冻性Frost resistance

石材的抗冻性主要决定于矿物组成、结构和构造。石材的抗冻性指标，按石材在吸水饱和状态下所能经受的冻融循环的次数（15、25、50、100 次和 200 次等）强度降低不大于25％，质量损失不超过 5％，即为抗冻性合格。使用时根据工程性质和环境条件，选用相应的抗冻指号。

（五）抗风化Efflorescence resistance

石材孔隙率的大小对风化有很大的影响。水、冰和化学因素等造成岩石开裂或剥落的过程，称为岩石的风化。当岩石中含有较多的云母和黄铁矿时，风化速度快，另外由白云石和方解石组成的岩石在酸性气体的环境中也易风化。防止风化的措施：对碳酸类石材可用氟硅酸镁涂刷表面；对花岗石可磨光石材表面，防止表面积水等。

二、力学性质Mechanical properties

石材的力学性质主要有抗压强度、冲击韧性、硬度和耐磨性等。

（一）抗压强度Compressive strength

按国家标准 GB 50003—2011《砌体结构设计规范》的要求，石材的抗压强度以三个边长为 70mm 的立方体为一组试件，取在浸水饱和的状态下其抗压强度的算术平均值。根据强度值划分为 MU100、MU80、MU60、MU50、MU40、MU30、MU20 七个强度等级。

抗压试件也可采用表 2-1 中的边长尺寸的立方体再乘以相应的换算系数。

表 2-1 石材强度等级的换算系数
Tab. 2-1 Conversion coefficient of strength grades of dimension stones

立方体边长 （mm）	200	150	100	70	50
换算系数	1.43	1.28	1.14	1	0.86

水利工程中，将石材按 ϕ50mm×100mm 的圆柱体或 50mm×50mm×100mm 的棱柱体，以浸水饱和状态下的极限抗压强度值划分为 100、80、70、60、50、30 六个强度等级。并按抗压强度分为硬质岩石（大于 80 号），中硬岩石（30~80 号），软质岩石（小于 30 号）。中小型水工建筑物选用 30~50 号的岩石；堆石坝选用 60~80 号以上的岩石；砌石坝选用 60 号以上的岩石。

石材的强度决定于矿物组成、构造、孔隙率的大小和风化等。石材的强度变化很大，即使同一产地的岩石，其强度也大不相同。例如当花岗岩主要矿物为石英时强度较高，当云母含量多时强度低。例如有层理的岩石，垂直于层理方向的强度高于平行层理方向的强度。另外石材的孔隙大，易风化，石材的强度就低，反之较高。因此使用石材时，根据使用条件合理选用。

（二）冲击韧性 Impact toughness

石材的韧性决定于矿物组成和构造。通常晶体结构的岩石较非晶体结构的岩石具有较高的韧性。例如含暗色矿物较多的辉绿岩、辉长岩等具有较高的韧性。而石英岩和硅质砂岩的脆性大而韧性差。

（三）硬度 Hardness

石材的硬度决定于矿物组成的硬度与构造。凡由致密、坚硬矿物组成的石材，其硬度均较高，岩石硬度是岩石的可钻性评价的重要指标。岩石的硬度以莫氏硬度表示。

（四）耐磨性 Wear resistance

石材能抵抗摩擦和磨损的能力称为耐磨性。石材的耐磨性决定于矿物组成、结构和构造。组成岩石的矿物越坚硬、结构和构造越密实、强度和韧性越高，则石材的耐磨性也越好。

土木工程中的楼地面、走道、楼梯踏步、台阶、人行道等，都可采用耐磨性好的石材。

（五）蠕变性质 Creep property rock

岩石蠕变是岩石流变的一种特殊形式，指当应力不变时，变形随时间延长而增大的现象。

第三节 石材的加工类型及选用
Section 3 Processing Types and Selection of Dimension Stones

土木工程中使用的石材常加工为毛石、料石、板材和颗粒状等。

一、石材的加工 Processing of dimension stones

（一）砌筑用石材 Masonry dimension stones

根据石材加工后的外形规则程度，可分为毛石和料石。

1. 毛石 Rubble stone，freestone or hewn stone

毛石又称为片石或块石，由爆破直接获得的石材，形状不规则，中部厚度不应小于200mm，根据平整程度又可分为乱毛石和平毛石。

（1）乱毛石　乱毛石形状不规则不平整，单块质量大于25kg，中部厚度不小于15cm，适用于建筑物的基础（毛石混凝土基础）、水利水电工程中的堆石坝和堤岸护坡等。

（2）平毛石　平毛石由乱毛石稍加工而成，形状比乱毛石整齐，表面粗糙，无尖角，块厚宜大于20cm。适用于建筑工程中砌筑基础、墙身和挡土墙等；适用于水利水电工程中浆砌石坝和闸墩等大体积结构的内部。

2. 料石 Dressed stone

料石又称为条石，由人工或机械加工而成。按外形规则程度可分为毛料石、粗料石和细料石等。

（1）毛料石　外形大致方正，一般不加工或稍加修整，高度不小于200mm，砌体面凹凸不大于25mm。

（2）粗料石　外形较方正，经加工后，宽度和高度不小于200mm，又不小于长度的1/4，砌体面凹凸不大于20mm。

（3）细料石　外形规则、规格尺寸同粗料石，砌体面凹凸不大于10mm。

料石一般由花岗岩、致密砂岩和石灰岩制成。建筑工程中料石适用于砌筑墙体、台阶、地坪、拱桥和纪念碑；也适用于栏杆、窗台板和柱基等的装饰。水利水电工程中毛石和粗料石适用于砌筑闸、坝和桥墩等。

（二）板材 Slabstone

建筑的中饰面材料大多为板材，一般厚度为20mm，根据形状分为普通板、圆弧板和异型板。

普通板：正方形或长方形的建筑板材。

圆弧板：装饰面轮廓线的曲率半径处处相同的建筑板材。

异型板：普通板和圆弧板以外的其他形状建筑板材。

各种形状。建筑工程中板材主要用于墙面、柱面、地面、楼梯踏步等装饰。

（三）颗粒状石料 Granular rock material

（1）碎石　天然岩石经人工和机械破碎而成，粒径大于5mm的颗粒状石料。主要用于混凝土骨料或基础、道路的垫层。

（2）卵石　天然岩石经自然界风化、磨蚀、冲刷等作用而形成的颗粒状石料。用途同碎石，也可用于园林和庭园的地面的铺砌材料等。

（3）石渣　用天然的花岗石或大理石等的碎料加工而成，适用于水磨石、水刷石、干粘石、斩假石和人造大理石等的骨料。具有多种颜色、装饰效果好。

二、石材的选用 The selection of dimension stones

在建筑设计和施工中，主要根据适用性和经济性原则选用石材。

适用性主要考虑石材的技术性能是否满足要求，例如用于建筑的基础、墙、柱和水利工程等的石材，主要考虑强度等级、耐水性和耐久性等；用于围护结构的石材，除以上性能应考虑外，还应考虑石材的绝热性能；用于饰面板、栏杆和扶手等，应考虑石材的色彩与环境的协调和美观等；用于寒冷地区石材应考虑抗冻性；用于高温、高湿和化学腐蚀的石材，均应分别考虑其各种性能。

经济性主要考虑就地取材，因为石材的表观密度大，用量多等，尽量减少运输费用，综合利用地方材料，达到技术经济的目的。

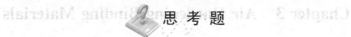 思 考 题

Exercise

1. 试述天然岩石的形成与分类。
2. 常用岩石有几种？试述每种的主要用途。
3. 石材的加工类型及主要用途有哪些？

第三章 气硬性胶凝材料

Chapter 3　Air Hardening Binding Materials

胶凝材料是指在一定条件下，通过自身的一系列物理、化学变化而把其他材料胶结成具有强度的整体的材料。

胶凝材料分为无机胶凝材料和有机胶凝材料两类。有机胶凝材料是以天然或人工合成的高分子化合物为主要成分的胶凝材料，常用的有沥青、各种合成树脂。无机胶凝材料是以无机矿物为主要成分的胶凝材料。无机胶凝材料分为气硬性胶凝材料和水硬性胶凝材料。气硬性胶凝材料只能在空气中硬化，也只能在空气中保持和发展其强度，如石灰、石膏、水玻璃等。水硬性胶凝材料不但能在空气中硬化，而且能更好地在水中硬化，并保持和发展其强度，如各种类型水泥。

气硬性胶凝材料只能用于地面以上处于干燥环境的建筑物；水硬性胶凝材料既可用于地上也可用于地下或水中的建筑物。

第一节　石　　灰

Section 1　Lime

石灰是一种古老的建筑材料，其原料来源广，生产工艺简单，使用方便，目前依然被广泛用于建筑工程。

用石灰岩、白垩、白云质石灰岩或其他以碳酸钙为主的天然原料，经煅烧而得的块状产品，称为生石灰。生石灰的主要成分是 CaO，煅烧时的反应为

$$CaCO_3 \xrightarrow{900℃} CaO + CO_2 \uparrow$$

石灰煅烧的温度一般高达 $1000\sim1100℃$，煅烧时温度的高低，对石灰质量有很大影响。若温度太低或煅烧时间不足，碳酸钙不能完全分解，则产生欠火石灰；若温度太高或煅烧时间过长，则产生过火石灰。煅烧良好的石灰，质轻色匀，密度约为 $3.2g/cm^3$，堆积密度介于 $800\sim1000kg/m^3$ 之间。

按 MgO 含量的多少，生石灰又分为钙质石灰和镁质石灰，当 MgO 含量小于或等于 5％时，称为钙质石灰；当 MgO 含量大于 5％时，称为镁质石灰。

根据成品的加工程度不同，除了块状生石灰外，石灰还有磨细生石灰粉、熟石灰粉、石灰浆等。磨细生石灰是将生石灰磨成细粉，不经消解，直接使用；熟石灰粉是将生石灰用适量的水消化而得的粉末，密度约为 $2.1g/cm^3$，松散状态下的堆积密度为 $400\sim450kg/m^3$；石灰浆是用较多的水将石灰拌和而成的膏体，堆积密度为 $1300\sim1400kg/m^3$。如果加更多的水，还可形成石灰乳、石灰水。

一、石灰的熟化和硬化 Aging and Hardening of lime

生石灰在使用前，一般要加水熟化，其主要成分变为 $Ca(OH)_2$。化学反应为

$$CaO + H_2O \longrightarrow Ca(OH)_2 + 64.9kJ$$

其特点为，反应迅速，放热量大，体积膨胀大（约 1.5～2.0 倍）。

石灰的硬化是指石灰浆体的干燥、结晶、碳化三个交错进行的作用形成 $Ca(OH)_2$ 结晶结构网的结果。硬化过程的特点是体积收缩大。

二、石灰的特性Characteristic of lime

石灰具有如下特性：

（1）可塑性和保水性较好。石灰浆是珠状细颗粒高分散度的胶体，表面附有较厚的水膜，降低了石灰颗粒间的摩擦力，故可塑性和保水性较好。

（2）石灰熟化时放热量大，体积膨胀大。过火石灰使用时，由于表面覆盖了一层致密的碳酸钙，阻碍了氧化钙与水接触及时发生熟化反应，当表层的碳酸钙逐渐溶解后，可能继续熟化并产生体积膨胀，从而引起结构或砌体开裂或脱落的现象，这是过火石灰在使用过程中的危害。为消除过火石灰的危害，石灰浆应在消解坑中存放两星期以上（称为"陈伏"），使未熟化的颗粒充分熟化。如果使用磨细生石灰，可消除过火石灰的危害，并可提高石灰硬化体的强度。

（3）硬化缓慢。由于石灰硬化过程中伴有碳化作用，它主要发生在与空气接触的表面，当表层生成致密的碳酸钙薄壳后，阻碍了内部水分的蒸发，从而影响了 $Ca(OH)_2$ 结晶的速度，所以石灰浆的硬化是一个较缓慢的过程。

（4）硬化时体积收缩大，硬化后强度低。生石灰熟化的理论加水量，仅为 CaO 质量的 32%，为了满足石灰的和易性要求，实际加水量常为 60%～80%。硬化时大量的游离水蒸发，导致内部毛细管失水紧缩，硬化体结构差，强度低。所以在工程上常配成石灰砂浆使用，也可在砂浆中加入适量的纤维材料来减少和避免开裂。

（5）耐水性差。石灰为气硬性胶凝材料，硬化后的主要化学成分为 $Ca(OH)_2$，其在水中有一定的溶解度，使石灰硬化体遇水后产生溃散，故石灰不宜用于潮湿环境。

镁质石灰的熟化与硬化均较慢，产浆量较少，但硬化后孔隙率较小，强度较高。

三、石灰的技术指标Technical indexes of lime

根据建筑石灰标准，建筑石灰按化学成分分为钙质石灰和镁质石灰。其分类标准见表 3-1，各类石灰的主要技术指标见表 3-2。

表 3-1　　　　　建筑钙质、镁质石灰的分类（JC/T 479—2013，481—2013）

Tab. 3-1 The sorts of building calcium or magnesium lime（JC/T 479—2013，481—2013）

品种	类别	名称	代号
生石灰	钙质石灰	钙质石灰 90	CL90
		钙质石灰 85	CL85
		钙质石灰 75	CL75
	镁质石灰	镁质石灰 85	ML85
		镁质石灰 80	ML80
消石灰	钙质消石灰	钙质消石灰 90	HCL90
		钙质消石灰 85	HCL85
		钙质消石灰 75	HCL75

续表

品种	类别	名称	代号
消石灰	镁质消石灰	镁质消石灰 85	HML85
		镁质消石灰 80	HML80

注 生石灰块在代号后面加 Q，生石灰粉在代号后面加 QP。

表 3 - 2 建筑石灰的主要技术指标（JC/T 479—2013，481—2013）
Tab. 3 - 2 The technical indexes of lime（JC/T 479—2013，481—2013）

品种		项目	钙质石灰			镁质石灰	
			（H）CL90	（H）CL85	（H）CL75	（H）ML85	（H）ML80
生石灰块		Ca+MgO 含量（%）	≥90	≥85	≥75	≥85	≥80
		氧化镁含量（%）	≤5	≤5	≤5	>5	>5
		CO_2 含量（%）	≤4	≤7	≤12	≤7	≤7
		产浆量（cm³/10kg）	≥26	≥26	≥26	—	—
生石灰粉		Ca+MgO 含量（%）	≥90	≥85	≥75	≥85	≥80
		氧化镁含量（%）	≤5	≤5	≤5	>5	>5
		CO_2 含量（%）	≤4	≤7	≤12	≤7	≤7
	细度	90μm 筛余量（%）	≤7	≤7	≤7	≤7	≤2
		0.2mm 筛余量（%）	≤2	≤2	≤2	≤2	≤7
消石灰粉		Ca+MgO 含量（%）	≥90	≥85	≥75	≥85	≥80
		氧化镁含量（%）	≤5	≤5	≤5	>5	>5
		游离水（%）	≤2	≤2	≤2	≤2	≤2
	细度	90μm 筛余量（%）	≤2	≤2	≤2	≤2	≤2
		0.2mm 筛余量（%）	≤7	≤7	≤7	≤7	≤7
		体积安定性	合格	合格	合格	合格	合格

四、石灰的应用Application of lime

石灰在建筑上应用很广。用消石灰粉或石灰浆，加适量的 108 胶，可配制成石灰乳，作为墙面及天棚等的粉刷涂料使用。在石灰乳中，可以加入各种碱性矿物颜料，使其具有一定的颜色；也可以调入少量磨细的粒化高炉矿渣和粉煤灰，提高其耐水性；还可以调入聚乙烯醇、干酪素、氢氧化钙和明矾，以减少石灰乳涂层粉化现象。

石灰还常用来配制石灰砂浆、水泥石灰混合砂浆等，作为砌筑砖石及抹灰之用。石灰水泥的混合砂浆保水性、和易性好。

磨细生石灰、消石灰可与黏土配制成灰土，再加入砂子可配成三合土，经过夯实，具有一定的强度和耐水性，可用于建筑物的基础和垫层，也可用于小型水利工程。三合土或灰土可就地取材，施工技术简单，成本低，具有很大的使用价值。

磨细生石灰还常用于制作硅酸盐制品及无熟料水泥。用磨细生石灰掺加纤维状填料或轻质骨料，搅拌成型后，经人工碳化，可制成碳化石灰板，用作隔墙板、天花板等。用磨细生石灰与硅质材料混合，经成型、蒸压或蒸汽养护，可生产硅酸盐制品，如灰砂砖、加气混凝土砌块、粉煤灰砖等。

石灰稳定土、石灰粉煤灰稳定土及其稳定碎石等的技术，广泛用于高等级道路路面基层。在桥梁工程中，石灰砂浆、石灰水泥砂浆、石灰粉煤灰砂浆广泛用于坼工砌体。

第二节 石 膏
Section 2 Gypsum

石膏存在的形式，有天然二水石膏、化工石膏、天然无水石膏、建筑石膏、高强石膏。

石膏胶凝材料主要是由天然二水石膏（$CaSO_4 \cdot 2H_2O$——生石膏）经煅烧脱水而制成的。除天然二水石膏外，天然无水石膏（$CaSO_4$——硬石膏）、工业副产石膏（以硫酸钙为主要成分的工业副产品，如磷石膏、氟石膏）也可以作为制造石膏胶凝材料的原料。

生产石膏的主要工序是煅烧和磨细。在煅烧二水石膏时，由于加热温度不同，所得石膏的组成与结构不同，其性质也有很大差别。反应式为

$$CaSO_4 \cdot 2H_2O \xrightarrow{\text{煅烧}} CaSO_4 \cdot \frac{1}{2}H_2O + 1\frac{1}{2}H_2O$$

生成的半水石膏加水拌和后，能很快地凝结硬化。

当煅烧温度升到170～200℃时，石膏继续脱水，变成可溶的硬石膏，与水拌和后也能很快地凝结与硬化。当煅烧温度升到200～250℃时，生成的石膏仅残留微量水分，凝结硬化异常缓慢。当煅烧温度高于400℃时，石膏完全失去水分，变成不溶解的硬石膏，不能凝结硬化。当温度高于800℃时，石膏将分解出部分CaO，称高温煅烧石膏，重新具有凝结及硬化的能力，虽凝结较慢，但强度及耐磨性较高。

在建筑上应用最广的是半水石膏。

一、建筑石膏 Building gypsum

将β型半水石膏磨成细粉，可得到建筑石膏。如果杂质较少、色泽较白，可作模型石膏。

建筑石膏密度为2500～2800kg/m³，其紧密堆积密度为1000～1200kg/m³，松散堆积密度800～1000kg/m³。建筑石膏遇水时，将重新水化成二水石膏，并很快凝结硬化。反应如下

$$CaSO_4 \cdot \frac{1}{2}H_2O + 1\frac{1}{2}H_2O = CaSO_4 \cdot 2H_2O$$

该反应过程如图3-1所示。建筑石膏拌水后形成流动的可塑性凝胶体，半水石膏溶解于水中并与水反应生成二水石膏，生成的二水石膏也溶解于水中。由于二水石膏在常温下的溶解度大大小于半水石膏的溶解度，二水石膏胶体微粒将从溶液中析出，并逐渐使半水石膏全部转化为二水石膏。在这个过程中，浆体中的水分因水化和蒸发而逐渐减少，浆体变稠而失去

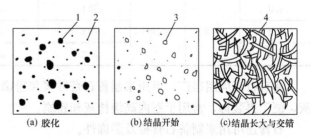

(a) 胶化　　　(b) 结晶开始　　　(c) 结晶长大与交错

图3-1 建筑石膏凝结硬化示意图

Fig.3-1 Schematic diagram of hardening of building gypsum

1—半水石膏；2—二水石膏胶体微粒；

3—二水石膏晶体；4—交错的晶体

流动性，可塑性也开始下降，称为石膏的初凝。随着水分的蒸发和水化的继续进行，微粒间摩擦力和黏结力逐渐增大，浆体完全失去可塑性，开始产生结构强度，则称为终凝。随着晶体颗粒不断长大、连生、交错，浆体逐渐变硬产生强度，则称为硬化。

石膏凝结硬化极快，全过程约 7～12min，一般不超过半小时。硬化后体积稍有膨胀（膨胀量约为 0.5%～1%），形成平滑饱满的表面，所以石膏可不加填充料而单独使用，并可做模型。

建筑石膏晶粒较细，水化反应的理论需水量仅为石膏质量的 18.6%，但为了使浆体具有一定的可塑性，需水量常达到 60%～80%，多余水分蒸发后留下大量孔隙，故硬化后石膏孔隙率大，表观密度较小，强度低，导热性较小 [0.121～0.205W/（m·k）]，隔热吸声性能较好。

建筑石膏硬化后的主要化学成分为二水石膏，具有很强的吸湿性及透气性。受潮后强度剧烈降低，软化系数为 0.2～0.3，耐水性及抗冻性均较差。

建筑石膏具有良好的防火性能。当石膏制品遇火时，二水石膏吸收大量的热而蒸发脱水，在制品表面形成水蒸气隔层，使其具有良好的防火性能。

根据 GB/T 9776—2022《建筑石膏》，建筑石膏按照原材料种类分为三类：

表 3 - 3　　　　　　　　　　建筑石膏的分类（GB/T 9776—2022）
Tab. 3 - 3　　　　　　　The sorts of building gypsum（GB/T 9776—2022）

类别	天然建筑石膏	脱硫建筑石膏	磷建筑石膏
代号	N	S	P

根据 GB/T 9776—2023 建筑石膏按照 2h 抗折强度分为 4.0、3.0、2.0 三个等级，各等级的物理力学性能见表 3 - 4。

表 3 - 4　　　　　　　　建筑石膏的物理力学性能（GB/T 9776—2022）
Tab. 3 - 4　　　　The technical indexes of building gypsum（GB/T 9776—2022）

等级	凝结时间/min		强度/MPa			
			2h 湿强度		干强度	
	初凝	终凝	抗折	抗压	抗折	抗压
4.0	≥3	≤30	≥4.0	≥8.0	≥7.0	≥15.0
3.0			≥3.0	≥6.0	≥5.0	≥12.0
2.0			≥2.0	≥4.0	≥4.0	≥8.0

建筑石膏应用很广，可用来制备石膏砂浆和粉刷石膏。石膏表面坚硬、光滑细腻、不起灰，便于再装饰，常用于室内高级抹灰和粉刷。

石膏还可用来制备石膏板及装饰件。

石膏板质轻、保温隔热、吸声防火、尺寸稳定、便于施工，广泛用于高层建筑和大跨度建筑隔墙。常用的石膏板有纸面石膏板、纤维石膏板、空心石膏板、装饰石膏板。纸面石膏板是以石膏作芯材，两面用纸做护面而制成，主要用于内墙、隔墙、天花板等处。纤维石膏板是以建筑石膏为主要原料掺加适量的纤维增强材料而制成，即将玻璃纤维、纸筋或矿棉等纤维材料先在水中松解，然后与建筑石膏及适量的浸润剂混合制成浆料，在长网成型机上经铺浆、脱水而制成，它的抗折强度和弹性模量都高于纸面石膏板。纤维石膏板主要用于建筑物的内隔墙和吊顶，也可用来替代木材制作家具。空心石膏板强度高，可用作住宅和公共建筑的内墙和隔墙等，且安装时不需要龙骨。石膏装饰板有平板、多孔板、花纹板、浮雕板等多种，它尺寸精确，线条清晰，颜色鲜艳，造型美观，品种多样，施工简单，主要用于公共建筑，可作墙面板和天花板等。石膏板装饰件有石膏角线、线板、角花、灯圈、罗马柱、雕塑等。

石膏还可以用来制成石膏混凝土、人造大理石等。

二、高强度石膏 High strength gypsum

将二水石膏在常压下脱水，得到 β 型半水石膏，如果在 1.3 大气压、125℃条件下进行脱水，则得半水石膏为 α 型半水石膏，α 型半水石膏晶粒较粗，需水量较建筑石膏小（约为35%～45%），故密实度和强度较建筑石膏大，称为高强石膏。高强石膏用于强度要求较高的抹灰工程、石膏制品和石膏板等。

三、无水石膏水泥 Anhydrite cement

将二水石膏在 600～800℃ 温度下煅烧后所得的不溶性无水石膏，加入适量的催化剂，如石灰、页岩灰、粒化高炉矿渣、硫酸钠、硫酸氢钠等，共同磨细而制得的气硬性胶凝材料，称为无水石膏水泥，也称为无熟料水泥。它具有一定的强度，可用于配制建筑砂浆、保温混凝土、抹灰、制造石膏制品和石膏板等。

第三节 水 玻 璃
Section 3　Soluble Glass

水玻璃俗称泡花碱，是一种能溶于水的硅酸盐，由碱金属氧化物和二氧化硅结合而成，化学通式为 $R_2O \cdot nSiO_2$，n 为水玻璃的模数，常见的水玻璃有硅酸钠水玻璃和硅酸钾水玻璃。水玻璃为液态，是一种胶质溶液，具有胶结能力，在空气中能与二氧化碳反应并硬化，其反应为

$$Na_2O \cdot nSiO_2 + CO_2 + mH_2O = Na_2CO_3 + nSiO_2 \cdot mH_2O$$
无定形硅胶

水玻璃中 n 值越大，水玻璃中胶体组分越多，水玻璃的黏性越大，越难溶于水，但却容易分解硬化，黏结能力较强。建筑工程中常用水玻璃的 n 值一般在 2.6～3.5 之间。相同模数的液态水玻璃，其密度较大（即浓度较稠）者，黏性较大，黏结性能较好。工程中常用的水玻璃密度为 1.3～1.4g/cm³。在水玻璃中加入少量添加剂，如尿素，可以不改变黏度而提高其黏结性能。由于空气中 CO_2 含量有限，上述硬化过程进行得很慢，为加速其硬化，常加入促硬剂氟硅酸钠（Na_2SiF_6），以促使二氧化硅凝胶加速析出。氟硅酸钠的适宜掺入量为水玻璃质量的 12%～15%，氟硅酸钠有毒，施工时应注意安全。水玻璃中总固体含量增多，则冰点降低，性能变脆。冻结后的水玻璃溶液，再加热熔化，其性质不变。水玻璃具有很强的耐酸性能，能抵抗多数无机酸和有机酸的作用。水玻璃耐热温度可达 1200℃，在高温下不燃烧，不分解，强度不降低，甚至有所增加。水玻璃硬化时，析出的硅酸凝胶能堵塞材料的毛细孔隙，起到阻止水分渗透的作用。

水玻璃在建筑工程中的主要用途如下：

（1）涂刷天然石材、黏土砖、混凝土和硅酸盐制品的表面，提高其密实性、抗水性和抗风化能力。但不能用水玻璃涂刷石膏制品，因硅酸钠能与硫酸钙反应生成硫酸钠，结晶时体积膨胀，使制品破坏。

（2）配制耐酸浆体、耐酸砂浆、耐热耐酸混凝土，用于耐酸结构中或高炉基础、热工设备及围护结构等耐热工程中。

（3）修补砖墙裂缝。

（4）加固土壤。使用时将水玻璃溶液与氯化钙溶液交替地灌于基础中，反应生成的硅胶，起胶结作用，能包裹土粒并填充其孔隙。因此，不仅可以提高基础的承载能力，而且可以增强不透水性。

（5）配制成速凝防水剂。将水玻璃溶液掺入砂浆或混凝土中，可使砂浆或混凝土急速硬化，用于堵漏抢修等。

不同的应用条件需要选择不同 n 值的水玻璃。用于地基灌浆时，采用 $n=2.7\sim3.0$ 的水玻璃较好；涂刷材料表面时，$n=3.3\sim3.5$ 为宜；配制耐热混凝土或作为水泥的促凝剂时，$n=2.6\sim2.8$ 为宜。

水玻璃 n 值的大小可根据要求予以配制。在水玻璃溶液中加入 Na_2O 可降低 n 值；溶入硅胶（SiO_2）可以提高 n 值。也可用 n 值较大及较小的两种水玻璃掺配使用。

 思 考 题

Exercise

1. 试述胶凝材料的分类。
2. 试述石灰的特性及其在工程中的应用。
3. 石灰使用前进行"陈伏"的作用是什么？
4. 石膏有什么特性？石膏在房屋建筑工程中有哪些方面的应用？
5. 简述水玻璃的特点及用途。

第四章 水　泥
Chapter 4　Cement

水泥是一种水硬性胶凝材料，能在空气中、潮湿环境和水中凝结、硬化、发展和保持强度。由于本身的工程性能决定，不仅是工业与民用建筑工程中不可缺少的胶凝、结构材料，而且也广泛地用于水利、道路、桥梁、海洋和国防等工程中。

水泥按矿物组成可分为硅酸盐类水泥、铝酸盐类水泥、硫铝酸盐水泥等。其中硅酸盐类水泥使用最多，也最广泛。水泥按性能和用途可分为通用水泥、专用水泥和特性水泥。通用水泥为硅酸盐类的水泥，主要用于土木建筑工程。专用水泥为砌筑水泥、道路水泥、防辐射水泥和油井水泥等。特性水泥为快硬水泥、无收缩快硬水泥、中热和低热水泥、膨胀水泥和抗硫酸盐水泥等。

不同种类的水泥其用途不同，而同一种类的水泥，调整其矿物组成可配制成不同品种、不同强度等级的水泥，以满足工程中不同的需要。因此，只有充分掌握各种水泥的特性和应用，根据不同的工程和环境条件，合理地选用水泥，才能使其达到技术经济的效果。

本章重点讲解硅酸盐类水泥，介绍其他品种的水泥。

第一节　硅酸盐水泥
Section 1　Portland Cement

一、硅酸盐水泥的定义Definition of Portland Cement

凡以适当成分的生料，烧至部分熔融，所得以硅酸钙为主要成分的水泥熟料，并掺入 $0 \sim 5\%$ 的石灰石或粒化高炉矿渣、适量石膏共同磨细制成的水硬性胶凝材料，称为硅酸盐水泥（即波特兰水泥）。硅酸盐水泥为两种类型：未掺入石灰石或粒化高炉矿渣混合材料的称为 I 型硅酸盐水泥，代号 P·I；掺入不超过熟料 5% 的石灰石或粒化高炉矿渣混合材料的称为 II 型硅酸盐水泥，代号 P·II。

二、硅酸盐水泥的原料、生产Raw materials and production of Portland cement

（一）硅酸盐水泥的原料Raw materials of portland cement

（1）石灰质原料：如石灰石、大理石、贝壳和白垩等。主要成分为 $CaCO_3$，主要提供 CaO。

（2）黏土质原料：如黏土、黏土质页岩和黄土等。主要成分为 $SiO_2 \cdot Al_2O_3 \cdot Fe_2O_3$，主要提供 SiO_2、Al_2O_3 和少量的 Fe_2O_3。

（3）校正材料：如铁矿粉、河砂、硅藻土和矾土等，以补充 SiO_2、Al_2O_3 和 Fe_2O_3 的不足。

（二）生产Production of portland cement

硅酸盐水泥的生产工艺，如图 4-1 所示：

石灰石
黏土　 $\}\xrightarrow[\text{磨　细}]{\text{按比例混合}}$ 生料 $\xrightarrow[\text{煅　烧}]{1450℃}$ 熟料 $\begin{cases}\text{熟料、适量石膏共同磨细} \longrightarrow \text{P·Ⅰ}\\ \text{熟料、适量石膏和混合材料共同磨细} \longrightarrow \text{P·Ⅱ}\end{cases}$
铁矿物

图 4-1　硅酸盐水泥生产工艺示意图

Fig. 4-1　Sketch map of production technology of Portland cement

目前生产硅酸盐水泥的煅烧设备有立窑和回转窑，还有"窑外分解"的先进设备。生料的配制有湿法和干法，湿法是把生料加水磨成生料浆；干法是把原料烘干磨成生料粉。要求配料准确、细度符合要求、搅拌均匀，使煅烧时各成分之间能充分反应。

我国的大型水泥厂大多数采用回转窑生产，例如湿法生产，生料在煅烧时要经历干燥、预热、分解、烧成和冷却等阶段：

干燥阶段　100～200℃，生料水分逐渐蒸发干燥；

预热阶段　300～500℃，生料被预热；

分解阶段　500～900℃，黏土质原料脱水分解成为无定型的 Al_2O_3 和 SiO_2，在 600℃ 以上石灰质原料分解成为 CaO 和 CO_2；

烧成阶段　1000～1200℃生成铝酸三钙、铁铝酸四钙和硅酸二钙，1300～1450℃生成硅酸三钙；

冷却阶段　烧成后迅速冷却，即成为熟料。

在熟料中加入适量石膏共同磨细，即得到硅酸盐水泥 P·Ⅰ 型；

在熟料中加入适量石膏、5%的石灰石或粒化高炉矿渣共同磨细，即得到硅酸盐水泥 P·Ⅱ型。

硅酸盐水泥的生产工艺也可以概括为"两磨一烧"，即生料的配制磨细，生料煅烧至部分熔融为熟料，熟料的磨细。

（三）硅酸盐水泥的矿物组成及特性Mineral composition and characteristic of Portland cement

1. 硅酸盐水泥的矿物组成Mineral composition of portland cement

硅酸盐水泥由四种主要矿物组成，其名称、化学成分、代号和含量，见表 4-1。

表 4-1　　　　　　　　　　　　硅酸盐水泥熟料主要矿物及含量

Tab. 4-1　　　　　Species and the content of the main mineral of Portland cement clinker

矿物名称	化学成分	代号	含量（%）
硅酸三钙	$3CaO \cdot SiO_2$	C_3S	45～65
硅酸二钙	$2CaO \cdot SiO_2$	C_2S	15～30
铝酸三钙	$3CaO \cdot Al_2O_3$	C_3A	7～15
铁铝酸四钙	$4CaO \cdot Al_2O_3 \cdot Fe_2O_3$	C_4AF	10～18

熟料中的硅酸三钙和硅酸二钙称为硅酸盐矿物，含量约占 70% 左右；铝酸三钙和铁铝四钙称为溶剂性矿物，含量占 18%～25%。由于煅烧不充分等原因，还存有少量的有害成分：如游离氧化钙（f-CaO）和游离氧化镁（f-MgO）、含碱矿物和玻璃等（约占百分之几）。这些成分过多，会降低水泥的质量，甚至成为废品。

由于在水泥熟料中硅酸钙约占 70% 左右，因此我国称为硅酸盐水泥。又由于硅酸盐水泥为英国人约瑟夫·阿斯普丁（Joseph Aspdin）在 1824 年取得专利，开创了水泥工业的历史，而水泥的颜色与英国波特兰的石材相似，因此国外将硅酸盐水泥命名为波特兰水泥（Portland Cement）。

2. 硅酸盐水泥的特性Characteristic of Portland cement

要认识硅酸盐水泥的特性，首先应认识单矿物的特性。四种主要矿物单独与水作用时所表现的特性，见表4-2。各熟料矿物的抗压强度随时间的增长情况，如图4-2所示。

表4-2 硅酸盐水泥单矿物的水化特性

Tab. 4-2 Hydration characteristic of the single Portland cement clinker mineral

矿物简称	水化硬化	放热量	强度
C_3S	快	大	高
C_2S	慢	小	早低后高
C_3A	最快	最大	低
C_4AF	中	中	低

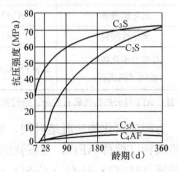

图4-2 各熟料矿物的强度增长

Fig. 4-2 Increasing strength of each

从表4-2中，由单矿物的水化特性说明，改变熟料矿物之间的比例，水泥的性质也会发生相应的变化。如提高C_3S和C_3A的含量，可制成快硬早强水泥（按$C_3S85\%$、$C_3A15\%$混合时，两者能相应促进，其3d的强度比C_3S单矿物的还高，C_3S和C_4AF混合后也有类似的规律，但是超过一定的比例时其强度反而下降）；如降低C_3S和C_3A的含量，提高C_2S和C_4AF的含量，可制成低热大坝水泥。因此，掌握了硅酸盐水泥的组成、含量和特性，也就大致知道了该水泥的特性。

从图4-2中，可以看到熟料矿物中C_3S的强度早期和后期均较高，而C_2S的强度早期较低，后期较高，在适当的温度和湿度条件下，可以超过C_3S的强度，C_3A和C_4AF的强度早期和后期均较低。

三、硅酸盐水泥的水化、凝结及硬化Hydration，coagulation and rigidification of Portland cement

（一）硅酸盐水泥的水化Hydration of Portland cement

水泥加水拌和后，水泥颗粒表面立即与水发生化学反应，即水化和水解作用，并生成一系列水化物，同时放出一定的热量。其反应式如下

$$2(3CaO \cdot SiO_2) + 6H_2O = 3CaO \cdot 2SiO_2 \cdot 3H_2O + 3Ca(OH)_2$$

$$2(2CaO \cdot SiO_2) + 4H_2O = 3CaO \cdot 2SiO_2 \cdot 3H_2O + Ca(OH)_2$$

$$3CaO \cdot Al_2O_3 + 6H_2O = 3CaO \cdot Al_2O_3 \cdot 6H_2O$$

$$4CaO \cdot Al_2O_3 \cdot Fe_2O_3 + 7H_2O = 3CaO \cdot Al_2O_3 \cdot 6H_2O + CaO \cdot Fe_2O_3 \cdot H_2O$$

$$3CaO \cdot Al_2O_3 \cdot 6H_2O + 3(CaSO_4 \cdot 2H_2O) + 19H_2O = 3CaO \cdot Al_2O_3 \cdot 3CaSO_4 \cdot 31H_2O$$

各种水化物的分子式、名称、代号和比例，见表4-3。

表4-3 硅酸盐水泥的主要水化物名称、代号等

Tab. 4-3 The appellation and the code of the main hydrate of Portland cement

名 称	水化物分子式	代 号	比例（%）
水化硅酸钙	$3CaO \cdot 2SiO_2 \cdot 3H_2O$	$C_3S_2H_3$（C—S—H）	70

续表

名　　称	水化物分子式	代　　号	比例（%）
氢氧化钙	$Ca(OH)_2$	CH	20
水化铝酸钙	$3CaO \cdot Al_2O_3 \cdot 6H_2O$	C_3AH_6	
水化铁酸钙	$CaO \cdot Fe_2O_3 \cdot H_2O$	CFH	
高硫型水化硫铝酸钙（钙矾石）	$3CaO \cdot Al_2O_3 \cdot 3CaSO_4 \cdot 31H_2O$	$C_3AS_3H_{31}$（AFt）	7

注　AFt 与天然的钙矾石成分、结构相似，因此称为"钙矾石"。

　　为调节水化物的凝结时间，而加入的适量石膏与部分水化铝酸钙作用，生成高硫型水化硫铝酸钙（简称 AFt），当石膏完全消耗后，部分高硫型水化硫铝酸钙转变为低硫型水化硫铝酸钙（$3CaO \cdot Al_2O_3 \cdot CaSO_4 \cdot 12H_2O$）（简称 AFm），两者合称为水化硫铝酸钙。

　　如果忽略一些次要和少量的成分，硅酸盐水泥主要有五种水化物：水化硅酸钙（70%左右）、氢氧化钙（约 20%）、水化铝酸钙、水化铁酸钙和水化硫铝酸钙（约 7%）。

　　在扫描电子显微镜下观察，水化硅酸钙为大小与胶体相同的、结晶度差的薄片或纤维颗粒，称为 C—S—H 凝胶体，其胶凝性好、强度高、且不溶于水。水泥石的凝结、硬化和强度均依靠 C—S—H 凝胶体。氢氧化钙为板状晶体，强度低，易溶于水，是引起水泥石腐蚀的一个重要的内在因素，水化铝酸钙为立方晶体，强度低，易溶于水，是水泥石腐蚀的又一个内在因素。水化硫铝酸钙为针状晶体，难溶于水，主要是延缓水化铝酸钙的凝结时间。水化铁酸钙又称为铁胶，性能与 C—S—H 凝胶体基本相同，但数量少，作用小。

　　（二）硅酸盐水泥的凝结硬化过程 **Coagulating and hardening process of Portland cement**

　　硅酸盐水泥的水化、凝结和硬化是一个连续的、复杂的物理化学变化的过程，为了便于认识、理解和使用，而人为地把它分为凝结和硬化过程。

　　水泥的凝结硬化过程以图示 4-3 阐明。

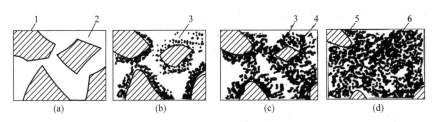

图 4-3　水泥凝结硬化过程示意图

Fig. 4-3　Sketch map of cement setting and hardening process

1—水泥颗粒；2—水分；3—凝胶；4—晶体；5—未水化水泥颗粒的内核；6—毛细孔

　　如图 4-3（a）所示，水泥加水拌和后，水泥颗粒分散在水中，水泥颗粒的表面立即水化反应，生成相应的水化物也立即溶于水中。然后，水泥颗粒暴露出一层新的表面，水化继续进行并生成新的水化物。由于水化物的溶解度不大，使水泥颗粒周围的溶液很快成为水化物的饱和溶液。此阶段称为初始反应期，约为 5～10min。

　　如图 4-3（b）水泥继续水化，当溶液达到过饱和后，在饱和溶液中生成的水化物不能再溶解，而是从中析出水化硅酸钙凝胶、水化铝酸钙、氢氧化钙和水化硫铝酸钙晶体等，黏附在未水化水泥颗粒表面形成水化物膜层，由于凝胶体不能溶解于水，水化硫铝酸钙针状晶体难溶于水，水分不易进入其内部，使水泥水化反应缓慢。此阶段称为静止期，约为 1h。但水泥颗粒呈分离状态，相互间的引力较小，因此水泥浆的塑性良好。

如图 4-3（c）所示水泥继续水化，水化物膜层不断增厚、破裂和扩展，使水泥颗粒相互连接形成网状结构。游离水分减少，水泥浆逐渐变稠，黏度增高，开始失去塑性，并未产生强度时为初凝；水泥继续水化，生成的水化物不断地填充网状结构中的空隙（毛细孔），使结构逐渐紧密，至水泥浆完全失去塑性，并逐渐产生强度时为终凝。此阶段称为凝结期，约为 6h。

图 4-3（d）终凝后硬化开始，随着时间的增加，强度不断地增长，最终成为坚硬的人造石。此阶段称为硬化期，即 28d。水泥石 3～7d 内的强度增长最快，28d 内的强度增长较快，28d 以后的强度增长缓慢，因此，把 3d、28d 作为水泥强度等级评定的标准龄期。

如上所述，水泥水化反应是从颗粒的表面开始，逐渐深入到内部的，当水化物多时，黏附在水泥颗粒周围形成膜层，阻碍水分继续渗透，使水泥颗粒的内部水化困难，经过几个月，甚至几年的水化，除极小颗粒完全水化外，大多数颗粒仍有未水化的内核。因此，水泥石的结构是由凝胶体、晶体、未水化水泥颗粒的内核、毛细孔和气体组成的不均匀的多相体结构。

（三）水泥石的结构 Structure of Cement Paste

根据 T·C·鲍威尔的研究，凝胶体是由尺寸很小（约 $10^{-7}\sim10^{-5}$ cm）的凝胶微粒（胶粒）与位于胶粒之间（$10^{-7}\sim3\times10^{-7}$ cm）的凝胶孔（胶孔）所组成的。

胶孔尺寸仅比水分子大一个数量级，这个尺寸太小，以致在胶孔中不能形成晶核和长成微晶体，因而也就不能为水化产物所填充，所以胶孔的孔隙率基本上是一个常数，其体积约占凝胶体本身体积的 28%，不随水灰比与水化程度的变化而变化。

胶粒是结晶度较差的微晶体，其尺寸极小，并具有凝胶体特性的粒子。它的比表面积很大，由于巨大的表面作用，胶粒表面可强烈地吸附一部分水分，此水分与填充胶孔的水分合称为凝胶水。凝胶水的数量随着凝胶的增多而增加。

毛细孔的孔径大小不一，一般大于 2×10^{-5} cm。毛细孔中的水分称为毛细水。毛细水的结合力较弱，脱水温度较低，脱水后形成毛细孔。

在水泥浆体硬化过程中，随着水泥水化的进行，水泥石中的凝胶体体积将不断增加，并填充于毛细孔内，毛细孔的体积不断减少，使水泥石的结构越来越密实，强度越来越高。

但是，当水灰比过大时，水泥石中形成过多的毛细孔，生成的凝胶体不足以填充毛细孔，使水泥石的密实度下降，不但会降低水泥石的强度，而且也会降低水泥石的抗渗性和耐久性等。

（四）影响硅酸盐水泥凝结硬化的因素 factors affecting coagulation and hardening of Portland cement

影响硅酸盐水泥凝结硬化的因素较多，除矿物组成和细度外，还与下列因素有关：

1. 水灰比（水与水泥质量之比）W/C（Water to cement mass ratio）

硅酸盐水泥的理论需水量约占水泥质量的 25% 左右，但在实际使用时，这样的用水量拌制的水泥浆很干稠，不能搅拌，也不能塑性成型，因此实际施工中的用水量为水泥质量的 40%～70%，这样的用水量利于水化和施工，但不利于凝结硬化，硬化时多余的水分蒸发后，留下的毛细孔，使抵抗外力的截面减少，影响水泥石的强度、抗渗和抗冻等。所以在施工允许时，应尽量降低用水量。

2. 环境温度和湿度Environment temperature and humidity

水泥的水化速度与环境温度有直接的关系。当温度低于5℃时，水化速度大大减慢；当温度低于0℃时，水化反应、凝结硬化基本停止，也不会产生强度。同时水泥颗粒表面的水分结冰，破坏水泥石的结构，即使温度再回升也难以恢复正常结构，因此，在水泥水化初期，要避免温度过低，在冬季或寒冷地区施工，应采取保温措施。

水泥水化也与环境湿度有直接的关系，当环境很干燥或温度过高时，水泥浆体中的水分蒸发很快，使水泥的水化、硬化减慢，甚至停止，影响凝结硬化和强度的发展。

保持环境的温度和湿度，使水泥石强度不断增长的措施称为养护。在测定水泥强度时，试件在温度为（20±1）℃，湿度为95％以上的条件下养护称为标准养护。

3. 养护龄期Curing age

水泥加水拌和后起至性能实测时止的养护时间称为"龄期"。水泥水化、硬化是一个较长时期内不断进行的过程，在这个过程中水泥石的强度随龄期的增加而增长，一般在3~7d强度增长较快，28d后强度增长极为缓慢，按国家标准规定硅酸盐水泥以3d和28d的强度值为准，并以28d的强度表示为水泥的最终强度。

4. 石膏掺量Content of gypsum

水泥中若不加入石膏，水泥浆凝结太快，无法使用。加入石膏后可以调节凝结时间。因为水泥熟料中C_3A的水化速度最快，凝结也最快，会使水泥浆发生瞬凝，加入石膏后，石膏与水化铝酸钙反应，生成难溶于水的水化硫铝酸钙晶体，黏附在水泥颗粒表面形成膜层，抑制了水分继续对水泥颗粒的水化，因而延缓了水泥的凝结速度。

石膏的掺入量一定要适量，保证在水泥浆体凝结前全部耗尽，如果石膏掺量过多，在水泥硬化后继续水化，并生成水化硫铝酸钙，因水化硫铝酸钙本身含有大量的结晶水，生成时体积膨胀约2.5倍，会导致硬化后的水泥石开裂而破坏。合理的石膏掺量以SO_3的含量和石膏的品质而决定，即SO_3不得超过3.5％。

5. 外加剂Admixture

水泥浆中掺入M剂或糖类减水剂，则会延缓水泥的凝结硬化而影响早期强度。水泥浆中掺入早强剂，则会促进水泥的凝结硬化而提高早期强度。

四、硅酸盐水泥的技术性质The technique characteristic of Portland cement

硅酸盐水泥的技术性质，主要指用于工程中应有的物理、力学性质等，是检验水泥是否合格的主要指标。

（一）密度和堆积密度Density and bulk density

硅酸盐水泥的密度，一般为3.1~3.2g/cm³。

硅酸盐水泥的松散堆积密度，一般在900~1300kg/m³之间，而紧密状态的堆积密度可达1400~1700kg/m³之间。

（二）细度Fineness（选择性指标）

细度指水泥颗粒的粗细程度，是影响水泥水化速度、放热量和强度等的重要指标。相同的水泥，颗粒越细，与水接触的表面积越大，水化速度也越快，越充分，凝结硬化快，强度高，如水泥颗粒过细，不但硬化时收缩性大、易产生裂缝，而且粉磨能耗高，成本也高，不易保存。一般认为水泥颗粒在 $40\mu m$ 以下具有较高的活性。

按国家标准 GB 175—2007《通用硅酸盐水泥》的规定，硅酸盐水泥和普通硅酸盐水泥的细度以比表面积表示，其比表面积不小于 $300 m^2/kg$；矿渣硅酸盐水泥、火山灰质硅酸盐水泥、粉煤灰硅酸盐水泥和复合硅酸盐水泥的细度以筛余表示，其 $80\mu m$ 方孔标准筛筛余不大于 10% 或 $45\mu m$ 方孔标准筛筛余不大于 30%。

（三）标准稠度用水量 **Water consumption for standard consistency**

标准稠度用水量指水泥浆达到规定的标准稠度时，所需要的用水量，是对水泥性质检验的准备性指标。由于用水量的多少，能直接影响凝结时间和体积安定性等性质的测定，因此，必须在规定的稠度下进行试验。按国家标准 GB/T 1346—2011 的规定试验。硅酸盐水泥的标准稠度用水量，一般在 $24\%\sim30\%$ 之间。水泥熟料矿物的成分和细度不相同时，其标准稠度用水量也不相同。

（四）凝结时间 **Settling time**

水泥加水拌和后，由可塑性状态发展到固体状态，所需要的时间称为凝结时间。凝结时间分为初凝和终凝。水泥加水时起至水泥浆开始失去塑性所需的时间称为初凝时间；水泥加水时起至水泥浆完全失去塑性所需的时间称为终凝时间。

水泥的凝结时间直接影响其硬化速度。为使混凝土和砂浆有充分的时间进行搅拌、运输、浇捣和砌筑等，初凝不能过早；当施工完毕后希望混凝土、砂浆尽快硬化，达到一定的强度，而进行下一道工序，则终凝不能过迟。

水泥的凝结时间的测定，是以标准稠度用水量拌制的水泥净浆，在规定的温度和湿度条件下，用凝结时间测定仪来测定。

按国家标准 GB 175—2007 的规定，硅酸盐水泥初凝时间不得早于 45min，终凝时间不得迟于 6h30min。

（五）体积安定性（安定性）**Volume soundness（soundness）**

体积安定性指水泥在凝结硬化过程中体积变化的均匀性。水泥在凝结硬化过程中产生均匀的体积变化，即为体积安定性合格，反之即体积安定性不良（不合格）。体积安定性不良的水泥会使混凝土产生裂缝，弯曲等现象，降低建筑物的质量，甚至导致严重的工程事故。

水泥体积安定性不良的因素有三种：熟料矿物中有过多的游离氧化钙（f-CaO）、游离氧化镁（f-MgO）以及过多的石膏掺量。f-CaO 和 f-MgO 在水泥烧制过程中没有与 SiO_2 和 Al_2O_3 结合形成盐类而呈游离过烧状态，水化极为缓慢，通常在水泥硬化后才开始水化，水化时体积膨胀，引起水泥石不均匀的体积变化，能使水泥石胀裂。适量的石膏可以调节水泥的凝结时间，但当水泥中掺入过多的石膏时，多余的石膏将继续与水化铝酸钙作用，生成具有膨胀性的钙矾石，也能使水泥石胀裂。

按国家标准 GB/T 1346—2011《水泥标准稠度用水量、凝结时间、安定性检验方法》的规定，f-Cao 用试饼法和雷氏夹法检验，有争议的水泥以雷氏夹法为准。雷氏夹法是通过测定标准稠度净浆在雷氏夹中沸煮后试针的相对位移表征体积膨胀的程度；试饼法是通过测定标准稠度净浆试饼在测定沸煮后的外形变化情况表征其体积安定性。f-MgO 用压蒸法检验。过多的石膏掺量用常温水浸泡法检验。由于这两种方法均不利快速检验，按国家标准的规定生产，例如硅酸盐水泥中 f-MgO 的含量不得超过 5%，SO_3 的含量不得超过 3.5%，则不会引起水泥体积安定性不良，一般不做这两种检验。

体积安定性不合格的水泥，只能作为废品处理，不能用于任何工程。

（六）强度 Strength

强度是水泥重要的力学性能指标，也是划分强度等级的依据。

按国家标准 GB/T17671—2021《水泥胶砂强度检验方法（ISO 法）》的规定。将水泥、砂和水按比例拌制成水泥胶砂，制作为 40mm×40mm×160mm 的试件，在标准条件下养护，分别测定 3d 和 28d 的抗折、抗压强度，并划分强度等级。硅酸盐水泥的强度等级为 42.5、52.5、62.5 三个强度等级，并按 3d 的强度分为普通型和早强型（用符号 R 表示）。几种通用水泥的强度指标见表 4-4，不同强度等级的水泥，各龄期的强度值不得低于表中对应的数值。

表 4-4 几种通用水泥各龄期的强度值(GB 175—2007)

品种	强度等级	抗压强度（MPa）		抗折强度（MPa）	
		3d	28d	3d	28d
硅酸盐水泥	42.5	17.0	42.5	3.5	6.5
	42.5R	22.0	42.5	4.0	6.5
	52.5	23.0	52.5	4.0	7.0
	52.5R	27.0	52.5	5.0	7.0
	62.5	28.0	62.5	5.0	8.0
	62.5R	32.0	62.5	5.5	8.0
普通水泥	42.5	17.0	42.5	3.5	6.5
	42.5R	22.0	42.5	4.0	6.5
	52.5	23.0	52.5	4.0	7.0
	52.5R	27.0	52.5	5.0	7.0
矿渣水泥 火山灰水泥 粉煤灰水泥	32.5	10.0	32.5	2.5	5.5
	32.5R	15.0	32.5	3.5	5.5
	42.5	15.0	42.5	3.5	6.5
	42.5R	19.0	42.5	4.0	6.5
	52.5	21.0	52.5	4.0	7.0
	52.5R	23.0	52.5	4.5	7.0
复合水泥	42.5	15.0	42.5	3.5	6.5
	42.5R	19.0	42.5	4.0	6.5
	52.5	21.0	52.5	4.0	7.0
	52.5R	23.0	52.5	4.5	7.0

（七）水化热 Hydration heat

水泥在水化反应时放出的热量称为水化热（J/g）。水泥的水化热大部分在水化早期（3～7d）放出。硅酸盐水泥 1～3d 内放热量为总热量的 50%，7d 为 75%，3 个月为 90%。不同品种的水泥，水化热的大小也不同。水化热对冬季和寒冷地区施工有利，但对大型房屋基础、构筑物和堤坝等大体积混凝土工程不利，使混凝土内外温差大而导致温度应力缝。因此大体积混凝土应使用中低热水泥。

（八）碱含量Alkali content

碱含量指水泥中碱性氧化物 K_2O 和 Na_2O 的含量，用碱含量占水泥质量的百分数表示。

当水泥中的碱含量较高时，骨料中又含有活性 SiO_2，就会发生碱骨料反应，生成复杂的碱—硅酸凝胶具有无限膨胀性（此物质在潮湿环境或水中会不断地吸水，不断地肿胀），导致水泥石胀裂。按国家标准规定，水泥中的 $(Na_2O+0.658K_2O)$ 的含量不超过 0.6% 则不会发生碱骨料反应。但水泥用量较大时仍然要注意碱骨料反应。

（九）氯离子含量Chloride ion content

由于水泥混凝土中氯离子含量较高时会引起钢筋锈蚀，从而导致混凝土开裂破坏。因此国家标准规定各类硅酸盐水泥中氯离子质量不得超过水泥质量的 0.06%。

五、判定规则

检验结果符合化学指标、凝结时间、安定性、强度的规定为合格品。

检验结果不符合化学指标、凝结时间、安定性、强度中的任何一项技术要求为不合格品。

六、硅酸盐水泥的腐蚀与防止Erosion of Portland cement and measures for preventing

硅酸盐水泥硬化后，在自然条件下有较好的耐久性，如果长期处于有腐蚀的液体或气体条件下，均会使水泥石发生各种物理化学变化，导致强度降低或结构破坏，这些现象称为硅酸盐水泥的腐蚀。

下面介绍比较典型的水泥石腐蚀。

（一）软水的腐蚀（溶出性腐蚀）Erosion of soft water（leaching corrosion）

水泥石长期在流动淡水的作用下，水泥石中的 $Ca(OH)_2$ 会逐渐溶解，被水流带走，并促使水泥石中其他水化物分解，使水泥石的密实度、强度下降或破坏。这种现象称为软水的腐蚀。

雨水、雪水、湖水、河水、江水和蒸馏水等均属于软水，在静水无压的情况下，$Ca(OH)_2$ 的溶解度小，且仅限于表面，影响不大。当水的硬度较高，即水中含有较多的重碳酸盐时，能与 $Ca(OH)_2$ 作用，生成几乎不溶于水的碳酸钙，其反应式如下

$$Ca(OH)_2 + Ca(HCO_3)_2 === 2CaCO_3 + 2H_2O$$

生成的碳酸钙沉积在水泥石中的孔隙内起密实作用，阻止外界水的渗入和内部的 $Ca(OH)_2$ 溶出。因此，水的硬度越高，对水泥石的溶出性腐蚀越小。

（二）盐类的腐蚀Salt corrosion

（1）硫酸盐的腐蚀 在海水、湖水、沼泽水、地下水和工业污水中，常含钠、钾、铵等硫酸盐，能与水泥中的 $Ca(OH)_2$ 起置换作用生成硫酸钙，硫酸钙与水泥石中的水化铝酸钙作用，生成具有膨胀性的高硫型水化硫铝酸钙，其反应式如下

$3Cao \cdot Al_2O_3 \cdot 6H_2O + 3(CaSO_4 \cdot 2H_2O) + 19H_2O === 3Cao \cdot Al_2O_3 \cdot 3CaSO_4 \cdot 31H_2O$

生成的高硫型水化硫铝酸钙体积增大 $1.5\sim2$ 倍，由于水泥石已经硬化，变形能力很差，因此可导致水泥石胀裂破坏。生成的高硫型水化硫铝酸钙呈针状晶体，对水泥石的破坏很大，故也称为"水泥杆菌"。

当水中硫酸盐浓度较高时，硫酸钙也会在水泥石孔隙中直接结晶成二水石膏，也会产生体积膨胀，导致水泥石胀裂破坏。

（2）镁盐的腐蚀 在海水、地下水和有些沼泽水中常含有大量的镁盐，主要是硫酸镁和氯化镁，能与水泥石中的 $Ca(OH)_2$ 起复分解反应，其反应式如下

$$MgSO_4 + Ca(OH)_2 + 2H_2O === CaSO_4 \cdot 2H_2O + Mg(OH)_2$$

$$MgCl_2 + Ca(OH)_2 = CaCl_2 + Mg(OH)_2$$

生成的二水石膏能引起硫酸盐腐蚀，生成的氢氧化镁松软无胶凝性能，生成的氯化钙极易溶于水。因此，镁盐的腐蚀作用是双重的，特别严重的。

（三）酸类的腐蚀 **Acid corrosion**

（1）碳酸的腐蚀 在地下水、工业污水中常有较多的二氧化碳，能与水泥石中的 $Ca(OH)_2$ 发生反应，其反应式如下

$$CO_2 + Ca(OH)_2 + H_2O = CaCO_3 + 2H_2O$$

生成的碳酸钙再与含碳酸的水作用生成碳酸氢钙，其反应式如下

$$CO_2 + CaCO_3 + H_2O \rightleftharpoons Ca(HCO_3)_2$$

上述的反应是可逆反应，当水中含有较多的碳酸时，反应向右进行，使水泥石中微溶于水的 $Ca(OH)_2$ 转变为易溶于水的 $Ca(HCO_3)_2$，而水泥石的孔隙率增加，碱度降低，部分水化物分解，腐蚀进一步加剧。

（2）一般酸的腐蚀 地下水、工业污水中也常含有机酸和无机酸，例如盐酸和硫酸，能与水泥石中的 $Ca(OH)_2$ 作用，其反应式如下

$$2HCl + Ca(OH)_2 = CaCl_2 + 2H_2O$$

$$H_2SO_4 + Ca(OH)_2 = CaSO_4 \cdot 2H_2O$$

生成的氯化钙易溶于水，生成的二水石膏能引起硫酸盐腐蚀作用。

有机酸指醋酸、乳酸和蚁酸等。无机酸指盐酸、硫酸、硝酸和氢氟酸等。工业窑炉中的烟气常含有二氧化硫，遇水反应后生成亚硫酸。各种酸类均能使水泥石碱度降低，促使水化物分解，而导致水泥石强度大大下降。

（四）强碱的腐蚀 **Alkali corrosion**

当碱类溶液浓度不大时，对水泥石没有较大的腐蚀作用，可以认为是无害的。如果水泥中铝酸盐含量较高时，则会受到腐蚀破坏，例如氢氧化钠和氢氧化钾，其反应式如下

$$NaOH + 3CaO \cdot Al_2O_3 = 3Na_2O \cdot Al_2O_3 + Ca(OH)_2$$

生成的铝酸钠易溶于水，生成的 $Ca(OH)_2$ 可引起水泥石的二次腐蚀。

当水泥石被氢氧化钠浸透后，又在空气干燥时，会与空气中的二氧化碳作用，其反应式如下

$$NaOH + CO_2 + H_2O = Na_2CO_3 + H_2O$$

生成的碳酸钠在水泥石毛细孔中结晶沉积，导致水泥石胀裂破坏。

另外，糖类、动物脂肪、氨盐、含环烷酸的石油产品等，均对水泥石有一定的腐蚀作用。

综上所述，水泥石的腐蚀不是单一因素造成的，往往是几种因素同时作用的，极为复杂的物理化学变化的过程，应综合分析，采用相应的防护措施。

水泥石腐蚀的基本原因总结如下：

（1）水泥石存在有引起腐蚀的成分，如氢氧化钙、水化铝酸钙和铝酸三钙等。

（2）水泥石本身不密实，有很多的毛细孔通道，腐蚀的介质容易进入其内部而引起腐蚀。

防止水泥石腐蚀的措施：

（1）根据工程特点和环境条件，选用不同品种的水泥。例如，海水、流动淡水等可用掺混合材料的硅酸盐水泥。

（2）提高水泥石的密实度，可降低水灰比，采用减水剂，采用级配良好的骨料等。

（3）用保护层，采用塑料、沥青、陶瓷和花岗石等做保护层，使混凝土或砂浆的表面成

为耐腐蚀的、不透水的保护层。

七、硅酸盐水泥的特性及应用Characteristic and application of Portland cement

（一）强度高High strength

因硅酸盐水泥中C_3A和C_3S的含量较高，水化、凝结硬化快，强度高，尤其是早期强度高。适用于要求早期强度高的工程、预应力混凝土工程和高强混凝土工程。

（二）水化热大，抗冻性好Large amount of hydration heat and good frost resistance

因C_3A和C_3S的放热量大，不宜用于大体积混凝土工程，但适用于冬季施工的工程、寒冷地区遭受反复冻融的工程和干湿交替的部位。

（三）抗碳化性好Good carbonization resistance

因水化物中的$Ca(OH)_2$含量较多，其水泥石中的碱度不易降低，对钢筋的保护作用较强，故适用于空气中CO_2浓度高的环境。

（四）耐腐蚀性差Poor corrosion resistance

因为水化物中$Ca(OH)_2$的含量较多，耐软水和耐化学腐蚀性差，不宜用于水利、海港等工程。

（五）耐热性差Poor heat resistance

当水泥石受热到$250\sim300℃$时，水泥石的主要水化物开始脱水、体积收缩，强度开始下降；当温度再升高时，强度明显下降，当温度达到$1000℃$时，强度降低很多，甚至完全破坏。同时水泥石中的$Ca(OH)_2$在高温中将会脱水分解成CaO，如果受潮湿或水的作用，CaO水化膨胀，同样导致水泥石胀裂破坏，故不宜用于高于$250℃$的混凝土工程。

八、硅酸盐水泥的运输及储存The transportation and stockpile of Portland cement

硅酸盐水泥在运输和储存过程中，注意防水、防潮，如果雨淋、水浸会水化凝结成块，导致水化、胶结性差，甚至丧失胶结性能。

硅酸盐水泥储存期不能超过3个月，因为水泥会吸收空气中的水分和二氧化碳，使水泥颗粒表面水化和碳化，从而减少或丧失胶凝性能，强度大为下降。在一般的储存条件下，储存3个月后，水泥强度约下降$10\%\sim20\%$；6个月后，约下降$15\%\sim30\%$；1年后约下降$25\%\sim40\%$。

水泥受潮后多出现结块，结块越多，受潮越严重。受潮不严重的水泥，可以重磨恢复部分活性，用于次要的工程。

第二节 掺混合材料的硅酸盐水泥
Section 2 Addition Portland Cement

一、水泥混合材料Cement addition

生产水泥时，为调节水泥强度等级，改善水泥性能，而加入水泥中的工业副产品（工业废渣）和天然的矿物材料称为水泥混合材料。

水泥混合材按性能可分为活性混合材料和非活性混合材料两类。

（一）活性混合材料Active addition

常用的活性混合材有粒化高炉矿渣、火山灰质混合材料和粉煤灰等。

1. 粒化高炉矿渣 Grain blast-furnace slag

粒化高炉矿渣是炼铁高炉的废渣，在高温熔融状态下冲入水池，而成为质地疏松的颗粒状材料，粒径为 0.5～5mm，又称为水淬高炉矿渣。急冷成粒的目的在于阻止结晶，使其成为不稳定的玻璃结构，玻璃体在 80% 以上，储有较高的化学潜能。其主要的化学成分为活性的 SiO_2 和 Al_2O_3。

2. 火山灰质混合材料 Pozzolanic admixture

火山质混合材料是火山喷发时，同熔岩一起喷发的大量碎屑沉积在地面或水中形成松软物质，称为火山灰。其中天然的有硅藻土、硅藻石、蛋白石、火山灰、凝灰岩、浮石、烧结土、工业副产品中有煤矸石、粉煤灰、煤渣、沸腾炉渣和钢渣等。由于急冷而含有一定量的玻璃体，有一定的化学潜能。其主要的化学成分为活性的 SiO_2 和 Al_2O_3。

3. 粉煤灰 Fly ash

粉煤灰是从煤燃烧后的烟尘中收集下来的细灰，颗粒粒径为 0.001～0.05mm，又称为飞灰，属火山灰质混合材的一种。其主要的化学成分为活性的 SiO_2 和 Al_2O_3，不仅具有活性，而且呈玻璃态实心或空心的球状颗粒，掺入水泥中还具有改善和易性，提高水泥石密实度的作用。

（二）活性混合材料作用的机理 Mechanism of active addition

活性混合材料单独与水拌和，本身不具有水硬性或硬化极为缓慢，强度很低。但在 $Ca(OH)_2$ 溶液中，会发生显著的水化作用，生成水硬性的胶凝物质，其反应式如下

$$x Ca(OH)_2 + SiO_2 + m H_2O =\!=\!= x CaO \cdot SiO_2 \cdot n H_2O$$
$$x Ca(OH)_2 + Al_2O_3 + m H_2O =\!=\!= x CaO \cdot Al_2O_3 \cdot n H_2O$$

$Ca(OH)_2$ 和 SiO_2 作用生成无定形的水化硅酸钙后，再慢慢地转变为微晶或结晶不完善的凝胶。$Ca(OH)_2$ 与 Al_2O_3 作用生成水化铝酸钙。当溶液中有石膏存在时，与水化铝酸钙作用，生成水化硫铝酸钙。以上水化物既能在空气中凝结硬化，又能在水中凝结硬化，并具有相当高的强度，只是早期强度低，后期强度高，在适当的温度和湿度条件下，会赶上甚至超过相同等级的硅酸盐水泥的强度。因此，硅酸盐水泥水化物中约 20% 的 $Ca(OH)_2$ 或石灰为活性混合材的碱性激发剂，而二水石膏和半水石膏为酸性激发剂。

（三）非活性混合材料 Non-activated addition（inertia addition）

常用的非活性混合材料有磨细的石英砂、石灰石和慢冷矿渣等。这些混合材料本身不具有活性或活性很低，与石灰、石膏或硅酸盐水泥加水拌和后，也不能或很少生成具有水硬性的胶凝物质。但可以降低水泥成本、标号和调节性能等。

（四）混合材的用途 Use of the cement addition

（1）增加产量、降低成本、处理工业副产品。

（2）调节水泥强度等级，避免浪费。

（3）改善水泥性能，如降低水化热和耐腐蚀等。

（4）生产无熟料矿物水泥，用活性混合材和适量的石灰、石膏混合共同磨细可制成无熟料矿物水泥。生产工艺简单，成本低，可用于拌制砂浆或低标号的混凝土，用于小型、次要工程。如石灰矿渣水泥、煤矸石水泥、钢渣水泥等。

（5）硅酸盐制品，用活性混合材、适量的石灰、石膏和骨料配合，做成板材或块状后，经蒸养或蒸压后，成为硅酸盐制品，用于小型、次要工程。

二、普通硅酸盐水泥Ordinary Portland cement

凡由硅酸盐水泥熟料，5%～20%的混合材料，适量石膏共同磨细制成的水硬性胶凝材料，称为普通硅酸盐水泥，简称普通水泥，代号P·O。掺活性混合材料时，不超过20%，其中允许用不超过水泥质量5%的窑灰或不超过水泥质量8%的非活性混合材料来代替。

普通水泥的技术性质与硅酸盐水泥不相同的有：

（1）凝结时间　初凝时间不得早于45min，终凝时间不得迟于10h。

（2）强度等级　强度以3d和28d的抗折、抗压强度，将普通水泥划分为42.5、52.5两个强度等级，各龄期的强度不得低于表4-4中对应的数值。按3d的强度分为普通型和早强型（用符号R表示）。

普通水泥的其他技术性质及应用等与硅酸盐水泥相同。

三、矿渣硅酸盐水泥、火山灰质硅酸盐水泥和粉煤灰硅酸盐水泥Slag Portland cement, pozzuolana Portland cement and fly ash Portland cement

按国家标准GB 175—2007的规定：凡由硅酸盐水泥熟料，粒化高炉矿渣和适量的石膏共同磨细制成的水硬性胶凝材料，称为矿渣硅酸盐水泥，简称矿渣水泥，粒化高炉矿渣掺量为20%～50%的代号是P·S·A；粒化高炉矿渣掺量为50%～70%的代号为P·S·B。其中允许用石灰石、窑灰、粉煤灰和火山灰质混合材中的一种代替粒化高炉矿渣，代替总量不得超过水泥质量的8%。

凡由硅酸盐水泥熟料，20%～40%的火山灰质混合材，适量石膏共同磨细制成的水硬性胶凝材料，称为火山灰质硅酸盐水泥，简称火山灰水泥，代号P·P。

凡由硅酸盐水泥熟料，20%～40%的粉煤灰，适量石膏共同磨细制成的水硬性胶凝材料，称为粉煤灰硅酸盐水泥，简称粉煤灰水泥，代号P·F。

（一）技术性质Technique characteristic

以上三种水泥按3d和28d的抗折、抗压强度，将矿渣水泥、火山灰水泥和粉煤灰水泥划分为32.5、42.5、52.5三个强度等级，各龄期的强度不得低于表4-4中对应的数值。按3d的强度分为普通型和早强型（用符号R表示）。

以上三种水泥的密度在2.6～3.0g/cm³之间，其凝结时间、体积安定性、碱含量和氧化镁的要求均与普通水泥相同。矿渣水泥中的SO_3不得超过4%，火山灰和粉煤灰水泥中的SO_3不得超过3.5%。

（二）水化特点Hydration characteristic

以上三种水泥的水化特点是二次水化，即水化分为两步进行：

首先是熟料矿物水化，此时所生成的水化物与硅酸盐水泥相同；然后是混合材的水化。混合材中的活性SiO_2和活性Al_2O_3与熟料矿物水化分析出的$Ca(OH)_2$作用生成水化硅酸钙和水化铝酸钙，水化铝酸钙与石膏作用，生成水化硫铝酸钙。

（三）以上三种水泥的共同特性及应用The characteristics in common and the application of three species cements

（1）凝结硬化速度慢，早期强度低，后期强度高，甚至可以超过同等级的硅酸盐水泥。因此不适用于早期强度有要求的工程，如现浇的钢筋混凝土结构。

（2）温度敏感性强，温度低时凝结硬化缓慢，但在60～70℃以上的蒸汽中，凝结硬化和强度发展都大大加快，因此适用于蒸汽养护。

（3）水化时放热速度缓慢，放热量少，因此适用于大体积混凝土工程。

（4）抗冻性和抗碳化性差，当受冻时易损坏，而且 $Ca(OH)_2$ 的含量少，碱度低，易碳化分解，使已硬化的水泥石表面产生"起粉"现象。因此不适用于冬季施工和寒冷地区的工程，尤其是寒冷地区水位变化的部位。

（5）抗软水和耐腐蚀性好，因为熟料矿物少，产生的 $Ca(OH)_2$ 和 C_3AH_6 的含量少，又由于 $Ca(OH)_2$ 作为激发剂被混合材水化时消耗，因此引起水泥石腐蚀的内在因素极少，所以适用于水利，海港及有硫酸盐腐蚀等的工程。

但是，火山灰水泥中掺入的烧结土质混合材和黏土质凝灰岩，不耐硫酸盐腐蚀。因为活性 SiO_2 较少，而活性 Al_2O_3 较多，$Ca(OH)_2$ 与 Al_2O_3 反应生成的水化铝酸钙较多，甚至超过硅酸盐水泥，所以不耐硫酸盐腐蚀。

（四）以上三种水泥性质的不同点及应用Differentia and application of three species cements

（1）矿渣水泥耐热性好，水泥石在高温下强度不显著降低，因此适用于热处理、轧钢、锻造、铸造等高温车间，高炉基础和热气体通道等工程（300～400℃）。但保水性差、泌水性大、干缩性大。

（2）火山灰水泥抗渗性好，在潮湿环境或水中养护时，火山灰质混合材吸收石灰而产生膨胀胶化作用，形成较多的水化硅酸钙凝胶，填充水泥石的毛细孔，使水泥石结构密实，因此适用于抗渗要求较高的工程。但在干燥环境时，膨胀胶化作用会中止，强度也会停止增长，已形成的水化硅酸钙还会逐渐干燥，产生较大的体积收缩和内应力而形成微细裂纹。水泥石表面的水化硅酸钙会分解成为碳酸钙和氧化硅而"起粉"。因此不适用于干燥或干热环境中的工程。

（3）粉煤灰水泥抗裂性好，由于粉煤灰是一种玻璃体结构，表面致密、吸水性小、而干缩性小，抗裂性好。因此适用于有抗裂要求的大体积工程。又由于粉煤灰不易水化，使早期强度比其他掺混合材水泥更低一些（3个月后可赶上）。因此也适用于承受荷载较迟的工程。

四、复合硅酸盐水泥Compound Portland cement

凡由硅酸盐水泥熟料、两种或两种以上规定的混合材，适量的石膏共同磨细制成的水硬性胶凝材料，称为复合硅酸盐水泥，简称复合水泥，代号 P·C。水泥中混合材总掺量按质量百分比应大于 20%，但不超过 50%。水泥中允许用不超过 8% 的窑灰代替部分混合材；掺矿渣时，混合材掺量不得与矿渣水泥重复。

复合水泥中的混合材，第一类指硅酸盐水泥中允许掺加的矿渣、火山灰、粉煤灰、石灰石粉、窑灰等；第二类指硅酸盐类水泥中允许掺加的新开辟的活性和非活性的混合材，如符合标准的铁炉渣、精炼铬铁渣和钛渣等（以水泥胶砂 28d 抗压强度比大于和等于 75% 者为活性混合材，小于 75% 者为非活性混合材）。由于掺加的混合材性能互补，而不简单叠加。因此，复合使用混合材，改变了水泥石的微观结构，并促进了 C_3S 的水化速度，同时加速水化物的结晶速度，有利于水泥早期强度的发展。复合水泥的早期强度比同等级的矿渣水泥、火山灰水泥、粉煤灰水泥高，与普通水泥相同，与硅酸盐水泥相近。

复合水泥的细度、凝结时间、体积安定性、强度等级、三氧化硫含量、氧化镁含量和氯离子含量等的技术性质与火山灰水泥和粉煤灰水泥相同。各龄期的强度不得低于表 4-4 中对应的数值，按 3d 的强度划分为普通型和早强型（用符号 R 表示）。

　　复合水泥适用于一般混凝土工程，大体积混凝土工程等，但复合水泥的性能与主要混合材的品种有关。以矿渣为主要混合材时，性能与矿渣水泥接近；以火山灰质为主要混合材时，性能与火山灰水泥接近。使用时注意水泥袋上标明的主要混合材的品种，合理选用。几种通用水泥的特性与应用见表4-5。

表4-5　　　　　　　　　　　　几种通用水泥的特性及应用

Tab. 4-5　　　　　Characteristic and application of several commonly used cements

名称	硅酸盐水泥 (P·Ⅰ和P·Ⅱ)	普通水泥 (P·O)	矿渣水泥 (P·S)	火山灰水泥 (P·P)	粉煤灰水泥 (P·F)	复合水泥 (P·C)
主要特性	1. 早期强度高 2. 水化热高 3. 耐冻性好 4. 耐热性差 5. 耐腐蚀性差 6. 干缩性较小	1. 早期强度高 2. 水化热较高 3. 耐冻性较好 4. 耐热性较差 5. 耐腐蚀性较差 6. 干缩性较小	1. 早期强度低后期强度增长较快 2. 水化热较低 3. 耐热性较好 4. 耐腐蚀性好 5. 抗冻性较差 6. 干缩性较大 7. 抗渗性差 8. 抗碳化能力差	1. 耐热性较差 2. 抗渗性较好 其他性能同矿渣水泥	1. 耐热性较差 2. 抗裂性好 其他性能同矿渣水泥	1. 早期强度较高 2. 其他性能同矿渣水泥
适用范围	地上、地下和水中的混凝土、钢筋混凝土、高强混凝土、预应力混凝土和有早期强度要求的混凝土工程；受冻融循环的混凝土工程；有耐磨要求的混凝土工程	与硅酸盐水泥基本相同	1. 大体积混凝土工程 2. 有耐热要求的混凝土工程 3. 有耐腐蚀要求较高的混凝土工程 4. 蒸汽养护的构件 5. 一般地上、地下和水中的混凝土和钢筋混凝土工程	1. 地下、水中的大体积混凝土工程 2. 有抗渗要求的混凝土工程 3. 有耐腐蚀要求的混凝土工程 4. 蒸汽养护的构件 5. 一般的混凝土和钢筋混凝土	1. 地上、地下、水中和大体积混凝土工程 2. 有抗裂性要求较高的构件 3. 有耐腐蚀要求的混凝土 4. 蒸汽养护的构件 5. 一般混凝土工程	可参照矿渣水泥、火山灰水泥、粉煤灰水泥，但其性能受所用混合材料性能的影响，所以使用时应针对工程的性质加以选用
不宜用范围	1. 大体积混凝土工程 2. 受化学及海水侵蚀的工程 3. 耐热混凝土	同硅酸盐水泥	1. 早期强度要求较高的混凝土工程 2. 有抗冻要求的混凝土工程	1. 早期强度要求较高的混凝土工程 2. 有抗冻要求的混凝土工程 3. 干燥环境的混凝土工程 4. 耐磨性要求高的工程	1. 早期强度要求较高的混凝土工程 2. 有抗冻要求的混凝土工程 3. 耐磨性要求高的工程	

第三节　其 他 品 种 水 泥
Section 3　Other Cements

一、砌筑水泥Masonry cement

按国家标准 GB 3183—2017《砌筑水泥》的规定。

凡以一种或一种以上的活性混合材料或具有潜在水硬性的工业副产品，加入适量的硅酸盐水泥和适量石膏共同磨细制成的保水性较好的水硬性胶凝材料，称为砌筑水泥，代号 M。

（一）根据活性混合材料的品种，砌筑水泥可分为（classification of masonry cement according to active addition）

矿渣砌筑水泥　　主要成分为矿渣，矿渣掺量 70% 以上。

火山灰质砌筑水泥　　主要成分为火山灰质材料，火山灰质材料掺量 50% 以上。

粉煤灰砌筑水泥　　主要成分为粉煤灰，粉煤灰掺量 40% 以上。

（二）砌筑水泥的技术性质（technique characteristic of masonry cement）

细度　　以 80μm 的方孔标准筛，所得筛余量不得超过 10%。

凝结时间　　初凝时间不得早于 60min，终凝时间不得迟于 12h。

体积安定性用沸煮法检验必须合格，SO_3 不得超过 3.5%。

氯离子　　含量（质量分数）不大于 0.06%。

保水率　　保水率不小于 80%。

放射性　　水泥放射性内照射指数不大于 1.0，放射性外照射指数不大于 1.0。

强度以 3d、7d 和 28d 抗折、抗压强度划分为 12.5、22.5 和 32.5 三个强度等级，各龄期的强度不得低于表 4-6 中对应的数值。

表 4-6　　　　　　　　　　　　砌筑水泥各龄期的强度值
Tab. 4-6　　　　　　　　　　　Strength of masonry cement at each age

强度等级	抗压强度 （MPa）			抗折强度 （MPa）		
	3d	7d	28d	3d	7d	28d
12.5	—	7.0	12.5	—	1.5	3.0
22.5	—	10.0	22.5	—	2.0	4.0
32.5	10.0	—	32.5	2.5	—	5.5

（三）砌筑水泥的特性及应用（Characteristic and application of masonry cement）

凝结硬化慢、强度低，不能用于钢筋混凝土结构和构件。

流动性和保水性好，主要用于工业与民用建筑的砌筑砂浆，内墙抹面砂浆，也可用于蒸养混凝土砌块和道路混凝土垫层。

二、中热硅酸盐水泥、低热硅酸盐水泥Moderate heat、low - heat Portland cement

按国家标准 GB/T 200—2017《中热硅酸盐水泥、低热硅酸盐水泥》的规定。

凡以适当成分的硅酸盐水泥熟料和适量石膏，共同磨细制成的具有中等水化热的水硬性胶凝材料，称为中热硅酸盐水泥，简称中热水泥，代号 P·MH。在中热水泥熟料中 C_3A 的含量不得超过 6%，C_3S 的含量不得超过 55%。

凡以适当成分的硅酸盐水泥熟料，加入适量石膏，磨细制成的具有低水化热的水硬性胶凝材料，称为低热硅酸盐水泥，简称低热水泥，代号 P·LH。在中热水泥熟料中，C_3A 的含量不得超过 6%，C_2S 的含量应不小于 40%。

（一）技术要求

中热、低热水泥熟料中游离氧化钙的含量不得超过 1%。

氧化镁的含量不宜大于 5.0%，如果水泥经压蒸安定性试验合格，则氧化镁含量允许放宽到 6.0%。

碱含量（选择性指标）按 $Na_2O+0.658K_2O$ 计算值表示，由供需双方商定。当水泥在混凝土中和骨料可能发生有害反应并经用户提出低碱要求时，中热水泥和低热水泥的碱含量应不超过 0.60%。

三氧化硫的含量应不大于 3.5%。

细度 比表面积应不低于 $250m^2/kg$。

凝结时间 初凝时间不得早于 60min，终凝时间不得迟于 12h。

沸煮安定性 沸煮安定性合格。

强度 水泥的强度等级按规定龄期的抗压强度和抗折强度划分，各龄期的抗压强度和抗折强度应不低于表 4-7 中的数值。

低热水泥 90d 的抗压强度不小于 62.5MPa。

水化热 水泥各龄期的水化热应不大于表 4-8 中对应的数值。

32.5 级低热水泥 28d 的水化热应不大于 290kJ/kg。42.5 级低热水泥 28d 的水化热应不大于 310kJ/kg。

表 4-7 水泥各龄期的强度值
Tab. 4-7 Strength of cements at each age

品种	强度等级	抗压强度（MPa）			抗折强度（MPa）		
		3d	7d	28d	3d	7d	28d
中热水泥	42.5	12.0	22.0	42.5	3.0	4.5	6.5
低热水泥	32.5	—	10.0	32.5	—	3.0	5.5
	42.5	—	13.0	42.5	—	3.5	6.5

表 4-8 两种水泥各龄期的水化热
Tab. 4-8 Hydration heat of cements at each age

品种	强度等级	水化热（kJ/kg）	
		3d	7d
中热水泥	42.5	251	293
低热水泥	32.5	197	230
	42.5	230	260

（二）两种水泥的用途 Purpose of three cements

由于中热水泥、低热水泥和低热矿渣水泥水化热低，性能稳定，成本低，适用于水化热低的大坝和大体积混凝土工程。例如：中热水泥主要用于大坝溢流面、水位变化等部位，有抗冻和耐磨要求的工程。低热水泥和低热矿渣水泥用于大坝和水下等要求水化热低的工程。

三、低热微膨胀水泥Low-heat micro-expanding cement

按国家标准 GB/T 2938—2008《低热微膨胀水泥》的规定。

表 4 - 9　　　低热微膨胀水泥水化热数值

Tab. 4 - 9　　Hydration heat of low-heat micro-expanding cement

强度等级	水化热（kJ/kg）	
	3d	7d
32.5	185	220

凡以粒化高炉矿渣为主要成分，加入适量硅酸盐水泥熟料和石膏（SO_3 4%～7%），共同磨细制成的具有低水化热和微膨胀性的水硬性胶凝材料，称为低热微膨胀水泥，代号 LHEC。

低热微膨胀水泥的强度等级为32.5级。水化热应满足表 4 - 9 中对应的数值。线膨胀率应符合以下要求：1d 不得小于 0.05%；7d 不得小于 0.10%；28d 不得大于 0.60%。

低热微膨胀水泥适用于要求水化热低和补偿收缩的混凝土和大体积混凝土工程，也适用于有抗渗要求和抗硫酸盐腐蚀的工程。

四、膨胀水泥及自应力水泥Expanding cement and self-stressing cement

前述硅酸盐水泥的共同特点是在凝结硬化过程中，由于化学反应和水分蒸发等因素，都会产生一定的体积收缩，使混凝土内部产生裂纹，导致混凝土的强度和耐久性下降。

膨胀水泥，由于掺入膨胀成分，在凝结硬化过程中能产生一定量的膨胀，可补偿收缩，减少或消除裂纹，增加密实度，以及获得预加应力的目的，因为这种预先具有的压应力来自于水泥的水化，所以称为自应力，以"自应力值"（MPa）表示应力的大小。

膨胀水泥按自应力的大小，可以分为两类，当自应力值小于 2.0MPa 时称为膨胀水泥；当自应力值大于或等于 2.0MPa 时称为自应力水泥。

（一）膨胀水泥Expanding cement

1. 品种Varieties

按主要胶凝物质组分和膨胀组分为：

（1）硅酸盐膨胀水泥　　以主要组分硅酸盐水泥，膨胀组分铝酸盐水泥和石膏配制而成。

（2）铝酸盐膨胀水泥　　以主要组分铝酸盐水泥，膨胀组分石膏配制而成。

（3）硫铝酸盐膨胀水泥　　以主要组分无水硫铝酸钙和硅酸二钙，膨胀组分石膏配制而成。

（4）铁铝酸盐膨胀水泥　　以主要组分铁相、无水硫酸钙和硅酸二钙，膨胀组分石膏配制而成。

2. 用途Purpose

（1）防水、防渗砂浆和混凝土，例如屋面、水池等。

（2）构件接缝，管道接头。

（3）结构加固、修补，新旧混凝土连接。

（4）固定机器底垫，固定地脚螺栓等。

（二）自应力水泥Self-stressing cement

常用的自应力水泥有硅酸盐自应力水泥、铝酸盐自应力水泥等。自应力水泥的膨胀值较大，钢筋混凝土在限制膨胀的条件下，使混凝土受到压应力的作用，而达到预应力的目的。

自应力水泥一般用于制造自应力钢筋混凝土压力管和配件。

五、白色硅酸盐水泥White Portland cement

按国家标准 GB/T 2015—2017《白色硅酸盐水泥》的规定。

由白色硅酸盐水泥熟料、适量石膏共同磨细制成的水硬性胶凝材料，称为白色硅酸盐水泥，简称白水泥。白色硅酸盐水泥熟料和石膏共 70％～100％，石灰岩、白云质石灰岩和石英砂等天然矿物 0％～30％。

白水泥的石灰质原料多采用白垩。黏土质原料采用高岭土、白泥和石英砂等。燃料采用天然气、柴油和重油等。粉磨时磨机内和研磨体采用白花岗石、高强陶瓷、刚玉和瓷球等。

白水泥的生产、矿物组成、性质与硅酸盐水泥基本相同，白水泥分为 32.5、42.5、52.5 三个强度等级，并用白度仪测定白度，按白度划分为 1 级（P·W-1）和 2 级（P·W-2），其白度分别不小于 89 和 87。

白水泥粉磨时加入碱性颜料可制成彩色水泥，常用原料有：氧化铁（红、黄、褐、黑色）、二氧化锰（黑、褐色）、氧化铬（绿色）、赭石（赭色）和炭黑（黑色）等。

白水泥和彩色水泥主要用于建筑内外的装饰，如路面、楼地面、楼梯、墙、柱、台阶、建筑立面的线条、装饰图案和雕塑等。配以彩色大理石、白云石和石英砂作为粗细骨料，可拌制成彩色砂浆和混凝土，做成水磨石、斩假石、水刷石和装饰性构件等。

六、铝酸盐水泥Aluminate cement

按国家标准 GB/T 201—2015《铝酸盐水泥》的规定，凡以石灰石和铝矾土为原料，经高温煅烧所得以铝酸钙（约 50％）为主的熟料，磨细制成的水硬性胶凝材料，称为铝酸盐水泥或高铝水泥，代号 CA。

（一）铝酸盐水泥按 Al_2O_3 的含量分为四类（**Classification of aluminate cement according to the content of Al_2O_3**）

CA50　50％≤Al_2O_3＜60％，该品种根据强度分为 CA50-Ⅰ、CA50-Ⅱ、CA50-Ⅲ 和 CA50-Ⅳ；

CA60　60％≤Al_2O_3＜68％，该品种根据主要矿物组成分为 CA60-Ⅰ（以铝酸-钙为主）和 CA60-Ⅱ（以铝酸二钙为主）；

CA70　68％≤Al_2O_3＜77％；

CA80　77％≤Al_2O_3。

（二）铝酸盐水泥的技术性质**Technique character of aluminate cement**

（1）细度　比表面积不得小于 300kg/m² 或 0.045mm 的筛余量不得大于 20％。

（2）凝结时间　CA50、CA60-Ⅰ、CA70、CA80 初凝时间不得早于 30min，终凝时间不得迟于 6h。CA60-Ⅱ初凝时间不得早于 60min，终凝时间不得迟于 18h。

（3）强度　铝酸盐水泥各龄期的强度值不得低于表 4-10 中对应的数值。

表 4-10　　　　　　　　铝酸盐水泥各龄期的强度值

Tab. 4-10　　　　　　**Strength Value of aluminate cement at each age**

水泥类型		抗压强度（MPa）				抗折强度（MPa）			
		6h	1d	3d	28d	6h	1d	3d	28d
CA50	CA50-Ⅰ	20	40	50	—	3.0	5.5	6.5	—
	CA50-Ⅱ		50	60	—		6.5	7.5	—
	CA50-Ⅲ		60	70	—		7.5	8.5	—
	CA50-Ⅳ		70	80	—		8.5	9.5	—

水泥类型		抗压强度（MPa）				抗折强度（MPa）			
		6h	1d	3d	28d	6h	1d	3d	28d
CA60	CA60 - Ⅰ	—	65	85	—	—	7.0	10.0	—
	CA60 - Ⅰ	—	20	45	85	—	2.5	5.0	10.0
CA70		—	30	40	—	—	5.0	6.0	—
CA80		—	25	30	—	—	4.0	5.0	—

注 6h强度，当用户需要时，生产厂家应提供试验结果。

（三）CA50 铝酸盐水泥CA-50 Aluminate cement

1. CA50 铝酸盐水泥的主要矿物组成

矿物名称	矿物成分	代号
铝酸一钙	$CaO \cdot Al_2O_3$	CA
二铝酸一钙	$CaO \cdot 2Al_2O_3$	CA_2
硅铝酸二钙	$2CaO \cdot Al_2O_3 \cdot SiO_2$	C_2AS
七铝酸十二钙	$12CaO \cdot 7Al_2O_3$	$C_{12}A_7$

此外，还有少量的硅酸二钙等成分。

2. CA50 铝酸盐水泥的水化和硬化

铝酸一钙的水化，其反应式如下：

当温度低于 20℃时

$$CaO \cdot Al_2O_3 + 10H_2O \underset{\text{简写}CAH_{10}}{=\!=\!=} \overset{\text{水化铝酸一钙}}{CaO \cdot Al_2O_3 \cdot 10H_2O}$$

当温度为 20～30℃时

$$2CaO \cdot Al_2O_3 + 11H_2O =\!=\!= \underset{C_2AH_8}{\overset{\text{水化铝酸二钙}}{2CaO \cdot Al_2O_3 \cdot 8H_2O}} + \underset{AH_3}{\overset{\text{铝胶}}{Al_2O_3 \cdot 3H_2O}}$$

当温度高于 30℃时

$$3(CaO \cdot Al_2O_3) + 12H_2O =\!=\!= \underset{C_3AH_6}{\overset{\text{水化铝酸三钙}}{3CaO \cdot Al_2O_3 \cdot 6H_2O}} + 2(Al_2O_3 \cdot 3H_2O)$$

CA 的水化、凝结硬化快，早期强度高。

CA_2 的水化物与 CA 的水化物基本相同，但含量少，影响小。

C_2AS 又称铝方柱石的水化作用极小，可视为惰性矿物。

$C_{12}A_7$ 的水化凝结快，但强度低。

少量的 C_2S 的水化物 C—S—H 凝胶，数量很少，作用小。

水化物 CAH_{10} 和 CAH_8 均为针状和细小片状晶体，相互交织在一起，迅速成为坚硬的晶体骨架，同时生成的 AH_3 铝胶难溶于水，填充在晶体骨架的空隙，形成较密实的水泥石，使初期强度增长很快、很高，但后期强度要下降。因为 CAH_{10} 和 C_2AH_8 均属亚稳态晶体，随着时间的增加逐渐地转化为较稳定的 C_3AH_6，温度高转化更快，这是一种自发的晶型转化过程。

C_3AH_6 不仅强度低，而且在转化时有大量的游离水析出，固相体积减少约 50%，孔隙率增加，使水泥石的强度明显下降，在湿热条件下，强度下降更严重，但强度不是无限的下降，当下降到一个最低值就稳定了，最终稳定强度值只有早期强度的 1/2 或更低。用 CA-50 的铝酸盐水泥时，应测定强度的最低稳定值，把试件放入 50±2℃的水中养护，取 7d 和 14d 的强度最低值。

CA-50 铝酸盐水泥的特性及应用。

（1）凝结硬化快早期强度高，适用于紧急抢修的工程和早期强度有要求的工程。

（2）水化热大，适用于冬季施工的工程。但不宜用于大体积混凝土工程。

（3）耐热性好，适用于拌制耐热砂浆或耐热混凝土（1400℃以下）。

（4）抗硫酸盐性能好，适用于有硫酸盐腐蚀的工程［因为水化物中无 $Ca(OH)_2$］。

（5）耐碱性差，水化铝酸钙遇碱后强度下降，因此，铝酸盐水泥不能用于与碱接触的工程，也不能与硅酸水泥或石灰等材料混用，或与未硬化的上述材料接触，否则会发生闪凝，而且生成的高碱性水化铝酸钙会使混凝土强度下降，开裂破坏。

（6）用于钢筋混凝土时，钢筋保护层不得低于 60mm，未经试验，不得加入任何外加物料。

（7）铝酸盐水泥 CA50，使用时注意：适宜温度为 15℃，不超过 25℃。不用于长期承载的工程。

其他铝酸盐水泥的性质与铝酸盐水泥应用基本相同。

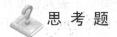

思考题

Exercise

1. 什么称为气硬性胶凝材料？什么称为水硬性胶凝材料？

2. 什么称为硅酸盐水泥？硅酸盐水泥的主要原料、主要矿物、主要水化物及主要用途有哪些？

3. 为什么硅酸盐水泥中要加入石膏？石膏掺量的多少对硅酸盐水泥有什么影响？

4. 水泥颗粒的细度对水泥的哪些性能有影响？

5. 硅酸盐水泥与掺混合材料的硅酸盐水泥有哪些不同？举例说明。

6. 铝酸盐水泥和硅酸盐水泥的原料、生产、矿物、水化物、性质有哪些相同？有哪些不相同？

7. 在下列工程中应分别选用哪种水泥？并说明理由。

（1）高强混凝土；　　　　　　　（2）现浇钢筋混凝结构；

（3）冬季施工的混凝土；　　　　（4）大体积混凝土；

（5）大坝溢流面；　　　　　　　（6）海港工程；

（7）蒸汽养护的构件；　　　　　（8）耐热混凝土；

（9）有抗渗要求的混凝土；　　　（10）紧急抢修的工程。

第五章 混 凝 土

Chapter 5 Concrete

第一节 概 述
Section 1 Outlines

凡由胶凝材料、骨料和水等按适当比例配合拌制的混合物，再经浇筑成型硬化后得到的人造石材，统称为混凝土。目前，工程上使用最多的是以水泥为胶凝材料，以砂石为骨料，加水等拌制的水泥混凝土，通常也就简称为混凝土。当用其他胶凝材料拌制的混凝土，往往需在其前加上胶凝材料的名称，如沥青混凝土、树脂混凝土、水玻璃混凝土等。

一、混凝土的分类The classification of concrete

（1）混凝土按强度等级高低分类 强度等级为 C15～C80 的，称为普通混凝土；强度等级为 C80～C100 的，称为高强混凝土；强度等级≥C100 的称为超高强混凝土。

（2）混凝土按表观密度的大小分类 干表观密度在 2100～2500kg/m³ 的称为普通混凝土，是用天然（或人工）砂、石作骨料配制的，一般干表观密度在 2400kg/m³ 左右，为土木工程中最常用的混凝土；干表观密度大于 2600kg/m³ 的称为重混凝土，是用重晶石或钡水泥、锶水泥等配制的，其表观密度可达 3200～3400kg/m³，重混凝土能防射线、防辐射，故又称为防辐射混凝土；干表观密度小于 1950kg/m³ 的称为轻混凝土，多采用陶粒等轻质多孔的骨料或掺入加气剂、泡沫剂等形成多孔结构的混凝土，常用于轻质结构、保温隔热工程。

（3）混凝土按用途或施工方法的不同分类 如水工混凝土、海工混凝土、道路混凝土、防水混凝土、耐酸混凝土、耐热混凝土、喷射混凝土、泵送混凝土、碾压混凝土等多种。

二、混凝土的特点The characteristic of concrete

普通混凝土是目前用量最大的土木工程结构材料。因为混凝土有如下优点：①可就地取材，成本低。②具有良好的可塑性与可模性。③与钢筋有牢固的黏结力，且能保护钢筋不锈蚀。④具有较高的抗压强度。⑤耐久性好，维护和保养费用极低。混凝土的主要缺点是：①自重大，比强度小。②抗拉强度低，一般抗拉强度仅为抗压强度的 1/10～1/20，因此受拉时易产生脆裂。③生产周期长，施工过程质量难以控制。

第二节 普通混凝土的基本组成材料
Section 2 The primary constructional material of ordinary concrete

普通混凝土主要由水泥、砂、石子及水四种基本材料所组成，为了改善某些方面的性能，需加入掺和料和外加剂，水泥和掺和料统称为胶凝材料。各种材料的作用如下：砂子填充石子的空隙；水泥和水形成水泥浆而填充砂、石的空隙，并包裹在砂、石表面，将砂石紧紧黏结在一起，硬化后形成混凝土。水泥浆发挥了填充、润滑、胶结三方面的作用。混凝土中的砂称为细骨料（或细集料），石子称为粗骨料（或粗集料）。粗、细骨料一般不与水泥起化学反应，主要起骨架、抑制水泥石的体积变形两方面的作用。掺和料中的活性 SiO_2 能逐步与水泥水化后析出的 Ca（OH）$_2$ 以及高碱性水化硅酸钙发生二次反应，生成低碱性水化硅酸钙，使硬化水泥石孔隙细化。图 5-1 为混凝土的结构示意图，混凝土是由水泥石、石子、砂子、孔隙等组成的一个宏观均匀，微观非均匀的堆聚结构。混凝土的质量在很大程度上是由原材料的性质及相对含量所决定，为此，必须首先了解其组成材料的性质、作用及技术要求，合理选择原材料，才能保证混凝土的质量。

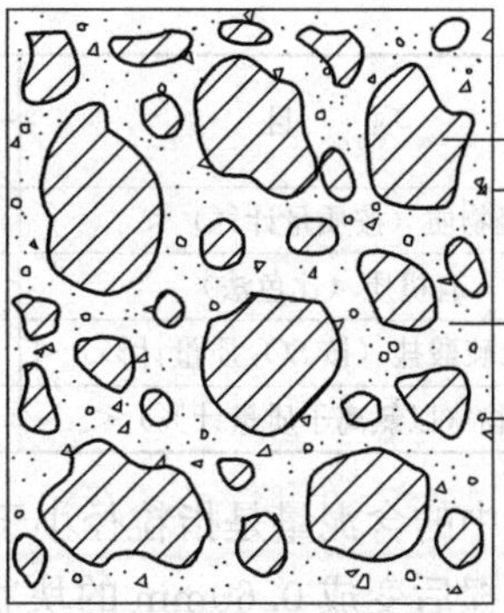

图 5-1 混凝土的结构图
Fig. 5-1 Construction of concrete

一、水泥Cement

水泥在混凝土中起胶结作用，是最主要的材料。正确、合理地选择水泥的品种和强度等级是保证混凝土质量的重要因素。配制混凝土时一般用硅酸盐水泥、普通硅酸盐水泥、矿渣硅酸盐水泥、火山灰质硅酸盐水泥、粉煤灰硅酸盐水泥。水泥质量应符合国家现行标准和规范的要求。对于某个工程具体选用哪种水泥品种，应当根据工程性质、特点、环境及施工条件，结合各种水泥的特性，合理选择。常用水泥品种的选择详见第四章。每个工程所用水泥品种以 1~2 种为宜，重要工程常常是指定生产厂家，生产适合本工程的专用水泥。

水泥强度等级的选择应当与混凝土的设计强度等级相适应。原则上是配制混凝土的强度越高，选择的水泥强度等级就越高，反之亦然。通常以水泥强度等级为混凝土强度等级的 1.5~2 倍为宜，对于高强度混凝土可取 0.9~1.5 倍。

二、细骨料（砂）Fine aggregate（sand）

粒径为 0.15mm~4.75mm 的骨料称为细骨料，简称为砂。混凝土用砂一般采用天然砂，如河砂、山砂、海砂等，其中以河砂品质最好，应用最多。人工砂是由岩石破碎、筛选所得。根据国家规范 GB/T 14684—2022《建设用砂》规定，砂的技术要求包括：有害杂质含量的限值、细度和颗粒级配及物理性质的要求等。根据技术要求从高到低，把砂分为 Ⅰ、Ⅱ、Ⅲ类，分别可用于强度等级大于 C60 的混凝土、强度等级为 C30~C60 和有抗冻及抗渗或有其他要求的混凝土、强度等级小于 C30 的混凝土和建筑砂浆。

（一）有害杂质含量的限值和颗粒形状及表面特征**The limited value of harmful impurity content，the particle shape and the surface characteristcs**

（1）有害杂质含量的限值　混凝土用砂应颗粒坚实、清洁、不含杂质。但砂中常常含有黏土、泥块、云母、硫化物及硫酸盐、轻物质等有害杂质。各级砂的有害杂质含量应不超过表 5-1 中规定的限值。

表 5-1　　　　　　　　　砂 中 有 害 杂 质 限 量
Tab. 5-1　　　　　　　The limited harmful impurity content of sand

项　目	指标（GB/T 14684—2022）			指标（DL/T 5144—2015）		
	Ⅰ	Ⅱ	Ⅲ	天然砂		人工砂
含泥量（按质量计%）＜	1.0	3.0	5.0	≤3	≤5	—
				C≥C$_{90}$30	C＜C$_{90}$30	
泥块含量（按质量计%）＜	0	1.0	2.0	不允许		不允许
云母（按质量计%）＜	1.0	2.0	2.0	≤2		≤2

项 目	指标（GB/T 14684—2022）			指标（DL/T 5144—2015）	
	Ⅰ	Ⅱ	Ⅲ	天然砂	人工砂
轻物质（按质量计%）<	1.0	1.0	1.0	≤1	—
有机质（比色法）	合格	合格	合格	浅于标准色	不允许
硫化物及硫酸盐（按SO₃质量计%）<	0.5	0.5	0.5	≤1	≤1
氯化物（以氯离子质量计%）<	0.01	0.02	0.06		

砂中的含泥量是指粒径小于 0.075mm 的黏土、淤泥、石屑的总量；泥块含量是指经水洗、手捏后变成 0.60mm 的块状黏土。黏土、淤泥、石屑黏附在砂粒表面，阻碍砂与水泥石的黏结，且增大干缩率。当黏土以团块存在时，危害性更大。砂中的云母、硫化物及硫酸盐、有机杂质及轻物质也会降低水泥石黏结力。因此，砂中有害杂质将直接影响混凝土的强度和耐久性。为保证混凝土质量，有害杂质的含量应不超过限量。表 5-1 所列数值分别选自 GB/T 14684—2022《建设用砂》和 DL/T 5144—2015《水工混凝土施工规范》。

（2）颗粒形状及表面特征　细骨料的颗粒形状及表面特征会影响其与水泥石的黏结及新拌混凝土的流动性。砂的颗粒形状以球形颗粒为最佳，其空隙率较小。山砂和人工砂的颗粒多具有棱角，表面粗糙，与水泥石黏结较好，用它拌制的混凝土强度较高，但流动性较差；与山砂及人工砂相比，河砂、海砂的颗粒缺少棱角，表面较光滑，与水泥黏结较差，用其拌制的混凝土强度较低，但流动性较好。

（二）砂的粗细程度与颗粒级配 The coarse - to - fine degree and grain composition of the sand

（1）粗细程度（Coarse - to - fine degree）　它是指不同粒径的砂粒混在一起后的平均粗细程度，常用细度模数（M_x）表示。细度模数可通过砂的筛分析试验确定。筛分析试验是用一套方孔筛孔径依次为 9.50mm、4.75mm、2.36mm、1.18mm、0.600mm、0.300mm、0.150mm 的标准筛，筛分前将砂样烘干至恒重，筛除大于 9.50mm 的颗粒，并计算出筛余百分数。称取筛除大于 9.50mm 的颗粒的烘干砂 500g，放入最大孔径 4.75mm 标准套筛中，从大到小依次筛分，并计算出各孔径筛以上的累计筛余百分数，按式（5-1）计算细度模数。即

$$M_x = \frac{(A_2 + A_3 + A_4 + A_5 + A_6) - 5A_1}{100 - A_1} \qquad (5-1)$$

式中　　　　　　　　M_x——砂的细度模数；

A_1、A_2、A_3、A_4、A_5、A_6——分别为孔径 4.75、2.36、1.18、0.600、0.300、0.150（mm）筛的累计筛余百分数。

砂的细度模数越大，表示砂越粗。根据其大小，可将砂分为粗砂、中砂、细砂及特细砂，其细度模数分别为：粗砂，3.7～3.1；中砂，3.0～2.3；细砂，2.2～1.6；特细砂，1.5～0.7。

（2）颗粒级配（Grain composition）　砂子颗粒大小搭配的比例关系叫颗粒级配，常用级配区表示。对于细度模数为 3.7～1.6 的砂，按 0.600mm 筛孔的筛上累计筛余百分数分为三个区间，见表 5-2。级配较好的砂，各筛上累计筛余百分数应处在同一区间之内（除 4.75mm 及 0.600mm 筛号外，允许稍有超出界限，但各筛超出的总量不应大于 5%）。对人工砂 0.150mm 筛号的Ⅰ、Ⅱ、Ⅲ区可分别放宽到：Ⅰ区，100～85；Ⅱ区，100～80；Ⅲ区：100～75。

表 5 - 2 　　　砂的颗粒级配区（GB/T 14684—2022）
Tab. 5 - 2 　　Grain composition zones of
the sand（GB/T 14684—2022）

方孔筛孔	累计筛余（%）		
(mm)	Ⅰ区	Ⅱ区	Ⅲ区
9.500	0	0	0
4.750	10～0	10～0	10～0
2.360	35～5	25～0	15～0
1.180	65～35	50～10	25～0
0.600	85～71	70～41	40～16
0.300	95～80	92～70	85～55
0.150	100～90	100～90	100～90

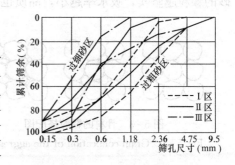

图 5 - 2　砂筛分曲线图
Fig. 5 - 2　Sieves curves of the sand

用表 5 - 2 中数据可做成筛分曲线如图 5 - 2 所示。通过观察砂的筛分曲线是否完全落在三个级配区的任一个区内，即可判断砂级配的合格性。同时也可根据筛分曲线偏向情况大致判断砂的粗细程度，当筛分曲线偏向右下方时，表示砂较粗，筛分曲线偏向左上方时，表示砂较细。即Ⅰ区为粗砂区，Ⅱ区为中砂区，Ⅲ区为细砂区。

图 5 - 3 是砂子颗粒级配示意图。当砂子由较多的粗颗粒、适当的中等颗粒及少量的细颗粒组成时，细颗粒填充在粗、中颗粒间，使其空隙率及总表面积都较小，即构成良好的级配。使用较好级配的砂子，不仅节约水泥，而且还可以提高混凝土的强度及密实性。砂的粗细反映砂粒比表面积的大小。在配合比相同的情况下，若砂子过粗，比表面积小，且由于缺少某些细小颗粒的配搭，拌出的混凝土黏聚性差，易于分离、泌水；若砂子过细，比表面积较大，包裹砂粒需较多的水泥浆，且混凝土强度也较低。因此，混凝土用砂以Ⅱ区中砂为适宜。当采用Ⅰ区砂时，应适当提高砂率，并保证足够的水泥用量，以保证混凝土的和易性，当采用Ⅲ区砂时，宜适当降低砂率，以保证混凝土的强度。

天然砂一般都具有较好的级配，故只要其细度模数适当，均可用于拌制一般强度等级的混凝土。人工砂内粗颗粒一般含量较多，当将细度模数控制在理想范围（中砂）时，若小于 0.15mm 的石粉含量过少，往往使新拌混凝土的黏聚性较差；但若石粉含量过多，又会使混凝土用水量增大并影响混凝土强度及耐久性，故其石粉含量一般控制在 6%～12% 之间为宜。

（三）砂的物理性质 Physical properties of the sand

1. 砂的表观密度、堆积密度及空隙率 Apparent density，bulk density and void ratio of the sand

砂的表观密度大小，反映砂粒的密实程度。混凝土用砂的表观密度，一般要求不小于 $2.5g/cm^3$。石英砂的表观密度约在 $2.6～2.7g/cm^3$ 之间。要求砂的松散堆积密度不小于 $1.35g/cm^3$，砂的堆积密度与空隙率有关，在自然状态下干砂的堆积密度约为 $1400～1600kg/m^3$，振实后的堆积密度可达 $1600～1700kg/m^3$。砂子空隙率的大小，与颗粒形状及颗粒级配有关。带有棱角的砂，特别是针片状颗粒较多的砂，其空隙率较大；球形颗粒的砂、级配良好的砂，空隙率均较小，如图 5 - 3 所示。一般天然河砂的空隙率为 40%～45%，级配良好的河砂空隙率可小于 40%。一般要求砂的空隙率小于 44%。

2. 砂的含水状态 Moisture states of the sand

砂的含水状态，如图 5 - 4 所示。砂子含水量的大小，可用含水率表示。当砂粒表面干燥而颗粒内部孔隙含水饱和时，称为饱和面干状态，此时砂的含水率称为饱和面干吸水率。

砂的颗粒越坚实，吸水率越小，品质也就越好。一般石英砂的吸水率在 2% 以下。

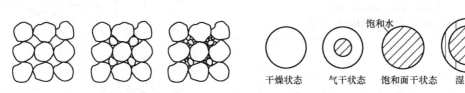

图 5 - 3　骨料的颗粒搭配图
Fig. 5 - 3　Grain collocation of the aggregate

图 5 - 4　骨料颗粒的含水状态示意图
Fig. 5 - 4　Moisture states of the aggregate

饱和面干砂既不从新拌混凝土中吸取水分，也不带入水分。我国水工混凝土工程多按饱和面干状态的砂、石来设计混凝土配合比。

在工业及民用建筑工程中，习惯按干燥状态的砂（含水率小于 0.5%）及石子（含水率小于 0.2%）来设计混凝土配合比。

3. 砂的坚固性 Soundness of the sand

混凝土用砂必须具有一定的坚固性，以抵抗各种风化因素及冻融破坏作用。为保证混凝土的耐久性，GB/T 14684—2022《建设用砂》规定天然砂采用硫酸钠溶液法进行试验，砂样经 5 次循环其质量损失应符合表 5 - 3 规定。人工砂压碎指标法进行试验，压碎指标应小于表 5 - 4 的规定。

表 5 - 3　　　　砂的坚固性指标（天然砂）
Tab. 5 - 3　Obdurability indices of the sand
（natural sand）

项目	指标		
	Ⅰ类	Ⅱ类	Ⅲ类
质量损失%＜	8	8	10

表 5 - 4　　　　砂的压碎指标（人工砂）
Tab. 5 - 4　Crush indices of the sand
（manufactured sand）

项目	指标		
	Ⅰ类	Ⅱ类	Ⅲ类
单级最大压碎指标%＜	20	25	30

4. 砂的碱集料反应 Alkali-aggregate reaction of the sand

经碱集料反应试验后，试件应无裂隙、酥裂、胶体外溢现象，在规定的试验龄期膨胀率应小于 0.10%。

三、粗骨料（石子）Coarse aggregate（gravel）

粒径大于 4.75mm 的骨料叫粗骨料，简称为石子。普通混凝土常用的粗骨料有卵石和碎石两种，根据国家规范 GB/T 14685—2022《建筑用卵石、碎石》规定，碎石和卵石的技术要求包括：颗粒级配、含泥量、针片状颗粒含量、有害物质含量的限值及物理性质的要求等。根据技术要求从高到低，碎石和卵石可分为Ⅰ、Ⅱ、Ⅲ类，分别可用于强度等级大于 C60 的混凝土、强度等级为 C30～C60 和有抗冻及抗渗或有其他要求的混凝土、强度等级小于 C30 的混凝土。

（一）颗粒形状及表面特征 Figure and surface characteristic of the grain

粗骨料的颗粒形状及表面特征同样会影响其与水泥石的黏结及新拌混凝土的流动性。因球形体和立方体颗粒的空隙率较低，是最佳颗粒形状。卵石表面光滑、少棱角，空隙率及表面积较小，拌制混凝土时水泥浆用量较少，和易性较好，但与水泥石的黏结力较差；碎石颗粒表面粗糙、多棱角，空隙率和表面积较大，新拌混凝土的和易性较差，但碎石与水泥石黏结力较大，在水灰比相同的条件下，比卵石混凝土强度高。故卵石与碎石各有特点，在实际工程中应本着满足工程技术要求及经济性原则进行选用。

粗骨料中凡颗粒长度大于该颗粒所属粒级平均粒径的 2.4 倍者为针状颗粒；厚度小于平均粒径的 0.4 倍者为片状颗粒。针、片状颗粒使骨料空隙率增大，新拌混凝土流动性变差，且受力后易于被折断，故它会使混凝土强度降低，其含量应不超过表 5-5 的限值。

（二）有害杂质 Harmful impurity

粗骨料中的有害杂质主要有：黏土、淤泥及细屑、硫化物及硫酸盐、有机物质等。它们对混凝土的危害作用和在细骨料中时相同，程度更甚。不同工程的混凝土对粗骨料有害杂质含量的限值有所区别，可参阅有关规范。表 5-5 列出 GB/T 14685—2022《建筑用卵石、碎石》和 DL/T 5144—2015《水工混凝土施工规范》对粗骨料的有害杂质的限值。

表 5-5 卵石、碎石中有害杂质及针片状颗粒含量限量

Tab. 5-5 The limited content of harmful impurity and needle-slice grain in the pebble or broken stone

项 目	指 标（GB/T 14685—2022）			指标（DL/T 5144—2015）	
	I 类	II 类	III 类		
含泥量%（按质量计）≤	0.5	1.0	1.5	1	D_{20} D_{40} 粒径级
				0.5	D_{80}、D_{150}（D_{120}）粒径级
泥块含量%（按质量计）≤	0	0.5	0.7	不允许	
针片状颗粒%（按质量计）≤	5	15	25	15	
有机物	合格	合格	合格	浅于标准色	如深于标准色，应进行混凝土强度对比试验，抗压强度比不低于 0.95
硫化物及硫酸盐%（按 SO_3 质量计）≤	0.5	1.0	1.0	0.5	

（三）最大粒径及颗粒级配 Maximum grain size and grain composition

1. 最大粒径（D_M）Maximum grain size

粗骨料公称粒径的上限值，称为粗骨料最大粒径，用 D_M 表示。粗骨料最大粒径增大时，骨料的空隙率及表面积都减小，在水灰比及混凝土流动性相同的条件下，可使水泥用量减少，且有助于提高混凝土密实性、减少混凝土的发热及收缩，这对大体积混凝土是有利的。

混凝土强度与 D_M 关系如图 5-5 所示。从图可知：对于水泥用量较少的中、低强度混凝土，D_M 增大时，混凝土强度增大。对于水泥用量较多的中高强混凝土，D_M 由 20mm 增至 40mm 时，混凝土强度最大；$D_M > 40$mm 强度反而降低。对强度大于 C60 的高强混凝土，要求 $D_M \leqslant 25$mm。骨料最大粒径大者对混凝土的抗冻性、抗渗性也有不良的影响，尤其会显著降低混凝土的抗气蚀性。因此，适宜的骨料最大粒径与混凝土性能要求有关，建筑行业中所用混凝土骨料最大粒径应不超过 40mm，港工混凝土的最大粒径不大于 80mm，水工混凝土的最大粒径可达 120～150mm。

粗骨料最大粒径的确定，还受到结构尺寸、钢筋疏密及

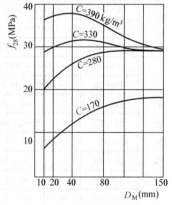

图 5-5 混凝土强度与 D_M 的关系

Fig. 5-5 The relations between concrete strength and D_M

施工条件的限制。一般规定 D_M 不超过钢筋净距的 2/3（水工）～3/4（建筑）、构件断面最小尺寸的 1/4。对于混凝土实心板，允许采用 D_M 为 1/3 板厚，且不得超过 40mm，对于泵送混凝土 D_M 一般为 25～40mm，对少筋或无筋混凝土结构，应选用较大的粗骨料粒径。骨料最大粒径的确定，也受到施工机具的影响，当混凝土搅拌机的容量小于 0.8m³ 时，D_M 不宜超过 80mm；当使用大容量搅拌机时，也不宜超过 150mm，否则容易打坏搅拌机叶片。

2. 颗粒级配 Grain composition

大小不一的粗骨料颗粒相互组合搭配的比例关系称为颗粒级配（参见图 5 - 3）。级配良好的石子其空隙率和总表面积均小，且可获得较大的堆积密度。石子的级配好坏对混凝土强度等性能影响较砂更为明显。

石子的颗粒级配同样采用筛分析法测定。按 GB/T 14685—2022《建设用卵石、碎石》规定，用来确定粗骨料粒径的方孔筛筛孔尺寸分别为 4.75、9.50、16.0、19.0、26.5、31.5、37.5、53.0、63.0、75.0、90.0（mm）等，粒径介于相邻两个筛孔尺寸之间的颗粒称为一个粒级。在工程中，通常规定骨料产品的粒径在某一范围内，且各标准筛上的累计筛余百分数符合规定的数值，则该产品的粒径范围称为公称粒级。5～40mm，5～80mm，这两种公称粒级的骨料的最大粒径分别为 40、80mm。公称粒级有连续级配和单粒级两种，粗骨料的级配原理与细骨料基本相同，即将大小石子适当掺配，使粗骨料的空隙率及表面积都比较小，而堆积密度较大，这样拌出的混凝土水泥用量少、强度高。根据 GB/T 14685—2022 规定，卵石和碎石的颗粒级配应符合表 5 - 6 的要求。

表 5 - 6　　　　　　　　　　　　　卵石和碎石的颗粒级配

Tab. 5 - 6　　　　　　Grain composition of the pebble and the broken stone

级配情况	公称粒级（mm）	累计筛余百分率（按质量计）											
		筛孔尺寸（方孔筛，mm）											
		2.36	4.75	9.50	16	19.0	26.5	31.5	37.5	53.0	63	75.0	90
连续粒级	5～16	95～100	85～100	30～60	0～10	0	—	—	—	—	—	—	—
	5～20	95～100	90～100	40～80	—	0～10	0	—	—	—	—	—	—
	5～25	95～100	90～100	—	30～70	—	0～5	0	—	—	—	—	—
	5～31.5	95～100	90～100	70～90	—	15～45	—	0～5	0	—	—	—	—
	5～40	—	95～100	70～90	—	30～65	—	—	0～5	0	—	—	—
单粒粒级	5～10	95～100	90～100	0～15	0	—	—	—	—	—	—	—	—
	10～16	—	95～100	85～100	0～15	0	—	—	—	—	—	—	—
	10～20	—	—	85～100	—	0～15	0	—	—	—	—	—	—
	16～25	—	95～100	95～100	55～70	25～40	0～10	0	—	—	—	—	—
	18～31.5	—	—	—	85～100	—	0～10	0	—	—	—	—	—
	20～40	—	—	95～100	—	80～100	—	0～10	0	—	—	—	—
	25～31.5	—	—	—	95～100	80～100	0～10	0	—	—	—	—	—
	40～80	—	—	—	—	95～100	—	—	70～100	—	30～60	0～10	0

注　1. 公称粒径的上限为该粒级的最大粒径，单粒级一般要求用于组合具有要求级配的连续粒径，它也可与连续粒径级的碎石配成较大粒径的连续粒径。

　　2. 根据混凝土工程和资源的具体情况，进行综合技术分析后，在特殊情况，允许直接采用单粒级，但必须避免混凝土发生离析。

根据 DL/T5144—2015《水工混凝土施工规范》及 SL/T 352—2020《水工混凝土试验规程》规定，水工混凝土中，宜将粗骨料分成以下几种粒级组合：当最大粒径为 40mm 时，分成 D_{20}、D_{40} 二级；当最大粒径为 80mm 时，分成 D_{20}、D_{40}、D_{80} 三级；当最大粒径为 150mm 时，分成 D_{20}、D_{40}、D_{80}、D_{150}（D_{120}）四级。各级粒径的搭配比例，需通过试验确定。通常是将各级石子按不同比例掺配，进行堆积密度试验，从中选出几组堆积密度较大（即空隙率较小）的级配，再进行混凝土和易性试验，确定出能满足和易性要求且水泥用量又较小的搭配比例。表 5 - 7 列出了粗骨料级配比例推荐值，可供选择骨料级配时参考。

表 5 - 7　　　　水工和水运卵石、碎石分级与配合比例（%）推荐值

Tab. 5 - 7　Recommended value of classification and mixture ratio（%）of the pebble and the broken stone in hydraulic engineering and marine traffic engineering

粗骨料最大粒径（mm）	分级（mm）							总计
	5～20	5～30	5～40	20～40	30～60	40～80	80～150（120）	
	各级石子百分率							
40	45～60			40～55				100
60		35～50			50～65			100
80	25～35			25～35		35～50		100
80			60～65			35～50		100
150（120）	15～25			15～25		25～35	30～45	100

粗骨料级配有连续级配和间断级配两种。连续级配是从最大粒径开始，由大到小，每一粒径级都占有适当的比例。连续级配颗粒级差小（$D/d \approx 2$），配制的新拌混凝土和易性好，不易发生离析，在工程中被广泛采用。间断级配是采用不相邻的单粒级骨料相互配合，如 10～20mm 粒级与 40～80mm 粒级的石子配合组成间断级配。间断级配颗粒级差大，空隙率的降低比连续级配快得多，可最大限度地发挥骨料的骨架作用，减少水泥用量。但新拌混凝土易产生离析现象。

施工现场分级堆放的石子中往往有超径与逊径现象存在。所谓超径就是在某一级石子中混杂有超过这一级粒径的石子；所谓逊径就是混杂有小于这一级粒径的石子。超逊径的出现将直接影响骨料的级配和混凝土性能，必须加强施工质量管理，并经常对各级石子的超逊径进行检验。一般规定，超径石子含量不得大于 5%，逊径石子含量不得大于 10%。如超过规定数量，最好进行二次筛分，或调整骨料级配，以保证工程质量。

（四）物理力学性质 Physical mechanical properties

1. 表观密度、堆积密度及空隙率 Apparent density，bulk density and void ratio

混凝土骨料的卵石或碎石应密实坚固，故粗骨料的表观密度应较大，空隙率应较小。我国石子的表观密度平均为 2.68g/cm³，最大的达 3.15g/cm³，最小为 2.50g/cm³，因此规范要求粗骨料的表观密度不小于 2.50g/cm³（GB/T 14685）～2.55g/cm³（DL/T 5144）。松散堆积密度不小于 1.350g/cm³，孔隙率不大于 45%（水工）～47%（建筑）。粗骨料的堆积密度及空隙率与其颗粒形状、针片状颗粒含量和颗粒级配有关。

2. 吸水率 Water absorption rate

粗骨料颗粒越坚实、孔隙率越小，其吸水率就越小，品质也越好。吸水率大的石料，表明其内部孔隙多。吸水率过大，将降低混凝土的软化系数，也降低混凝土的抗冻性。一般要

求粗骨料的吸水率不大于 2.5％（DL/T 5144—2015），GB/T 14685—2022 要求吸水率不大于 2.0％，有抗冻要求的其吸水率应小于 1.5％。

3. 强度 Strength

为了保证混凝土的强度，要求粗骨料质地致密、具有足够的强度。粗骨料的强度可用岩石立方体强度或压碎指标两种方法进行检验。岩石立方体强度是将轧制碎石的岩石或卵石制成 50mm×50mm×50mm 的立方体（或直径与高度均为 50mm 的圆柱体）试件，在吸水饱和状态下测定其极限抗压强度。一般要求极限强度与混凝土强度之比不小于 1.5，且要求火成岩（岩浆岩）的极限抗压强度不宜低于 80MPa，变质岩不宜低于 60MPa，沉积岩（水成岩）不宜低于 30MPa。

4. 压碎指标 Crush index

压碎指标是衡量卵石和碎石坚固性的指标，压碎指标是取粒径为 9.5～19mm 的 3000g 骨料装入规定的圆模内，在压力机上加荷载至 200kN，保持 5s，其压碎的细粒（粒径小于 2.36mm）占试样质量百分数，即为压碎指标。压脆指标越小，表示粗骨料抵抗压脆裂的能力越强。卵石或碎石骨料的压碎指标应符合表 5-8 的要求。

表 5-8　　　　　　　　　　卵石和碎石的压碎指标
Tab. 5-8　　　　　　　　Crush index of the pebble and the broken stone

骨料类别		指标（GB/T 14685—2022）			指标（DL/T 5144—2015）	
		Ⅰ类	Ⅱ类	Ⅲ类	≥40MPa	＜40MPa
碎石	水成岩	＜10	＜20	＜30	≤10	≤16
	变质岩				≤12	≤20
	火成岩				≤13	≤30
卵石		＜12	＜14	＜16	≤12	≤16

5. 碱骨料反应 Alkali-aggregate reaction

碱骨料反应指水泥、外加剂及环境中的碱与骨料中碱活性矿物在潮湿环境下缓慢发生并导致混凝土开裂破坏的膨胀反应。若经碱骨料反应试验后，由卵石、碎石配制的试件无裂缝、酥裂、胶体外溢等现象，在规定试验龄期的膨胀率小于 0.1％，认为骨料无碱骨料反应。

6. 坚固性 Soundness

有抗冻、耐磨、抗冲击性能要求的混凝土所用粗骨料，要求测定其坚固性，骨料的坚固性反映骨料在环境因素、外力等作用下抵抗破碎的能力。通常用硫酸钠溶液法检验，试样经 5 次循环后，其质量损失应不超过表 5-9 的规定。

表 5-9　　　　　　　　　　碎石或卵石的坚固性指标
Tab. 5-9　　　　　　　Obdurability indices of the pebble and the broken stone

项　目	指标（GB/T 14685—2022）			指标（DL/T 5144—2015）	
	Ⅰ类	Ⅱ类	Ⅲ类	有抗冻性	无抗冻性
质量损失％＜	＜5	＜8	＜12	≤5	≤12

四、混凝土拌和及养护用水 Water used in mixing and maintenance of the concrete

可饮用的水，均可用于拌制和养护混凝土。当采用其他水源时，水质应符合国家现行标准 JGJ 63—2006《混凝土用水标准》的规定，且要求有检查水质的检验报告。未经处理的工业废水、污水及沼泽水，不能使用。

在缺乏淡水地区，素混凝土允许用海水拌制，但有饰面要求的素混凝土不宜用海水拌制；由于海水对钢筋有锈蚀作用，故不得用海水拌制钢筋混凝土及预应力混凝土。

第三节　混凝土的掺和料
Section 3　Admixture of Concrete

为了节约水泥、改善混凝土的性能，在混凝土拌制时掺入的掺量大于水泥质量5%的矿物粉末，称为混凝土的掺和料。常用混凝土掺和料有粉煤灰、硅粉、超细矿渣及各种天然的火山灰质材料粉末（如凝灰岩粉、沸石粉等）。掺和料在水泥浆体中，可进行水化反应，所以混凝土掺和料被认为是一种辅助胶凝材料。其中以粉煤灰应用最为普遍。目前，混凝土掺和料已是调节混凝土性能，配制大体积混凝土、碾压混凝土、高性能混凝土等不可缺少的组成部分，配合比设计中水泥和掺和料统称为胶凝材料，掺和料的掺量应根据工程技术要求，通过试验确定，并满足国家及行业规范要求。

一、粉煤灰Fly ash

（一）粉煤灰的品种Species of fly ash

从火电厂煤粉炉烟道气体中收集到的颗粒粉末，称为粉煤灰。按其排放方式的不同，分为干排灰及湿排灰两种。湿排灰含水量大，活性降低较多，质量不如干排灰。干排灰有静电收尘灰和机械收尘灰两种。静电收尘灰颗粒细、质量好；机械收尘灰的颗粒较粗、质量较差。为改善粉煤灰的品质，可对粉煤灰进行再加工，经磨细处理的称为磨细灰；采用风选处理的，称为风选灰；未经加工的称为原状灰。按煤种粉煤灰又分为F类和C类。F类是由无烟煤和烟煤煅烧收集的粉煤灰。C类是由褐煤和次烟煤煅烧收集的粉煤灰，其氧化钙含量一般大于10%。

（二）粉煤灰的技术要求Technology requirement of fly ash

粉煤灰的技术要求因其用途不同而异。GB/T 50146—2014《粉煤灰混凝土应用技术规范》对F类和C类粉煤灰均分Ⅰ、Ⅱ、Ⅲ级，各项指标不应大于表5-10中数值。

表5-10　　粉煤灰的技术指标与分级（GB/T 50146—2014）
Tab. 5-10　　Technical indices and assortment of fly ash

技术指标		细度（0.045mm筛余）（%）	需水量比（%）	烧失量（%）	三氧化硫（%）	含水量（%）
	F	C	F	C	F	C
级别 Ⅰ		12	95	5	3	1
Ⅱ		25	105	8	3	1

Ⅰ级灰适用于钢筋混凝土和跨度小于6m的预应力钢筋混凝土；Ⅱ级灰适用于钢筋混凝土和无筋混凝土；Ⅲ级灰主要用于无筋混凝土；但大于C30的无筋混凝土，宜采用Ⅰ、Ⅱ级粉煤灰，主要用于改善混凝土和易性所采用的粉煤灰，可不受此限制。

（三）掺用粉煤灰对混凝土性能的影响Effect on performance for concrete mixed with fly ash

由于粉煤灰本身的化学活性、结构和颗粒形状等特征，在混凝土中可产生以下三种效果：

(1) 增强作用　粉煤灰的化学成分主要有 SiO_2、Al_2O_3 及 Fe_2O_3 等。其中 SiO_2 及 Al_2O_3 二者之和常在 60% 以上，均具有化学活性，在有水、常温条件下，可与水泥水化产物 $Ca(OH)_2$ 反应，生成类似水泥水化产物中的水化硅酸钙和水化铝酸钙，使水泥石骨架增加，孔隙减少。由于粉煤灰与 $Ca(OH)_2$ 反应，属"二次反应"，一般 7d 龄期反应程度很小，以后逐渐增加，一直可延续 1 年以上，因此，粉煤灰可成为胶凝材料的一部分，而起增强作用，特别是对后期强度贡献大。

(2) 降低水化热　由于粉煤灰取代了部分水泥用量，大大降低了混凝土的水化热。

(3) 改善和易性　粉煤灰的矿物组成主要为铝硅玻璃体，呈微珠球状颗粒，表面光滑，掺入混凝土中可减少骨料间的摩擦，增大了混凝土流动性、减少泌水，从而可改善混凝土的和易性。

(4) 增大密实度　粉煤灰水化反应很慢，在混凝土中相当长时间内以固体微粒形态存在，填充了骨料空隙和毛细孔，改善了混凝土的孔结构，从而增大了混凝土的密实度。

(四) 粉煤灰的掺用方法 Methods for mixing fly ash

混凝土中掺用粉煤灰常有以下三种方法：

(1) 等量取代法　粉煤灰掺量与取代水泥的质量相等，称为等量取代法。主要适用于掺加 I 级粉煤灰、混凝土强度有富余、大体积混凝土。此时，由于粉煤灰水化反应慢，混凝土早期及 28d 龄期强度有所降低，但随着龄期的延长，掺粉煤灰混凝土强度可逐步赶上基准混凝土（不掺粉煤灰的混凝土）的强度。由于混凝土内水泥用量的减少，可节约水泥并减少混凝土发热量，还可以改善混凝土和易性，提高混凝土抗渗性，故常用于大体积混凝土。

(2) 外加法　外加法是指在保持混凝土水泥用量不变的情况下，外掺一定数量的粉煤灰，可减少混凝土中砂的用量。其目的是改善新拌混凝土的和易性。外加法仍保持混凝土水泥用量不变，则混凝土黏聚性、保水性、强度将显著优于基准混凝土，混凝土和易性及抗渗性等将有显著改善。

(3) 超量取代法　粉煤灰的掺入量超过其取代水泥的质量。其目的是增加混凝土中胶凝材料用量，以补偿由于粉煤灰取代水泥而造成的强度降低。多出的粉煤灰取代同体积的砂，混凝土内石子用量及用水量基本不变。粉煤灰的超量系数与粉煤灰的级别有关。

目前混凝土配合比设计中一般采用等量取代法掺入粉煤灰。实践证明，当粉煤灰掺量过多时，混凝土的抗碳化耐久性将变差，所以粉煤灰最大掺量应满足表 5-11 的要求。对于早期强度要求较高或施工时环境温度、湿度较低时，应适当降低掺量，当骨料中有碱硅酸反应活性骨料时，其掺量应通过碱活性抑制试验确定。

表 5-11　　　　　　　　　　　　粉煤灰掺量的最大限量（%）
Tab. 5-11　　　　　　　　　　　The highest fly ash content

混凝土种类	硅酸盐水泥		普通硅酸盐水泥	
	水灰比≤0.4	水灰比>0.4	水灰比≤0.4	水灰比>0.4
预应力混凝土	30	25	25	15
钢筋混凝土	40	35	35	30
素混凝土	55		45	
碾压混凝土	70		65	

混凝土中掺入粉煤灰时，常与减水剂或引气剂等外加剂同时掺用，称为双掺技术。减水剂的掺入可以克服某些粉煤灰增大混凝土需水量的缺点；引气剂的掺用，可以解决粉煤灰混凝土抗冻性较低的问题；在低温条件下施工时，宜掺入早强剂或防冻剂。

混凝土中掺入粉煤灰后，将使其抗碳化性能降低，不利于钢筋防止锈蚀。为改善混凝土抗碳化性能，也应采取双掺措施，或在混凝土中掺入阻锈剂。

（五）粉煤灰的掺量百分比计算 Mixing proportion design of the concrete mixed with fly ash

粉煤灰掺量（％）通常用下式表示

$$粉煤灰掺量（％）= \frac{粉煤灰质量}{水泥质量＋粉煤灰质量} \times 100\%$$

在进行配合比设计时，可根据经验选取几个不同的粉煤灰掺量，进行混凝土配合比设计，根据混凝土技术要求确定粉煤灰掺量及相应的混凝土配合比。

二、硅粉Silica fume

硅粉也称硅灰，是冶炼硅铁合金或工业硅时，通过烟道排出的硅蒸气氧化后，经收尘器收集得到的无定形二氧化硅为主要成分的产品。主要成分 SiO_2 含量高达85％～96％，比表面积为（15～25）m^2/g，因而硅粉是一种高活性、超细微粒掺和料。硅粉密度为（2.1～2.2）g/cm^3，松散堆积密度为（250～300）kg/m^3。GB/T 18736—2017《高强高性能混凝土用矿物外加剂》对硅粉的技术要求作出了规定，要求硅粉的烧失量不大于6％，含水率不大于3％，二氧化硅不小于85％，比表面积不小于15m^2/g。硅灰取代水泥后，其作用与粉煤灰类似，可改善新拌混凝土的和易性，降低水化热，提高混凝土抗侵蚀、抗冻、抗渗、抑制碱—骨料反应。比粉煤灰更甚的是，掺硅粉可配制高强混凝土。硅粉的活性很高，当与高效减水剂配合掺入混凝土时，硅粉与 $Ca(OH)_2$ 反应生成水化硅酸钙凝胶体，填充水泥颗粒间的空隙，改善界面结构及黏结力，可显著提高混凝土强度。一般硅粉掺量为5％～15％时（有时为了某些特殊目的，也可掺入20％～30％），且在选用52.5MPa以上的高强度等级水泥、品质优良的粗、细骨料、掺入适量的高效减水剂的条件下，可配制出28d强度达100MPa以上的超高强混凝土。硅粉混凝土的抗冲磨性随硅粉掺量的增加而提高。

硅粉掺用方法常有内掺法和外掺法两种。内掺法是用硅粉等量取代部分水泥，适用于中、低强度等级混凝土；外掺法是水泥用量不变，另外掺入5％～10％的硅粉，适用于高强或高性能混凝土。由于硅粉资源有限，售价较高，目前主要用于配制高强和超高强混凝土、高抗渗、高耐磨混凝土，如水工建筑物的抗冲刷部位及高速公路路面等。

掺硅粉后，混凝土含气量略有减小，因而掺硅粉的混凝土必须增加引气剂用量，当其掺量为10％时，一般引气剂用量需增加2倍左右。为了保证硅粉在水泥浆中充分地分散，当硅粉掺量增多时，高效减水剂的掺量也必须相应地增加，否则不能提高混凝土的强度。JGJ 55—2011《普通混凝土配合比设计规程》要求其掺量不超过10％。

三、磨细矿渣Stoneground slag

粒状高炉矿渣经干燥、粉磨等工艺达到规定细度的产品，称为磨细矿渣，用以配制高强、高性能强度混凝土。粉磨时可添加适量的石膏和水泥及粉磨用工艺外加剂。粒化高炉矿渣是炼铁高炉排除的熔渣，当其经磨细粉磨后具有很高的活性和极大的表面能，可以弥补硅粉资源的不足，满足配制不同性能混凝土的需求。GB/T 18736—2017《高强高性能混凝土用矿物外加剂》，把磨细矿渣分为Ⅰ、Ⅱ级，其比表面积分别为600、400（m^2/kg），要求磨

细矿渣 MgO 不大于 14%，SO₃ 不大于 4%，烧失量不大于 3%。磨细矿渣可等量替代
15%～50% 的水泥。掺于混凝土中可收到以下几方面的效果：①可配制出高强和超高强的混
凝土。采用高强度等级水泥及优质粗、细骨料并掺入高效减水剂时，可配制出高强混凝土及
C100 以上的超高强混凝土。②改善新拌混凝土的和易性，可配制出大流动性且不离析的泵
送混凝土。③大大改善混凝土的耐久性。所配制出的混凝土干缩率大大减小（这是优于硅粉
之处），抗冻、抗渗性能提高，从而提高混凝土的耐久性。

　　磨细渣的生产成本低于水泥，使用其作为掺和料可以获得显著经济效益。根据国内外经
验，使用磨细矿渣掺和料配制高强或超高强混凝土是行之有效的、经济实用的技术途径，是
当今混凝土技术发展的趋势之一。JGJ 55—2011 要求其最大掺量：当采用硅酸盐水泥水胶
比≤0.4 时为 65%，当水胶比＞0.4 时为 55%，当采用普通硅酸盐水泥，水胶比≤0.4 时为
55%，当水胶比＞0.4 时为 45%。

四、其他掺和料Other admixture

　　除了上述几种掺和料外，可以用作混凝土掺和料的还有天然火山灰质材料和某些工业副
产品，如天然沸石粉、火山灰、凝灰岩、钢渣、磷矿渣等。此外，碾压混凝土中还可以掺入
适量的非活性掺合料（如石灰石粉、尾矿粉等），以改善混凝土的和易性，提高混凝土的密
实性及硬化混凝土的某些性能。

　　作为混凝土活性掺和料的天然火山灰质材料和工业副产品，必须具有足够的活性且不能
含过量的对混凝土有害的杂质。掺和料需经磨细并通过试验确定其合适掺量及其对混凝土性
能的影响。JGJ 55—2011 要求其最大掺量：当采用硅酸盐水泥时，钢渣粉、磷渣粉均为
30%，当采用普通硅酸盐水泥，钢渣粉、磷渣粉均为 20%。

第四节　新拌混凝土的和易性
Section 4　Workability of fresh concrete

　　混凝土的各组成材料按一定比例配合、拌制成的尚未凝结硬化的混合物，称为新拌混凝
土或混凝土拌和物，又简称为拌和物。新拌混凝土必须具有良好的和易性，才能便于施工并
获得均匀而密实的混凝土，以保证混凝土的质量。

一、和易性的概念Definition of workability

　　和易性又称工作性，是指新拌混凝土便于拌和、运输、浇筑、捣实，并能获得质量均
匀、密实混凝土的性能。和易性是新拌混凝土的主要技术性质，是一项综合性技术指标，包
括流动性、黏聚性及保水性三方面的含义。

（一）流动性Liquidity

　　流动性指新拌混凝土在自重或施工机械振捣的作用下，易于产生流动，并能均匀密实地
填满模型的性能。其大小反映新拌混凝土的稀稠程度，关系着施工振捣的难易和浇筑的质
量。拌和物流动性好，则操作方便，容易成型和振捣密实。

（二）黏聚性Cohesiveness

　　黏聚性也称抗离析性，指新拌混凝土有一定的黏聚力，在运输及浇筑过程中不易出现分
层离析，能保持整体均匀的性能。黏聚性不好的拌和物，砂浆与石子容易分离，振捣后会出
现蜂窝、空洞等现象，严重影响工程质量。

（三）保水性Water retention property

保水性指新拌混凝土具有一定的保持水分的能力，不致产生大量泌水的性质。新拌混凝土中，只有20％～25％的拌和用水用于水泥水化，其余拌和水是为了使拌和物具有足够的流动性，便于施工浇筑。因此，如果新拌混凝土保水性差，在运输、浇筑、振捣中，在凝结硬化前很容易泌水。泌水是指一部分水分从混凝土内部析出，形成毛细管孔隙即渗水通道，或水分及泡沫等轻物质浮在表面，引起混凝土表面疏松，或水分停留在石子及钢筋的下面形成水隙，削弱水泥浆与石子及钢筋的黏结能力，影响混凝土的质量。

新拌混凝土的流动性、黏聚性和保水性三者是相互联系的。一般来说，流动性大的拌和物，其黏聚性及保水性相对较差。所谓新拌混凝土具有良好的和易性，就是其流动性、黏聚性及保水性都较好地满足其具体施工工艺的要求。

二、和易性的测定方法及指标Indices and determination methods of the workability

如今还没有一个指标能对和易性进行完整反映。从流动性、黏聚性和保水性三方面分析，流动性对新拌混凝土性质影响最大。因此，目前常用坍落度定量地表示其流动性的大小，根据经验，通过对坍落度试验现场的观察，定性地评判黏聚性和保水性的优劣。

（一）坍落度法Slump constant method

坍落度法是测定新拌混凝土在自重作用下流动性大小的方法，其黏聚性、保水性则根据观察分析评判。

坍落度的测定是将新拌混凝土分三层装入上下口直径和高分别为100、200mm和300mm的标准截头圆锥筒内，每装完一层之后，用捣棒均匀地插捣25次，三层装完后刮平，然后在5～10s内将筒垂直提起，新拌混凝土在自重作用下将产生一定的坍落现象，如图5-6所示，坍落的毫米数称为坍落度。整个过程坍落度越大，表明流动性越大。坍落度为10～40mm的常称为低塑性混凝土，50～90mm称为塑性混凝土，100～150mm称为流动性混凝土，大于160mm称为大流动性混凝土。坍落度小于10mm的称为干硬性混凝土。

黏聚性检查：用捣棒在已坍落的锥体一侧轻打，若轻打时锥体渐渐下沉，表示黏聚性良好，如图5-7（b）所示；如果锥体突然倒塌、部分崩裂或石子离析，如图5-7（a）、（c）所示，则黏聚性不好。

(a) 部分崩裂　(b) 正常坍落　(c) 锥体坍塌

图5-6　坍落度测试试验图　　　　图5-7　坍落度试验合格与不合格示意图

Fig. 5-6　Testing of slump constant　　Fig. 5-7　valid or in valid test of slump

保水性检查：以坍落的锥体中稀浆析出的程度评定。提起坍落筒后，如有较多稀浆从底部析出或锥体因失浆而骨料外露，表示保水性不良；如提起坍落筒后，无稀浆析出或仅有少量稀浆自底部析出，锥体含浆饱满，则表示保水性良好，如图5-7（b）所示。

（二）维勃稠度法Vee-Bee's method

对于干硬性混凝土，采用维勃稠度（VB稠度值）来反映其干硬程度。将新拌混凝土按坦落度试验方法装入 VB 仪（VB 仪见试验部分）的容量桶中的坦落筒内，缓慢垂直提起坦落筒，将透明圆盘置于新拌混凝土锥体顶面。启动振动台，用秒表测出其受振摊平、振实、透明圆盘的底面完全为水泥浆布满所经历的时间（以 s 计），即为维勃稠度，也称工作度。维勃稠度代表新拌混凝土振实所需的能量，时间越短，表明越易被振实。它能较好地反映干硬性混凝土在振动作用下便于施工的性能。维勃稠度（VB）为：10～5s，属半干硬性混凝土；20～11s，属干硬性混凝土；30～21s，属特干硬性混凝土；＞31s，属超干硬性混凝土。

（三）扩展度法slump flow method

扩展度又称坦落扩展度，对于骨料最大粒径不大于 30mm、坦落度大于 150mm 的流态混凝土的和易性要采用坦落扩展度检测。按坦落度试验方法，把混凝土拌和物装满坦落度筒，然后将筒徐徐垂直提起，拌和物在自重作用下逐渐扩散，当拌和物不再扩散或扩散时间已达到 60s 时，用钢尺在不同方向量取拌和物扩散后的直径 2～4 个，准确值 1mm。整个扩散度试验应连续进行，并应在 4～5min 内完成，混凝土拌和物的扩散度以拌和物扩散后的2～4 个直径测值的平均值作为结果，以 mm 计，取整数。

三、坦落度指标的选择Selection of the slump constant

正确选择坦落度指标，对于保证混凝土的施工质量及节约水泥有着重要的意义。在选择坦落度指标时，原则上应在便于施工操作并能保证振捣密实的条件下，尽可能取较小的坦落度，以节约水泥并获得质量较高的混凝土。

工程中选择新拌混凝土的坦落度，要根据结构类型、构件截面尺寸大小、配筋疏密和施工捣实方法等来确定。当构件尺寸较小或钢筋较密，或采用人工插捣时，坦落度可选择大些，反之可选择小些。按 GB 50204—2015《混凝土结构工程施工质量验收规范》和 DL/T 5144—2015《水工混凝土施工规范》规定，宜按表 5 - 12 选用。

表 5 - 12　　　　　　　　　　　混凝土在浇筑地点的坦落度
Tab. 5 - 12　　　　　　　Slump constant of the concrete in situation

坦落度（GB 50204—2015）（mm）		坦落度（DL/T 5144—2015）（JTS 202—2011）（mm）	
结构种类	指　标	混凝土类别	指　标
基础、地面、挡土墙等及其垫层，或配筋稀疏的结构	10～30	素混凝土或少筋混凝土	10～40 （10～40）
板、梁和大中型截面的柱子	30～50	配筋率不超过 1% 的钢筋混凝土	30～60 （50～70）
配筋密列的结构（薄壁、斗仓、筒仓、细柱）	50～70	配筋率超过 1% 的钢筋混凝土	50～90 （70～90）
配筋特密的结构	70～90		

注　表中数值系按机械振捣混凝土时的坦落度，当采用人工振捣时其值可适当增大。对于轻骨料混凝土的坦落度，宜比表中数值减少 10～20mm。括号内数据摘自 JTS 202—2011《水运工程混凝土施工规范》。

四、影响新拌混凝土和易性的因素Influence factors of workability of the fresh concrete

影响新拌混凝土和易性的因素很多，主要有水胶比与单位用水量、含砂率的大小，其他影响因素有原材料的性质、拌和物存放时间及环境因素等。

（一）水胶比的影响Influence of water - cement ratio

水胶比是指单位混凝土用水量与胶凝材料用量之比，用 $W/(C+F)$ 表示，C 为水泥用量，F 为掺和料用量。在保持混凝土胶凝材料用量不变的情况下，水胶比较小者，水泥浆较稠，拌和物的流动性较小，黏聚性和保水性较好，泌水较少；但水胶比过小时，黏聚性将变差，且浇捣成型密实困难。反之，水胶比过大时，水泥浆过稀，其流动性过大，使黏聚性和保水性不能满足要求，导致严重的泌水、分层、流浆现象。由此可见，水胶比是影响和易性的主要原因。在工程实际中，水胶比是根据混凝土所要求的强度和耐久性确定的。普通混凝土常用水胶比一般在 0.40～0.70 范围内。

（二）单位用水量的影响Influence of unit water consumption

水泥浆与骨料间的比例关系，常用单位用水量衡量，用 W 表示，即单位体积混凝土的用水量，简称单位用水量。在水胶比一定的条件下，单位体积混凝土的用水量就成了流动性的唯一控制指标。因为，在水胶比不变的条件下，单位用水量越大，水泥浆用量就越多，拌和物的流动性就越大，反之则小。但若单位用水量过大，水泥浆量过多，拌和物将会出现流浆、泌水现象，使黏聚性及保水性变差；若单位用水量过小，水泥浆量过少，浆体不能填满骨料间的空隙，更不能包裹所有的骨料表面形成润滑层，则黏聚性和流动性也将变差，甚至会产生坍塌现象。因此，单位用水量以使新拌混凝土达到所要求的流动性为准，不应随意加大。

在进行混凝土配合比设计时，首先应根据所要求的流动性指标（坍落度、维勃稠度和扩展度），合理确定单位用水量。表 5-13 列出了 JGJ 55—2011《普通混凝土配合比设计规程》规定的单位用水量，表 5-14 列出了水工及水运混凝土单位用水量，可供设计参考。

表 5-13　　　　　　　　　混凝土的单位用水量（kg/m³）

Tab. 5-13　　　　　　　Unit water consumption of the concrete（kg/m³）

拌和物稠度		卵石最大粒径（mm）				碎石最大粒径（mm）			
项目	指标	10	20	31.5	40	16	20	31.5	40
坍落度（mm）	10～30	190	170	160	150	200	185	175	165
	35～50	200	180	170	160	210	195	185	175
	55～70	210	190	180	170	220	205	195	185
	75～90	215	195	185	175	230	215	205	195

注　本表用水量系采用中砂时的平均用水量。采用细砂时，单位用水量可增加 5～10kg；采用粗砂时，则可减少 5～10kg；掺用各种外加剂或掺和料时，用水量相应调整。

表 5-14　　　　　水工及水运工程混凝土单位用水量参考值（kg/m³）

Tab. 5-14　　　Referenced unit water consumption of concrete in the hydraulic engineering

and the marine traffic engineering（kg/m³）

混凝土坍落度（mm）	卵石最大粒径（mm）					碎石最大粒径（mm）				
	10	20	40	80	150	10	20	40	80	150
10～30	185	160	140	120	105	200	175	155	135	120
30～50	190	165	145	125	110	205	180	160	140	125
50～70	195	170	150	130	115	210	185	165	145	130
70～90	200	175	155	135	120	215	190	170	150	135

注　1. 本表适用于中砂，当使用细砂时，用水量需增加 5～10kg/m³。

2. 采用火山灰水泥或火山质掺和料时，用水量增加 10～20kg/m³。

3. 单掺普通减水剂或引气剂时，可减水 6%～10%，引气剂与普通减水剂复合或单掺高效减水剂时，可减水 15%～20%。

4. 本表适用于骨料含水率为饱和面干状态，当以干燥状态为基准时，用水量需增大 10～20kg/m³。

（三）砂率的影响Effect of the sand ratio

混凝土的砂率是指砂的用量占砂、石总用量（按质量计）的百分数。即

$$S_p = \frac{S}{S+G} \times 100\%$$ (5-2)

式中 S_p——砂率，%；

　　　S——$1m^3$ 混凝土中砂子的质量，kg；

　　　G——$1m^3$ 混凝土中石子的质量，kg。

砂率反映新拌混凝土中砂子与石子的相对含量。由于砂子的粒径远小于石子，砂率的变动会使骨料的空隙率和总表面积有显著改变，因而对和易性产生较大影响。

在水泥浆用量一定的条件下，若砂率过大，则骨料的总表面积增大，拌和物就显得干稠，流动性就小，欲增大流动性，则需增加水泥浆用量，多耗水泥。若砂率过小，砂浆量不足，不能形成足够的砂浆润滑层，也将降低流动性，由于骨料总表面积小，使石子分离、水泥浆流失，严重影响保水性和黏聚性，甚至出现崩裂现象，为了保证拌和物的和易性，也只有增加水泥浆，多用水泥和掺和料。由此可见，砂率过大或过小都使新拌混凝土的和易性变差，导致水泥用量的增加。

因此，混凝土配制时，应通过试验找出一个合理砂率。合理砂率是指在水胶比及水泥用量和掺和料用量一定的条件下，使新拌混凝土保持良好的黏聚性和保水性并获得最大流动性的砂率值，如图 5-8 所示。也可以说，合理砂率是指新拌混凝土获得要求的流动性，具有良好的黏聚性及保水性时，而水泥用量最省时的砂率，如图 5-9 所示。

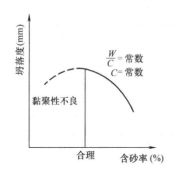

图 5-8　砂率与坍落度的关系

Fig. 5-8　The relationship between the sand content and the slump constant

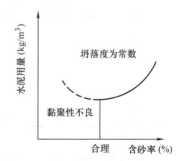

图 5-9　砂率与水泥用量的关系

Fig. 5-9　The relationship between the sand content and the cementing material consumption

在工程实际中，选择合理砂率是要根据混凝土的水胶比、粗细骨料的种类和级配、粗骨料最大粒径等因素来确定的。当混凝土中的粗骨料的最大粒径较大，级配良好，且是表面较光滑的卵石时，粗骨料的总表面积和空隙率较小，可采用较小的砂率；当采用的砂子细度模数较小，混凝土的黏聚性容易得到保证，砂子的总表面积较大，应采用较小的砂率，以保证砂浆本身的流动性。当混凝土水胶比较小时，可采用较大的砂率；当施工要求流动性较大时，粗骨料易产生离析，为了保证黏聚性和保水性，需采用较大的砂率。对于大型工程或较重要的工程，需通过试验，做出砂率-坍落度指标曲线，找出合理砂率。一般工程的砂率可根据施工经验数值初定，当无经验数据时，新拌混凝土坍落度在 10～60mm，可参照表 5-15 选用，也可通过式（5-3）计算，即

$$S_p = \frac{K\rho_s\, p}{K\rho_s\, p + \rho_g}$$

(5-3)

式中　S_p——砂率，%；

　　　ρ_s、ρ_g、p——分别表示砂子、石子的松散堆积密度（kg/m³）和石子的空隙率；

　　　K——砂子的富余系数，一般取 1.1～1.4；坍落度大取大值，反之取小值。

该式的基本假定是混凝土中用砂子填充石子空隙并略有多余，使拨开石子颗粒时，在石子周围形成足够的砂浆层，表 5-15 列出了砂率的参考用量，对坍落度小于 10mm 或大于 60mm，砂率应通过试验确定。

表 5-15　　　　　　　　　　砂 率 参 考 表　　　　　　　　　　（单位%）

Tab. 5-15　　　　　　　Referenced table of sand ratio　　　　　　（unit%）

		水 胶 比						
		0.40	0.45	0.50	0.55	0.60	0.65	0.70
卵石最大粒径(mm)	10	26～32	28～34	30～35	31～36	33～38	34～39	36～41
	20	25～31	27～33	29～34	31～36	32～37	33～38	35～40
	40	24～30	26～32	28～33	30～35	31～36	32～37	34～39
	80	21～29	24～31	25～32	26～34	27～35	28～36	29～38
	150	20～26	21～28	22～30	23～32	24～33	25～34	26～36
碎石最大粒径(mm)	16	30～35	32～37	33～38	35～40	36～41	38～43	39～44
	20	29～34	31～36	32～37	34～39	35～40	37～32	38～43
	40	27～32	29～34	30～35	32～37	33～38	35～40	36～41
	80	23～29	25～32	26～34	27～36	28～37	29～39	30～40
	150	21～27	22～29	23～32	24～34	25～35	26～36	27～38

注　1. 本表适用于卵石、碎石、细度模数为 2.7 的中砂拌制的混凝土。

　　2. 砂的细度模数每增减 0.1，砂率相应增减 0.5%～1.0%。

　　3. 对薄壁构件，砂率取偏大值。

　　4. 使用人工砂时，砂率需增加 2%～3%。

　　5. 掺用引气剂时，砂率可减小 2%～3%；掺用减水剂时，砂率可减小 0.5%～1.0%。

　　6. 坍落度大于 60mm 的混凝土砂率，可经试验确定，也可在表 5-13 的基础上，按坍落度每增加 20mm，砂率增大 1%的幅度调整。

（四）其他因素的影响Other influence factors

（1）水泥品种和骨料性质的影响　使用矿渣水泥时，保水性较差，使用火山灰水泥时，黏聚性较好，但流动性较小。一般采用卵石比采用碎石时的流动性好，采用河沙比采用山砂时流动性好，骨料粒形方正、级配好的流动性好。

（2）掺和料和外加剂的影响　掺和料的品质及掺量对新拌混凝土的和易性有很大影响。当掺入优质粉煤灰时，可改善和易性，掺入质量较差的粉煤灰时，往往流动性降低。掺入适量的外加剂（如减水剂、引气剂等），可显著改善和易性。

（3）施工条件和环境温度及存放时间的影响　新拌混凝土拌和得越完全越充分，和易性就越好，强制性搅拌机比自落式搅拌机拌和的和易性好，高频搅拌机比低频搅拌机拌和的和易性好，适当延长搅拌时间，可以获得较好的和易性。和易性随环境温度的升高而降低，随着时间的延长，新拌混凝土会逐渐变得干稠，流动性也会降低，对于掺用外加剂及掺和料时环境温度和时间因素的影响更为显著。

五、新拌混凝土的凝结时间Setting time of the fresh concrete

水泥的水化反应是使新拌混凝土产生凝结的根本原因，因此，混凝土所用水泥的凝结时间长，则新拌混凝土凝结时间也相应较长，但两者并不相等；混凝土的水胶比越大，其凝结时间越长；掺用粉煤灰将延长其凝结时间；掺用缓凝剂将明显延长凝结时间；环境温度越高，将使其凝结时间越短。

新拌混凝土的凝结时间（分为初凝和终凝时间）通常是用贯入阻力法测定的。选用5mm筛孔的筛从拌和物中筛下砂浆，按规定方法装入规定的容器中，然后用贯入阻力仪的试杆每隔一定时间，10s时间插入待测砂浆一定深度（25mm），测得其贯入阻力，绘制贯入阻力与时间关系曲线，贯入阻力为3.5MPa及28.0MPa对应的时间即分别为新拌混凝土的初凝时间和终凝时间。这是从实用角度人为确定的指标。初凝时间表示施工时间的极限，终凝时间表示混凝土力学强度开始快速发展。因此，混凝土的初凝时间直接限制了新拌混凝土从机口出料到浇筑完毕的时间。新拌混凝土必须在初凝前浇筑完毕，否则将留有施工缝，新拌混凝土的允许间歇时间与环境温度和水泥品种及掺用的外加剂种类、数量有关，应通过试验确定，掺普通减水剂新拌混凝土到浇筑完毕的允许间歇时间参考表5-16。

表5-16   新拌混凝土的允许间歇时间（min）
Tab. 5-16   Approved quench time for the fresh concrete

混凝土生产地点	气温	
	≤25℃	>25℃
预拌混凝土搅拌站	150	120
施工现场	120	90
混凝土制品厂	90	60

第五节 混凝土的强度
Section 5 Strength of the concrete

强度是新拌混凝土硬化后的重要力学性质，也是混凝土质量控制的主要指标。混凝土强度分为抗压强度、抗拉强度、抗弯强度及抗剪强度等。其中以抗压强度最大，抗拉强度最小，仅为抗压强度的1/10～1/20，故混凝土主要用于承受压力。

一、混凝土的受压破坏过程The damage process of the concrete suffered to pressure

我们用显微镜可观察到，硬化后的混凝土在未受外力作用之前，其内部已存在一定的裂缝。这主要是由于水泥浆凝结硬化过程中的化学收缩和混凝土成型后的泌水作用而形成的许多微细裂缝及界面裂缝。微裂缝和界面裂缝是混凝土中的薄弱环节。因此，当用混凝土试件进行一次性短期加压时，混凝土主要发生如下三种破坏情况：混凝土内的微裂缝和界面裂缝逐渐扩大、延长并汇合连通起来，形成可见的裂缝，最后发展为贯通裂缝，致使结构丧失连续性而遭到完全破坏，混凝土的这种破坏情况，是主要的和经常性的破坏情况；对于很低强度的混凝土，贯穿性裂缝可能发生在硬化的水泥石内；对高强度混凝土或轻骨料混凝土，贯穿性裂缝可能会同时穿过水泥石和粗骨料内。混凝土破坏过程的应力－变形曲线如图 5-10 所示，其内部的裂缝发展可分为四个阶段。

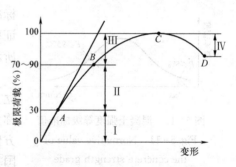

图 5-10 混凝土受压变形曲线

Fig. 5-10 Typical compressional distortion curve of the concrete

Ⅰ阶段：荷载达"比例极限"（应力约为 30% f_c）以前，混凝土内的微裂缝和界面裂缝无明显变化，荷载与变形近似直线关系（图中 OA 段）。

Ⅱ阶段：荷载继续增加，达到破坏荷载的 70%～90% 时，水泥石内微裂缝和界面裂缝的数量、长度及宽度不断增大，界面借摩擦阻力继续分担荷载。混凝土内，变形速度大于荷载的增加速度，荷载与变形之间不再是线性关系（图中 AB 段）。

Ⅲ阶段：荷载增大、达到破坏荷载，界面裂缝继续发展，水泥石中开始出现较大裂缝，与部分界面裂缝连接成连续裂缝，变形速度进一步加快，曲线明显弯向变形坐标轴（图中 BC 段）。

Ⅳ阶段：外荷超过极限荷载以后，连续裂缝急速发展，进一步加宽，混凝土承载能力下降，荷载减小而变形迅速增大，以致完全破坏，曲线下弯而终止（图中 CD 段）。

从上可知，混凝土的受压破坏过程是在压力作用下内部裂缝发生、发展、贯穿的过程。通过对混凝土试件进行一次性短期加压可测定混凝土的重要力学指标，供质量检验、工程设计、工程施工采用。

二、立方体抗压强度与强度等级 Cubic compressive strength and strength grade

抗压强度是混凝土的重要质量指标，抗压强度用试件破坏时单位面积上所能承受的压力表示。根据试件形状的不同，混凝土抗压强度分为立方体抗压强度和轴心抗压强度。

（一）立方体抗压强度（f_{cu}）Cubic compressive strength

国际上确定混凝土立方体抗压强度的试件有圆柱体和立方体两种，我国国家规范 GB/T 50081—2019《混凝土物理力学性能试验方法标准》规定采用边长为 150mm 的立方体试件作为标准试件。由标准立方体试件按标准方法成型，在标准养护条件［温度（20±2）℃，相对湿度 95% 以上的标准养护室中养护］下，养护到 28d 龄期（从搅拌加水开始计时），用标准试验方法，测得每组三个试件的极限抗压强度平均值作为该组试件的强度代表值，称为混凝土标准立方体抗压强度。其计算公式为

$$f_{cu} = \frac{F}{A} \tag{5-4}$$

式中　f_{cu}——混凝土立方体抗压强度（取三个试件的平均值），MPa；

　　　　F——试件破坏荷载，N；

　　　　A——试件承压面积，mm^2。

混凝土立方体抗压强度是混凝土承受外力、抵抗破坏能力大小的反映。当采用非标准尺寸的试件，应将测定结果乘以换算系数，换算成标准值。采用 100、200、300、450mm 的立方体试件时，换算系数分别为 0.95、1.05、1.15、1.36。

（二）强度等级 Strength grade

混凝土强度等级按立方体抗压强度标准值划分。混凝土的立方体抗压强度标准值是指用

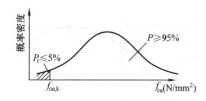

图 5 - 11　混凝土强度等级标准值

Fig. 5 - 11　Normative value of

the concrete strength grade

标准试件和标准方法测得的 28d 龄期的具有 95％强度保证率的立方体抗压强度值，用 $f_{cu,k}$ 表示，如图 5 - 11 所示。

根据立方体抗压强度标准值 $f_{cu,k}$ 的大小，按一定的立方体抗压强度的级差将混凝土划分为不同的级别，称为混凝土的强度等级。混凝土的强度等级用 C 和立方体抗压强度标准值（MPa）来表示。目前普通混凝土国家标准规定为 14 个等级，即 C15、C20、C25、C30、C35、C40、C45、C50、C55、C60、C65、C70、C75、C80。水利工程中所采用的混凝土分为 10 个强度等级，即 C15、C20、C25、C30、C35、C40、C45、C50、C55、C60。如果实测出的立方体抗压强度标准值在两个强度等级之间，则该混凝土应定为较低一级的强度等级。

混凝土强度等级是混凝土结构设计时强度取值的依据，也是混凝土配合比设计、施工中混凝土质量控制和进行工程验收的重要依据。建筑工程中常采用 C15 混凝土做基础、垫层和大体积结构，C20～C40 混凝土做板、梁和柱结构，C35～C40 混凝土多用于大跨度结构和预制构件，C40 以上混凝土多用于预应力钢筋混凝土结构和吊车梁等结构。水利工程中素混凝土强度等级也不宜低于 C15。

三、混凝土轴心抗压强度（f_c）The axial compressive strength of concrete

我国国家规范规定，采用 150mm×150mm×300mm 的棱柱体标准试件，用标准试验方法测得的抗压强度称为混凝土轴心抗压强度，又称为混凝土棱柱体抗压强度，以 f_c 表示。

混凝土受压构件的实际长度常比它的截面尺寸大得多，因此，轴心抗压强度能更好地反映受压构件中混凝土的实际强度。结构设计中，常采用轴心抗压强度作为计算依据。

当采用非标准试件时，测得的强度值应乘以换算系数，其值：采用 200mm×200mm×400mm 试件时为 1.05，采用 100mm×100mm×300mm 或 ϕ150mm×300mm 试件时为 0.95。同等级别的混凝土测得轴心抗压强度比立方体抗压强度小。通过许多组棱柱体和立方体试件的强度对比试验，表明在立方体抗压强度 f_{cu}＝10～55MPa 的范围内，轴心抗压强度 f_c 与立方体抗压强度 f_{cc} 大致呈线性关系，其比值为 0.70～0.80。考虑到结构中混凝土强度与试件强度的差异，并假定混凝土立方体抗压强度离差系数与轴心抗压强度离差系数相等，我国规范规定混凝土轴心抗压强度标准值常取其等于 0.67 倍的立方体抗压强度标准值。即

$$f_{c,k} = 0.67 f_{cu,k} \qquad (5-5)$$

四、混凝土的抗拉强度 f_t Tensile strength of concrete

混凝土的抗拉强度 f_t 远低于混凝土的立方体抗压强度 f_{cu}，f_t 仅相当于 f_{cu} 的 1/10～1/20，当 f_{cu} 越大，f_t/f_{cu} 的比值越低。

混凝土抗拉强度的测定，各国采用的方法不尽相同，常用的方法有采用 150mm×150mm×550mm 的棱柱体试件直接受拉法和采用标准立方体试件劈裂法。我国 GB/T 50081—2019《混凝土物理力学性能试验方法标准》用标准立方体试件采用劈裂法测定混凝土的抗拉强度。

图 5-12 是劈裂法测定混凝土抗拉强度的示意图，这是对标准立方体试件通过垫块和垫条施加线荷载，在试件中间的垂直截面（两个）上（除垫条附近极小部分外），都将产生均匀的拉应力。当拉应力达到混凝土的抗拉强度 f_t 时，试件就对半劈裂。

根据弹性力学可计算出其抗拉强度为

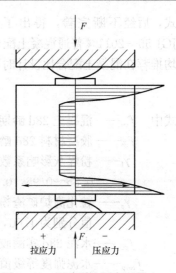

$$f_t = \frac{2F}{\pi A} = 0.637\frac{F}{A} \qquad (5-6)$$

式中　f_t——混凝土劈裂抗拉强度，取三个试件的平均值，MPa；

　　　F——试件劈裂破坏时的荷载，N；

　　　A——试件劈裂面面积，mm^2。

混凝土的轴心抗拉强度与立方体抗压强度有很好的相关性，我国试验给出 f_t 与 f_{cu} 的关系为

$$f_t = 0.26 f_{cu}^{\frac{2}{3}} \qquad (5-7)$$

为了提高抗拉强度的保证率，我国规范取用关系式为

$$f_{t,k} = 0.23 f_{cu,k}^{\frac{2}{3}} \qquad (5-8)$$

图 5-12　用劈裂法测定混凝土抗拉强度

Fig. 5-12　Determination of the tensile strength of concrete with splitting method

五、影响混凝土强度的因素The influencing factors of concrete strength

（一）水泥强度与水胶比The strength of cement and water-binder ratio

工程中大量的试验表明：普通混凝土受力破坏一般首先出现在骨料和水泥石的分界面上，所谓的黏结面破坏形式。另外，当水泥石强度较低时，水泥石本身首先破坏也是常见的破坏形式。在普通混凝土中，骨料首先破坏的可能性小。因为骨料强度常大大超过水泥石和黏结面的强度。所以混凝土的强度主要决定于水泥石的强度及其与骨料间的黏结力。而它们又取决于水泥强度及水胶比的大小。

在水胶比一定的情况下，水泥的强度高，水泥石的强度就高，且水泥石与骨料的黏结强度也高，故混凝土的强度也随之增大。

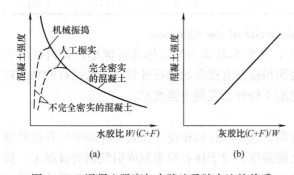

图 5-13　混凝土强度与水胶比及胶水比的关系

Fig. 5-13　The relationship between concrete strength with water-binder ratio or with binder-water ratio

在保证施工对和易性的要求的前提下，若水泥强度相同时，水胶比越小，水泥石强度越高，水泥石与骨料的有效黏结面积大，黏结强度也高，混凝土强度就越高。图 5-13 是混凝土强度与水胶比及胶水比的关系图。

图 5-13（a）中需要指出的是，当水胶比过小时，水泥浆过分干稠，在一定振捣条件下，新拌混凝土不能被振捣密实，反而导致混凝土强度降低。

从图 5-13（b）可知，混凝土的立方体抗压强度与胶水比成线性增长关系，同时混凝土立方体抗压强度与胶凝材料强度也有很好的线性相关性。瑞士学者保罗米（J. Bolomey），最早建立了混凝土强度与灰水比的经验公

式，后经不断完善，得出了公式（5-9），称为混凝土强度公式，又称保罗米公式。JGJ 55—2011《普通混凝土配合比设计规程》及 DL/T 5144—2015《水工混凝土施工规范》均推荐在混凝土配合比设计时可采用该公式估算水胶比，即。

$$f_{cu} = A f_{cb} \left(\frac{D}{W} - B \right)$$ (5-9)

式中　f_{cu}——混凝土 28d 龄期的立方体抗压强度，MPa；

f_{cb}——胶凝材料 28d 龄期实测胶砂抗压强度，MPa；当无实测值时 $f_{cb} = \gamma_f \gamma_s f_{ce}$；

γ_f——粉煤灰影响系数，当掺量（％）为 0，10，20，30，40 时，其值分别为 1.00，0.85～0.95，0.75～0.85，0.65～0.75，0.55～0.65；

γ_s——粒化高炉矿渣粉影响系数，当掺量（％）为 0，10，20，30，40，50 时，其值分别为 1.00，1.00，0.95～1.00，0.90～1.00，0.80～0.90，0.70～0.85；

f_{ce}——水泥 28d 实测胶砂抗压强度，MPa，当无实测资料时 $f_{ce} = \gamma_c f_{ce,g}$；

$f_{ce,g}$——水泥强度等级值，MPa；

γ_c——水泥强度等级值的富余系数，当水泥强度等级为 32.5、42.5、52.5 时，其富余系数分别为 1.12，1.16，1.10；

D/W——混凝土的胶水比；

D——胶凝材料总用量，为水泥 C 和掺和料 F 用量之和；

W——单位用水量；

A、B——与混凝土用骨料和水泥品种有关的回归系数，由工程所用水泥、骨料，通过试验建立水胶比与强度的关系式确定，无条件时可按表 5-17 中数据采用。

表 5-17　　　　　　　　　　回归系数 A、B 选用表

Tab. 5-17　　　　　　　　Selection of the regression coefficient A and B

类别	骨料以干燥状态为基准		骨料以饱和面干状态为基准			
	卵 石 混凝土	碎 石 混凝土	卵石混凝土		碎石混凝土	
			普通水泥	矿渣水泥	普通水泥	矿渣水泥
A	0.49	0.53	0.539	0.608	0.637	0.610
B	0.13	0.20	0.459	0.666	0.569	0.581

（二）骨料的质量和种类 The quality and species of the aggregate

质量好的骨料是指骨料有害杂质含量少，骨料形状多为球形体或棱体形，骨料级配合理。采用质量好的骨料，混凝土强度高；表面粗糙且有棱角的碎石骨料，与水泥石的黏结较好，且骨料颗粒间有嵌固作用，因此碎石混凝土较卵石混凝土强度高。

（三）施工方法 Construction methods

采用机械搅拌较人工拌和的混凝土强度高，这是因为机械搅拌比人工拌和能使新拌混凝土更均匀，更易密实成型，从而提高混凝土的强度。对于掺有减水剂或引气剂的混凝土，低流态混凝土或干硬性混凝土机械搅拌的作用更为突出。近年来研究采用的多次投料的新搅拌工艺，配制出造壳混凝土，具有提高强度的效果。所谓造壳，就是在粗、细骨料表面裹上一层低水胶比的水泥浆薄壳，以提高水泥石和骨料的界面黏结强度。

（四）养护条件的影响 Influence of Curing conditions

混凝土的养护是指混凝土浇筑完毕后，人为地（或自然地）使混凝土在保持足够湿度和

适当温度的环境中进行硬化，并增长强度的过程。

（1）干湿度的影响　干湿度直接影响混凝土强度增长的持久性。在干燥的环境中，混凝土强度发展会随水分的逐渐蒸发而减慢或停止。因为混凝土结构内水泥的水化只能在有水的毛细管内进行，而且混凝土中大量的自由水在水泥的水化过程中，会被逐渐产生的凝胶所吸附，使内部供水化反应的水越来越少。但潮湿的环境会不断地补充混凝土内水泥水化所需的水分，混凝土的强度就会持续不断地增长。

图 5-14 是混凝土强度与保持潮湿日期的关系。从图可知，混凝土保持潮湿的时间越久，混凝土最终强度就越高。所以我国规范要求，混凝土浇筑完毕，养护前宜避免太阳光曝晒；塑性混凝土应在浇筑完毕 6～18h 内开始洒水养护，低塑性混凝土宜在浇筑完毕后立即喷雾养护，并及早开始洒水养护；养护需连续进行，养护时间不低于 28d。

（2）养护温度的影响　养护温度是决定混凝土内水泥水化作用快慢的重要条件。养护温度高时，水泥水化速度快，混凝土硬化速度就较快，强度增长大，图 5-15 是养护温度对混凝土强度的影响。研究表明养护温度不宜高于 40℃，也不宜低于 4℃，最适宜的养护温度是5～20℃，养护温度低时，硬化比较缓慢，但可获得较高的最终强度。当温度低至 0℃ 以下时，水泥不再水化反应，硬化停止，强度也不再增长，还会产生冰冻破坏，致使已有强度受到损失。因此，在低温季节浇筑混凝土时，混凝土浇筑时的温度不宜低于 3～5℃，浇筑完毕后应立即覆盖保温，必要时应增设挡风保温措施。

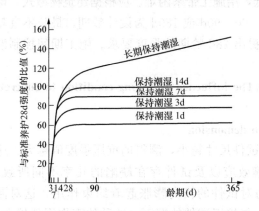

图 5-14　混凝土强度与保持潮湿日期的关系

Fig. 5-14　Relationship between concrete strength and keeping damp date

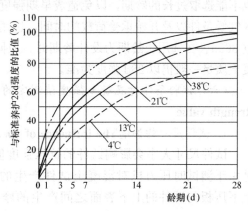

图 5-15　养护温度对混凝土强度的影响

Fig. 5-15　Influence of maintenance temperature to concrete strength

（五）龄期的影响Influence of age

在正常养护条件下，混凝土的强度随混凝土的龄期的增加而不断增大。混凝土浇筑后在最初的 7～14d 内强度发展较快，以后逐渐缓慢，28d 达到设计强度值。28d 以后强度增长变慢，只要保持适宜的温度和湿度，混凝土强度的增长可延续数十年之久。混凝土强度与龄期的这种关系，可从图 5-14 和图 5-15 中均可看到。混凝土龄期与强度的线性关系如公式（5-10）所示，即。

$$f_n = f_{28} \frac{\lg n}{\lg 28} \tag{5-10}$$

式中　f_n——龄期为 n 天的混凝土抗压强度，MPa；

f_{28}——28d 龄期的混凝土抗压强度，MPa；

n——混凝土的龄期，d，$n>3d$。

利用该公式可推算在 28d 之前达到某一强度值所需的养护天数，以便组织生产，确定何时拆模、撤除保温、保潮设施、起吊等施工日程。

混凝土强度的增长还与水泥品种有关，见表 5 - 18。

表 5 - 18   正常养护条件下混凝土各龄期相对强度约值（%）

Tab. 5 - 18   Approximately relative strength value of concrete under normal

curing condition at each age

水泥品种	龄　　期				
	7d	28d	60d	90d	180d
普通硅酸盐水泥	55～65	100	110	115	120
矿渣硅酸盐水泥	45～55	100	120	130	140
火山灰质硅酸盐水泥	45～55	100	115	125	130

混凝土强度是随龄期的延长而增长的，在设计中对非 28d 龄期的强度提出要求时，必须说明相应的龄期。大坝混凝土常选用较长的龄期，利用混凝土的后期强度以便节约水泥。但也不能选取过长的龄期，以免造成早期强度过低，给施工带来困难。应根据建筑物型式、地区气候条件以及开始承受荷载的时间，选用 28、60、90d 或 180d 为设计龄期，最长不宜超过 365d。在选用长龄期为设计龄期时，应同时提出 28d 龄期的强度要求。施工期间控制混凝土质量一般仍以 28d 强度为准。

（六）试验条件对混凝土强度值测定的影响 The influence of testing condition to concrete strength value

1. 试件尺寸的影响 The influence of specimen demonsion

试件尺寸大小会影响试件的抗压强度值。试件尺寸越小，测得的抗压强度值越大。这是由于测试时压力机对混凝土试件产生的环箍效应以及试件存在缺陷的几率不同所致。上下压板与试件的上下表面之间产生的摩擦力对试件的横向膨胀起着约束作用，这对混凝土强度有提高的作用 ［图 5 - 16（a）所示］。越接近试件的端面，这种约束作用就越大。在距离端面大约 $(\sqrt{3}/2) a$（a 为试件横向尺寸）的范围以外，约束作用才消失。试件破坏以后，其上下部分呈一个较完整的棱锥体，就是这种约束作用的结果 ［图 5 - 16（b）所示］，通常称这种作用为环箍效应。这也是为什么我国规范规定测定混凝土的轴心抗压强度时，采用的标准试件为 $150mm \times 150mm \times 300mm$。如在压板和试件表面加润滑剂，则环箍效应大大减小，试件将出现直裂缝破坏 ［如图 5 - 16（c）所示］，测出的强度也较低。

2. 加载速度的影响 The influence of loading speed

当加载速度较快时，混凝土的变形速度将滞后于荷载的增长速度，所以测得的强度偏高，加载速度慢，混凝土内部充分变形，因此测得的强度偏低。为了使测得的混凝土强度比较正确，应按照国家规范规定的加载速度进行试验。图 5 - 17 是加载速度对混凝土强度测定的影响。

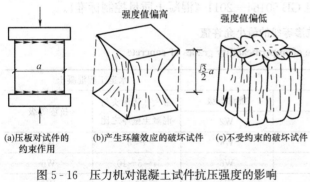

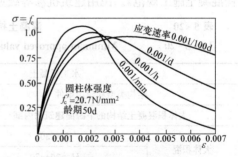

图 5 - 16　压力机对混凝土试件抗压强度的影响

Fig. 5 - 16　Influence of pressing machine to concrete
compressive strength value

图 5 - 17　加载速度对混凝土
强度值测定的影响

Fig. 5 - 17　Influence of loading velocity
to concrete strength

第六节　混凝土的耐久性
Section 6　The durability of concrete

用于各种建筑物的混凝土不仅要求具有足够的强度，保证能安全承受设计荷载，还要求具有良好的耐久性，以便在所处环境和使用条件下经久耐用。

混凝土的耐久性是指混凝土所处环境和使用条件下经久耐用的性能。混凝土的抗渗性、抗冻性、抗侵蚀性、抗碳化作用、抗碱骨料反应、抗冲磨性等都是耐久性研究的内容。

一、混凝土耐久性的主要内容The main content of concrete durability

（一）混凝土的抗渗性Permeability of concrete

混凝土的抗渗性是指其抵抗有压水渗透作用的能力。抗渗性的大小直接影响着混凝土的物理力学性质和耐久性。对于民用建筑、地下建筑、水利工程和海港工程等，均要求混凝土有足够的抗渗性。

混凝土抗渗性用抗渗等级表示。它是以 28d 龄期的标准混凝土试件，在标准试验方法下，以每组六个试件四个未出现渗水时所能承受的最大水压力值来确定的。混凝土的抗渗等级分为：W2、W4、W6、W8、W10、W12 等，即表示混凝土在标准试验条件下能分别抵抗0.2、0.4、0.6、0.8、1.0、1.2MPa 的水压力而不渗水。抗渗等级越高，混凝土抗渗性越好。

混凝土渗水主要源于其内部存在渗水通道。这些渗水通道除产生于振捣不密实外，主要是水泥浆多余水分蒸发及泌水而形成的孔隙和微裂缝，所以水胶比的大小直接影响混凝土的抗渗性。表 5 - 19 列出了水胶比与混凝土抗渗等级的大致关系，可供配合比设计参考。

表 5 - 19　　　　　　　　水胶比与混凝土抗渗等级的大致关系

Tab. 5 - 19　　Approximate relationship between water - binder ratio and impermeability grades of concrete

水胶比	0.45～0.5	0.5～0.55	0.55～0.60	0.60～0.65	0.65～0.75
抗渗等级	W12	W8	W6	W4	W2

设计中确定混凝土抗渗等级，应根据结构物所承受的水压情况，按有关规范进行选择，表5 - 20 数值分别选至 DL/T 5057—2009《水工混凝土结构设计规范》和 JTS 202—2011《水运工

程混凝土施工规范》。民用建筑抗渗等级见 GB 50164—2011《混凝土质量控制标准》。

表 5 - 20   混凝土抗渗等级的最小允许值

Tab. 5 - 20   **Minimum approved value of impermeability grades of concrete**

水工混凝土			水运工程混凝土	
结构类型和应用条件		抗渗等级	最大作用水头与混凝土壁厚之比	抗渗等级
大体积混凝土结构的下游面建筑物内部		W2		
大体积混凝土结构的挡水面	$H<30$	W4	$i<5$	W4
	$H=30\sim70$	W6	$i=5\sim10$	W6
	$H=70\sim150$	W8	$i=10\sim15$	W8
	$H>150$	W10	$i=15\sim20$	W10
混凝土构件其背水面能自由渗水者	$i<10$	W4	$i\geqslant20$	W12
	$i=10\sim30$	W6		
	$i=30\sim50$	W8		
	$i>50$	W10		

（二）混凝土的抗冻性 Frost resistance of concrete

混凝土在吸水饱和状态下能经受多次冻融作用而不破坏，也不严重降低强度的性能称为混凝土的抗冻性。

混凝土抗冻性常以抗冻等级表示。抗冻等级一般采用快速冻融法确定，取 28d 龄期 100mm×100mm×400mm 的混凝土试件三个，在水饱和状态下经 n 次标准条件下的快速冻融（2.5h～4h 内，试件中心温度从（-17+2）℃融至 8+2℃后，再从 8+2℃冻至-17+2℃，为一个冻融循环）后，若相对动弹性模量 P 下降至 60% 或质量损失达 5% 时，即可认为混凝土已破坏，并以相应的冻融循环次数 n 作为该混凝土的抗冻等级，用 Fn 表示。混凝土抗冻等级分为：F50、F100、F150、F200、F250、F300、F350 等。

混凝土相对动弹性模量为

$$P_n = \frac{f_n^2}{f_0^2} \times 100\% \qquad (5-11)$$

式中 P_n——n 次冻融循环后试件相对动弹模量，%；

f_0——试件冻融循环前的自振频率，Hz；

f_n——试件冻融 n 次后的自振频率，Hz。

混凝土的质量损失率为

$$W_n = \frac{G_0 - G_n}{G_0} \times 100\% \qquad (5-12)$$

式中 W_n——n 次冻融循环后试件的质量损失率，%；

G_0——冻融前的试件质量，g；

G_n——n 次冻融循环后的试件质量，g。

混凝土的抗冻等级，应根据工程所处环境，按有关规范（参考表 5 - 21、表 5 - 22）选择。严寒气候条件、冬季冻融交替次数多、处于水位变化区的外部混凝土，以及钢筋混凝土结构或薄壁结构、受动荷载的结构，均应选用较高抗冻等级的混凝土；与海水或与侵蚀性溶液接触的上述各种结构，应选用更高抗冻等级的混凝土。

表 5 - 21　　水工结构混凝土抗冻等级要求（SL 211—2006《水工建筑物抗冰冻设计规范》）

Tab. 5 - 21　　Requirement of frost resistance grades of concrete in hydro structure engineering

建筑物所在地区及年冻融循环次数	严寒		寒冷		温和
	>100	<100	≥100	<100	—
1. 受冻严重且难于检修部位	F400	F300	F300	F200	F100
2. 受冻严重但有检修条件的部位	F300	F250	F200	F150	F50
3. 受冻较重的部位	F250	F200	F150	F150	F50
4. 受冻较轻的部位	F200	F150	F100	F100	F50
5. 水下土中、大体积内部混凝土	F50	F50	—	—	—

注　1. 严寒：最冷月平均气温低于−10℃；寒冷：最冷月平均气温高于−10℃，不低于−3℃；温和：最冷月平均气温高于−3℃。

　　2. 受冻严重且难于检修部位包括：①水电站尾水部位，蓄能电站进出口冬季水位变化区的构件、闸门槽二期混凝土、轨道基础；②坝厚小于混凝土最大冻深2倍的薄拱坝、不封闭支墩坝的外露面、面板堆石坝的面板和趾板；③冬季通航或受电站尾水位影响的不通航船闸的水位变化区的构件、二期混凝土；④流速大于25m/s、过水、多沙或多推移质过坝的溢流坝，深孔或其他输水部位的过水面及二期混凝土；⑤冬季有水的露天钢筋混凝土压力水管、渡槽、薄壁充水闸门井。受冻严重但有检修条件的部位包括：①混凝土坝上游面冬季水位变化区；②水电站或船闸的尾水渠，引航道的挡墙、护坡；③流速小于25m/s的溢洪道、输水洞（孔）、引水系统的过水面；④易积雪或结霜或饱和的路面，平台栏杆。挑檐、墙、板、梁、柱、墩、廊道或竖井的单薄墙壁。受冻较重的部位包括：①混凝土坝外露阴面部位；②冬季有水或易长期积雪结冰的渠系建筑物。受冻较轻的部位包括：①混凝土坝外露阳面部位；②冬季无水干燥的渠系建筑物；③水下薄壁杆件；④水下流速大于25m/s的过水面。

　　3. 年冻融循环次数：分别按一年内气温从+3℃以上降至−3℃以下，然后回升到+3℃以上的交替次数和一年中日平均气温低于−3℃期间设计预定水位的涨落次数统计，并取其中的大值。

表 5 - 22　　水运工程混凝土抗冻等级选定标准（JTS 202—2011《水运工程混凝土施工规范》）

Tab. 5 - 22　　Selective standard frost resistance grades of concrete in marine traffic engineering

建筑物所在地区及最冷月平均气温	海水环境		淡水环境	
	钢筋混凝土及预应力混凝土	素混凝土	钢筋混凝土及预应力混凝土	素混凝土
严重受冻地区（低于−8℃）	F350	F300	F250	F200
受冻地区（−8～−4℃）	F300	F250	F200	F150
微冻地区（−4～0℃）	F250	F200	F150	F100

注　1. 试验过程试件所接触的介质，应与建筑物实际接触的介质相同；

　　2. 开敞式码头和防波堤等建筑物，宜选用比同一地区高一级的抗冻等级或采取其他措施。

　　GB 50164—2011《混凝土质量控制标准》对民用建筑的抗冻要求做出了规定。抗冻性好的混凝土，抵抗温度变化、干湿变化等风化作用的能力也较强。因此在温和地区，对外部混凝土也应有不低于F50的抗冻要求，以保证建筑物抗风化的耐久性。房屋建筑中室内、大体积的内部等不受风雪影响的混凝土，可不考虑抗冻性。

　　水胶比大小是影响混凝土抗冻性的主要因素，这是因为当水胶比小时，混凝土密实度高、孔隙率小，则抗冻性就好。在混凝土内加入引气剂时，可获得较高的抗冻等级。表 5 - 23 列出了水胶比与抗冻等级的大致关系（未加引气剂），在没有试验资料时，可供混凝土配合比设计和施工时参考。

表 5 - 23　　　　　　　　　　小型工程抗冻混凝土水胶比要求

Tab. 5 - 23　　　Requirement of the water - binder ratio of frost resistant concrete in minitype project

抗冻等级	F50	F100	F150	F200	F300
水胶比	<0.58	<0.55	<0.52	<0.5	<0.45

（三）混凝土的抗磨蚀性 Abrasiveness resistance property of concrete

受夹砂高速水流冲刷的混凝土（水工建筑物中的泄洪洞、溢流坝表面等）及道路路面混凝土要求有较高的抗磨性。高速水流经过凸凹不平、断面突变或水流急骤转弯的混凝土表面时，可使其建筑物表面混凝土产生气蚀破坏。气蚀的发生与水流条件和建筑物表面平整度及外形有关。气蚀的破坏现象是在高速水流通过的混凝土表面产生局部的、高频的、冲击性的应力，使混凝土剥蚀破坏，其深度可达数十米。如我国某水电站的一号泄洪洞，第一个洪水期泄洪后，就发现严重的气蚀破坏，在紧邻龙抬头的反弧段下游 400m 左右范围底板边墙衬砌被大面积掀起，最大冲刷深度达 27m 左右，不得不大修。解决气蚀问题除了设计中注意建筑物的体形、采取掺气减蚀措施和施工中保证混凝土的密实度和表面平整度外，更应注意混凝土的配合比设计和材质选择。

混凝土的抗磨蚀性要求采用高性能混凝土。有抗磨性要求的高性能混凝土强度等级分 C35、C40、C45、C50、C55、C60、>C60 七级；水泥宜选用 42.5MPa 强度等级的中热硅酸盐水泥、硅酸盐水泥、普通硅酸盐水泥。应选用坚硬、含石英颗粒多、清洁、级配良好的中砂。选用质地坚硬的卵石和碎石，其最大粒径不宜超过 40mm，当掺用钢纤维时骨料最大粒径不宜大于 20mm。水胶比不应大于 0.40。应掺用 Ⅰ、Ⅱ 级粉煤灰，优先选用低收缩率的聚羧酸盐等高效减水剂。抗磨蚀护面也可采用环氧树脂混凝土、聚合物纤维混凝土、不饱和聚酯树脂混凝土、丙烯酸环氧树脂混凝土、聚氨酯混凝土等。

（四）混凝土的碱—骨料反应 Alkali aggregate reaction of conrete

混凝土内部水泥凝结体中的 Na_2O、K_2O（碱性氧化物）含量较高时（>0.6%），在有水的条件下，它会与骨料中的活性 SiO_2 发生化学反应，生成碱—硅酸盐凝胶，其反应方程式为

$$Na_2O + SiO_2 \xrightarrow{nH_2O} Na_2O \cdot SiO_2 \cdot nH_2O$$

这种凝胶堆积在骨料与水泥凝胶体的界面，吸水后会产生很大的体积膨胀（约增大 3 倍以上），导致混凝土开裂破坏，这种现象称为混凝土的碱—骨料反应。在一些公路、桥梁、混凝土闸坝等工程中均有受到碱—骨料反应危害的实例。

混凝土的碱—骨料反应发生的三个条件是：水泥中含碱量大于 0.6%；骨料中有如蛋白石、燧石等活性二氧化硅存在；环境中有水存在。因此防止碱—骨料反应的措施有：①尽量选择非活性骨料；②选用低碱水泥，并控制混凝土总的含碱量；③在混凝土中掺入活性掺和料，如粉煤灰等，可抑制碱—骨料反应的发生或减小其膨胀率；④在混凝土中掺入引气剂，使其中含有大量均匀分布的微小气泡，可减小其膨胀破坏作用；⑤在条件允许时，采取防止外界水分渗入混凝土内部的措施，如混凝土表面防护等。

（五）混凝土的碳化Carbonization of concrete

混凝土的碳化是指空气中的 CO_2，通过混凝土中的毛细孔隙，在湿度相宜时，与水泥石中的 $Ca(OH)_2$ 反应生成 $CaCO_3$ 的过程。其化学反应方程式如下

$$Ca(OH)_2 + CO_2 \xrightarrow{H_2O} CaCO_3 + H_2O$$

未碳化的混凝土，水泥凝胶中的氢氧化钙含量约为 25%，混凝土的 pH＝12～13，呈碱性。碳化的结果使氢氧化钙转化为碳酸钙，使混凝土中 $Ca(OH)_2$ 浓度下降，其 pH＝8.5～10，接近中性。所以混凝土的碳化又称混凝土的中性化。

混凝土的碳化是由表及里地进行，碳化深度随时间的延长而加大，但加大的速度逐渐变缓，试验证明混凝土的碳化深度大致与其碳化时间的平方根成正比。混凝土的碳化速度主要受以下两个方面的影响：①环境中的二氧化碳浓度。浓度越高，碳化速度越快。二氧化碳浓度一般室内高于室外、城市高于乡村。②环境的湿度。水分是碳化反应必不可少的条件，在完全没有水分的干燥环境中（如相对湿度在 25% 以下），碳化反应将停止；100% 湿度环境中，混凝土的孔隙充满水，二氧化碳气体无法向混凝土内部扩散，碳化反应也将停止；环境的相对湿度在 50%～75% 时，混凝土的碳化速度最快。

碳化对混凝土弊多利少，其不利影响首先是碳化减弱了混凝土对钢筋的保护作用。这是因为本来混凝土中水泥水化生成大量的氢氧化钙，钢筋在这种碱性环境中表面能生成一层钝化膜（Fe_2O_3 或 Fe_3O_4），使钢筋不易锈蚀，但当碳化深度穿过混凝土保护层而达钢筋表面时，钝化膜遭到破坏而使钢筋生锈，生锈的钢筋产生体积膨胀，致使混凝土保护层开裂。开裂加速了混凝土的碳化和钢筋锈蚀，最后导致混凝土产生顺筋开裂而破坏。此外，碳化作用会增加混凝土的收缩，引起混凝土的表面产生拉应力而出现微细裂缝，从而降低混凝土的抗拉强度、抗折强度和抗渗等级。有利的方面是碳化产生的碳酸钙填充了水泥石的孔隙，碳化时放出的水分有利于未水化的水泥颗粒继续水化，从而可提高混凝土碳化层的密实度，使混凝土的抗压强度增加。

使用硅酸盐水泥或普通水泥，采用较小的水胶比及较多的水泥用量，掺用引气剂或减水剂，采用密实的砂、石骨料以及严格控制混凝土施工质量，使混凝土均匀密实，均可提高混凝土抗碳化能力。混凝土中掺入粉煤灰以及采用蒸汽养护时，会加速混凝土碳化。

二、提高混凝土耐久性的主要措施The main measure for the development of the concrete durability

混凝土的耐久性受到了世界各国越来越高的重视，混凝土配合比设计时，各国规范都制定了强度和耐久性方面的双重标准。虽然混凝土在遭受水压力、冰冻、磨损和气蚀、碳化等作用时的破坏过程各不相同，但对提高混凝土的耐久性措施，却有许多共同之处。在混凝土材质满足要求时，确保混凝土的密实性是提高混凝土耐久性的主要工作。因此提高混凝土耐久性有如下几方面的措施。

（一）严格控制水胶比和水泥用量Strictly control water - binder ratio and cement use lever

在混凝土配合比设计中，除了按强度要求确定混凝土的水胶比和胶凝材料用量外，还应受国家和各行业规范规定的满足耐久性要求的最大水胶比和最小胶凝材料用量的控制。表5-24～表5-27 是分别选至 JGJ 55—2011《普通混凝土配合比设计规程》、SL 191—2008《水工混凝土结构设计规范》、JTS 202—2011《水运工程混凝土施工规范》中满足耐久性要求水胶比最大允许值和最小水泥用量。设计施工中应严格执行。

表 5 - 24   混凝土的最大水胶比和最小胶凝材料用量（JGJ 55—2011《普通混凝土配合比设计规程》）

Tab. 5 - 24   Maximum water - binder ratio and minimum cementing material use level of concrete

最大水胶比	最小胶凝材料用量（kg/m³）		
	素混凝土	钢筋混凝土	预应力混凝土
0.60	250	280	300
0.55	280	300	300
0.50	320		
≤0.45	330		

注　当用活性掺和料取代部分水泥时，表中的最大水胶比和最小水泥用量为替代前的数值，混凝土的最大水泥用量不宜大于 550kg/m³。

表 5 - 25   水工混凝土最大水胶比和最小水泥用量（SL 191—2008《水工混凝土结构设计规范》）

Tab. 5 - 25   Maximum water - binder ratio and minimum cementing material use level of hydro structure concrete

环境条件类别	最大水胶比	最小水泥用量（kg/m³）		
		素混凝土	钢筋混凝土	预应力混凝土
一类	0.60	200	220	280
二类	0.55	230	260	300
三类	0.50	270	300	340
四类	0.45	300	340	380
五类	0.40	320	360	420

注　环境条件类别：一类——室内正常环境；二类——露天环境，长期处于地下或水下的环境；三类——淡水水位变化区，有轻度化学侵蚀性地下水的地下环境，海水水下区；四类——海上大气区，轻度盐雾作用区，海水水位变动区，中度化学侵蚀性环境。五类——使用除冰盐的环境，海水浪溅区，重度盐雾作用区，严重化学侵蚀性环境。

表 5 - 26   海水环境混凝土的水胶比最大允许值（JTS 202—2011《水运工程混凝土施工规范》）

Tab. 5 - 26   Approved maximun water - binder ratio of concrete under seawater condition

环 境 条 件			钢筋混凝土、预应力混凝土		素混凝土	
			北方	南方	北方	南方
大气区			0.55	0.50	0.65	0.65
浪溅区			0.40	0.40	0.65	0.65
水位变动区		严重受冻	0.45	—	0.45	—
		受冻	0.50	—	0.50	—
		微冻	0.55	—	0.55	—
		偶冻、不冻	—	0.50	—	0.65
水下区		不受水头作用	0.55	0.55	0.65	0.65
	受水头作用	最大作用水头与混凝土壁厚之比<5	0.55			
		最大水头作用与混凝土壁厚之比 5~10	0.50			
		最大作用水头与混凝土壁厚之比>10	0.45			

注　1. 除全日潮型港口外，其他海港有抗冻性要求的细薄构件（最小边尺寸小于 300mm 者，包括沉箱工程）水灰比最大允许值应酌情减小。

　　2. 对有抗冻性要求的混凝土，浪溅区范围内的下部 1m 应随同水位变动区按抗冻性要求确定其水灰比。

　　3. 南方地区（最冷月月平均气温大于 0℃的地区）浪溅区的钢筋混凝土宜掺加高效减水剂，保证所要求的水灰比。

表 5 - 27　　海水环境要求的最低胶凝材料用量 kg/m³ （JTS 202—2011《水运工程混凝土施工规范》）

Tab. 5 - 27　　Minimum cementing material use level of concrete under seawater condition kg/m³

环 境 条 件		钢筋混凝土、预应力混凝土		素混凝土	
		北方	南方	北方	南方
大气区		320	360	280	280
浪溅区		400	400	280	280
水位变动区	F350	400	360	400	280
	F300	360		360	
	F250	330		330	
	F200	300		300	
水下区		320	320	280	280

注　1. 有耐久性要求的大体积混凝土，水泥用量应按混凝土的耐久性和降低水泥水化热综合考虑。

　　2. 掺加掺和料时，水泥用量可适当减少，但应符合水灰比最大允许值的规定。

　　3. 对南方地区，掺用外加剂时，水泥用量可适当减少，但不得降低混凝土的密实性。

　　4. 对于有抗冻性要求的混凝土，浪溅区范围内下部 1m 应随同水位变动区按抗冻性要求确定其水泥用量。

（二）把好组成材料的质量关 **Controlling the quality of constructional materials well**

根据工程所处环境及对混凝土耐久性要求的特点，合理选择水泥品种；并严格控制砂、石材料的有害杂质含量；选择级配良好的骨料。

（三）适当掺用减水剂及引气剂 **Properly adding water reducing agent and air entraining agent**

适当掺用减水剂及引气剂，改善混凝土和易性和孔隙结构，提高其密实度。这是提高混凝土抗冻性和抗渗性的有力措施。有抗冻性要求的混凝土含气量常在 3%～6%。

（四）把好施工关 **Controlling the workmanship well**

施工质量的好坏直接影响混凝土的密实性。采用机械施工，应做到搅拌透彻、振捣密实，浇筑均匀，连续施工，不留冷缝；施工完毕，应按规范要求进行混凝土的养护。

第七节　混凝土的质量控制
Section 7　Quality Control of Concrete

混凝土在施工过程中由于原材料、施工条件、试验条件等许多复杂因素的影响，其质量总是波动的。为了使混凝土的质量变化满足规范要求，就必须在施工过程对原材料、坍落度、强度等各个方面进行质量控制。混凝土强度是混凝土质量控制的主要指标，所以工程中常常以混凝土的强度来控制混凝土的质量。

一、混凝土质量波动原因和规律 Reason and law of fluctuation of concrete quality

（一）混凝土质量波动的原因 **Reason of fluctuation of concrete quality**

1. 偶然性因素 **Contingency factor**

偶然性因素是施工中无法或难以控制的因素，如水泥、砂、石材质量的不均匀性，气候的微小变化，称量的微小误差，操作人员技术上的微小差异。这些因素是在技术上不易识别和消除，经济上也不值得去消除，因为这些因素引起质量微小波动在工程上是可以接受的。工程质量只受偶然性因素影响时，生产处于稳定状态，质量数据的大小、方向不定，但都在平均值附近波动，即混凝土质量呈正常波动。

2. 系统性因素 Systematical factor

系统性因素则是可控制、易消除的因素。这类因素不经常发生，但对工程质量影响较大。系统性因素有一定的规律性，对工程质量的影响，其大小、方向不变。如混凝土搅拌故障、任意改变水胶比，随意添加用水量，水泥用量严重不足，这些因素对混凝土质量影响很大，造成混凝土强度不足等。这时质量的波动属于非正常波动，即非正常变异。混凝土的质量控制的目的主要在于发现和排除系统性因素，使混凝土质量呈正常波动。

（二）混凝土强度波动的正态分布规律 Normal distribution regulation of concrete strength fluctuation

在正常、稳定的施工条件下，同一种混凝土的强度值具有波动性和统计规律性，一般符合正态分布规律。在施工现场连续多天取以某一强度平均值 $\overline{f}$ 为目标配制混凝土的标准立方体试样，并制作多组强度试件，分别测定其强度值，所得到的各组混凝土的强度值的分布规律是一条以 $\overline{f}$ 为对称轴的正态分布规律的曲线，如图 5-18、图 5-19 所示。图 5-19 所示为标准正态曲线。其概率密度函数 $\varphi(f)$ 可用式（5-13）表示

$$\varphi(f) = \frac{1}{\sigma\sqrt{2\pi}}\mathrm{e}^{-\frac{(f-\overline{f})^2}{2\sigma^2}} \tag{5-13}$$

介于 f_1 与 f_2 之间的混凝土强度值出现的概率为 $P(f_1 \leqslant f \leqslant f_2)$ 可用式（5-14）表示，即

$$P(f_1 \leqslant f \leqslant f_2) = \int_{f_1}^{f_2}\varphi(f)\mathrm{d}f = \frac{1}{\sigma\sqrt{2\pi}}\int_{f_1}^{f_2}\mathrm{e}^{-\frac{(f-\overline{f})^2}{2\sigma^2}}\mathrm{d}f \tag{5-14}$$

式中　f——混凝土立方体强度值，MPa；

　　　$\overline{f}$——混凝土立方体强度总体的平均值，MPa；

　　　σ——混凝土立方体强度总体的标准差，MPa。

混凝土强度的正态分布曲线图 5-18 具有以下特征：①曲线下所包围的面积为 1（即总概率为 100%）。②分布曲线对称于 $x=\overline{f}$；混凝土强度值出现在 $\overline{f}$ 左右的概率各为 50%，即只有一半试件的强度大于和等于 $\overline{f}$，说明按某一目标强度配制混凝土，目标强度的保证率只有 50%；当 $x=\overline{f}$ 时，曲线位于最高点；x 在 $\overline{f}$ 附近时，曲线也较高，说明大多数值接近目标强度值 $\overline{f}$，但分布在 $\overline{f}$ 的两侧。③曲线左右两侧各有一个拐点，拐点到对称轴的距离为标准差 σ，$\overline{f}\pm1.645\sigma$ 所围面积为 95%。④标准差 σ 越小，正态分布曲线峰越高且窄，表明混凝土强度值较集中于对称轴附近，强度波动较小，质量控制水平高；σ 值越大，曲线峰低且宽，表明混凝土强度值分布分散、离散性大，质量控制水平较低。

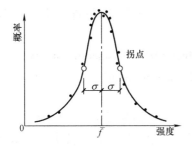

图 5-18　混凝土强度的正态分布曲线

Fig. 5-18　Normal distribution curve of concrete strength

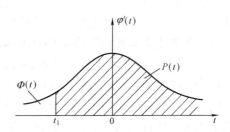

图 5-19　混凝土强度分布的标准正态曲线

Fig. 5-19　Standard normal distribution curve of concrete strength

二、混凝土强度评定的数理统计参数 Mathematical statistics parameter of concrete strength assessment

（一）强度平均值 $\overline{f}$

混凝土强度正态分布曲线的对称轴，也称为样本平均值，可代表总体平均值。计算公式为

$$\overline{f}_N = \frac{1}{N}\sum_{i=1}^{N} f_i \qquad (5-15)$$

（二）标准差 σ（或称标准偏差）

计算公式为

$$\sigma_N = \sqrt{\frac{1}{N-1}\sum_{i=1}^{N}(f_i - \overline{f}_N)^2} \ \text{或} \ \sigma_N = \sqrt{\frac{1}{N-1}\sum_{i=1}^{N}(f_i^2 - N\overline{f}_N^2)} \qquad (5-16)$$

（三）离差系数

计算公式为

$$C_V = \frac{\sigma_N}{\overline{f}} \qquad (5-17)$$

混凝土强度总体标准偏差 σ 及离差系数 C_V 是决定强度分布特性的重要参数。σ 值越大（或 C_V 越大），强度分布曲线越矮而宽，强度离散性越大，质量越不均匀。从生产和使用的角度说，我们希望混凝土强度的波动较小，质量较均匀，故要求 σ（或 C_V）较小。反之，则表明混凝土质量较差。在施工质量控制中，可用 σ（或 C_V）作为评定混凝土均匀性的指标。

（四）混凝土的强度保证率 P（%）

在混凝土施工中，检验混凝土强度保证率 P 是否满足要求时，其 P 可由试验数据求得

$$P = \frac{N_0}{N} \times 100\% \qquad (5-18)$$

式中　N_0——统计周期内试件强度不低于要求强度等级值的组数；

　　　　N——统计周期内相同强度等级的混凝土试件组数，$N \geqslant 30$。

（五）生产控制水平

混凝土生产控制水平可按强度标准差（σ）和实测强度达到强度标准值组数的百分率（P）表征。根据样本计算的标准差 σ 和百分率 P 满足表 5-28。

表 5-28　　　　　　　　　　混凝土生产质量控制水平

Tab. 5-28　　　　　　Management level of concrete production quality

生产场所	强度标准差 σ		
	≤C20	C20~C40	≥C45
预拌混凝土搅拌站及预制混凝土构件厂	≤3.0	≤3.5	≤4.0
施工现场搅拌站	≤3.5	≤4.0	≤4.5
实测强度达到强度标准值组数的百分率（P）	≥95%		

（六）混凝土强度的检验评定

（1）当检验的试验组数的容量 N 不少于 45 时，其强度要同时满足下式要求

$$\overline{f} \geqslant f_{cu,k} + 0.7\sigma_N \qquad (5-19)$$

$$f_{min} \geqslant f_{cu,k} - 0.7\sigma_N \qquad (5-20)$$

式中　$f_{cu,k}$——混凝土立方体抗压强度标准值。当混凝土强度等级不高于 C20 时，其强度的
　　　　　　　　最小值应不小于 $0.85f_{cu,k}$，当强度等级大于 C20 时，其强度的最小值应不小
　　　　　　　　于 $0.9f_{cu,k}$；

　　　　f_{min}——最小强度值；

　　　　σ_N——计算的标准差，当 N 小于 2.5 时，取为 2.5。

　　（2）当检验的试验组数 N 不少于 10 时，其强度要同时满足下式要求

$$\overline{f} \geqslant f_{cu,k} + \lambda_1\sigma_N \tag{5-21}$$

$$f_{min} \geqslant \lambda_2 f_{cu,k} \tag{5-22}$$

当检验的试验组数 N 为 10～14 时，$\lambda_1 = 1.15$，$\lambda_2 = 0.9$，N 为 15～19 时，$\lambda_1 = 1.05$，
$\lambda_2 = 0.85$，N 不小于 20 时，$\lambda_1 = 0.95$，$\lambda_2 = 0.85$。

　　（3）当检验的试验组数 N 小于 10 时，其强度要同时满足下式要求

$$\overline{f} \geqslant \lambda_3 f_{cu,k} \tag{5-23}$$

$$f_{min} \geqslant \lambda_4 f_{cu,k} \tag{5-24}$$

当混凝土强度小于 C60 时，$\lambda_3 = 1.15$，$\lambda_4 = 0.95$，混凝土强度不小于 C60 时，$\lambda_3 = 1.10$，$\lambda_4 = 0.95$。

三、概率度（t）Probability degree（t）

概率度是混凝土设计强度等级与平均强度的差值与标准差之比，即

$$t = \frac{f_{cu,k} - \overline{f}}{\sigma} \tag{5-25}$$

混凝土的概率度可不必进行繁琐的积分计算，而只需用统计方法计算出混凝土强度总体
（或样本）的平均值 $\overline{f}$ 和标准差 σ，即可快速得出混凝土的概率度 t。

混凝土的概率度 t 与混凝土的设计保证率 P 有一一对应的关系，知道了 t 就知道了 P。
这是因为只要我们在混凝土强度正态曲线方程中，令随机变量 $t = \dfrac{f - \overline{f}}{\sigma}$，即可变为标准正态
分布，如图 5-19 所示。其概率密度函数为

$$\varphi'(t) = \frac{1}{\sqrt{2\pi}}e^{-\frac{t^2}{2}} \tag{5-26}$$

$$\varphi(t) = \int_{-\infty}^{t_1} \varphi'(t)dt = \frac{1}{\sqrt{2\pi}}\int_{-\infty}^{t_1} e^{-\frac{t^2}{2}}dt \tag{5-27}$$

式中　t 即为概率度。概率度 t 自 t_1～$+\infty$ 出现的概率 $P(t_1) = 1 - \varphi(t_1)$。它相当于图 5-19
中之阴影面积。不同的 t 值所对应的 $P(t)$ 值，由数理统计方法可求得，见表 5-29。

表 5-29　　　　　　　　　　　　　不同 t 值的 $P(t)$ 值表
Tab. 5-29　　　　　　　　　　　　$P(t)$ value of different tvalue

t	+3.00	+2.00	+1.00	0	−0.50	−0.84	−1.00	−1.28	−1.645	−2.00	−3.00
$P(t)$	0.001	0.023	0.159	0.500	0.690	0.800	0.841	0.900	0.950	0.977	0.999

四、混凝土的施工配制强度 $f_{cu,p}$ Prepared strength of concrete in construction

为了使混凝土具有要求的保证率，必须使配制强度大于设计强度等级。在混凝土的概率
度 t 的讨论中可知，在设计强度等级和要求的保证率已知时，以平均强度为混凝土配制强度

$f_{cu,p}$。可按式（5-28）计算，即

$$f_{cu,p} = f_{cu,k} - t\sigma_0 \qquad (5-28)$$

式中 $f_{cu,p}$——混凝土的配制强度，MPa；

$\quad\quad f_{cu,k}$——立方体抗压强度标准值，MPa；

$\quad\quad t$——与要求的保证率对应的概率度；

$\quad\quad \sigma_0$——混凝土强度标准差，MPa。

GB 50010—2010《混凝土结构设计规范》、SL 191—2008《水工混凝土结构设计规范》、JTS 202—2011《水运工程混凝土施工规范》均规定，混凝土强度标准值 $f_{cu,k}$ 应为具有 95% 保证率的立方体抗压强度值，此时 $t = -1.645$（见表 5-29），根据 JGJ 55—2011《普通混凝土配合比设计规程》，则混凝土的配制强度为

当混凝土强度<C60，$\quad\quad f_{cu,p} = f_{cu,k} + 1.645\sigma_0 \qquad (5-29a)$

当混凝土强度≥C60，$\quad\quad f_{cu,p} = 1.15 f_{cu,k} \qquad (5-29b)$

DL/T 5144—2015《水工混凝土施工规范》规定，由于水利枢纽混凝土工程，结构复杂，不同工程部位有不同的保证率要求。大体积（如大坝）混凝土采用 90d 龄期强度值一般要求 $P = 80\%$，对应的概率度为 $t = -0.84$，其混凝土的配制强度计算公式为

$$f_{cu,p} = f_{cu,k} + 0.84\sigma_0 \qquad (5-30)$$

混凝土强度标准差 σ_0 宜根据同类混凝土统计资料计算确定。计算时强度试件组数不应少于 30 组；当混凝土强度等级为不小于 C30，其强度标准差计算值小于 3.0MPa 时，计算配制强度用的标准差不小于 3.0MPa；当混凝土强度等级大于 C30，小于 C60 级，其强度标准差计算小于 4.0MPa 时，计算配制强度用的标准差应取不小于 4.0MPa；若施工单位无历史统计资料计算 σ_0 时，σ_0 值可按表 5-30～表 5-32 取用。

表 5-30　普通混凝土强度标准差 σ_0 取值

Tab. 5-30　Selective value of standard strength deviation σ_0 of ordinary concrete

混凝土强度等级	<C20	C20～C35	>C35
σ_0（MPa）	4.0	5.0	6.0

表 5-31　水工大体积混凝土标准差 σ_0 值

Tab. 5-31　Standard strength deviation σ_0 of the bulk concrete in the hydro structure engineering

混凝土强度等级	≤C15	C15～C25	C25～C35	C35～C45	≥C45
σ_0 MPa	3.5	4.0	4.5	5.0	5.5

五、控制图 Control chart

在施工过程中，为了及时了解混凝土质量波动情况，常将混凝土质量控制检验的主要指标，如水泥强度等级、混凝土的坍落度、水胶比、强度等质量特性指标为纵坐标，样本的序号为横坐标，绘制质量控制图。根据

表 5-32　港口工程混凝土标准差 σ_0 平均水平

Tab. 5-32　Average level of the standard strength deviation σ_0 of concrete in harbor engineering

混凝土强度等级	<C20	C20～C40	>C40
σ_0（MPa）	3.5	4.5	5.5

数据随时间的变化，可以动态地掌握质量状态，判断其生产过程的稳定性。因此控制图可实现对混凝土施工过程的动态控制，及时发现隐患，并采取措施，防止不合格的生产。

图 5-20 为混凝土的强度控制图，混凝土强度质量控制图的纵坐标表示标准立方体试件强度的测定值，横坐标表示试件编号和测定日期。中心控制线为混凝土立方体强度平均值

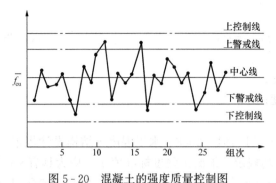

图 5-20　混凝土的强度质量控制图

Fig. 5-20　Quality control of concrete stength

$\overline{f}_{cu}$（也是混凝土的配制强度 $f_{cu,p}$），上下警戒线分别距中心线为 2σ，在混凝土强度的状态分布图中，强度落在 $\overline{f}_{cu} \pm 2\sigma$ 范围内的概率为 95.45%；上下控制线分别距中心线为 3σ，控制线 $\overline{f}_{cu} \pm 3\sigma$ 范围内的概率为 99.73%。

把试验结果逐日填画在图上，若强度值连续 25 个点子全部随机、无规律性地落在上下控制线内；或连续 35 个点子最多只有一个点子在控制线外；或连续 100 个点子中最多有 2 个点子在控制线外；没有出现连续 7 点或更多点子在中心线的同一侧或连续呈上升或下降趋势，也没有在连续多点中有较多点子偏在同一侧，均说明生产过程处于正常稳定状态。当点子太靠近控制线，就应引起注意。不满足上述条件，即判定生产过程为异常，此时，应立即查明原因，加以纠正，使生产重新处于正常稳定状态。

第八节　普通混凝土的配合比设计
Section 8　Mixing Proportion Design of Ordinary Concrete

一、配合比设计的基本要求Basic requests of mixing proportion design

混凝土配合比是指单位体积混凝土中，各组成材料用量的比例关系。合理确定单位体积混凝土中各组成材料的用量过程，称为混凝土的配合比设计。混凝土配合比常有两种表示方法。一种是用每 $1m^3$ 混凝土中各项材料的质量表示，如 $1m^3$ 混凝土：水泥 300kg、水 180kg、砂 720kg、石子 1200kg；另一种是每 $1m^3$ 混凝土中各组成材料间的质量比表示，如：水泥:砂:石＝1:2.4:4.0，水灰比＝0.60。混凝土配合比设计应满足以下四方面的基本要求：

（1）与施工条件相适应的和易性要求，便于振捣密实，保证混凝土的均匀性；

（2）结构设计所需混凝土强度等级的要求，保证结构的安全性；

（3）混凝土所处环境条件耐久性要求，如抗渗、抗冻等，保证混凝土经久耐用；

（4）混凝土配合比设计应经济合理，尽量降低成本。

二、混凝土配合比设计的基本资料Basic data of mixing proportion design

在进行混凝土配合比设计前，要充分了解结构对混凝土性能的要求；准备采用的施工方法和工作环境条件；选择各组成材料的品种和等级，应做一些必要的原材料试验，确定数据。具体应掌握以下一些基本资料：

（1）混凝土设计强度等级 $f_{cu,k}$ 和强度保证率 P，施工单位生产管理水平等，便于确定配制强度；

（2）施工方法及和易性要求，以确定用水量；

（3）结构物所处环境条件，明确混凝土的耐久性要求，如抗渗、抗冻等级，以便确定混凝土的最大水胶比和最小胶凝材料用量；

（4）结构型式和配筋情况，以确定粗骨料的最大粒径；

（5）组成材料的质量和性能指标，如水泥强度等级和实际强度（f_{ce}），粗骨料、细骨料表观密度（ρ_G、ρ_S），粗细骨料的种类、级配和有害杂质含量等质量指标，掺和料的质量要求及掺量限制。

三、普通混凝土配合比设计步骤The procedure of mixing proportion design for ordinary concrete

配合比设计首先是利用经验公式、规范推荐的经验图表等进行初步估算，得出初步配合比；在初步配合比基础上试拌调整（满足和易性要求条件下），得出供检验强度及耐久性用的基准配合比；用基准配合比进行混凝土强度及耐久性的检验，确定实验室配合比；最后是施工配合比换算等步骤。

（一）初步配合比的计算Calculation of preliminary mixing proportion design

1. 混凝土的配制强度的确定**Determination of concrete prepared strength**

当设计要求的混凝土强度等级（$f_{cu,k}$）、混凝土强度标准差 σ_0 为已知，混凝土的配制强度可由式（5-31）、式（5-32）或式（5-33）确定，即普通混凝土的配制强度为：

当强度等级＜C60 $\qquad f_{cu,p} = f_{cu,k} + 1.645\sigma_0$ （5-31）

当强度等级≥C60 $\qquad f_{cu,p} = 1.15f_{cu,k}$ （5-32）

水工大坝混凝土 $\qquad f_{cu,p} = f_{cu,k} + 0.84\sigma_0$ （5-33）

式中 σ_0 在无试验资料时，式（5-31）的 σ_0 采用表5-30中的数据（普通混凝土）或表5-32中的数据（水运工程混凝土）；式（5-33）中的 σ_0 采用表5-31中的数据。

2. 水胶比 W/D 的确定**Determination of water-cement ratio W/D**

根据混凝土的配制强度 $f_{cu,p}$ 选定的水泥实测强度 f_{ce}（也可用水泥强度等级值代替）和骨料种类，由混凝土强度公式（5-9），可求出满足强度要求的水胶比

$$\frac{W}{D} = \frac{Af_{ce}}{f_{cu,p} + ABf_{ce}} \qquad (5-34)$$

式中 D——胶凝材料的用量，是矿物掺和料 F 和水泥用量 C 之和，当不加掺和料时水胶比就为水灰比 W/C；

f_{ce}、A、B 的取值按公式（5-9）的说明选用。

为了满足混凝土耐久性的要求，水胶比的取值还必须满足抗渗、抗冻对水胶比的限值（见表5-19、表5-23）；水胶比也需满足混凝土的最大水胶比和最小胶凝材料用量的限值要求（不同混凝土的限值要求分别见表5-24~表5-27）。

在求出满足强度要求的水胶比和查出满足耐久性要求的水胶比后，进行比较，选取较小的值作为初步配合比的水胶比。

3. 单位用水量（W）的确定**Determination of unit water consumption（W）**

单位用水量主要是根据设计混凝土的坍落度、粗骨料的种类和粗骨料的最大粒径来选取。所以应先考虑混凝土的类别、结构种类、配筋情况，按表5-12选择适宜的坍落度值；再参考表5-13或表5-14确定出混凝土的单位用水量。

4. 单位胶凝材料（D）的确定**Determination of unit cement consumption（D）**

用初步确定的水胶比及单位用水量，按下式计算

$$D = \frac{W}{W/D} \qquad (5-35)$$

　　为了保证混凝土的耐久性，由上式计算得出的胶凝材料用量，还必须根据混凝土所处环境与表（5-24）或表（5-25）或表（5-27）耐久性要求的最小胶凝材料用量比较，选取较大的值，作为设计混凝土的单位胶凝材料（D）用量。

　　(1) 单位矿物掺量 F，按下式计算

$$F = D\beta_f \tag{5-36}$$

式中　β_f——矿物掺和料掺量，%，可参照表 5-11 选取。

　　(2) 单位水泥用量 C，应按下式计算

$$C = D - F \tag{5-37}$$

5. 合理的砂率值（S_p）的确定 Determination of reasonable sand ratio value

　　合理的砂率值主要是由新拌混凝土的和易性来确定。一般应通过试验或本单位所用材料的经验找出合理砂率。无试验资料和经验时，当坍落度为 10～60mm 时，可根据前面确定的粗骨料种类、粗骨料最大粒径、水胶比，参考表（5-15）选用合理砂率值。另外，合理砂率也可根据以砂子来填充石子的空隙，并约有富余，以拨开石子的原则，由公式（5-3）来计算。

6. 计算 1m³ 混凝土中砂（S）和石子（G）的用量 Calculate the dosage of the sand and gravel in 1m³ concrete

　　在单位用水量、水泥用量、砂率已知的情况下，可用"绝对体积法"或"假定表观密度法"计算砂和石子的用量。

　　(1) 绝对体积法　　假定 1m³ 新拌混凝土内各项材料体积之和为 1m³，则有

$$\frac{W}{\rho_w} + \frac{F}{\rho_f} + \frac{C}{\rho_c} + \frac{S}{\rho_S} + \frac{G}{\rho_G} + 0.01\alpha = 1 \tag{5-38}$$

式中　W、F、C、S、G——1m³ 混凝土中水、掺和料、水泥、砂、石子的质量，kg；

　　　　　ρ_W——水的密度，一般取 1000kg/m³；

　　　　　ρ_C——水泥的密度，kg/m³，可取 2900～3100kg/m³；

　　　　ρ_S、ρ_G——砂、石子的表观密度（当其含水状态以饱和面干为基准时，则为饱和面干表观密度），kg/m³；

　　　　　α——混凝土的含气百分数，（可参照表 5-33）估值，在不使用引气剂时，α 可取为 1。

　　在已知 W、F、C、$S_p = S/(S+G)$ 及各材料的密度后，利用式（5-38）可方便地求出砂和石子的用量。

表 5-33　　　　　　　　　　新浇混凝土表观密度 ρ_H 及含气量 α 参考值

Tab. 5-33　　　　　Referenced value of apparent density ρ_H and air content α of the fresh concrete

骨料最大粒径 (mm)	普通混凝土		引气混凝土		备注
	ρ_H (kg/m³)	α (%)	ρ_H (kg/m³)	α (%)	
20	2380	2.0	2280	5.5	适用于骨料平均表观密度为 2.60～2.65g/cm³ 的混凝土
40	2400	1.2	2320	4.5	
80	2430	0.5	2350	3.5	
150	2460	0.3	2390	3.0	

（2）假定表观密度法（又称质量法）　假定 1m³ 新拌混凝土的质量（即混凝土的表观密度）恰好等于各组成材料用量之和，可用公式表示如下

$$C + F + W + S + G = \rho_H \tag{5-39}$$

式中　ρ_H——混凝土的表观密度，其值可参照表 5-33 估计；也可取为 2350～2450kg/m³。

其余符号意义同式（5-38）。

把初步估算出的 W、F、C 及 $S_p = S/(S+G)$ 和混凝土的表观密度 ρ_H 值代入式（5-39），即可求得 1m³ 混凝土中砂和石子的用量。已知混凝土表观密度时，用式（5-39）更为方便。

（二）基准配合比的确定 Determination of referenced mixing proportion

初步配合比确定后，应进行试拌，调整，以满足混凝土和易性要求，求出供检验混凝土强度和耐久性的基准配合比。这是因为初步配合比的各项参数是借助于经验公式、图表等选定的，它们不一定完全符合本工程的实际。因此，需用本工程使用的材料进行和易性试验（试拌），对单位用水量及砂率进行调整（保持水胶比不变）以便得出和易性满足设计要求的混凝土。

1. 初步配合比的试拌、调整 Trial mix，adjustment of preliminary mixing proportion

按初步配合比，称取拌制 0.015～0.030m³ 混凝土所需的各项材料，按试验规程拌制混凝土，测其坍落度，观察黏聚性及保水性。若和易性不符合要求，则调整砂率或用水量（保持水胶比不变），再进行拌和试验，直至符合要求。调整方法如下：

（1）当坍落度值太小，可以保持水胶比不变，适当增加水泥浆量。一般每增加 10mm 坍落度，约需增加水泥浆用量 2%～5%。

（2）当坍落度太大，可在保持砂率不变的条件下，适当增加骨料用量，以减少水泥浆的相对含量。

（3）当新拌混凝土显得砂浆量不足，黏聚性和保水性差时，应适当增大砂率。

（4）当新拌混凝土显得砂浆量过多，黏聚性和保水性不良，可适当减少砂率。

按上述方法，每次加入少量材料对水泥浆和砂率进行调整，重复测试并观察和易性，直至符合要求为止。和易性调整好后，需测出该新拌混凝土的实际表观密度（ρ_{HC}）和本次拌和时各材料的实际用量（C'、W'、F'、S'、G'）。

2. 基准配合比的计算 Calculation of referenced mixing proportion

根据试拌时各材料的实际用量（C'、W'、F'、S'、G'）和实测的该新拌混凝土的表观密度（ρ_{HC}），按下式计算该混凝土的基准配合比：

令

$$K = \frac{\rho_{HC}}{C' + F' + W' + S' + G'}$$

则

$$C = KC', F = KF', W = KW', S = KS', G = KG' (\text{kg/m}^3) \tag{5-40}$$

（三）实验室配合比的确定 Determination of the laboratory mixing proportion

一般工程，在基准配合比确定后，应在实验室先进行强度和耐久性的检验，确定出实验室配合比，才可用于实际工程中进行施工料单的计算。实验室配合比设计阶段主要是在基准配合比的基础上，进一步验证水胶比。

按基准配合比，制作强度、抗渗、抗冻等试件，标准养护至规定龄期，进行试验。如果混凝土的强度、耐久性满足要求，且超过要求的指标不过多，则此配合比是经济合理的，基

准配合比即为实验室配合比。否则，应将水胶比进行必要的修正，并重新反复做试验，直至符合要求为止。

为了缩短试验时间，可以基准配合比为基础，同时拌制 3～5 种配合比，进行强度及抗渗性、抗冻性等项性能试验。可作出强度—水胶比曲线，抗渗等级及抗冻等级—水胶比曲线，从中选出满足各项技术要求的配合比。在这 3～5 种配合比中，其中一种是基准配合比，另外几种配合比的水胶比值应较基准配合比分别依次增加及减少 0.05，其用水量与基准配合比相同，砂率值可增加及减少 1%。

对于大型混凝土工程，常对混凝土配合比进行系统试验。即在确定初步水胶比时，就同时选取 3～5 个值，对每一水胶比，又选取 3～5 种含砂率及 3～5 种单位用水量，组成多种配合比，平行进行试验并相互校核。通过试验，绘制水胶比与单位用水量，水胶比与合理砂率，水胶比与强度、抗渗等级、抗冻等级等的关系曲线，并综合这些关系曲线最终确定实验室配合比。

（四）施工配合比的换算 Conversion of the construction mixing proportion

施工配合比换算也称施工配料单换算，这一阶段主要是根据工程现场砂、石料的含水率情况，骨料的超逊径情况，对实验室配合比进行调整，获得满足本工程实际条件的配合比。在实验室配合比设计中，民用工程中砂、石子以干燥为基准，水利工程中砂、石子以饱和面干为基准。在施工现场和施工过程中，工地砂、石材料含水状况、级配等发生变化时，为保证混凝土质量，应根据工地实际条件将试验室确定的配合比进行换算和调整，得出施工配合比，供施工使用。

1. 施工配合比的换算 Conversion of the construction mixing proportion

当骨料含水率变化及有超逊径时，应随时换算施工配料单，换算的目的是准确地实现试验室配合比。

（1）骨料含水量变化时施工配料单换算　实验室确定配合比时，若以干燥状态的砂石为标准，则施工时应扣除砂石的全部含水量；若以饱和面干状态的砂石为标准，则应扣除砂石的表面含水量或补足其达到饱和面干状态所需吸收的水量。同时，相应地调整砂石用量。

设实测工地砂及石子的含水率（或表面含水率）分别为 $\alpha\%$ 及 $\beta\%$，则混凝土施工配合比的各项材料用量（配料单）应为

$$\left.\begin{array}{l} C_0 = C \\ F_0 = F \\ S_0 = S(1 + \alpha\%) \\ G_0 = G(1 + \beta\%) \\ W_0 = W - S\alpha\% - G\beta\% \end{array}\right\} \tag{5-41}$$

（2）骨料含超逊径颗粒时施工配料单换算　当某级骨料有超径颗粒时，则将其计入上一粒径级，并增加本粒径级用量；当有逊径颗粒时，将其计入下一粒径级，并增加本粒径级用量。各级骨料换算校正数为

本级骨料校正量＝（本级超径量＋本级逊径量）－（下一级超径量＋上一级逊径量）

调整后的本级骨料用量＝原计算量＋校正量

根据骨料超逊径含量，施工配料单换算示例见表 5-34。

表 5 - 34　　　　　　　　　　　　　各级骨料用量换算示例表
Tab. 5 - 34　　　　　　　　Conversion sample of different grade aggregate

项　　　目	砂	石子		
		5～20	20～40	40～80
实验室配合比的骨料用量（kg）	667	415	398	450
现场实测骨料超径含量（%）	2.0	3.1	1.8	
现场实测骨料逊径含量（%）		2.1	8.0	10.1
超径量（kg）	13.3	12.9	7.2	
逊径量（kg）		8.7	31.8	45.5
校正量（kg）	+4.6	−23.5	−19.4	+38.3
换算后骨料用量（kg）	671.6	391.5	378.6	488.3

2. 施工配合比的调整 Adjustment of construction mixing proportion

施工配合比的调整是在施工过程中气候条件的变化、拌和物运输条件及浇筑条件改变，需对设计的坍落度指标进行调整时才进行的。当砂的细度等发生变化时，也需调整施工配合比。在进行施工配合比调整时，必须保持水胶比不变，仅对含砂率及用水量做必要的调整。按如下方法调整：

当需增减坍落度 10mm 时，可增减用水量为 2.5kg/m³（注意保证水胶比不变）；

增减砂率 1% 时，可增减用水量为 2.0～2.5kg/m³（注意保证水胶比不变）。

（五）混凝土配合比设计举例 Example of concrete mixing proportion design

【例 5 - 1】　某房屋为钢筋混凝土框架工程，混凝土不受风雪等作用，设计混凝土强度等级 C30，施工要求坍落度为 30～50mm，施工单位无强度历史统计资料，试设计该混凝土配合比。

1. 基本资料 Basic data

（1）设计要求　混凝土强度等级为 C30，$f_{cu,k}=30.0$MPa，强度保证率为 95%，根据表 5 - 31，取 $\sigma_0 = 5.0$MPa；新拌混凝土坍落度为 30～50mm。

（2）所用原材料　①水泥：根据该工程情况，选用强度等级 42.5MPa 的普通水泥。水泥实测强度 $f_{ce}=41.9$MPa，实测密度 $\rho_c=3150$kg/m³。②粗骨料：石灰岩碎石，$D_M=40$mm，取（5～40）mm 连续级配，实测表观密度 $\rho_G=2700$kg/m³，松散堆积密度 $\rho_G=1550$kg/m³。③细骨料：河砂，$M_x=2.70$，属中砂，级配合格，实测表观密度 $\rho_S=2650$kg/m³，松散堆积密度 $\rho_S=1520$kg/m³。

粗细骨料的品质均符合规范的要求，含水状态以干燥状态为基准，不掺矿物掺和料时，水胶比 W/D 即为水灰比 W/C。

2. 初步配合比计算 Calculation of preliminary mixing proportion

（1）混凝土施工配制强度计算　由配制强度公式（5 - 34）有

$$f_{cu,p} = f_{cu,k} + 1.645\sigma_0 = 30.0 + 1.645 \times 5.0 = 38.2(\text{MPa})$$

（2）初步确定水灰比（W/C）（由于本例中无矿物掺和料，水胶比 W/D 即变为水灰比 W/C）　由强度公式（5 - 36）有

$$\frac{W}{C} = \frac{Af_{ce}}{f_{cu,p} + ABf_{ce}} = \frac{0.53 \times 41.9}{38.2 + 0.53 \times 0.20 \times 41.9} = 0.52$$

耐久性检验，查表 5-24，水灰比最大允许值为 0.65。计算水灰比满足耐久性要求，故现取初步水灰比为 0.52。

（3）初步估计单位用水量（W） 根据已知的坍落度值 30～50mm，碎石最大粒径为 40mm，查表 5-13，可得

$$W = 175(kg/m^3)$$

（4）初步估计砂率$[S/(S+G)]$ 根据碎石最大粒径 $D_M = 40mm$，水灰比 $\frac{W}{C} = 0.52$，查表 5-15，有

$$\frac{S}{S+G} = 35\%$$

（5）单位水泥用量（C） $C = \frac{W}{W/C} = \frac{175}{0.52} = 337$（$kg/m^3$）

耐久性检验，查表 5-24 得，允许的最小水泥用量为 260（kg/m^3），水泥用量满足耐久性的要求，选用水泥用量为 337（kg/m^3）。

（6）计算粗、细骨料用量 由于本例题中已知各材料的密度值，所以按绝对体积法计算更方便。本题未使用引气剂，可取 $\alpha = 1.0$，则有

$$\frac{W}{\rho_W} + \frac{C}{\rho_C} + \frac{S}{\rho_S} + \frac{G}{\rho_G} + 0.01\alpha = 1$$

$$\frac{175}{1000} + \frac{337}{3150} + \frac{S}{2650} + \frac{G}{2700} + 0.01 = 1$$

$$\frac{S}{S+G} = 0.35$$

联解上两式得：$S = 664kg/m^3$；$G = 1233kg/m^3$。

初步配合比为：$C = 337kg/m^3$；$S = 664kg/m^3$；$G = 1233kg/m^3$；$W = 175kg/m^3$。

3. 试拌调整，确定基准配合比**Adjusting the trial mix，determining the referenced mixing proportion**

按初步配合比，称取拌制 0.02m^3 混凝土所需的各项材料：$C = 6.74kg$、$S = 13.28kg$、$G = 24.66kg$、$W = 3.50kg$。拌制混凝土，测得的坍落度为 20mm，黏聚性较好。需增加水泥浆 4%（即水泥 0.24kg、水 0.14kg）。重新拌和混凝土，测得坍落度为 45mm，黏聚性及保水性良好，和易性满足要求。该混凝土各种材料实际用量为：$C' = 6.92kg$、$S' = 13.28kg$、$G' = 24.66kg$、$W' = 3.60kg$。实测混凝土拌和物表观密度 $\rho_{HC} = 2430kg/m^3$，按式（5-40）计算得 $K = 50.103$，可算得基准配合比为 $C = 347kg/m^3$、$S = 666kg/m^3$、$G = 1237kg/m^3$、$W = 180kg/m^3$。即 $C : S : G : W = 1 : 1.92 : 3.56 : 0.52$。

4. 检验强度确定配合比**Checking the strength and determining the mixing proportion**

以基准配合比为基础，分别拌制不同水灰比的三种混凝土，测定其表观密度及 28d 强度，试验结果见表 5-35。

由表 5-35 可得，满足设计要求的灰水比为 1.876（按作图法求得），$W/C = 0.51$。其实测混凝土表观密度 $\rho_{HC} = 2431kg/m^3$，按式（5-40）可算得，该混凝土的各项材料用量为：

$C=337kg/m^3$、$S=671kg/m^3$、$G=1244kg/m^3$、$W=179kg/m^3$。配合比为

$$C:S:G:W = 1:1.99:3.69:0.51$$

表 5-35　　　　　　　　　　　混凝土强度试验结果

Tab. 5-35　　　　　　　　　**Test result of concrete strength**

组别	$\dfrac{W}{C}$	各项材料用量（kg）				f_{28} (MPa)	ρ_{HC} (kg/m³)	$\dfrac{C}{W}$
		W	S	G	C			
1	0.50				7.00	39.1	2431	1.923
2	0.52	3.64	13.66	25.34	6.38	35.8	2430	1.754
3	0.62				5.87	29.5	2415	1.613

【例 5-2】　某混凝土坝所在地区最冷月月平均气温为 8℃；河水无侵蚀性，坝上游面水位涨落区的外部混凝土最大作用水头 45m，设计要求混凝土强度等级为 C20，采用机械搅拌、振捣器振实，用当地河砂及卵石作骨料。试设计该坝上游水位涨落区的混凝土配合比。

1. 基本资料 **Basic data**

（1）设计要求　设计混凝土的强度等级为 C20，$f_{cu,k}=20.0MPa$；根据《水工混凝土施工规范》，大坝混凝土的设计保证率为 80%，施工单位无强度统计的历史资料，根据表 5-31，选取 $\sigma_0=4.0$；该混凝土作用的最大水头为 45m，根据表 5-20，选取抗渗等级为 W6；大坝处于温和地区，参照表 5-21，确定其抗冻等级为 F50；坍落度，参照表 5-12，浇筑地点拌和物坍落度应为 10~40mm，考虑运输过程中坍落度的损失，确定拌和机口坍落度为 30~50mm。

（2）原材料选择及其技术性质：①水泥品种及强度等级：因环境水无侵蚀性，且为温和地区水位涨落区的外部混凝土，故应优先采用硅酸盐大坝水泥、硅酸盐水泥或普通水泥。水泥强度等级 32.5MPa 及以上。比较经济的水泥强度等级应为 32.5MPa，故确定采用强度等级 32.5MPa 的普通硅酸盐水泥。根据工地使用水泥情况，取水泥强度富余系数 $r_C=1.0$。水泥密度 $\rho_C=3100kg/m^3$。②河砂：细度模数 $M_x=2.9$，级配良好。饱和面干状态表观密度 $\rho_S=2620kg/m^3$。③卵石：当地卵石质量符合混凝土用骨料的要求，取 $D_M=80mm$，通过试验选定级配为：（5~20）：（20~40）：（40~80）＝30:25:45。饱和面干状态表观密度 $\rho_G=2650kg/m^3$。根据表 5-17，回归系数 $A=0.539$，$B=0.459$。

2. 初步配合比确定 **Determination of referenced mixing proportion**

（1）配制强度计算　本混凝土为大坝所用，采用式（5-33）计算配制强度

$$f_{cu,p} = f_{cu,k} + 0.84\sigma_0 = 20 + 0.84 \times 4.0 = 23.36 \text{（MPa）}$$

（2）确定水胶比　根据强度要求，由式（5-34）有

$$\frac{W}{D} = \frac{Af_{ce}}{f_{cu,p}+ABf_{ce}} = \frac{0.539 \times 32.5}{23.36 + 0.539 \times 0.459 \times 32.5} = 0.558$$

耐久性检验：由抗渗等级 W6，参考表 5-19，水胶比应为 0.55~0.60；由抗冻等级 F50，参考表 5-23，水胶比应小于 0.58；本混凝土处于大坝上游水位变动区，根据表 5-25，耐久性的环境要求水胶比最大允许值为 0.55。

根据 SL 319—2018《混凝土重力坝设计规范》该区混凝土允许的最大水灰比为 0.50。

根据以上强度、耐久性要求和结构物的设计规范，初步确定水胶比为 0.50。

（3）单位用水量的确定　根据混凝土的坍落度值 $30\sim50$mm，卵石最大粒径为 80mm，参考表 5-14，可得单位用水量大致为 128kg/m³。

（4）合理砂率 $S/(S+G)$ 的确定　根据卵石最大粒径 $D_M=80$mm，水胶比 $\frac{W}{D}=0.50$，查表 5-15 有

$$\frac{S}{S+G}=28\%+2\times0.75\%=29.5\%$$

（5）计算水泥用量　$C=\dfrac{W}{W/D}=\dfrac{128}{0.50}=256$（kg/m³）（本例中未考虑掺和料，胶凝材料即为水泥，水胶比即为水灰比）。

耐久性检验，查表 5-25 得，允许的最小水泥用量为 270（kg/m³），水泥用量应满足耐久性的要求，故选用水泥用量为 270（kg/m³）。

（6）计算砂、石子用量　粗骨料最大粒径 $D_M=80$，参考表 5-33，$\rho_H=2430$kg/m³。按假定表观密度法，由式（5-39）有

$$270+128+S+G=2430$$

$$\frac{S}{S+G}=0.295$$

解上两式可得配合比为：$C=270$kg/m³、$W=128$kg/m³、$S=599$kg/m³、$G=1431$kg/m³。其中：$5\sim20$mm 小石为 429kg/m³、$20\sim40$mm 中石为 358kg/m³、$40\sim80$mm 大石为 644kg/m³。

3. 试拌调整，确定基准配合比**Adjusting the trial mix，determining the referenced mixing proportion**

按初步配合比称取拌制 0.03m³ 混凝土所需各项材料为：$C=8.1$kg、$W=3.8$kg、$S=18$kg、小石 12.9kg、中石 10.7kg、大石 19.3kg，共计 42.93kg。拌制混凝土，观察得黏聚性及保水性良好（表明混凝土含砂率是合适的）。测得坍落度为 50mm，符合要求，测出混凝土表观密度 $\rho_{HC}=2425$kg/m³，由式（5-40）计算 $K=33.34$，基准配合比为：$C=270$kg/m³、$W=127$kg/m³、$S=600$kg/m³、$G=1430$ kg/m³、$G5\sim20=429$kg/m³、$G20\sim40=357.5$kg/m³、$G40\sim80=643.5$kg/m³。

4. 检验强度及耐久性，确定实验室配合比**Checking the strength and the durability，then determining the laboratory mixing proportion**

按基准配合比进行了强度、抗渗性、抗冻性等试验，各项性能满足设计要求，且超过不多。则上述配合比即为所求混凝土的实验室配合比。

第九节　混 凝 土 的 外 加 剂
Section 9　Admixture of Concrete

混凝土的外加剂是在拌制混凝土过程中，掺入一般不超过水泥质量 5% 的无机、有机，或无机与有机的化合物，用以改变混凝土和易性、提高强度及耐久性的物质，称为混凝土的外加剂。外加剂在混凝土工程中应用越来越普遍，已成为混凝土中必不可少的第五组成部分。因其掺量少，一般在配合比设计中，不考虑其对混凝土体积和质量的影响。

混凝土外加剂按其主要作用可分为如下四类：

(1) 改善流变性能的外加剂；包括各种减水剂、引气剂及泵送剂等。

(2) 调节凝结时间、硬化性能的外加剂；包括缓凝剂、早强剂及速凝剂等。

(3) 改善耐久性的外加剂；包括引气剂、防水剂、阻锈剂等。

(4) 改善其他特殊性能的外加剂；包括加气剂、膨胀剂、着色剂、防冻剂等。

本节着重介绍工程中常用的各种减水剂、引气剂、早强剂、缓凝剂及速凝剂等。

一、混凝土减水剂 Water reducing agent of concrete

能在新拌混凝土的坍落度基本不变的情况下使拌和用水量减少的外加剂，称为混凝土减水剂。减水率在 8%～15% 的，称为普通型减水剂；减水率≥15% 的，称为高效型减水剂。减水剂还可与其他外加剂复合，形成早强减水剂、缓凝减水剂、引气减水剂。这些外加剂一般同时具有两种主要功能，是应用很广的减水剂品种。减水剂是目前工程中应用最广泛的外加剂，约占外加剂的 80% 左右，常用的减水剂为阴离子表面活性剂。

（一）混凝土常用减水剂 Commonly used water reducing agent of concrete

减水剂的产品牌号极多，但目前在工程中应用最广的普通型减水剂是木质素磺酸盐类减水剂；高效减水剂为萘磺酸盐甲醛缩合物减水剂。其他有糖蜜系类、羟基羧酸及盐类、三聚氰胺磺酸盐甲缩合物等。

1. 木质素磺酸盐类减水剂 Lignin sulfonate series water reducing agent

木质素磺酸钙（简称木钙或 M 减水剂）、木质素磺酸钠（简称木钠）、木质素磺酸镁（简称木镁）及丹宁等统称为木质素系减水剂。目前应用最广的是木钙减水剂。木钙是由生产纸浆或纤维浆的废液，经发酵提取酒精后的残渣，再经磺化、石灰中和、过滤喷雾干燥而制得。木钙减水剂中含木质素磺酸钙 60% 以上，含糖率低于 12%，pH 值为 4～6。为阴离子表面活性剂。

木钙减水剂原料丰富，价格低廉，且减水率在 10% 左右，应用十分广泛。常用于一般混凝土工程，尤其适用于泵送混凝土、大体积混凝土、夏季施工等混凝土工程。在使用中应注意如下几个方面的问题：

(1) 木钙掺量一般为水泥质量的 0.2%～0.3%，最多不超过 0.5%。减水率 10% 左右，混凝土 28d 抗压强度提高 10%～20%。在保持混凝土强度和坍落度不变的条件下，可节约水泥 8%～10%。且混凝土抗拉强度、抗折强度、弹性模量、抗渗性及抗冻性等各项性能均有不同程度的提高。

(2) 木钙减水剂具有缓凝作用和引气作用，并可减少水泥水化放热的速率。一般在混凝土中掺入 0.25% 的木钙，能使凝结时间延长 1～3h，对大体积混凝土夏季施工有利。但若掺量过多，将使混凝土硬化过程变慢，甚至降低混凝土的强度。

(3) 当使用以硬石膏和氟石膏为缓凝剂的水泥混凝土掺木钙减水剂时，应先做水泥适应性试验，避免产生速凝现象。

2. 糖蜜类减水剂 Molasses series water reducing agent

糖蜜类减水剂是以制糖厂提炼食糖后所得的副产品糖渣或废蜜为原料，用石灰中和所得的非离子型亲水性表面活性剂，外观呈棕褐色粉末或糊状，pH 值 9～10。我国主要产品有 3FG、TF、ST、糖蜜等。

糖蜜减水剂的适宜掺量为 0.2%～0.3%，减水率为 6%～10%，混凝土 28d 强度可提高

10%～15%。糖蜜减水剂除有减水作用外，还有显著的缓凝作用，为缓凝减水剂，并可改善混凝土黏聚性、降低水泥水化热以及提高混凝土抗渗性、抗冻性和抗冲磨性等性能。糖蜜减水剂适用于大体积混凝土工程及夏季混凝土施工等。

3. 萘系高效减水剂 High‐ring naphthalene series water reducing agent

萘或萘同系磺化物与甲醛缩合的盐类、氨基磺酸盐均属多环芳香族磺酸盐类，即萘系减水剂，是我国高效减水剂最主要产品。它是以煤焦油中分馏出的萘及萘的同系物为原料，经磺化、缩聚、中和、过滤、干燥而得的棕色粉末，pH 值 7～9，属高效型阴离子表面活性剂。

萘系减水剂，品种极多，目前国内已有数十个品种，主要有 NF、NNO、FDN、UNF、MF、建 1、JN、SN、AF 等。萘系减水剂也是工程中广泛采用的减水剂。在使用中应注意如下几个问题：

(1) 萘系减水剂对水泥有强烈的分散作用，最佳掺量为 0.5%～1.0%。减水率多在 15%～30% 之间，混凝土 28d 强度可增加 20% 以上，并有早强作用。大部分产品为非引气型的（或引气量小于 2%），少数产品具有一定引气性（如 MF、建 1 等）。对于有一定引气性的产品，可加消泡剂复合使用。

(2) 在工程中掺萘系减水剂，在保持坍落度不变的情况下，可配制高强度混凝土（如 C60～C100），主要是利用其高效减水效果，来达到混凝土的高强度；在不减少拌和用水的条件下，可配制高流动性混凝土（坍落度 80～210mm）；在保持强度相同的条件下，可节约水泥 20%。

(3) 为了解决掺萘系减水剂时混凝土坍落度损失大的问题，常常是加大掺量或与缓凝剂复合配成泵送剂使用。

4. 水溶性树脂系高效减水剂 High‐ring water dissoluble resin series water reducing agent

水溶性树脂系减水剂的全称为磺化三聚氰胺甲醛树脂减水剂，简称密胺树脂减水剂。我国研制的蜜胺树脂，代号 SM；磺化古马龙树脂，代号 CRS；均属此类产品。它是由三聚氰胺、甲醛、亚硫酸钠，按一定比例，在一定条件下，经磺化、缩聚而成，为阴离子表面活性剂。

水溶性树脂系减水剂的各项性能指标达到或超过萘系减水剂，被誉为"减水剂之王"的 SM 高效减水剂为非引气型早强高效减水剂，最佳掺量为 0.5%～2.0% 时，减水率 20%～27%，最高减水率可达 30%。3 天强度可达不掺减水剂时的 28 天强度值，混凝土 28d 抗压强度可提高 30%～60%，可用来配制 80～100MPa 的高强混凝土，并特别适用于蒸汽养护的混凝土，对铝酸盐水泥也有很好的适用性，也可用于配制耐火及耐高温的混凝土（可耐 1000～1200℃）。但因其价格昂贵，使用受到一定限制。

5. 聚羧酸系高效减水剂 High‐ring polyocarboxy acid series water reducing agent

聚羧酸系高效减水剂由不同的不饱和单体（主要有：不饱和酸、聚链烯基物质、聚苯乙烯磺酸盐或脂、丙烯酸盐或脂、丙烯酰胺），在一定条件的水相体系中，通过引发剂（如过硫酸盐）的作用，接枝共聚而成的高分子共聚物，它是一种新型的高性能减水剂。实际聚羧酸系高效减水剂可由二元、三元、四元等单体共聚而成。聚羧酸系高效减水剂的分子大多呈梳形结构，特点是主链上带有多个活性基团并且极性较强，侧链上也带有亲水活性基团，并且数量多，疏水基的分子链较短，数量也少。2003 年通过鉴定的产品有 JM—PCA（I）。最佳掺量 0.3%～0.4%，减水率 22%～32%。坍落度保持性：1h，100%；2h，95%～90%。

强度增长率 3d 为 200％以上；28d 为 150％～200％；90d 为 150％～200％。最佳掺量时引气量 3％，超掺后引气性增大。因其价格昂贵，使用受到一定限制。

6. 复合减水剂Compound water reducing agent

目前国内外普遍发展使用复合减水剂，即将减水剂与其他品种外加剂复合使用，以取得满足不同施工要求、降低成本、改善混凝土性能的目的。如减水剂可分别与引气剂、早强剂或消泡剂、缓凝剂等进行复合，从而制得引气减水剂、早强减水剂、缓凝减水剂等许多品种。如我国目前使用的早强复合减水剂的主要产品有 NC、MS—F、AN—2、S 型、FDN—S、UNF—4 等不同类型外加剂复合使用，应通过试验，确定出适宜品种及掺配比例。好的复合减水剂常取得两种外加剂的双重效果。

(二) 减水剂的作用机理The mechanism of action of the water reducing agent

我国目前研发的混凝土减水剂大多属于各种阴离子表面活性剂的范畴。减水剂的减水效果也主要是由于其表面活性剂所致。

1. 表面活性剂Surface active agent

表面活性剂是指在掺入量很少时，即能大大降低溶剂表面张力（界面张力）的物质。表面活性剂这种特性是由它的分子有两极构造所决定的。表面活性剂的分子其一端为易溶于水的亲水基团，如羟基（－OH）、羧酸盐基（－COOH）、磺酸盐基（－SO₃H）和胺基（－NH₂)等；另一端为亲油基团（憎水基团），如长链烷基（R－）原子团。表面活性剂分子结构示意如图 5 - 21 所示。

表面活性剂溶于水后，由于两极分子构造，亲水基易溶于水而另一部分即憎水基团易自水中逃离、吸附于油类或水泥颗粒的表面上。所以，当水中溶有表面活性剂时，活性剂分子常吸附在水—气界面上，并作定向排列，如图 5 - 22 所示，形成单分子吸附膜，从而显著降低溶液的表面张力，这种现象称为表面活性。表面活性剂在降低表面张力的同时就起到了分散、润滑、乳化、起泡、洗涤等多种作用。在不同类型的界面上，表面活性剂分子会形成不同类型的吸附层，如图 5 - 22 所示。

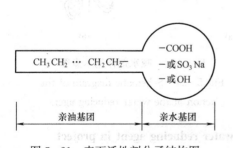

图 5 - 21 表面活性剂分子结构图
Fig. 5 - 21 Schematic diagram of the surface active agent molecular constitution

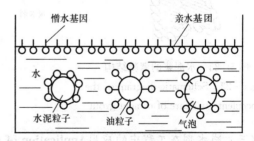

图 5 - 22 表面活性剂分子的吸附定向排列图
Fig. 5 - 22 Schematic diagram of the directional adsorption of surface active agent molecular

试验研究结果表明：一般当表面活性剂的浓度达 0.2％时，水的表面张力应降低到 45×10^{-5} N/cm 以下，当继续增大掺量，表面张力没有减小的趋势，说明表面活性剂的合适掺量应 <0.2％；水泥混凝土中掺入表面活性剂后，水泥的水化反应没有改变，也没有发现新的水化产物。

2. 减水剂的作用机理 Mechanism of action of water reducing agent

减水剂为什么能提高新拌混凝土和易性？其主要原因是由于其表面活性剂物质的吸附—分散作用、润滑和润湿作用、起泡作用所产生的效果所致。

（1）吸附—分散作用 Adsorption-dispersion action

水泥加水拌和后，由于水泥颗粒间分子引力的作用，会形成如图 5-23 所示的絮凝结构，使 10%～30% 的拌和水（游离水）被包裹在其中，从而降低了新拌混凝土的流动性。当掺有适量减水剂后，减水剂分子的憎水基定向吸附于水泥颗粒表面，亲水基指向水溶液。由于亲水基团的电力作用，使水泥颗粒表面带上电性相同的电荷，产生了静电斥力，如图 5-24（a）所示。引起水泥颗粒相互分散，导致絮凝结构解体，释放出游离水，如图 5-24（b）所示，这就有效地提高了新拌混凝土的流动性。

（2）润滑和润湿作用 Lubricating and wetting action

减水剂分子中的亲水基团极性很强，易与水分子以氢键形式结合，在水泥颗粒表面形成了一层稳定的溶剂化水膜，如图 5-24（b）所示，这层水膜是很好的润滑剂，有利于水泥颗粒的滑动，也有利于水泥颗粒更好地被水湿润，从而进一步提高了新拌混凝土的流动性。

（3）起泡作用 Bubbly action

掺减水剂时在机械搅拌作用下使浆体内引入部分气泡，这些微细气泡像滚珠一样，也有利于水泥浆的流动，改善了新拌混凝土的流动性。

因此，减水剂在混凝土中改变了水泥浆体流变性能，进而改变了水泥混凝土结构，起到了改善混凝土性能的作用。

图 5-23　水泥浆的絮凝结构
Fig. 5-23　Schematic diagram of the
flocculent structure of cement grout

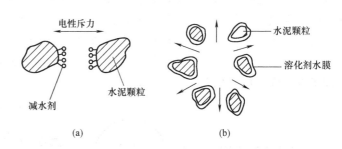

图 5-24　减水剂作用示意图
Fig. 5-24　Schematic diagram of the
action of the water reducing agent

（三）减水剂在工程中的应用 Application of water reducing agent in project

混凝土减水剂一般不含氯盐，不会引起钢筋锈蚀，所以减水剂不仅可用于素混凝土中，而且可用于现浇或预制的钢筋混凝土及预应力钢筋混凝土中。

1. 减水剂的使用效果 Using effect of water reducing agent

在不同的使用条件下，在工程实践中可达到如下三方面的效果：

（1）在配合比不变的条件下，可增大新拌混凝土的流动性，且不致降低混凝土的强度。

（2）在保持流动性及水胶比不变的条件下，可以减少用水量及水泥用量，节约水泥。

（3）在保持流动性及水泥用量不变的条件下，可以减少用水量，降低水胶比，使混凝土的强度与耐久性得到提高。

2. 减水剂的使用方法 **Using methods of water reducing agent**

使用减水剂时，应根据工程特点，选择合适的减水剂品种，如欲配制高强度混凝土，可选用萘系高效减水剂，欲浇筑大体积混凝土或要求缓凝的混凝土，则可选择木钙减水剂等。减水剂的掺量，应根据使用要求、施工条件、混凝土原材料，在最佳掺量范围内进行调整，重大工程应进行试验确定。高效减水剂的过量掺入，随着减水效果的提高，往往会产生泌水增加等不良现象，也使工程造价加大。

减水剂的掺用方法，有"同掺法""后掺法"及"滞水掺入法"等。所谓同掺法，即是将减水剂溶解于拌和用水，并与拌和用水一起加入拌和物中。所谓后掺法，就是在新拌混凝土运到浇筑地点后，再掺入减水剂或再补充掺入部分减水剂，并再次搅拌后进行浇筑。所谓滞水掺入法，是在拌和物已经加水搅拌 $1 \sim 3 \mathrm{min}$ 后，再加入减水剂，并继续搅拌到规定的拌和时间。新拌混凝土的流动性一般随停放时间的延长而降低，这种现象称为坍落度损失。掺有减水剂的混凝土坍落度损失往往更为突出。采用后掺法或滞水掺入法，可减小坍落度损失，也可减少外加剂掺用量，提高经济效益。

（四）掺减水剂的混凝土配合比设计 **Mixing proportion design of concrete mixed with water reducing agent**

在普通混凝土中掺入减水剂，一般有以下三种考虑：①提高流动性，且不致降低强度；②节约水泥，且保持和易性及水灰比不变；③提高强度及耐久性，且保持和易性不变。无论何种考虑，掺减水剂的混凝土配合比设计均可以基准混凝土（指未掺减水剂的混凝土）配合比为基础，进行适当的调整而获得。

1. 以提高流动性为主要目的时的配合比设计 **Mixing proportion design for the primary aim at developing fluidity**

由于流动性增大，其黏聚性及保水性一般会有一些改变（随减水剂的品种而不同）。为使拌和物黏聚性及保水性合格，可适当调整砂率，并保持粗细骨料总用量不变。同时，其他材料用量与基准混凝土相同，即得出各种材料的用量。若基准混凝土配合比各种材料用量：水泥、水、砂、石子分别为 C、W、S、G，砂率为 S_P，混凝土的实测表观密度为 ρ_HC，假定减水剂的减水率为 $a\%$，掺量为 $b\%$，取水胶比不变，则掺减水剂混凝土的各种材料用量为：水泥（C'）、水（W'）、砂（S'）、石子（G'）、砂率（S'_P）、减水剂等用量按以下各式计算

$$W' = W$$
$$C' = C$$
$$F' = F$$
$$S' = (S+G)S'_\mathrm{P}$$
$$G' = (S+G)(1-S'_\mathrm{P})$$
$$减水剂用量 = C'b\%$$

本目的中，是保持水胶比不变，加大坍落度，因而引起砂率微小增大，使砂石比例变化，其砂石总量没有变化。

2. 以节约胶凝材料为主要目的时的配合比设计 **Mixing proportion design for the primary aim at economizing cement**

若基准混凝土配合比各种材料用量和减水剂的减水率和用量及符号如前述，掺减水剂的配合比按下式计算：

$$W' = W(1-\alpha\%)$$

$$D' = W' / \left(\frac{W}{D}\right)$$

$$S' + G' = \rho_{HC} - D' - W'$$

$$S' = (S' + G')S_P$$

$$G' = (S' + G')(1-S_P)$$

$$减水剂用量 = C'b\%$$

本目的中，水胶比和坍落度不变，减少用水量和水泥用量，使砂石的用量增加。

3. 以提高混凝土强度及耐久性为主要目的时的配合比设计**Mixing proportion design for the primary aim at developing the strength and the durability**

若基准混凝土各种材料用量、配合比参数如前述，取水泥用量不变，则掺减水剂混凝土的各种材料用量按以下各式计算

$$D' = D(C' = C \quad F' = F)$$

$$W' = W(1-\alpha\%)$$

$$S' + G' = \rho_{HC} - C' - W'$$

掺入减水剂的新拌混凝土在流动性不变情况下降低水胶比，拌和物黏聚性及保水性得到改善，可适当降低砂率，若确定为S'_P，则

$$S' = (S' + G')S'_P$$

$$G' = (S' + G')(1-S'_P)$$

$$减水剂用量 = C'b\%$$

本目的中，坍落度和水泥用量不变，减少用水量，使水胶比减小，引起砂率降低，石子用量增大，砂石总量也有增加。

以上计算出的掺减水剂混凝土配合比再经试拌调整，即得设计的混凝土配合比。

二、早强剂Early strength admixture

早强剂是指能加快混凝土早期强度发展的外加剂。多用于冬季施工或紧急抢修工程以及要求加快混凝土强度发展的情况。早强剂的使用能提高生产效率，节约能耗、降低成本，具有明显的经济效益。目前，工程中常用的早强剂主要有：氯盐类、硫酸盐类、三乙醇胺和以其为基础的复合早强剂。下面介绍这些常用的早强剂。

（一）氯盐类早强剂Chlorine saline early strength agent

氯化钙、氯化钠、氯化钾、氯化铝及三氯化铁等统称为氯盐类早强剂，属强电解质无机盐类。其中氯化钙应用最广，也是使用最早的混凝土早强剂。氯化钙为白色粉末状物质，掺在混凝土内可加速水泥的凝结硬化并提高混凝土的早期强度，有时也称为促凝剂。其主要原因是：氯化钙能与水泥中的铝酸三钙作用，生成不溶性水化氯铝酸钙，还和水泥的水化物氢氧化钙作用，生成不溶性的氧氯化钙。这些生产物增加了水泥石中的固相比例，有助水泥石结构的形成。同时氯化钙与氢氧化钙迅速反应，降低了液相中的碱度，使硅酸三钙水化反应加快，这也有利于提高水泥石的早期强度。

对于素混凝土，氯化钙不失为最好的早强剂，在素混凝土中氯化钙一般掺量为$1\%\sim2\%$，最大不能超过2%。掺氯化钙的混凝土$1d$强度可提高$140\%\sim200\%$，$2\sim3d$强度可提高$40\%\sim100\%$，$7d$强度可提高$25\%\sim40\%$。同时氯化钙还能提早水泥水化放热时间，可

防止混凝土早期受冻。

掺用氯化钙（或食盐）的缺点是易使钢筋锈蚀。在钢筋混凝土结构中，掺用氯化钙应严格按 GB 50119—2013《混凝土外加剂应用技术规范》规定执行，在海水环境和有自然侵蚀性介质的环境、大体积混凝土、相对湿度大于 80% 环境中的混凝土，受水冲刷的结构混凝土、处于 60 度高温环境的混凝土、直接与酸碱或其他侵蚀性介质接触的结构、中级和重级工作制的吊车梁、屋架、预应力钢筋混凝土结构等中严禁采用含有氯盐配制的早强剂和早强减水剂。在 GB 50010—2010《混凝土结构设计规范》中对混凝土结构中氯离子含量（系指其占水泥用量的百分率）也有限量：室内正常环境中，最大氯离子含量为 0.3%；室内潮湿环境（且无侵蚀性介质），最大氯离子含量为 0.2%；严寒和寒冷的露天环境（且无侵蚀性介质），最大氯离子含量为 0.15%；严寒和寒冷地区水位变动区，滨海室外环境，最大氯离子含量为 0.1%～0.15%。

为了防止氯盐对钢筋的锈蚀，工程中常将氯盐与具有阻锈作用的 $NaNO_2$ 复合使用，如 $NaNO_2 : CaCl_2 = 1.1～1.3$，可取得良好的早强和阻锈效果。

（二）硫酸盐类早强剂 Sulfate early strength admixture

硫酸钠（即元明粉，俗称芒硝）、硫酸钙（即石膏）、硫酸铝及硫酸铝钾（即明矾）等统称硫酸盐类早强剂，属强电解质无机盐类，其中最常用的是硫酸钠早强剂，系白色粉末，易溶于水。掺入混凝土后可加速水泥的硬化并提高混凝土的早期强度。硫酸钠一般不单独掺用，多与其他外加剂复合使用。现仅介绍使用较多的 NC 复合早强剂。

NC 复合早强剂是用硫酸钠 60%、糖钙 2% 及细砂 38% 混合磨细而成。应用时直接加入混凝土搅拌机中与水泥、砂、石等共同搅拌，使用方便。NC 复合早强剂的适宜掺量为 2%～4%，减水率约为 10%，混凝土 2d 强度可提高 70%，28d 强度可提高 20%，并可在 −20℃ 条件下施工。

使用 NC 剂时，应注意不能多掺，并严禁使用活性骨料。掺量过多时，硫酸钠与 $Ca(OH)_2$ 反应生成 NaOH 及 $CaSO_4$，硫酸钙会与水化铝酸钙作用生成水化硫铝酸钙，体积膨胀，且氢氧化钠能与活性骨料发生碱—活性骨料反应，使混凝土破坏。此外，硫酸钠过多还有促进钢筋锈蚀、增加混凝土导电性及在混凝土表面产生盐析而起白霜，影响建筑物美观等。在与镀锌钢材、铝铁相接触的结构、使用直流电源的结构及距高压直流电源 100m 以内的结构不得使用含强电解质无机盐类早强剂及早强减水剂。

（三）水溶性有机化合物早强剂 Water dissolvable organic compound early strength admixture

三乙醇胺、甲酸盐、乙酸盐、丙酸盐等均属水溶性有机化合物早强剂。其中常用三乙醇胺早强剂，它是淡黄色透明油状液体，呈强碱性、不易燃、无毒、能溶于水，是一种非离子型表面活性剂。通常不单独掺用，常与氯化钠及亚硝酸钠复合使用。三乙醇胺掺量（为水泥质量）在 0.02%～0.05%，氯化钠掺量为 0.5%～0.7%，亚硝酸钠掺量为 1%，3d 强度可提高 50%～60%，7d 强度提高 30%～40%，28d 以后强度可提高 20%～30%。

三乙醇胺不改变水泥水化生成物，但能促进水化铝酸钙与石膏作用生成水化硫铝酸钙结晶体并加速 C_3S 的水化，对水泥水化反应起"催化"作用，具有早强及后期增强作用；氯化钠可加速水泥凝结硬化；亚硝酸钠起阻锈作用。三乙醇胺也可用三异丙醇胺或二乙醇胺与三乙醇胺的混合液代替，其效果相近，成本较低。但含有亚硝酸盐等有害成分的早强剂严禁用于饮水工程及与食品相接触的工程。

（四）复合早强剂 Complex early strength admixture

工程中常将三乙醇胺、氯化钙、硫酸钠、亚硝酸钠、甲酸钙以及石膏等组成二元、三元或四元的复合早强剂。实践证明，采用二种或三种以上早强剂复合，既可发挥各自的特点，又可弥补不足，早期效果往往大于单掺使用，有时甚至能超过各组分单掺时早强效果之和。目前复合早强剂主要有三乙醇胺复合早强剂、硫酸钠复合早强剂。

常用早强剂掺量限值见 GB 50119—2013《混凝土外加剂应用技术规范》。

三、缓凝剂 Retarder

能延长混凝土凝结时间的外加剂，称为缓凝剂。对大体积混凝土、碾压混凝土、炎热气候条件下施工的混凝土、大面积浇筑混凝土、避免产生冷缝的混凝土、需较长时间停放或长距离运输的混凝土，为了防止过早发生凝结失去可塑性，而影响浇筑质量，常需掺入缓凝剂。缓凝剂的品种很多，主要有：糖类：糖钙、葡萄糖酸钙；木质素磺酸盐类：木质素磺酸钙、木质素磺酸钠；羟基羧酸及其盐类：柠檬酸、酒石酸甲钠；无机盐类：磷酸盐、锌盐等。

木钙及糖蜜是最常用的缓凝剂，其掺量分别为水泥质量的 0.2%～0.3% 及 0.1%～0.3%，延缓混凝土凝结时间 2～4h。掺量增大缓凝作用增强，过大掺量会导致混凝土长时间不凝结。掺用木钙及糖蜜缓凝剂时应做水泥适应性试验，合格后方可使用。

柠檬酸、酒石酸钾钠等，具有更强烈的缓凝作用。当掺量为 0.03%～0.10% 时，可使水泥凝结时间延长数小时至十几小时。由于延缓了水泥的水化作用，可降低水泥的早期水化热。但掺用柠檬酸的新拌混凝土，泌水性较大，黏聚性较差，硬化后其抗渗性稍差。为了弥补这种缺点，可以与引气剂联合掺用或适当增大砂率。柠檬酸、酒石酸钾钠不宜单独用于水泥量较低、水胶比较大的贫混凝土。缓凝剂宜用于日最低气温 5℃ 以上施工的混凝土，不宜单独用于有早强要求的混凝土及蒸养混凝土。

缓凝剂一般是通过以下几种方式延缓水泥混凝土的凝结硬化：影响水泥矿物成分的水化速度；影响水泥水化产物与硫酸盐（石膏）相互作用的速度；影响水泥水化产物的生成速度或水化产物的黏结和结晶特性。有机物类的缓凝剂一般都含有 OH^-，OH^- 吸附于水泥颗粒或水化产物新相的表面，延缓了水泥的水化和浆体结构的形成。无机类缓凝剂，往往是在水泥颗粒表面形成一层难溶的薄膜，对水泥的水化起屏障作用，阻碍了水泥的正常水化。

四、引气剂 Air entraining agent

能在搅拌混凝土过程中引入许多独立且均匀分布的、稳定而封闭的微小气泡，以改善混凝土和易性，显著提高耐久性的外加剂。

混凝土引气剂有松香塑脂类、烷基和烷基芳烃磺酸盐类、脂肪醇磺酸盐类等，其中松香塑脂类应用最广，主要品种有：松香热聚物、松脂皂及 801 引气剂等（市售产品有 DH₉、PC—2、AEA 等）。松香热聚物最常使用。

松香热聚物是由松香与苯酚在浓硫酸存在条件下及较高温度时进行缩合和聚合反应，再经氢氧化钠处理而成的憎水性表面活性剂。它不能直接溶解于水，使用时需先将其溶解于加热的氢氧化钠溶液中，再加水配成 5% 左右浓度的溶液。其掺量极少，一般为水泥质量的 0.005%～0.01%，采用高频振捣器振捣混凝土时，引气剂的掺量可达 0.01%～0.02%。引气剂对混凝土有如下几方面的效果：

（一）改善新拌混凝土的和易性Improving workability of the fresh concrete

新拌混凝在掺入引气剂后，在搅拌力作用下产生大量稳定的微小密封气泡，增加了水泥浆的体积，密封微小气泡犹如滚珠减少了骨料间的摩擦，使新拌混凝土的流动性提高。一般含气量每增加1%，混凝土坍落度约提高10mm，若保持流动性不变，则可减水约6%～10%。密封微小气泡阻滞骨料的沉降和水分的上升，使混凝土的泌水性显著降低。

（二）提高混凝土的抗冻性和抗渗性Developing concrete frost resistance and impermeability

由于气泡能隔断混凝土中毛细管通道、对水泥石内水分结冰时所产生的水压力起缓冲作用，故能显著提高混凝土抗冻性和抗渗性。一般掺入适量优质引气剂的混凝土抗冻等级可达未掺引气剂的3倍以上，抗渗性提高50%。因此，抗冻性要求高的混凝土，必须掺引气剂或引气减水剂，其掺量应根据混凝土的含气量要求，通过试验确定。掺引气剂对提高混凝土抗裂性也是有利的。

（三）混凝土强度有所下降Slightly reducing the concrete strength

混凝土掺入引气剂的主要缺点是使混凝土强度及耐磨性有所降低。当保持水胶比不变，掺入引气剂时，含气量每增加1%，混凝土强度约下降3%～5%。因此，混凝土中含气量的多少，对混凝土的和易性、强度及耐久性等有很大影响。若含气量太少，不能获得引气剂的积极效果；若含气量过多，又会过多地降低混凝土强度，故应使混凝土具有适宜的含气量值。适宜含气量与粗骨料最大粒径D_M有关：D_M为20mm，适宜含气量为5.5%；D_M为40mm，适宜含气量为4.5%；D_M为80mm，适宜含气量为3.5%；D_M为150mm，适宜含气量为3%。

当引气剂与减水剂复合掺用时，常可同时获得增加强度和提高耐久性的双重效果。因此引气剂、引气减水剂特别适用于抗渗、抗冻、抗腐蚀要求较高的混凝土。

五、其他外加剂Other additive

（一）防冻剂Antifreezing agent

使混凝土在低于0℃的温度下硬化，并在规定时间内达到足够强度的外加剂，称为防冻剂。我国常用的防冻剂是由各组分复合而成，其主要组分有防冻组分、减水组分、引气组分、早强组分等。目前常用的混凝土防冻剂主要有以下三类：氯盐类，以氯盐（常用氯化钠或氯化钙与氯化钠复合，$CaCl_2/NaCl=2:1$）为防冻组分；氯盐阻锈剂类（氯盐与阻锈剂复合而成，阻锈剂广泛采用亚硝酸钠）及无氯盐类（如硝酸盐、亚硝酸盐、尿素等），均属强电解质无机盐类。上述各类防冻组分适应温度范围为：氯化钠单独使用时为-5℃；硝酸盐（硝酸钠、硝酸钙）、尿素等为-10℃；亚硝酸钠为-15℃；碳酸盐为-25～-15℃。

防冻剂中的减水组分、引气组分、早强组分等可分别采用上述相应的外加剂。

防冻剂的各组分对混凝土所起的作用包括：改变混凝土中液相浓度，降低液相冰点，使水泥在低于0℃的温度下仍能继续硬化；减少混凝土拌和用水量，从而减少混凝土中能结冰的水量，进一步降低液相结冰温度；引入一定量的分散微小气泡，减少冰胀应力；提高混凝土的早期强度，增强其抵抗冰冻破坏的能力。

各类防冻剂具有不同的特性，有些还有毒副作用，选择时应十分注意。氯盐类防冻剂对钢筋有锈蚀作用，硝酸盐、亚硝酸盐及碳酸盐也不得用于预应力钢筋混凝土与与镀锌钢材或铝铁相接触部位的钢筋混凝土。含有六价铬盐、亚硝酸盐的防冻剂有一定毒性，严禁用于饮水工程及与食品接触的部位。防冻剂的掺量应根据施工环境温度条件通过试验确定。各类防冻组分掺量及要求应符合有关规范（如 GB50119—2013《混凝土外加剂应用技术规定》）的规定。

（二）膨胀剂 Expanding agent

能使混凝土产生一定体积膨胀的外加剂称为膨胀剂。其主要用途是补偿混凝土收缩（如构件补强、渗漏补修、回填槽等）；填充用膨胀混凝土（结构后浇带、钢管与隧洞间的填充带）；灌浆用膨胀砂浆（梁柱接头、地脚螺栓的固定、构件加固补强等）；自应力混凝土（如自应力钢筋混凝土压力管道）。常用膨胀剂有：硫铝酸钙类、氧化钙类、氧化镁类、金属类等。主要产品有：CSA、CEA、UEA、AEA、PNC、明矾石膨胀剂、大坝混凝土膨胀剂等。

硫铝酸钙类膨胀剂包括：明矾石膨胀剂（主要成分是明矾石与无水石膏或二水石膏）、CSA 膨胀剂（主要成分是无水硫铝酸钙）、U 型膨胀剂（主要成分是无水硫铝酸钙、明矾石、石膏）等。这类膨胀剂加入水泥混凝土后，无水硫铝酸钙水化或参与水泥矿物的水化或与水泥水化产物反应生成高硫型水化硫铝酸钙（钙矾石），从而引起混凝土体积膨胀。

氧化钙类膨胀剂包括：如石灰膨胀剂，在一定温度下煅烧的石灰加入适量石膏和粒化高炉矿渣制成的膨胀剂；生石灰与硬脂酸混磨制成的膨胀剂；以石灰石、黏土、石膏在一定温度下烧成熟料粉磨后再与经一定温度煅烧的磨细石膏混拌而成的膨胀剂等。这类膨胀剂的膨胀作用主要是通过氧化钙水化形成氢氧化钙而产生体积膨胀。

氧化镁类膨胀剂，如氧化镁膨胀剂，目前使用的主要是轻度过烧的氧化镁。其作用主要是通过氧化镁迟于水泥水化形成的氢氧化镁产生体积膨胀。

膨胀剂的品种及掺量应根据要求的混凝土膨胀性能进行选择并通过试验确定，应注意混凝土所处的环境是否对膨胀剂的选择有特殊要求。长期处于环境温度 80℃ 以上的混凝土中不得掺用硫酸钙类膨胀剂；掺硫铝酸钙类或氧化钙类膨胀剂的混凝土，不宜使用氯盐类外加剂，不得用于海水或有侵蚀性水的工程。

（三）泵送剂 Pumped concrete agent

能改善新拌混凝土泵送性能的外加剂称为泵送剂。泵送混凝土的基本要求是具有大的流动性而不泌水，以减少泵压力；具有施工要求的缓凝时间，以减少坍落度损失。因此工程中，可采用由减水剂、缓凝剂、引气剂等复合而成的泵送剂。

泵送剂适用于工业与民用建筑及其他构筑物的泵送施工的混凝土；特别适用于大体积混凝土、高层建筑和超高层建筑；适用于滑模施工；也适用于水下灌注桩混凝土。含有水不溶物的粉状泵送剂应与胶凝材料一起加入搅拌机中；水溶性粉状泵送剂宜与水溶解后或直接加入搅拌机中，应延长搅拌时间 30s。泵送混凝土的粗骨料最大粒径 D_M 不宜超过 40mm，胶凝材料总量不宜小于 300kg/m^3，水胶比不宜大于 0.6，含气量不宜超过 5%，坍落度不宜小于 100mm，砂率宜为 35%～45%。

六、掺外加剂时混凝土用水量

在混凝土中掺有外加剂对混凝土的用水量有一定的减少，特别是流动性和大流动性的混凝土。设未掺外加剂时每立方米混凝土的用水量为 W，则掺有外加剂的每立方米混凝土的用水量可按下式计算

$$W' = W(1-\beta) \tag{5-42}$$

式中　W'——计算配合比每立方米混凝土的用水量，kg/m^3；

　　　　W——未掺外加剂时推定的满足实际坍落度要求的每立方米混凝土用水量，kg/m^3；

β——外加剂的减水率,%,应经混凝土试验确定。

每立方米混凝土中外加剂的用量 Q 应按下式计算

$$Q = D\beta_a \tag{5-43}$$

式中 Q——计算配合比每立方米混凝土中外加剂的用量,kg/m^3;

D——计算配合比每立方米混凝土中胶凝材料用量,kg/m^3;

β_a——外加剂掺量,%,应经混凝土试验确定。

第十节 混 凝 土 的 变 形
Section 10　Deformation of The Concrete

混凝土在硬化和使用过程中,由于受各种物理、化学、力学因素的作用,常会发生各种变形,这些变形归结起来可分为在荷载作用下的变形和在非荷载作用下的变形。混凝土的变形是引起混凝土裂缝和破坏的主要因素。

一、混凝土在非荷载作用下的变形The deformation of concrete under non-load condition

（一）化学收缩（又称体积变形）Chemical shrinkage

化学收缩是由于水泥水化产物的固体体积小于水化前水和水泥的体积,导致混凝土在凝结硬化过程中内部产生的体积收缩。化学收缩是不可避免的、也是不可恢复的,其收缩量随混凝土的硬化龄期的延长而增加,一般40d后逐渐趋于稳定。混凝土的化学收缩值很小,对混凝土结构没有破坏作用,但有时会使混凝土内部产生微细裂缝。一般不单独测定混凝土的化学收缩,因为在混凝土的干缩变形中已经包括了化学收缩。

在混凝土中掺入膨胀剂时,可部分或全部抵消化学、干缩、温降引起的收缩变形,防止混凝土出现裂缝。

（二）干湿变形Shrinkage and water swelling

混凝土因内部毛细管水和凝胶粒子表面的吸附水发生变化时,产生湿胀干缩的现象,称为混凝土的干湿变形。

当混凝土长期在水中硬化时,由于凝胶体中的胶体粒子表面的吸附水膜增厚,胶体粒子间的间距增大,会产生微小的膨胀,这种湿胀对混凝土无危害影响。当混凝土在空气中硬化时,由于水分蒸发,水泥石凝胶体逐渐干燥收缩,使混凝土产生干缩。已干燥的混凝土再次吸水变湿时,原有的干缩变形会大部分消失,也有一部分（约30%～50%）是不消失的,如图5-25。

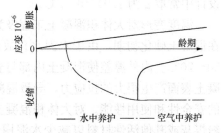

图 5-25　混凝土的湿胀干缩现象

Fig. 5-25　Shrinkage and water swelling phenomenon of concrete

混凝土干缩变形的大小用干缩率表示。一般采用$100mm \times 100mm \times 500mm$ 的试件,在温度为（20 ± 2）℃,相对湿度为55%～65%的干燥室（或干燥箱）中,干缩至规定龄期,测定干缩前后的试件长度,按式（5-44）计算干缩率,即

$$干缩率 = \frac{L_0 - L_t}{L_b} \tag{5-44}$$

式中　L_b——试件的测量标距，mm；

　　　L_0——试件的初始长度，mm；

　　　L_t——试件干缩至规定龄期的长度，mm。

用这种方法测得的干缩率，其值可达 $(3\sim5)\times10^{-4}$。而实际工程中构件的尺寸要比试件大得多，构件内部混凝土干燥过程则缓慢得多，所以构件上混凝土干缩率较上述试验值也小很多。设计上常采用的混凝土干缩率为 $(1.5\sim2.0)\times10^{-4}$，即每米混凝土收缩 $(0.15\sim0.20)$ mm。

影响混凝土干缩率的主要因素有：混凝土单位用水量越大，干缩率越大，一般混凝土用水量每增加 1%，干缩率可增大 $2\%\sim3\%$；混凝土水胶比越大，干缩率越大；混凝土骨料的弹性模量越大、最大粒径越大、级配越良好、吸水率越小，其干缩率越小。此外，水泥的品种及细度对干缩率也有很大影响，火山灰水泥的干缩率最大，水泥越细，干缩率也越大。当掺用促凝剂时，可使干缩率增大，例如掺用氯化钙将使混凝土的干缩率增大 $50\%\sim100\%$。

干缩变形是由表及里逐渐进行，会产生表面收缩大内部收缩小，混凝土表面受到的拉力，导致表面裂缝产生。混凝土干缩过程中，骨料并不产生收缩，因而在骨料与水泥石界面也会产生微裂缝。裂缝的存在，会对混凝土强度、耐久性产生有害作用，工程中应予以足够注意。

（三）温度变形 Thermal deformation

混凝土受热时膨胀受冷时收缩的现象，称为混凝土的温度变形。温度变形的大小可用温度变形系数 α 表示，用式（5-45）计算，即

$$\alpha=\frac{\Delta L}{L\Delta T} \tag{5-45}$$

式中　L——试件长度，mm；

　　　ΔT——温度变化，K 或℃；

　　　ΔL——温度变化 ΔT 时，试件长度的变化，mm。

混凝土的温度膨胀系数为 $(0.7\sim1.4)\times10^{-5}/℃$，它与骨料性质有关，骨料为石英岩时 α 最大，骨料为石灰岩、白云岩、玄武岩时，α 较小。α 越小，混凝土抗裂性能就越好。设计中常取 α 为 $1.0\times10^{-5}/℃$。

温度变形对大体积混凝土工程极为不利，这是因为混凝土是热的不良导体，传热很慢，在混凝土硬化初期，由于水泥水化放出的很多热量，使混凝土内部的温度升高，有时可达 $50\sim70℃$。内外温差使混凝土内部与表面的温度变形不一致，形成内部膨胀、外部收缩，混凝土表面产生很大的拉应力，导致混凝土开裂，严重时会形成贯穿性裂缝，极大地危及结构的安全性和使用性能。对大体积混凝土工程，应设法降低其内部热量，可采用低热水泥、掺粉煤灰或其他活性材料以减少水泥用量、或采用人工降温等措施；在大尺度的混凝土结构中，应根据规范要求，每隔一定距离，设置温度伸缩缝或温度钢筋，以减少温度裂缝。

二、混凝土在荷载作用下的变形 The deformation of concrete under loading

（一）混凝土在一次短期加载时的变形 Deformation of concrete in a short time loading

1. 混凝土的弹塑性变形 Elastic-plastic deformation of concrete

图 5-10 是一棱柱体试件在短期荷载条件下（按一般静力试验加荷），混凝土受压变形图。从图中变形曲线可知，混凝土仅在荷载较小时，应力—应变为直线关系，表现出完全的弹性变形，随着荷载的增加，应力—应变曲线开始变弯曲，表现出混凝土的塑性变形，这说

明混凝土是一种弹塑性体材料。因此，混凝土在荷载作用下的变形（ε）是由弹性变形（ε_e）和塑性变形（ε_p）组成。这种变形性质也可在图 5-26 中观察到。

2. 混凝土静力弹性模量（E_h） Static elastic modulus（E_h）of concrete

从上面的分析可知，混凝土是弹塑性材料，要准确测定其弹性模量是相当困难的，但可间接地求其近似值。测定混凝土的弹性模量时采用 150mm×150mm×300mm 的棱柱体试件，取其轴心抗压强度值的 1/3 作为试验控制应力荷载，当重复应力小于 $f_c/3$ 时，应力—应变曲线如图 5-26 所示。每次卸荷都残留少量塑性变形，且随着应力重复次数增加，塑性变形增量逐渐减小，经过三次低应力预压，混凝土内部的一些微裂缝得到闭合，内部组织趋于更加均匀，第三次预压时的应力—应变曲线近乎直线，且几乎与初始切线平行。在此基础上进行第四次加载，控制应力荷载仍是 1/3 的轴心抗压强度值，在此次加载曲线上测得应力与应变的比值，即为混凝土的弹性模量，它在数值上与 $\tan\alpha$ 相近。

混凝土静力弹性模量与混凝土强度密切相关。强度越高，弹性模量越大。通常当混凝土的强度等级在 C10～C60 时，其弹性模量约在（1.75～3.60）×10⁴MPa 内。28d 龄期混凝土的弹性模量 E_h（MPa）可按下列公式计算

$$E_h = \frac{10^5}{2.2 + \dfrac{34.7}{f_{cu}}} \tag{5-46}$$

式中 f_{cu}——混凝土 28d 龄期立方体抗压强度，MPa。

混凝土静力弹性模量还受下列因素影响：混凝土的水泥浆含量较少时，即骨料用量较多时，弹性模量较大；骨料弹性模量较大时，混凝土弹性模量也较大；掺引气剂混凝土的弹性模量较普通混凝土低 20%～30%。当 $\sigma \geq$（0.5～0.7）f_c 时，混凝土应力—应变曲线明显弯曲，故弹性模量明显减小，这时的弹性模量称为弹塑性模量 E'_h。当计算构件出现裂缝时的变形，应采用弹塑性模量，常取 $E'_h = 0.85E_h$。混凝土的抗拉弹性模量 E_t 与 E_h 十分接近，常取 $E_t = E_h$。用测定试件自振频率的方法，所测得的弹性模量称为混凝土动弹性模量 E_d，其值较 E_h 为大。

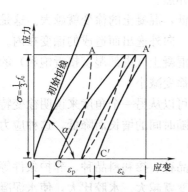

图 5-26 混凝土静力弹性模量测定示意图

Fig. 5-26 Schematic diagram of the determination of static elastic modulus of concrete

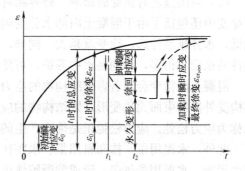

图 5-27 混凝土的徐变

Fig. 5-27 Creep of concrete

（二）混凝土在长期荷载作用下的变形 Deformation of concrete under long-term loading

混凝土的徐变 Creep of concrete。混凝土在长期荷载作用下，应力不变，变形也会随着

时间增长，这种现象称为混凝土的徐变。

图 5-27 是混凝土棱柱体试件在持续荷载作用下，应力与时间的关系曲线。在加载的瞬间，试件就有一个变形，这个变形称为混凝土的初始瞬时应变 ε_0。当荷载保持不变并持续作用，应变就会随时间增长。试验得出，中小结构混凝土的最终应变可达瞬时应变的 3～4 倍，即最终徐变 $\varepsilon_{cr\infty}$ 为瞬时应变的 2～3 倍，徐变应变可达 $(3\sim15)\times10^{-4}$，即 0.3～1.5mm/m。如果在 t_1 时刻把荷载卸去，变形就会恢复一部分，在卸载的瞬间，应变急速减少的部分是混凝土弹性引起的，它属于弹性变形，称为卸载瞬时应变；在卸载之后一段时间内，应变还可以逐渐恢复一部分，称为徐变；最后剩下的应变不再恢复，是永久变形。如果在以后又重新加载，则瞬时应变和徐变又发生，如图 5-27 所示。

徐变与塑性变形不同。塑性变形主要是混凝土中结合面裂缝的扩展延伸引起的，只有当应力超过了材料的弹性极限后才发生，而且是不可恢复的。徐变不仅部分可恢复，而且在较小应力下就能发生。

徐变产生的原因，一般认为是在混凝土长期荷载作用下，水泥石中的凝胶体产生黏性流动（颗粒间的相对滑移），凝胶孔水向毛细孔内迁移的结果。这种流动要延续一个很长的时间。因此，沿混凝土的受力方向会发生随时间而增长的变形。当然徐变与混凝土结合面裂缝的产生和发展也有关系。

混凝土徐变与加荷大小、加荷龄期 τ 和荷载持续时间 t 有如下的关系：

（1）徐变与加载应力大小的关系　一般认为，$\sigma \leqslant (0.5\sim0.55)f_c$ 时，徐变与应力有线性关系，这种徐变称为线性徐变。图 5-26 所示的是线性徐变。它的前期徐变较大，在 6 个月中已完成了全部徐变的 70%～80%，一年后变形趋于稳定，两年以后徐变就基本完成；当 $\sigma > (0.5\sim0.55)f_c$ 时，除了混凝土中的水泥凝胶体随时间而增长的黏性流动外，结合面裂缝也逐渐扩散，徐变与应力不成线性关系，变形随时间而不断增加，不能趋于稳定。因此，在正常使用阶段，混凝土应避免经常处于高应力状态。

（2）徐变与加载龄期的关系　加载时混凝土的龄期越长，水泥石结晶体所占比例就越大，凝胶体的黏性流动就越小，徐变也就小，反之亦然。

（3）周围湿度对徐变的影响　外界相对湿度越低，混凝土的徐变就越大。这是因为在总的徐变中还包括了由于混凝土内部水分受到外力后，向外逸出而造成的徐变在内。外界湿度越低，水分越易外逸，徐变就越大。同理，大体积混凝土（内部湿度接近饱和）的徐变比小构件的徐变小得多，特别是水中养护，可使混凝土徐变减小。

混凝土的徐变会显著影响结构物的应力状态，可以从另一个角度来说明徐变特性：如果结构受外界约束而无法变形，则结构物的应力将会随时间的增长而降低，这种应力降低的现象称为应力松弛。应力松弛正是徐变产生的结果。

此外，水泥用量、掺和料用量、水胶比、水泥品种、掺和料品种、养护条件等也对徐变产生影响。水泥用量越多，形成的凝胶体也多，徐变就越大。水胶比大，使水泥凝胶体的黏性度降低，孔隙增大，徐变就大。在水泥中掺有矿渣或火山灰质混合材料或采用掺混合材料硅酸盐水泥时，混凝土结晶形成得慢而少，可增大混凝土徐变，加入引气剂，可增大混凝土徐变。混凝土拉伸徐变较应力相等时的压缩徐变大 20%～30%。

混凝土徐变对建筑物的受力影响很大，由于混凝土徐变，结构内部会发生应力和变形重分布。例如：在钢筋混凝土中，徐变将使钢筋所承受的应力增大；徐变还能使结构内应力集中现象得到缓解；徐变也能降低大体积混凝土的温度应力；徐变使结构的变形增大，在预应力钢筋混凝土中，混凝土的徐变会使钢筋的预加应力受到损失。

第十一节　高性能混凝土
Section 11　High Performance Concrete (HPC)

一、高性能混凝土的定义Definition of high performance concrete

高性能混凝土是在 20 世纪 80 年代末 90 年代初发展起来的一种新型混凝土，区别于普通混凝土，高性能混凝土把结构的耐久性作为首要的技术指标，目的在于通过对混凝土材料硬化前后各种性能的改善，提高混凝土结构的耐久性和可靠性。

高强混凝土（C80～C100）和超高强混凝土（＞C100）应该是高性能混凝土，但高性能混凝土不仅仅是高强和超高强混凝土，而是包括各级强度等级，其应用十分广泛的混凝土。我国水工抗磨蚀混凝土规定采用高性能混凝土，抗磨蚀混凝土的最低强度等级为 C35。高性能混凝土已成为混凝土的发展方向。

对高性能混凝土的定义，不同国家、不同学者有不同的定义和解释。归结起来，可对高性能混凝土提出如下的定义：高性能混凝土是以强度和耐久性双重标准作为设计依据，采用低水胶比、高效减水剂、掺用活性矿物材料，在大幅度提高普通混凝土性能的基础上，针对不同的用途要求，高性能混凝土能保证施工要求的工作性；保证承受荷载要求的强度；保证所处环境要求的耐久性；保证使用要求的适应性和经济性。

二、高性能混凝土的组成材料特点Constructional material characteristic of high performance concrete

普通混凝土强度和耐久性较差，其主要原因是水泥凝胶体内部较多、较大的孔隙和诸多缺陷，如骨料与凝胶体的界面存在较多孔和微裂缝等。高性能混凝土是通过对普通混凝土的组成材料和配合比设计的改善，来达到改善混凝土的微观结构，使其最大限度的密实，杜绝微裂缝的产生和孔隙的存在。因此其组成材料有如下特点：

（一）水泥Cement

高性能混凝土不得采用立窑水泥，所采用水泥必须符合国家规范要求，高性能混凝土所选用水泥最好是强度高且同时具有很好的流动性能，并与目前能使用的高效减水剂有很好的相容性。配制高强混凝土，应选用普通硅酸盐 42.5MPa 及以上的水泥。我国配制 C70～C100 的泵送混凝土也是用 52.5MPa 的硅酸盐水泥配制的。很少用到 62.5MPa 以上的水泥。水泥用量一般不超过 550kg/m³，水泥和矿物掺合料的总量不应大于 600kg/m³。

（二）骨料Aggregate

高性能混凝土所用骨料必须符合 JGJ52、JGJ53 的规定，不论是粗骨料还是细骨料，均应选用质地坚硬、粒形大多呈等径状、级配合理的优质骨料，粗骨料应严格控制针、片状颗粒含量和有害杂质含量，不含能与碱反应的活性组分。并要求粗骨料的最大粒径为 25mm，宜用 15～25mm 内（大体积混凝土除外）。配制 C50～C100 的高强高性能混凝土，级配合理的致密石灰岩骨料可满足要求，配制 C100 以上的超高强混凝土，应要求骨料质地更好的玄武岩等，高强混凝土不宜用卵石。岩石的抗压强度与混凝土抗压强度之比不宜小于 1.5。

根据《高性能混凝土应用技术规程》（CECS 207：2006），对于细骨料的吸水率在微冻地区不大于 3.5%，在寒冷地区及严寒地区不大于 3.0%，其坚固性试验质量损失不大于 10%。对于粗骨料的吸水率在微冻地区不大于 3.0%，在寒冷地区及严寒地区不大于 2.0%，其坚固性试验质量损失不大于 12%。

当骨料含有碱硅反应活性时，应掺入矿物微细粉，并宜采用玻璃砂浆棒法确定各种微细粉的掺量及其拟制碱硅反应的效果。当骨料中含有碱碳酸盐反应活性时，应掺入沸石与粉煤灰复合粉、沸石与矿渣复合粉或沸石与硅复合粉等，并宜采用小混凝土柱法确定其掺量和检验其抑制效果。

（三）水 Water

凡能拌制普通混凝土的水均能拌制高性能混凝土。

（四）活性矿物掺和料 Active mineral drnixture

活性矿物掺和料成为配制高性能混凝土不可缺少的第五组分，目前工程中采用的矿物掺和料主要有粒化高炉矿渣、粉煤灰、沸石粉、页岩粉、硅灰，要求所用矿物微细粉的平均粒径不大于 $10\mu m$，且具有潜在水硬性或火山灰活性。其质量要求与普通混凝土的掺和料相同，满足《高强高性能混凝土用矿物外加剂》（GB/T 18736—2017）的有关规定。由于硅灰价高，而且资源紧缺，也有研究人员用含硅较高的活性岩石粉代替硅灰，并取得了好的效果。配制高强或超高强混凝土一般均需两种或两种以上的 I、II 级矿物掺和料复掺，总掺和料的最佳掺量在 30% 左右。掺用矿物掺和料可降低混凝土的绝热温升，改善新拌混凝土的工作性，以及硬化后混凝土的性能，如能提高混凝土的后期强度、增强抗渗、抗冻性，抑制碱 - 骨料反应等。掺用粉煤灰对抗渗性提高效果显著；掺用火山灰对抑制碱 - 骨料反应效果最好；掺用沸石粉对抗硫酸盐侵蚀性作用最佳。《高性能混凝土应用技术规程》（CECS207：2006）对掺量有规定：硅粉不大于 10%，粉煤灰不大于 30%，磨细矿渣粉不大于 40%，偏高磷土粉不大于 15%，复合微细粉不大于 40%，粉煤灰超量取代的超量值不宜大于 25%。

（五）高效减水剂 Superplacticiser

高效减水剂是高性能混凝土组成材料中的特殊组分。高效减水剂又称超塑化剂，减水率可达 15%～30%，掺量可达 0.8%～2%，并对混凝土无不利影响。目前常用的高效减水剂主要有三聚氰胺磺酸盐甲醛缩合物和萘磺酸盐甲醛缩合物及改性木质素磺酸盐等。最普遍采用的是萘磺酸盐甲醛缩合物。三聚氰胺磺酸盐甲醛缩合物减水剂因价格高，坍落度损失大，使用并不广泛。目前也广泛应用坍落度损失小的高效减水剂，如接枝共聚物羟酸系、胺基磺酸盐类等。

高效减水剂的品种及掺量的选择，除与要求的减水率大小有关外，还与减水剂和胶凝材料的适应性有关。高效减水剂的选择及掺入技术是决定高性能混凝土各项性能关键之一，需经试验研究确定。高性能混凝土所采用的高效减水剂的减水率不宜低于 20%。

在高性能混凝土中掺入适当膨胀剂，可补偿水泥的干缩和由于低水胶比造成的自身收缩，防止裂缝的产生。对抗冻性要求较高的高性能混凝土还需掺入引气剂。采用外加剂需符合国家标准《混凝土外加剂》（GB 8076—2008）、《混凝土外加剂应用技术规范》（GB 50119—2013）的规定。

三、高性能混凝土的结构 Structure of high performance concrete

由于高性能混凝土掺入足量的活性矿物掺量，掺量中的活性 SiO_2 能逐步与水泥水化后析出的 $Ca(OH)_2$ 以及高碱性水化硅酸钙发生二次反应，生成低碱性水化硅酸钙，这样，不但使水泥中水化胶凝物质的数量增加，而且质量也得到大幅度改善，消除了孔隙较高的过渡层，使硬化水泥浆孔隙细化，而且混凝土强度会随着龄期不断增加，这就是矿物掺量的火山灰效应。同时矿物掺量还具有填充效应，超细矿物粉填充于水泥石孔隙内，也改善了混凝土的孔结构。通过研究人员对高性能混凝土的结构试验研究，发现高性能混凝土中水泥石结构有如下特点：

（1）结构紧密，孔隙率很低，基本不存在 $0.1\mu m$ 的大孔。

（2）水化物中较普通混凝土 $Ca(OH)_2$ 减少，C-S-H（水化硅酸钙）和 AFt（水化硫铝酸钙）增多，有利于提高界面强度。

（3）未水化的水泥颗粒和矿物掺和料颗粒增多，填充于水泥石内。

（4）骨料与水泥石的界面过渡层厚度非常小，水化物结晶颗粒尺寸变小。

因此，在高性能混凝土中水泥浆体、界面、骨料的性质接近均匀，因而使其具有较普通混凝土密实得多的结构组织、高得多的强度、好得多的抗渗性和抗冻性及耐久性。

四、高性能混凝土的工作性 Workability of high performance concrete

优良的工作性是混凝土均匀性的保证。高性能混凝土的工作性是流动性、黏聚性、可泵性、稳定性的综合描述，是混凝土拌和、运输、浇捣等施工操作能够顺利进行的保证。工作性又称和易性。高性能混凝土由于水胶比低、胶凝材料用量大、用高效减水剂的分散作用获得较大的流动性，因而其流动特性与普通混凝土有较大的差别，主要表现在坍落度值大、黏聚性大、变形速度较慢，仅用传统的坍落度值，将不能全面描述其工作性。下面介绍研究和工程中常采用的一种工作性评价方法。这种方法是用普通的坍落度筒，通过测量其坍落度和坍落扩展度来评价高性能混凝土的工作性。

如图 5-28 所示，采用传统的坍落度筒，分三层将拌和物装入坍落度筒，每层捣固 25下，提起坍落度筒，测定其坍落度 sl、坍落稳定时坍落扩展度 sf（新拌混凝土坍落稳定时向周围扩散的大小，取两个垂直方向平均值）和坍落时间。用坍落度（sl）结合坍落扩展度（sf）来反映新拌混凝土的扩展能力和变形速度。对无须振捣的自密实混凝土，在浇筑混凝土的断面较大、钢筋不过密、泵送距离不过远的情况下，目标坍落扩展度为 55cm，即可施工；当构件断面狭小、钢筋密集、泵送距离远时，目标坍落扩展度应为（60～65）cm，即可施工；对非泵送混凝土的浇筑，目标坍落扩展度应为（65～70）cm。坍落扩展度低于50cm 时，流动性不足，无法填充满模型；坍落扩展度超过 70cm 时，则可能发生离析。工作性也可用坍落扩展度与坍落度的比值来进行表述，坍落扩展度/坍落度的比值为 2.1～2.7，或坍落度/坍落扩展度的比值在 0.4～0.44 范围，工作性可满足要求。这种方法与传统的坍落度方法相近，不需新添设备，容易操作，常被研究人员和工程技术人员用于实验室和施工现场。但施工前必须使用工程所用的原材料进行试验。

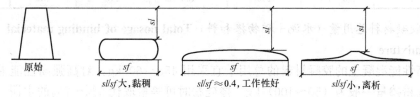

图 5-28　高性能混凝土工作性的简易评价

Fig. 5-28　Brief appraisal of workability of high performance concrete

五、高性能混凝土配合比设计原则Mixing proportion design Principle for high performance concrete

（一）高性能混凝土的配制强度Prepered strength of high performance concrete

高强混凝土的配制强度可按下式计算：

当混凝土强度＜C60　　　　$f_{cu,p} = f_{cu,k} + 1.645\sigma$　　　　　　　（5 - 47）

当混凝土强度≥C60　　　　$f_{cu,p} = 1.15 f_{cu,k}$　　　　　　　　（5 - 48）

标准差 σ 根据施工质量控制水平选取，目前我国对高强高性能混凝土一般取 $\sigma＝$（6～7）MPa，对商品混凝土可取 4.5MPa。

（二）水胶比Water to binding material ratio

低水胶比是高性能混凝土的配制特点之一。为了达到混凝土的低渗透性，保证耐久性，无论设计强度是多少，高性能混凝土的水胶比一般都不大于 0.38（对所处环境不恶劣的工程可以适当放宽），以保证混凝土的密实性。掺粉煤灰的高性能混凝土建议的水胶比见表 5 - 36。

表 5 - 36　　　　　　　　　掺粉煤灰的高性能混凝土建议的水胶比

Tab. 5 - 36　　Suggested water to binding material ratio of high performance concrete mixed with fly ash

设计强度等级	C25	C30	C35	C40	C50	C60
配制强度（MPa）	33	38	43	48	60	70
粉煤灰掺量	40～60	35～45	30～40	30～40	20～30	20～30
建议水胶比	0.38～0.42	0.36～0.40	0.34～0.38	0.33～0.37	0.29～0.32	0.28～0.31

对于强度较高的高性能混凝土，水胶比和强度的关系大致如下：配制强度为 70～90MPa，水胶比小于 0.30；配制强度为 100～150MPa，水胶比小于 0.20。确定初步配合比时可参照这个范围大致确定，最后应根据工程所使用的原材料，通过试验试拌、调整。

（三）单位用水量Unit water consumption

对高强度高性能混凝土，在水胶比一定的条件下，用水量就成为影响其强度和密实度的重要参数。由于限制了胶凝材料总用量，则改变用水量即可达到不同强度，其单位用水量不宜大于 175kg/m³。表 5 - 37 是高强高性能混凝土不同强度等级的最大用水量，可供配比设计时参考。

表 5 - 37　　　　　　　　高强高性能混凝土不同强度等级的最大用水量

Tab. 5 - 37　　Maximum water consumption of different grade high strength high performance concrete

混凝土强度（MPa）	50～60	65	75	90	105	120
用水量（kg/m³）	165～170	160	150	140	130	120

（四）胶凝材料总用量（水泥＋矿物掺和料）Total dosage of binding material（cement＋mineral admixture）

每方高性能混凝土的胶凝材料的总用量宜采用 450～600kg，对高强高性能混凝土，其中矿物微细粉掺量一般为（50～100）kg。掺硅粉时可等量取代 5%～7%的水泥，流动性基本不变，强度可提高 10%左右；掺超细矿渣粉的比表面积为（400～800）m²/kg，可取代 10%的水泥，强度可提高 10%；掺粉煤灰时，建议超量取代，超量取代系数为 1.4～1.2。

适宜总掺量为 30％左右，矿物微细粉用量不宜大于胶凝材料用量的 40％。

（五）砂率Sand ratio

在水泥浆量一定的情况下，砂率在混凝土中主要影响工作性。高性能混凝土由于用水量很小，砂浆量要由增加砂率来补充，砂率相对较大，砂率常取 38％～50％，大多工程采用 40％左右的砂率。要求砂子为质地坚硬，颗粒级配良好、细度模数大于 2.6 的中砂。

（六）骨料Aggregate

粗骨料的最大粒径一般不得大于 25mm，每方混凝土粗骨料紧密堆积体积 0.4～0.45，即 1000～1200kg；用砂石混装时最大表观密度（一般三次可确定）所对应的砂率为最佳砂率，一般在 40％左右。在最大表观密度下的空隙率为最小空隙率。

（七）高效减水剂High - ring water reducing agent

常用的高效减水剂有萘系、三聚氰胺（蜜胺）和聚羧酸系三大类。掺量一般控制在胶凝材料总量的 0.8％～2.0％。

高性能混凝土中也可以掺入某些纤维材料以提高其韧性。

高性能混凝土要求规范施工，控制坍落度损失，由于高性能混凝土水胶比低，在凝结硬化过程中保证潮湿环境养护是影响体积稳定性、减少混凝土因内部收缩引起微裂缝的关键环节。

高性能混凝土是水泥混凝土的发展方向之一。目前已广泛地被用于桥梁工程、高层建筑、工业厂房结构、港口及海洋工程、水工结构等工程中。

第十二节 碾 压 混 凝 土
Section 12　Roller Compacted Concrete

碾压混凝土是以干稠的新拌混凝土，薄层铺筑，用土石方的施工方法，即采用振动碾压密实成型的混凝土。与普通混凝土相比，碾压混凝土具有水泥用量少、施工速度快、工程造价低、温度控制简单等特点。特别适用于大体积混凝土，尤其是坝工混凝土和道路混凝土。近年来，碾压混凝土在筑坝方面得到了迅速发展。

一、碾压混凝土的种类Types of roller compacted concrete

碾压混凝土的水泥用量较少，并掺有一定量的粉煤灰或其他活性掺和料，根据胶凝材料用量的多少，可将其分为三种主要的类型：

（1）超贫碾压混凝土（也称水泥固集料混凝土）　这类碾压混凝土中，胶凝材料总量不大于 110kg/m³，其中粉煤灰或其他掺和料用量大多不超过胶凝材料总量的 30％。此类混凝土胶凝材料用量少，水胶比大（一般达到 0.90～1.50），混凝土孔隙率大，强度低，多用于建筑物的基础或坝体的内部，而坝体的防渗则由其他混凝土或防渗材料承担。

（2）干贫碾压混凝土　该类混凝土中胶凝材料用量 120～130kg/m³，其中掺和料占胶凝材料总量的 25％～30％，水胶比一般为 0.70～0.90。

（3）高掺和料碾压混凝土　这类碾压混凝土中胶凝材料用量 140～250kg/m³，其中掺和料占胶凝材料质量的 50％～75％。这类混凝土具有较好的密实性及较高抗压强度和抗渗性，水胶比为 0.45～0.70。这是目前筑坝中广泛采用的碾压混凝土种类。

二、碾压混凝土的原材料Raw materials of roller compacted concrete

碾压混凝土是由水泥、掺和料、水、砂、石子及外加剂等材料组成。碾压混凝土所用原材料与普通混凝土没有大的差别，原则上讲，凡适用于普通混凝土的材料均能用于碾压混凝土。

（一）水泥Cement

凡是符合国家标准的硅酸盐系列的水泥均可应用于碾压混凝土。重要的大体积建筑物的内部混凝土，应该使用强度等级 32.5MPa 及以上的低热（或中热）硅酸盐水泥或普通硅酸盐水泥。一般建筑物及临时工程的内部混凝土，可选用掺混合材料的 32.5MPa 的水泥。我国已建水工碾压混凝土工程大多使用强度等级为 32.5MPa 或 42.5MPa 的普通硅酸盐水泥或硅酸盐水泥。碾压混凝土在施工前均应做水泥适应性试验，一经确定了水泥品种和生产厂家，不宜更换。碾压混凝土总胶凝材料用量不宜低于 130kg/m^3。

（二）掺合料Admixture

碾压混凝土所用的掺和料一般应选用活性掺和料，如粉煤灰、粒化高炉矿渣以及火山灰等。当缺乏活性掺和料时，经试验论证，也可以掺用适量的非活性掺和料。掺和料的技术要求应符合国家标准，我国已建碾压混凝土坝工程中一般采用Ⅰ、Ⅱ粉煤灰。胶凝材料中掺和料所占质量比例，在外部碾压混凝土中不宜超过总胶凝材料的 55％，在内部碾压混凝土中不宜超过总胶凝材料的 65％。且其品种及掺量，应考虑所用水泥中已掺有混合材料的状况。

（三）骨料Aggregate

人工和天然骨料均可用于碾压混凝土。采用天然骨料时，拌和物用水量较少，易压实，但也易分离；采用人工骨料则拌和用水量多 3％～5％，但不宜分离，若两者经济指标相差不大，宜优先使用人工骨料。电力行业标准 DL/T 5112—2021《水工碾压混凝土施工规范》规定，骨料的含泥量要尽可能少，拌和时砂子的含水率不大于 6％。砂、石子宜质地坚硬、级配良好。人工砂细度模数宜在 2.2～2.9 之间，天然砂细度模数宜在 2.0～3.0 之间。应严格控制超径颗粒含量。使用细度模数小于 2.0 的天然砂，应经过试验论证。人工砂的石粉（$d \leqslant 0.16\text{mm}$ 的颗粒含量宜控制在 10％～22％）最佳石粉含量应通过试验确定。砂中含有一定量的石粉，可改善拌和物的工作性，增进碾压混凝土的密实性，提高强度、抗渗性，改善施工层面的胶结性能和减少胶凝材料用量。天然砂的含泥量（$d \leqslant 0.08\text{mm}$ 的颗粒）应不大于 5％。由于干硬的碾压混凝土拌和物易发生粗骨料分离，为提高拌和物的抗分离性，粗骨料最大粒径一般不超过 80mm，并应适当降低最大粒径级在粗骨料中所占的比例，且应采用连续的三级配或二级配。用于碾压混凝土的粗细骨料的其余技术要求与本章第二节所述基本相同。

（四）拌和及养护用水Water consumption for mix up and curing

符合国家标准的生活饮用水，均可用于拌制和养护碾压混凝土，拌和用水的物质含量应符合国家标准。

（五）外加剂Additive

为了达到减少碾压混凝土中的用水量、延缓凝结时间、增加流变性、改善碾压混凝土性能，采用的外加剂常为缓凝减水剂，品种主要为木钙类、糖蜜类及复合外加剂。我国最早的碾压混凝土坝——坑口坝及沙溪口、铜街子等工程的碾压混凝土施工时，均掺用了木质素磺酸钙，天生桥二级坝体碾压混凝土施工时掺用的高效减水缓凝剂为 DH_4A，普定碾压混凝土拱坝掺用建—1、木钙及糖蜜复合外加剂，均起到了较好的减水和缓凝的效果。美国规定碾压混凝土施工中使用减水剂（ASTMC$_{494}$A 型）和缓凝剂（ASTMC$_{494}$B）。缓凝剂的掺入既延长了拌和物的初凝时间，又起到了减缓水泥水化热释放速度、降低混凝土早期绝热温升的作用。

有抗冻要求时，宜掺入引气剂。碾压混凝土中掺有较多的掺和料且拌和物较干硬，会使引气剂的引气效果下降，同时施工方法也造成部分气泡破灭，故碾压混凝土中达到相同含气量时，常需掺入较常态混凝土多的引气剂。例如，掺入松香热聚物类引气剂时，其掺量达0.015%～0.020%，才能使碾压混凝土含气量达到 4%～5%。河北温泉堡、桃林口工程均掺用缓凝减水剂 DH$_4$A 和引气剂 DH$_9$，其量分别达 0.5% 和 0.03%，才使含气量达 5%±1%。辽宁观音阁工程采用木钙 0.25% 和引气剂（AEA）0.02%，使混凝土达到了减水、缓凝、抗冻要求。

三、碾压混凝土的主要技术性质 The main technical properties of rolled compacted concrete

（一）新拌碾压混凝土的工作性 Workability of the fresh roller compacted concrete

1. 工作性的含义 Implication of workability

新拌碾压混凝土的工作性包括流变特性和工作度。

（1）流变特性 Rheology property

碾压混凝土的流变特性可以用稳定性、振实性和流动性来表示。稳定性是指新拌碾压混凝土不易发生粗骨料分离和泌水的性质。振实性是指在振动碾等压实机械作用下，新拌碾压混凝土中的空气易于排出，使混凝土充分密实的性质。流动性是指新拌碾压混凝土在外力作用下能够发生塑性流动，并充满模型的性质。在无振动条件下新拌碾压混凝土堆积体，由于特别干硬，在自身的凝聚力和内摩擦力的作用下处于稳定状态，在振动条件下，新拌碾压混凝土内摩擦力显著减少，只有静止堆积时的 5%，所以新拌碾压混凝土将失去稳定状态，这种现象称为液化。液化后新拌碾压混凝土处于重液流动状态，骨料颗粒在重力作用下向下滑动，排列紧密构成骨架，骨架内的空隙被流动的水泥砂浆所填满，形成密实的混凝土体。可见，碾压混凝土要达到密实状态必须液化，而碾压混凝土的液化必须借助于合适的振动碾压机械。

（2）工作度 Workability

工作度是指新拌碾压混凝土的干硬程度。碾压混凝土的特定施工方法，要求新拌碾压混凝土必须具有适当的工作度，既能承受住振动碾在其上滚动不落陷，也不能过于干硬，以免难于振实。

碾压混凝土是一种超干硬性的拌和物，坍落度为零。用传统的坍落度试验方法测试其工作度是不行的，采用维勃稠度仪测定其工作度也不能令人满意。目前国内外多用 VC（Vibrating Compacted Value）值来表示，即在规定振动频率、振幅及压强条件下，拌和物从开始振动至表面泛浆所需的时间，用秒数 s 值来表示碾压混凝土的工作度。VC 值的测定与所采用维勃稠度仪和压重有关。根据大量的试验数据和工程实践，我国水利行业标准SL/T 352—2020《水工混凝土试验规程》规定，测定新拌碾压混凝土工作度选用 HGC—1型维勃仪，该设备振动频率为（50±3.3）Hz，空载振幅（0.5±0.1）mm，名义加速度5g。选用该设备并把表面压重增加至 17.75kg，测出的 VC 值能较好地反映碾压混凝土的工作度。

VC 值的大小还与稳定性、振实性和流动性密切相关。VC 值越大，流动性越差；反之则越好。VC 值过大，表明过于干硬，空气含量很多，且不易排出，新拌碾压混凝土不易振实，施工过程中粗骨料易发生分离；VC 值过小，表明透气性较差，在碾压过程中气泡不易通过碾压层排出，不易振压密实，且碾压完毕后混凝土易发生泌水。因此，VC 值过大或过小均不利于新拌碾压混凝土的振实性和稳定性。

新拌碾压混凝土 VC 值的选择应与振动碾的能量、施工现场温、湿度等条件相适应，过大或过小都是不利的。根据已有经验，施工现场新拌碾压混凝土的 VC 值一般选为 10s±5s 较合适。从拌和机口到现场摊铺完毕，VC 值约增大 2～5s。因此，DL/T 5112—2021《水工碾压混凝土施工规范》规定新拌碾压混凝土的设计工作度（VC 值）可选用 5～12s，机口 VC 值应根据施工现场的气候条件变化，动态选用和控制，机口值可在 5～12s 范围内。许多工程的 VC 值多选为 7～8s。

2. 影响新拌碾压混凝土工作度的主要因素Main factors influencing fresh roller compacted concrete workability

影响普通混凝土和易性的因素无一例外地影响碾压混凝土的工作度。在其他条件不变时，VC 值随水胶比的增大而降低；在水胶比不变的情况下，随单位用水量的增大，VC 值减小；在水胶比和单位用水量不变的情况下，随着砂率的增大，VC 值增大，但若砂率过小，VC 值反而增大；在其他条件不变时，适当增加砂的石粉含量，VC 值减小；用碎石代替卵石将使 VC 值增大；当掺和料需水量比小于 100% 时，掺和料的掺入可降低 VC 值；相反则增大 VC 值，掺入减水剂或引气剂，可使 VC 值降低；随着拌和物停置时间的延长，VC 值增大。

（二）硬化碾压混凝土的特性The characteristic of hardening roller compacted concrete

1. 碾压混凝土的强度特性The strength characteristic of roller compacted concrete

碾压混凝土的强度特性与普通混凝土的基本相似，拉压强度比也接近。但是，不同类型碾压混凝土的强度特性有所区别。超贫及干贫碾压混凝土的强度受胶凝材料用量的影响较大。高掺和料碾压混凝土的强度明显受掺和料的品质及掺量的影响。碾压混凝土的早期强度较低，28d 以后强度发展较快，90d 以后其强度仍显著增长（主要是由于碾压混凝土中掺用大量掺和料且一般都掺有缓凝剂所致），表 5 - 38 列出了碾压混凝土强度增长率情况。因此工程中碾压混凝土强度设计龄期宜采用 180d（或 90d）。

表 5 - 38　　　　　　　　碾压混凝土抗压强度和抗压弹性模量的增长率

Tab. 5 - 38　　　　Growth rate of the compressive strength and the compressive elasticity modulus of roller compacted concrete

龄期（d）	3	7	28	90	180	360
强度增长率（%）	20～25	39～40	40～60	75～85	100	110～115
弹模增长率（%）	45	60	75	90	100	110

2. 碾压混凝土的受力变形特性The deformation characteristic of roller compacted concrete under loading

强度等级相同的碾压混凝土和普通混凝土的弹性模量极为相近，但碾压混凝土早期强度增长较慢，故其早期弹性模量低于普通混凝土，表 5 - 38 是碾压混凝土抗压弹性模量的增长率情况。

不同类型碾压混凝土的极限拉伸值有明显的差别，超贫或干贫碾压混凝土的极限拉伸值小于普通混凝土，高掺和料碾压混凝土的极限拉伸值与普通混凝土相当，且随其龄期延长而明显增长，365d 后极限拉伸值仍在增加，而普通混凝土的极限拉伸值 28d 后基本不再增加，表明高掺和料碾压混凝土的抗裂性优于普通混凝土，其 $C_{90}15 \sim C_{90}25$ 的极限拉伸值为 $(0.55 \sim 0.70) \times 10^{-4}$。表 5-39 是国内部分工程的极限拉伸值。

表 5-39　　　　　　　　　部分水工碾压混凝土极限拉伸值
Tab. 5-39　Limit tension value of partial roller compacted concrete in hydro structure engineering

工程名称	坑口	铜街子	岩滩	高坝洲	江垭	大朝山	棉花山	普定	龙首
极限拉伸值 $\times 10^{-4}$	0.68	0.70	0.70	0.65	0.77	0.74	0.73	0.72	0.78

当碾压混凝土与普通混凝土强度等级相近时，碾压混凝土的徐变值较小。

3. 碾压混凝土在非荷载作用时的变形性能 **Deformation of roller compacted concrete under unload condition**

当混凝土的主要原材料相同时，碾压混凝土的导温系数、导热系数、比热及线膨胀系数等与普通混凝土没有明显的差别，但其绝热温升明显低于普通混凝土，且干缩率及自生体积变形也小于普通混凝土。

4. 碾压混凝土的耐久性 **Durability of roller compacted concrete**

碾压混凝土的耐久性仍主要用抗渗性、抗冻性、抗冲磨性及抗化学侵蚀性等方面来衡量。设计合理的碾压混凝土，其 90d 龄期的抗渗等级可达 W8 以上。加大引气剂的掺量可使新拌碾压混凝土的含气量达 4%～5%，此时其抗冻等级可达到 F200～F300。胶凝材料用量相同且掺和料比例相同时，其抗冲磨强度较普通混凝土高。

碾压混凝土是薄层摊铺、碾压法施工的混凝土，其层与层之间的结合是混凝土的薄弱区域。层面结合状况，既取决于拌和物的工作性，又与施工工艺及施工质量密切相关。为了确保层间结合良好，必须控制施工层间间隔时间，层间间隔时间标准直接关系到层间结合质量的好坏，国内外各个工程的控制标准和具体作法不尽相同，但都是在时间上作出限值。国内许多工程采用双重标准，一个用于控制直接铺筑时允许的间隔时间；一个用于控制加层面铺垫层时铺筑允许的间隔时间。施工中实际直接铺筑允许间隔时间是采用初凝时间，加垫层铺筑允许间隔时间一般在 18～22h 之间。我国江垭工程这两个时间分别定为 6h 和 24h。由于直接铺筑工序简单，效率高，层间结合质量好，所以在施工安排上应优先考虑采用。我国铜街子、坑口及岩滩等工程均采用薄层（0.3～0.5m）连续上升。实践证明效果很好，铜街子其抗剪强度（MPa），在坝内为 2.76，在接缝处为 2.74，基本接近。

四、碾压混凝土的配合比设计 Mixing proportion design for roller compacted concrete

碾压混凝土配合比设计可采用填充包裹理论法、绝对体积法或最大密度近似法。水利行业标准 SL/T 352—2020《水工混凝土试验规程》中推荐绝对体积法，工程中一般均采用该方法计算 $1m^3$ 碾压混凝土中各材料的用量。碾压混凝土配合比设计的主要参数是掺和料掺量、水胶比、砂率及单位用水量。

（一）配合比设计的基本要求 **The basic requirement of mixing proportion design**

（1）新拌碾压混凝土质量均匀，施工中骨料不易发生分离。

（2）工作度适当，拌和物较易碾压密实，混凝土表观密度大。

（3）拌和物初凝时间长，易于保证碾压混凝土施工层面的良好黏结，层面物理力学性能好。

（4）混凝土的力学强度、抗渗性、抗冻性满足设计要求，具有较高的拉伸应变能力。

（5）对于建筑物外部的碾压混凝土，要求具有适应环境的耐久性。

（二）设计依据和基本资料 Design basis and basic data

（1）设计对碾压混凝土的要求　碾压混凝土的强度等级和保证率、抗渗、抗冻等级应满足设计要求。水工碾压混凝土的抗压强度宜采用 180d（90d）龄期抗压强度，采用 15cm×15cm×15cm 立方体抗压强度，保证率采用 80%。

（2）施工对碾压混凝土的要求和施工控制水平　施工部位允许采用的石子最大粒径、碾压混凝土工作度（VC 值）、机口碾压混凝土强度的均方差应满足规范要求。

（3）原材料特性　水泥品种、掺和料种类以及砂石骨料的选择应进行专门论证。对已选定的原材料应提供相关物理特性。如：水泥密度 ρ_c、掺和料密度 ρ_f、砂饱和面干表观密度 ρ_s、石饱和面干表观密度 ρ_g。

（三）配合比设计参数的选择 Selection of the parameter for mixing proportion design

（1）水胶比　根据设计要求的强度和耐久性，选择水胶比。在水泥、掺和料一定的条件下，通过试验建立水胶比与 90d（或 180d）龄期抗压强度的关系，根据配制强度确定水胶比。式（5-49）可供初选时参考，即

$$\frac{C+F}{W} = \frac{R_{90}}{AR_{cf28}} + B \tag{5-49}$$

式中　R_{90}——90d 龄期混凝土的抗压强度，MPa；

R_{cf28}——水泥和掺和料 28d 胶砂强度，MPa；

W、C、F——分别为每立方米碾压混凝土中水、水泥、掺和料的用量，kg；

A、B——回归系数，由试验确定，当无试验资料时可参考表 5-40 选用。

式（5-49）是根据强度关系确定的水胶比，水胶比还受拉伸变形、绝热温升、抗渗和抗冻性的控制，其值应小于 0.65。有抗侵蚀性要求时，水泥中 C_3A 含量宜低于 5%，水胶比宜小于 0.45，并应进行试验论证。大体积永久性建筑物碾压混凝土的总胶凝材料用量宜不低于 130kg/m³，水泥用量和水胶比均应通过试验确定。

表 5-40　A、B 回归系数参考表
Tab. 5-40　Referenced regression coefficient A and B

骨料类别	A	B
卵石	0.733	0.789
碎石	0.811	0.581

（2）掺和料掺量　根据水泥品种、强度等级、掺合料品质、设计对碾压混凝土提出的技术要求、使用部位的具体情况选择适当的掺量。目前国内外筑坝工程中的掺和料均在 60%～65%，现运行良好。因此 DL/T 5112—2021《水工碾压混凝土施工规范》规定对于碾压混凝土坝掺和料最高掺量为 65%。外部碾压混凝土中不宜超过总胶凝材料的 55%。当掺量超过 65% 时，应进行专门性论证。

（3）单位用水量　可根据碾压混凝土施工工作度（VC 值）、骨料的种类及最大粒径、砂率以及外加剂等，测定用水量-表观密度和用水量-强度关系，由试验选定最优用水量。初选时可参考表 5-41。

表 5 - 41 　　　　　　　　　　　用 水 量 参 考 值
Tab. 5 - 41 　　　　　　　Referenced value of water consumption

碾压混凝土 VC值（s）	卵石最大粒径		碎石最大粒径	
	40mm	80mm	40mm	80mm
1～5	120	105	135	115
5～10	115	100	130	110
10～20	110	95	120	105

注　本表适用于细度模数为 2.6～2.8 的天然中砂，当使用细砂或粗砂时，用水量需增加或减少 5～10kg/m³。采用人工砂时，用水量需增加 5～10kg/m³。掺入火山灰质掺和料时，用水量需增加 10～20kg/m³；采用Ⅰ级粉煤灰时，用水量可减少 5～10kg/m³。采用外加剂时，用水量应根据外加剂的减水率做适当调整，外加剂的减水率应通过试验确定。本表适用于骨料含水状态为饱和面干状态。

国内已建大坝工程三级配碾压混凝土的单位用水量均在（70～110）kg/m³。

（4）砂率　在满足碾压混凝土施工工艺要求的前提下，选择最佳砂率，最佳砂率的标准为：骨料分离少；在固定水胶比和用水量的条件下，拌和物 VC 值小，混凝土表观密度大，强度高。初选砂率时，可参见表 5-42。

表 5 - 42 　　　　　　　　　　　砂 率 初 选 表
Tab. 5 - 42 　　　　　　　The primary table of sand

骨料最大粒径（mm）	水 胶 比			
	0.40	0.50	0.60	0.70
40	32～34	34～36	36～38	38～40
80	27～29	29～32	32～34	34～36

注　本表适用于卵石、细度模数为 2.6～2.8 的天然中砂拌制的 VC 值为 5～12s 的碾压混凝土。砂的细度模数每增减 0.1，砂率相应增减 0.5%～1.0%。使用碎石时，砂率增加 3%～5%。使用人工砂时，砂率增加 2%～3%。掺用引气剂时，砂率可减小 2%～3%；掺用粉煤灰时，砂率可减小 1%～2%。

（5）外加剂　外加剂品种和掺量应通过试验确定。

（四）配合比设计方法 Method of mixing proportion design

配合比设计中的 4 个参数单位用水量、水胶比、掺和料掺量和砂率，在上面已初步选定，再加上单位材料绝对体积为 1，5 个条件，可建立 5 个方程，联解 5 个方程可得每立方米碾压混凝土中各组成材料用量 W、C、F、S、和 G。

$$W = 由试验确定的最优用水量$$

$$\frac{W}{C+F} = K_1（水胶比） \tag{5-50}$$

$$\frac{F}{C+F} = K_2（掺量比） \tag{5-51}$$

$$\frac{S}{S+G} = K_3（砂率） \tag{5-52}$$

$$\frac{W}{\rho_W} + \frac{C}{\rho_C} + \frac{F}{\rho_F} + \frac{S}{\rho_S} + \frac{G}{\rho_G} = 1 - 0.01V_a \tag{5-53}$$

式中　W、C、F、S、G——分别为用水量、水泥用量、掺和料用量、砂用量、石子用量，

kg/m^3；

ρ_W——水的密度，取 $1000\ kg/m^3$；

ρ_C、ρ_F、ρ_S、ρ_G——分别为水泥、掺和料、砂和石子表观密度，kg/m^3；

K_1、K_2、K_3——分别为选定的水胶比、掺量比、砂率；

V_a——碾压混凝土含气量（%），不掺引气剂时一般可取 $V_a=1\sim3$。

（五）试拌、调整和现场复验 **Trial mix，adjustment and re-checking in situ**

经过试拌、调整和现场复验后，最后确定碾压混凝土的配合比，经各方确认后，提交工程使用。

五、碾压混凝土的质量控制与评定 Quality control and assessment of roller compacted concrete

（一）碾压混凝土的质量控制 **Quality control of roller compacted concrete**

我国电力行业标准 DL/T 5112—2021《水工碾压混凝土施工规范》中规定，用于质量检测的碾压混凝土应在搅拌机口取样成型，其质量控制以边长 15cm 标准立方体试件、标准养护 28d 的抗压强度为准，且混凝土抗冻、抗渗检验的合格率不应低于 80%。生产质量水平控制标准见表 5-43，其抗压强度均方差和变异系数应由一批（至少 30 组）连续机口取样试验值求得。

表 5-43　　　　　　　　　　碾压混凝土生产质量评定标准

Tab. 5-43　　**Evaluation standard for qualitative production of roller compacted concrete**

评定指标		质量等级			
		优秀	良好	一般	差
不同强度下的混凝土强度标准差 σ（MPa）	$\leqslant C_{90}20$（$C_{100}20$）	<3.0	$3.0\leqslant\sigma<3.5$	$3.5\leqslant\sigma\leqslant4.5$	>4.5
	$>C_{90}20$（$C_{100}20$）	<3.5	$3.5\leqslant\sigma<4.0$	$4.0\leqslant\sigma\leqslant5.0$	>5.0
强度不低于强度标准的百分率 P_S（%）		$\geqslant90$	$\geqslant85$	$\geqslant80$	<80

混凝土平均强度，混凝土强度标准差 σ，强度标准值的百分率 P_S 计算方法见式（5-54）~式（5-56），即

$$\overline{f_{cu}}=\frac{\sum_{i=1}^n f_{cu,i}}{n} \tag{5-54}$$

$$\sigma=\sqrt{\frac{\sum_{i=1}^n f_{cu,i}^2-n\overline{f_{cu}^2}}{n-1}} \tag{5-55}$$

$$P_S=\frac{n_0}{n}\times100\% \tag{5-56}$$

式中　$f_{cu,i}$——统计周期内第 i 组混凝土试件强度值，MPa；

n——统计周期内相同强度标准值的混凝土试件组数；

$\overline{f_{cu}}$——统计周期内 n 组混凝土试件的强度平均值，MPa；

n_0——统计周期内试件强度不低于要求强度标准值的组数。

（二）碾压混凝土的质量评定 **The quality assessment of roller compacted concrete**

1. 碾压混凝土的抗压强度评定 **The assessment of compressive strength of roller compacted concrete**

碾压混凝土质量评定，应以设计龄期的抗压强度为准，混凝土强度平均值和最小值应同

时满足下列要求

$$\overline{f_{cu}} \geqslant f_{cu,k} + Kt\sigma_0 \tag{5-57}$$

$$f_{cu,min} \geqslant 0.75 f_{cu,k} (\leqslant C_{90}20) \tag{5-58}$$

$$f_{cu,min} \geqslant 0.80 f_{cu,k} (> C_{90}20) \tag{5-59}$$

式中 $\overline{f_{cu}}$——混凝土强度平均值，MPa；

$f_{cu,k}$——混凝土设计强度标准值，MPa；

K——合格判定系数，根据验收批统计组数 n 值，按表 5-44 选取；

t——概率度系数，见表 5-45；

σ_0——验收批混凝土强度标准差，MPa；

$f_{cu,min}$——n 组中的最小值，MPa。

表 5-44　　　　　　　　　　合格判定系数 K 值

Tab. 5-44　　　　　　　　　Qualified determination coefficient

n	2	3	4	5	6~10	11~15	16~25	>25
K	0.71	0.58	0.50	0.45	0.36	0.28	0.23	0.20

表（5-44）中同一验收批混凝土，应由强度标准相同、配合比和生产工艺基本相同的混凝土组成。验收批混凝土强度标准差 σ_0 计算值小于 $0.06 f_{cu,k}$ 时，应取 $\sigma_0 = 0.06 f_{cu,k}$。

表 5-45　　　　　　　　　　保证率和概率度系数关系

Tab. 5-45　　　　　　　The relation of guaranteed rate and probability coefficients

保证率 P（%）	65.5	69.2	72.5	75.8	78.8	80.0	82.9	85.0	90.0	93.3	95.0	97.7	99.9
概率度系数 t	0.40	0.50	0.60	0.70	0.80	0.84	0.95	1.04	1.28	1.50	1.65	2.00	3.00

2. 碾压混凝土质量的综合评定Comprehensive quality assessment of roller compacted concrete

钻孔取样是评定碾压混凝土质量的综合方法。钻孔取样可在碾压混凝土达到设计龄期后进行。钻孔的部位和数量应根据工程需要确定。

钻孔取样评定的内容如下：

（1）芯样获得率：评价碾压混凝土的均匀性；

（2）压水试验：评价碾压混凝土的抗渗性；

（3）芯样的物理力学性能试验：评价碾压混凝土的均匀性和力学性能；

（4）芯样外观描述：评价碾压混凝土的均匀性和密实性，评定标准见表 5-46。

表 5-46　　　　　　　　　　碾压混凝土芯样外观评定标准

Tab. 5-46　　　Standard appearance assessment of roller compacted concrete core sample

级别	表面光滑程度	表面致密程度	骨料分别均匀性
优良	光滑	致密	均匀
一般	基本光滑	稍有孔	基本均匀
差	不光滑	有部分孔洞	不均匀

注 本表适用于金刚石钻头钻取的芯样。

测定抗压强度的芯样直径以 15～20cm 为宜，对于大型工程或最大粒径大于 80cm 的工程，宜采用直径 20cm 或更大直径的芯样。以高径比为 2.0 的芯样试件为标准试件。不采用标准试件所测强度应进行换算。

第十三节 其 他 混 凝 土
Section 13 Other Concretes

一、轻骨料混凝土Light - weight aggregate concrete

干表观密度≤1950kg/m³ 的水泥混凝土称为轻混凝土。轻混凝土包括轻骨料混凝土、多孔混凝土和大孔混凝土。用轻骨料、水泥和水配制的，干表观密度不大于 1950kg/m³ 的混凝土为轻骨料混凝土（又称轻集料混凝土）。粗、细骨料均为轻骨料者，称为全轻混凝土；细骨料全部或部分采用普通砂者，称为砂轻混凝土。轻骨料混凝土常用骨料的名称命名，如粉煤灰陶粒混凝土、黏土陶粒混凝土、膨胀珍珠岩混凝土等。

轻骨料混凝土按用途可分为：保温轻骨料混凝土、结构保温轻骨料混凝土、结构轻骨料混凝土三类，其强度等级和重度依次提高。

（一）轻骨料混凝土的主要技术性质The main technical nature of light aggregate concrete

（1）表观密度　轻集料混凝土按表观密度的大小划分为 12 个等级，见表 5 - 47。

表 5 - 47　　　　　　　　轻骨料混凝土的表观密度等级　　　　　　　　（单位 kg/m³）
Tab. 5 - 47　　　　　Apparent density rank of light－weight aggregate concrete　　　（unit kg/m³）

表观密度等级	表观密度的变化范围	表观密度等级	表观密度的变化范围	表观密度等级	表观密度的变化范围
600	560～650	1100	1060～1150	1600	1560～1650
700	660～750	1200	1160～1250	1700	1660～1750
800	760～850	1300	1260～1350	1800	1760～1850
900	860～950	1400	1360～1450	1900	1860～1950
1000	960～1050	1500	1460～1550		

（2）强度等级与分类　轻骨料混凝土强度等级，与普通混凝土相似，按边长 150mm 立方体试件，在标准试验方法条件下测得 28d 龄期的具有 95％保证率的抗压强度值（MPa）确定。分为 CL5.0、CL7.5、CL10、CL15、CL20、CL25、CL30、CL35、CL40、CL45 及 CL50 等若干个强度等级。强度等级为 CL5.0 的称为保温轻骨料混凝土；强度等级≤CL15 的称为结构保温轻骨料混凝土；强度等级≥CL15 的称为结构轻骨料混凝土。

影响轻集料混凝土强度的因素很多，其中表观密度和轻骨料的性质及用量是最重要因素。一般来说，表观密度越大，强度相对越大；轻粗骨料颗粒坚固者，所配出的混凝土强度较高；反之，则强度较低。全轻混凝土的抗压强度低于砂轻混凝土。中、低强度等级的轻骨料混凝土的抗拉强度与抗压强度的比值约为 1/5～1/7（约高于普通混凝土）。强度等级较高的混凝土，其拉压比值略有下降。轻骨料混凝土干燥后，抗拉强度明显降低。

（3）变形性质与导热性质　与普通混凝土相比较，轻骨料混凝土受力后变形较大，弹性模量较小。轻骨料混凝土的干缩性及徐变性均较普通混凝土大。轻骨料混凝土导热系数与表观密度及含水状态有关。干燥条件下的导热系数见表 5-48。

表 5-48　　　　　　　　**轻骨料混凝土导热系数**

Tab. 5-48　　　　Coefficient of thermal conductivity of light-weight aggregate concrete

表观密度 等级	600	700	800	900	1000	1100	1200	1300	1400	1500	1600	1700	1800	1900
导热系数 λ [W/ (m·K)]	0.18	0.20	0.23	0.26	0.28	0.31	0.36	0.42	0.49	0.57	0.66	0.67	0.87	1.01

轻骨料混凝土除了应具有上述性质外，还应满足工程使用条件所要求的抗冻性、抗碳化等耐久性要求。

（二）轻骨料的主要技术性质The main technical properties of light-weight aggregate

粒径大于 5mm，松散堆积密度小于 1000kg/m³ 的骨料称为轻粗骨料，粒径小于 5mm，松散堆积密度小于 1200kg/m³ 的称为轻细骨料（或轻砂）。轻骨料按来源的不同可分为三类：工业废料轻骨料，以工业废料为原料，经加工而成，如粉煤灰陶粒、膨胀矿渣、煤渣及其轻砂等；人造轻骨料，以地方材料为原料，经加工而成，如页岩陶粒、黏土陶粒、膨胀珍珠岩及其轻砂等；天然轻骨料，天然形成的多孔岩石经加工而成，如浮石、火山渣及其轻砂等。轻骨料的颗粒形状有普通型、圆球型、碎石型。轻骨料的主要技术性质如下：

（1）堆积密度　按松散堆积密度划分堆积密度等级，共分为 8 级，见表 5-49。

表 5-49　　　　　　　　**轻粗骨料堆积密度等级**

Tab. 5-49　　　　**Bulk density rank of coarse light-weight aggregate**

堆积密度等级	300	400	500	600	700	800	900	1000
松散堆积 密度（kg/m³）	210~300	310~400	410~500	510~600	610~700	710~800	810~900	910~1000

（2）强度　用筒压强度或强度标号两种方法表示。轻骨料混凝土的破坏大多是轻骨料本身先破坏，因此轻骨料本身的强度对混凝土的强度影响极大。轻骨料的强度表示常有筒压法和强度标号两种方法。

筒压强度系用"筒压法"测得的粗骨料在圆筒内的平均抗压强度，将骨料装入圆筒内，上面盖以压模，置于压力试验机上加压，当压模压入深度为 20mm 时，其压力值除以承压面积，即为筒压强度。骨料强度越高，其筒压强度值也越大，故筒压强度是评定轻粗骨料质量的一项重要指标。

粗骨料的强度标号，是按标准方法，测得的轻骨料混凝土合理强度值。在轻骨料混凝土内，骨料周围包围着一层较坚固的水泥石外壳，故轻骨料混凝土的强度随水泥砂浆强度的提高而提高。然而轻骨料混凝土强度又受轻骨料本身强度的影响，当混凝土强度提高到某极限值后，即使增加水泥砂浆强度，也并不能以相同速度使混凝土强度提高，而只是稍有提高。这个极限值即为合理强度值。它主要决定于粗骨料的强度。不同颗粒形态轻粗骨料及强度标号应符合有关技术要求。

除此之外，要求轻骨料级配合理，最大粒径在 40（用于保温）~20mm（用于结构），且其空隙率不应大于 50%。轻粗骨料吸水率一般较大，吸水也较迅速，第一小时吸水率可达 24h 吸水率的 60％～95％，24h 可接近吸水饱和。技术规范中规定，除天然轻粗骨料外，各种轻粗骨料的吸水率不应大于 22％。要求轻砂的细度模数不宜大于 4.0，砂中大于 5mm 的粗颗粒含量（按质量计）不宜大于 10％。

二、防水混凝土 Water-proof concrete

防水混凝土又称抗渗性混凝土，是指具有较高抗渗性的混凝土，其抗渗性等级不小于 W6。配制防水混凝土的常用方法有以下三种。

（一）普通防水混凝土 Ordinary water-proof concrete

普通防水混凝土主要通过较多的水泥浆和砂浆来降低混凝土中的孔隙率，特别是开口孔隙率，并减少粗骨料表面的水隙，增大粗骨料间距（即增加了粗骨料表面的水隙间距）等，来实现防水目的。配制时，应优先采用普通硅酸盐水泥或火山灰质硅酸盐水泥，水泥用量不宜小于 320kg/m³；混凝土的水胶比不宜大于 0.55，砂率以 35％～45％为宜；粗骨料的最大粒径不宜大于 40mm，要求采用Ⅱ类及以上的砂、石子配制，并应级配良好。

普通防水混凝土的抗渗等级可达 W6～W12，其施工简便，但对施工控制与施工质量要求严格。适用于一般工业、民用建筑及公共建筑的地下防水工程。

（二）外加剂防水混凝土 Admixture water-proof concrete

外加剂防水混凝土是利用外加剂来显著降低混凝土的孔隙率或改变混凝土的孔结构（如切断、堵塞等），或使孔隙表面具有憎水性。外加剂防水混凝土的质量可靠，是目前主要使用的防水混凝土。

1. 防水剂防水混凝土 Water-proof concrete with waterproof agent

常用的有氯化铁、氯化铝防水剂，掺量为 3％，它能与水泥的水化产物氢氧化钙反应，生成的氢氧化铝凝胶能堵塞毛细孔隙，具有很高的抗渗性。但掺量大时，会增大混凝土的干缩，并促进钢筋锈蚀。适用于水中结构的无筋、少筋厚大防水混凝土工程及一般地下防水工程，抹砂浆修补。

2. 引气剂防水混凝土 Water-proof concrete with air entraining agent

引气剂可在混凝土内部形成大量的微小封闭气泡，这些气泡可切断连通的毛细孔隙。同时这些气泡的存在大大改善了混凝土拌和物的黏聚性和保水性，减少了混凝土内的连通孔隙和由于泌水在粗骨料表面所造成的水隙。引气剂防水混凝土具有较高的抗渗性。引气剂防水混凝土的水胶比应为 0.5～0.6，混凝土的含气量应为 3％～5％。

引气剂抗渗混凝土优点是对骨料要求不很严格，缺点是引气后抗压强度略有降低，尤其是含气量过大时，干缩率大，养护需特别注意，严禁采用蒸汽养护。为了克服引气剂抗渗混凝土早期强度降低、均匀性较差的缺点，可以将引气剂与三乙醇胺或减水剂复合使用。引气剂抗渗混凝土适用于北方高寒地区，抗冻性要求较高的防水工程及一般防水工程，不适于耐磨性要求较高的防水工程。

3. 减水剂防水混凝土 Water-proof concrete with water reducing agent

减水剂可降低混凝土的拌和用水量和水灰比，既可降低混凝土的毛细孔隙含量，又可减少毛细孔的孔径。常用的各种减水剂均可使用，也可使用引气减水剂。减水剂防水混凝土的抗渗性较高。适用于钢筋密集或捣固困难的薄壁型防水结构物，也适用于对混凝土凝结时间和流动性有特殊要求的防水工程。

4. 三乙醇胺防水混凝土Triethanolamine water - proof concrete

三乙醇胺能加速水泥的水化，使水泥在早期就能生成较多的水化物，使较多的水成为结合水，相应地减少了游离水量，从而降低了混凝土的毛细孔数量。当三乙醇胺与氯化钠和亚硝酸钠复合使用时，反应生成的氯铝酸盐和亚硝酸铝酸盐络合物填塞于毛细孔内，可切断连通的毛细孔隙，提高混凝土的密实度。三乙醇胺防水混凝土的抗渗性较高。三乙醇胺的掺量为 0.05%。适用于工期紧迫，要求早强及防水性较高的防水工程及一般工程。

5. MgO 防水混凝土

在混凝土中掺 MgO 使其产生微膨胀性，可以部分抵消温降引起的收缩，增加混凝土的密实性，以提高混凝土的防水性。许多研究表明 MgO 混凝土大约 80% 的膨胀发生在 20～1000d 之间，早期膨胀较小，后期膨胀稳定，这种延迟的微膨胀正好可以弥补和减少混凝土的收缩裂缝及毛细缝隙，可提高混凝土的强度、抗渗性等性能。主要适用于大体积混凝土工程、处理新老混凝土结合工程及地下防水、抗渗耐蚀工程等。近年来发展起来的 MgO 混凝土筑坝技术就是利用其特有的延迟微膨胀性来补偿混凝土坝的收缩和温度变形，以防止产生裂缝。最理想的膨胀发生时间应在水化热最高温升之后，在混凝土显著的降温之前产生。外掺 MgO 混凝土的微膨胀特性与 MgO 的质量和掺量、温度、水泥品种、粉煤灰掺量等诸多因素有关。MgO 含量一般为水泥质量的 3.5%～5.0%，水泥以中热硅酸盐水泥较佳。目前 MgO 混凝土筑坝技术已在三峡、龙滩、沙牌、铜街子、铜头等大中型水电工程中成功应用，并取得了显著的技术经济效益。

（三）膨胀水泥防水混凝土Expansion cement water - proof concrete

以膨胀水泥为胶结材料配制的防水混凝土，称为膨胀水泥防水混凝土。它是依靠水泥本身在水化硬化过程中形成的大量结晶体（如钙矾石、氢氧化钙），使体积产生一定的膨胀，以减少或消除混凝土的体积收缩，提高混凝土的抗裂性，从而提高混凝土的防水性。这是一种从内因解决混凝土防水性的途径。适用于地下工程和地上防水构筑物、山洞、非金属油罐和主要工程的后浇缝。

膨胀水泥防水混凝土配制要点：水泥用量 350～390kg/m³；水灰比 0.50～0.52（最好加入减水剂，水灰比可降至 0.43～0.47）；砂率 35%～38%，砂宜用中砂，细度模数 2.4～2.6；骨料级配同普通防水混凝土的要求；坍落度 40～60mm。膨胀水泥防水混凝土的膨胀率要求不大于 0.1%，自应力值为 0.2～0.7MPa；其配筋率为 0.2%～1.5%。膨胀水泥混凝土具有胀缩可逆性和良好的自密作用，必须特别注意加强养护。膨胀水泥对温度很敏感，一般宜在不低于 5℃的条件下施工。

三、纤维混凝土Fiber reinforced concrete

（一）钢纤维混凝土Steel fiber reinforced concrete

目前常用的钢纤维有低碳钢钢纤维和不锈钢钢纤维，前者主要用于普通钢纤维混凝土，后者主要用于耐热钢纤维混凝土。钢纤维的外形有平直形、端钩形、大头形、异形等多种，较合适的钢纤维尺寸是断面积为 0.1～0.4mm，长度为 20～30mm，合适的长径比是 60～80，最大不超过 100。

钢纤维掺量以体积率表示，一般为 0.5%～2.0%，最大不超过 3%。钢纤维混凝土的强度等级不应低于 CF20，最大骨料不宜大于 20mm 和钢纤维长度的 2/3，砂率一般不会低于 50%，一般选用强度等级为 42.5MPa、52.5MPa 的普通硅酸盐水泥，配制高强高性能钢纤维混凝土，可选用强度等级为 62.5MPa 硅酸盐水泥或明矾石水泥，一般常用普通减水剂或超塑化剂。如适当纤维掺量的钢纤维混凝土抗压强度可提高 15％～25％，抗拉强度可提高 30％～50％，抗弯强度可提高 50％～100％，韧性可提高 10～50 倍，抗冲击强度可提高 2～9 倍。耐磨性、耐疲劳性等也有明显增加。

钢纤维混凝土广泛应用于道路工程、机场地坪及跑道、防爆及防振结构，以及要求抗裂、抗冲刷和抗气蚀的部位和构件。

(二) 合成纤维混凝土 Synthetic fiber reinforced concrete

目前常用的合成纤维主要有聚丙烯纤维和碳纤维等。

聚丙烯纤维（也称丙纶纤维），可单丝或以捻丝形状掺于水泥混凝土中，直径为 20～100μm，纤维长度为 4～25mm 的细纤维较好，通常掺入量为 0.05％～0.15％。聚丙烯纤维的价格便宜，但其弹性模量仅为普通混凝土的 1/10，对混凝土增强效果并不显著，但可显著提高混凝土的韧性和抗冲击性，增强阻裂能力。聚丙烯纤维不锈蚀，其耐酸、耐碱性能也很好，但应包裹一定厚度的混凝土，避免产生氧化反应。聚丙烯纤维混凝土一般采用 42.5MPa 或 52.5MPa 硅酸盐水泥或普通硅酸盐水泥，采用骨料最大粒径为 10mm 的碎石，水泥：砂：石 =（1：2：2）～（1：2：4），水灰比为 0.45～0.50。

碳纤维是由石油沥青或合成高分子材料经氧化、碳化等工艺生产出的。碳纤维属高强度、高弹性模量的纤维，作为一种新材料广泛应用于国防、航天、造船、机械工业等尖端工程。碳纤维增强水泥混凝土具有高强、高抗裂、高抗冲击韧性、高耐磨等多种优越性能。在飞机场跑道等工程中应用获得了很好的效果。然而碳纤维成本高，推广应用受到限制。

合成纤维用于结构增强、增韧时，纤维混凝土的强度等级不应低于 CF20，粗骨料最大粒径不宜大于 20mm。合成纤维用于增强混凝土结构的抗冲耐磨时其强度等级不宜低于 CF40。

四、防辐射混凝土 Anti - radiation concrete

防辐射混凝土也称为防护混凝土、屏蔽混凝土或重混凝土。它能屏蔽 α、β、γ、χ 射线和中子流的辐射。

射线中 α、β 射线和质子穿透能力弱，一般物质如铅板均可屏蔽。χ、γ 射线和中子流有很强的穿透力，防护问题比较复杂。对于 χ、γ 射线，物质的密度越大，屏蔽性能越好。防护中子流，以含有轻质原子的材料，特别是含有氢原子的水为最有效。而中子与水作用又产生强烈的 γ 射线，又需要密度大的物质来防护。因此，防护中子流的材料要求更为严格，不仅要有大量轻质原子，而且还要有较高的密度。用重骨料和水泥配制的防护混凝土，是一种经济有效地防止 γ 射线和中子流辐射的材料。

配制防辐射混凝土所用的胶凝材料，以采用胶凝性好、水化热低、水化结合水量高的水泥为宜，一般可用硅酸盐水泥，最好用高铝水泥或其他特种水泥（如钡水泥）。所用骨料应采用密度大的重骨料，并应注意其结合水含量。常用的重骨料有：重晶石 $BaSO_4$、赤铁矿 Fe_2O_3、磁铁矿 $Fe_3O_4 H_2O$ 及金属碎块等。加入附加剂以增加含氢化合物的成分（即含水物质）或原子量较轻元素的成分，如硼酸、硼盐、锂盐等。

防辐射混凝土要求表观密度大、结合水多、质量均匀、收缩小，不允许存在孔隙、裂缝等缺陷，要有一定结构强度及耐久性。防辐射混凝土广泛用于原子能工业等部门的放射性同位素的装置中，如反应堆、加速器、放射化学装置等的防护结构。

五、耐火混凝土与耐热混凝土Fireproof concrete and heat resistance concrete

能在长期高温（高于1300℃）下保持所要求的物理力学性能的混凝土称为耐火混凝土，通常将在200～900℃使用的混凝土称为耐热混凝土。

普通混凝土水泥石中的氢氧化钙及骨料中的石灰岩在500℃以上时会分解，石英晶体会体积膨胀，这是使普通混凝土不耐热的根源。因此，耐热混凝土的骨料可采用重矿渣、红砖及耐火砖碎块、安山岩、玄武岩、烧结镁砂、铬铁矿等。根据所用胶凝材料的不同，耐热混凝土可划分如下：

（1）黏土耐热混凝土与耐火混凝土　胶凝材料为软质黏土，最高使用温度为1300～1450℃，但强度较低。

（2）硅酸盐水泥耐热混凝土与耐火混凝土　以硅酸盐水泥或矿渣水泥为胶凝材料，以磨细的烧黏土、砖粉、石英砂等为掺和料等配制而成。掺和料的二氧化硅和三氧化二铝在高温下均能与氧化钙作用生成稳定的无水硅酸盐和铝酸盐，它们能提高混凝土的耐热性。最高使用温度为900～1200℃。

（3）铝酸盐水泥耐热混凝土与耐火混凝土　以高铝酸钙水泥或低钙铝酸盐水泥等为胶凝材料，耐火粗细骨料及掺合料等配制而成。最高使用温度为1300℃。

（4）水玻璃耐热混凝土与耐火混凝土　以水玻璃为胶凝材料，并以氟硅酸钠为促硬剂，掺入耐火骨料和掺合料等配制而成。最高使用温度为1200℃。

（5）磷酸盐耐热混凝土与耐火混凝土　以工业磷酸或磷酸铝为胶凝材料，以铝矾土熟料为骨料，并掺入磨细铝矾土为掺合料配制而成。最高使用温度可达1500～1700℃。

耐热混凝土多用于冶金、化工、火电等工业的高炉、焦炉的基础和结构。

六、耐酸混凝土Acidproof concrete

常用的耐酸混凝土是由水玻璃作胶凝材料，氟硅酸钠为固化剂，与耐酸骨料及掺料按一定比例配制而成的。它能抵抗各种酸（如硫酸、盐酸、硝酸、醋酸、草酸等）和大部分侵蚀气体（Cl_2、SO_2、H_2S等）侵蚀，但不耐氢氟酸、300℃以上的热磷酸、高级脂肪酸和油酸。

常用的水玻璃有钾水玻璃和钠水玻璃。耐酸骨料和掺料有石英砂粉、瓷粉、辉绿岩铸石骨料及铸石粉、安山岩骨料及石粉等。水玻璃耐酸混凝土一般要在10℃以上温暖和干燥环境中硬化。

耐酸混凝土也可用沥青、硫磺、合成树脂等来配制。

七、自密实混凝土

（一）自密实混凝土的材料及要求

自密实混凝土是具有高流动性，均匀性，稳定性，浇筑时无需外力振捣，能够在自重作用下流动并充满模板空间的混凝土。配制自密实混凝土时，宜采用硅酸盐水泥或普通硅酸盐水泥，可采用粉煤灰、粒化高炉矿渣粉，硅灰等掺和料。

其粗骨料宜采用连续级配或2个级以上单粒径级搭配使用，最大公称粒径不宜大于20mm；对于结构紧密的竖向构件、复杂形状的结构以及有特殊要求的公称直径，粗骨料的最大公称粒径不宜大于16mm。

轻粗骨料宜采用连续级配，性能指标为密度等级不小于700kg/m³，最大粒径不大于16mm，粒型系数不大于2.0，24h吸水率不大于10%。

细骨料宜采用级配Ⅱ区的中砂。天然砂的含泥量不大于3.0%，泥块含量不大于1.0%。

人工砂的石粉含量符合表 5 - 50。

表 5 - 50　　　　　　　　　　　　　**人 工 砂 的 石 粉 含 量**

Tab. 5 - 50　　　　　**Stone Powder content of artificials sand**

项　　目		指　　标		
		≥C60	C55～C30	≤C25
石粉含量（%）	MB＜1.4	≤5.0	≤7.0	≤10.0
	MB≥1.4	≤2.0	≤3.0	≤5.0

所用材料必须满足国家现行规范的要求。

（二）自密实混凝土拌和物性能的要求

自密实混凝土拌和物除应满足普通混凝土拌和物对凝结时间、黏聚性和保水性等的要求外，还应满足自密实性能表 5 - 51 的要求。

表 5 - 51　　　　　　　　**自密实混凝土拌和物的自密实性能要求**

Tab. 5 - 51　　**Self - compacting performance requirements of self - compacting concrete mixture**

自密实性能	性能指标	性能等级	技术要求
填充性	坍落扩展度（mm）	SF1	550～655
		SF2	660～755
		SF3	760～850
	扩展时间 T_{500}（s）	VS1	≥2
		VS2	＜2
间隙通过性	坍落扩展度与 J 环扩展度差值（mm）	PA1	25＜PA1≤50
		PA2	0＜PA2≤25
抗离析性	离析率（%）	SR1	≤20
		SR2	≤15
	粗骨料振动离析率（%）	f_m	≤10

不同性能等级自密实混凝土的应用范围应按表 5 - 52 确定。

表 5 - 52　　　　　　　　　　**自密实混凝土的应用范围**

Tab. 5 - 52　　　　　**The application scope of self - compacting concrete**

自密实性	性能等级	应用范围	重要性
填充性	SF1	1. 从顶部浇筑的无配筋或配筋较少的混凝土结构物； 2. 泵送浇筑施工的过程； 3. 截面较小，无需水平长距离流动的竖向结构物	控制指标
	SF2	适合一般的普通钢筋混凝土结构	
	SF3	使用与结构紧密的竖向构件、形状复杂的结构等（粗骨料最大公称粒径宜小于 16mm）	
	VS1	适用于一般的普通钢筋混凝土结构	
	VS2	适用于配筋较多的结构或有较高混凝土外观性能要求的结构，应严格控制	

续表

自密实性	性能等级	应用范围	重要性
间隙通过性	PA1	适用于钢筋净距 80～100mm	可选指标
	PA2	适用于钢筋净距 60～80mm	
抗离析性	SR1	使用与流动距离小于 5m、钢筋净距大于 80mm 的薄板结构和竖向结构	可选指标
	SR2	适用于流动距离超过 5m、钢筋净距大于 800mm 的竖向结构。也使用与流动距离小于 5m、钢筋净距小于 80mm 的竖向结构，当流动距离超过 5m，SR 值宜小于 10%	

（三）自密实混凝土拌和物配合比设计的要求

自密实混凝土应根据工程结构形式、施工工艺以及环境因素进行配合比设计，并应在综合考虑混凝土自密实性能、强度、耐久性以及其他性能要求的基础上，按现行行业标准 JGJ 55—2011《普通混凝土配合比设计规程》的规定进行计算初始配合比，经试验室试配、调整得出满足自密实性能要求的基准配合比，经强度、耐久性复核得到设计配合比。

自密实混凝土配合比设计宜采用绝对体积法。自密实混凝土水胶比宜小于 0.45，胶凝材料用量宜控制在 400～550kg/m³，掺和料用量百分比不宜小于 20%。

自密实混凝土宜采用通过增加粉体材料的方法适当增加浆体体积，也可通过添加外加剂的方法来改善浆体的黏聚性和流动性。

钢管自密实混凝土配合比设计时，应采取减少收缩的措施。

（四）硬化混凝土的性能

硬化混凝土力学性能、长期性能和耐久性能应满足设计要求和国家相关规定。

 思 考 题

Exercise

1. 简述普通混凝土中各组成材料的作用，何谓骨料的级配？为什么粗细骨料均有级配要求？骨料级配良好的标准是什么？什么是胶凝材料、在混凝土中掺入矿物掺和料有何作用？

2. 砂子的级配和细度模数有何关系？

3. 什么是新拌混凝土的和易性？和易性是怎样度量和表示的？坍落度大小是如何确定的？

4. 什么是合理砂率？为什么要采用合理砂率？

5. 影响新拌混凝土和易性的因素有哪些？是如何影响的？

6. 影响混凝土强度的因素有哪些？采用哪些方法可提高混凝土的强度？

7. 如何定义混凝土的耐久性？耐久性研究的主要内容是什么？如何提高混凝土的耐久性？

8. 何谓混凝土的碳化？混凝土的碳化对钢筋混凝土有什么危害？

9. 混凝土配合比设计的基本要求、步骤、任务有哪些？怎样确定配合比设计中的水灰比、单位用水量、合理砂率？砂子、石子的用量如何计算？

10. 掺减水剂、粉煤灰混凝土配合比设计与普通混凝土配合比设计有何异同点?

11. 什么是减水剂? 简述减水剂的作用机理和掺用减水剂的技术经济效果及配合比设计。

12. 什么是引气剂? 掺用引气剂对混凝土有何影响?

13. 混凝土有哪几种变形? 这些变形对混凝土结构有何影响?

14. 什么是徐变? 其发展规律怎样? 影响徐变的因素有哪些?

15. 什么是高性能混凝土? 高性能混凝土配合比设计有何特点?

16. 什么是碾压混凝土? 如何进行碾压混凝土的配合比设计?

17. 自密实混凝土有哪些性能?

第六章 建 筑 砂 浆

Chapter 6　Building Mortar

建筑砂浆是由胶凝材料、细骨料和水，按一定比例配制而成的建筑材料。与混凝土相比，砂浆可视作无粗骨料的混凝土，砂浆与混凝土具有相似的基本性质。同时砂浆强度比较低，在工程中不直接承受荷载，因此多用来砌筑砖、石、砌块等材料，建筑物内外表面（如墙面、地面、顶棚）的抹面，大型墙板、砖石墙的勾缝，以及装饰材料的黏结等。

砂浆按主要用途可分为砌筑砂浆和抹面砂浆。抹面砂浆包括普通抹面砂浆、装饰抹面砂浆和特种砂浆，特种砂浆包括防水砂浆、耐酸砂浆、绝热砂浆和吸声砂浆等。按其所用胶凝材料不同，可分为水泥砂浆、石灰砂浆和混合砂浆。混合砂浆又可分为水泥石灰砂浆、水泥黏土砂浆和石灰黏土砂浆。水工建筑物中经常与水接触的部位所用的砂浆通常为水泥砂浆。

第一节　砌筑砂浆的材料组成及技术性质

Section 1　Composition and Technical Properties of Masonry Mortar

一、砌筑砂浆的材料组成Composition of masonry mortar

（一）胶凝材料Binding material

建筑砂浆中常用的胶凝材料有水泥、石灰和石膏。对特殊用途的砂浆可采用特种水泥和其他胶凝材料。

配制砌筑砂浆的水泥一般指通用水泥中的硅酸盐水泥、普通水泥、矿渣水泥、火山灰水泥和粉煤灰水泥。由于砌筑砂浆主要用于砌筑砖石，铺成薄层黏结块体，传递荷载，同时抵抗外力，因此水泥强度等级应根据砂浆强度等级进行选择，砌筑砂浆中水泥的标号一般为砂浆标号的4～5倍。由于砂浆强度等级不高，用中等或中等以下标号的水泥即可满足砂浆的强度要求。

石灰也可作为砂浆的胶凝材料，与水泥混合使用配制混合砂浆，可以节约水泥并改善砂浆和易性。

（二）细骨料Fine aggregate

砌筑砂浆中作为细骨料的砂，应符合混凝土用砂的技术要求。此外，由于砂浆层较薄，对砂子最大粒径应有所限制，用于毛石砌体的砂浆，砂子最大粒径应小于砂浆层厚度的1/4～1/5，对于砖砌体使用的砂浆，宜用中砂，其最大粒径不大于2.5mm；抹面及勾缝砂浆，宜选用细砂，其最大粒径不大于1.2mm。同时为保证砂浆质量，应选用洁净的砂，砂中的含泥量应符合规定，如水泥砂浆和等于或大于M5的水泥混合砂浆，用砂的含泥量不应超过5%，小于M5的水泥混合砂浆，砂的含泥量不应超过10%。同时限制砂中硫化物（SO_3）的含量。

（三）水Water

拌制砂浆用水，宜采用饮用水，水质与拌制混凝土用水要求相同。

（四）掺和料Additive

为提高砌筑质量，改善砂浆的和易性能，拌制砂浆时常掺入某种混合材料，如掺入黏土膏、石灰膏或粉煤灰等可提高砂浆的保水性，调节砂浆的强度等级，降低砂浆成本；掺入膨胀珍珠岩和引气剂等，可提高砂浆的保温性能。

（五）外加剂Admixture

砂浆外加剂是一种添加在水泥及砂子中，用以改善水泥砂浆性能的添加剂。可克服空鼓、开裂等状况。加入砂浆外加剂后，砂浆膨松、柔软、黏结力强、减少落地灰并降低成本，砂浆饱满度高。抹灰时，对墙体湿润程度要求低，砂浆收缩小，克服了墙面易出现裂纹、空鼓、脱落、起泡等通病，解决了砂浆和易性问题。

二、砌筑砂浆的技术性质Technical properties of masonry mortar

（一）砂浆拌和物的密度Density of mortar mixtures

每立方米砂浆拌和物中各组成材料的实际用量，可由砂浆拌和物捣实后的质量密度来确定。砌筑砂浆拌和物的密度规定，水泥砂浆或水泥混合砂浆的密度不应小于$1900kg/m^3$。

（二）新拌砂浆的和易性Workability of fresh mortar

新拌砂浆和易性的概念同普通混凝土，是指砂浆在搅拌、运输、摊铺时易于流动并不易失水的性质。和易性好的砂浆易在粗糙、多孔的底面上铺设成均匀的薄层，并能与底面牢固地黏结在一起。既便于施工，又能提高生产效率和保证工程质量。包括流动性和保水性两个方面。

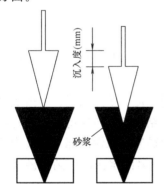

图6-1　沉入度测定示意图
Fig. 6-1　Schematic illustration of fluidity measure

1. 流动性（稠度）Fluidity

砂浆的流动性是指砂浆在自重或外力作用下流动的性能。流动性的大小用"沉入度"表示，通常用砂浆流动性测定仪测定。是以标准圆锥体在砂浆内自由沉入10s时沉入的深度作为砂浆的沉入度（以mm计）（测定示意图如图6-1所示）。沉入度越大，砂浆的流动性越好。

砂浆的流动性受胶凝材料的品种和用量、砂的粗细程度、颗粒级配、搅拌时间等因素影响，主要取决于用水量。

砂浆流动性的选择应根据砌体种类、施工条件和气候条件等因素来决定。一般情况下，多孔吸水的砌体材料和干热天气，砂浆的流动性应大些，沉入度一般为50～100mm；而密实不吸水的材料和湿冷天气，其流动性应小些。可按表6-1选取。

表6-1　　　　　　　砂浆流动性参考表（沉入度 mm）
Tab. 6-1　　　　　Referenced table of mortar fluidity（Submergence degree mm）

砌体种类	干燥气候或多孔吸水材料	寒冷气候或密实材料	抹灰工程	机械施工	手工操作
砖砌体	80～100	60～80	准备层	80～90	110～120
普通毛石砌体	60～70	40～50	底层	70～80	70～80
振捣毛石砌体	20～30	10～20	面层	70～80	90～100
炉渣混凝土砌体	70～90	50～70	灰浆面层		90～120

2. 保水性 Water retention

砂浆的保水性是指砂浆保持水分而不易散失的能力。保水性良好的砂浆不易发生分层、泌水和离析等现象，在施工过程中，使砌体的灰缝均匀密实，保证砌体的质量。否则，水分很容易蒸发、流失，砂浆容易出现泌水、分层、离析等现象，不易铺成均匀的砂浆层，使砌体的砂浆饱满度降低。同时，保水性不好的砂浆在砌筑时，水分容易被砖石等砌块吸收，影响胶凝材料正常的水化和硬化。这样不但会降低砂浆本身的强度，而且与砌筑底面黏结不牢，最终会降低砌体的质量。

砂浆的保水性与胶凝材料、混合材料的品种及用量，以及骨料粒径和细颗粒含量有关，通常情况下，胶凝材料用量越多，其保水性越好；骨料越细，总表面积越大，用量及其级配适当，其吸附水分的能力也越大，保水性越好。此外，可掺入适量的掺合料（石灰、黏土），或加入外加剂（引气剂、减水剂等），来改善砂浆的保水性。

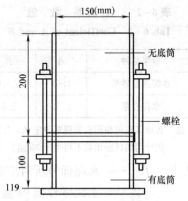

图 6 - 2 砂浆分层度测定仪

Fig. 6 - 2 Apparatus for determining stratification of mortar

砂浆的保水性用分层度表示。砂浆的分层度用分层度测定仪测定（图 6 - 2）。分层度的测定方法是：将测定沉入度后的新拌砂浆装入内径为 150mm、高 300mm 的有底圆筒内静置 30min 后，去掉上部 2/3 厚的砂浆，再测出下部余下砂浆的沉入度，两次沉入度之差即为分层度。

在实际工程中砂浆的分层度是有要求的，保水性良好的砂浆，分层度一般为 10～20mm，砌筑或抹面均可使用。

分层度接近于零的砂浆，保水性太强，硬化过程中易发生干缩开裂；分层度大于 20mm 的砂浆，保水性不良，不宜采用。砌筑砂浆的分层度不得大于 30mm，否则保水性差，容易产生离析，不能使用。

（三）硬化砂浆的性质 Properties of hardened mortar

1. 砂浆强度与强度等级 Strength and strength grades of mortar

砂浆的强度等级划分依据是立方体抗压强度，强度等级用"M"表示。砂浆的强度等级是以 70.7mm×70.7mm×70.7mm 的立方体试块，按标准养护条件养护至 28d 后所测定的抗压强度平均值来表示。砂浆的强度等级共有 M2.5、M5、M7.5、M10、M15、M20 六个等级，对于特别重要的砌体及有较高耐久性要求的工程，宜用强度等级高于 M10 的砂浆。

砌筑砂浆的实际强度与所砌筑材料的吸水性有关，可分为下面两种情况。

（1）不吸水基层砂浆强度

基层为不吸水材料（如致密石材）时，砂浆的抗压强度主要决定于水泥强度和水灰比。可用近似于混凝土的强度公式表示

$$f_{m, co} = A f_{ce} \left(\frac{C}{W} - B \right) \tag{6-1}$$

式中　$f_{m, co}$——砂浆 28d 抗压强度，MPa；

　　　f_{ce}——水泥的强度等级，MPa；

$\dfrac{C}{W}$——灰水比；

A , B——经验系数，用普通水泥时 $A = 0.29 , B = 0.4$。

（2）吸水基层砂浆强度

基层为吸水材料（如砖、多孔混凝土）时，由于基层吸水性较强，砂浆中保留水分的多少取决于砂浆的保水性，而与砌筑前砂浆的水灰比关系不大。所以砂浆的强度主要取决于水泥的强度及水泥用量，

表 6-2　A，B 系　数　值
Tab. 6-2　Coefficient of A and B

砂浆品种	A	B
水泥混合砂浆	3.03	-15.09
水泥砂浆	1.03	3.5

注　各地区也可根据实验资料确定 A，B 值，统计用的试验组数不得少于 30 组。

其计算公式如下

$$f_{m,c0} = \dfrac{A f_{ce} Q_C}{1000} + B \qquad (6-2)$$

式中　Q_C——每立方米砂浆的水泥用量，kg/m³；

　　　　A , B——砂浆的特征系数，应按表 6-2 取用。

在无法取得水泥的实测强度值时，可按下式计算 f_{ce}

$$f_{ce} = \gamma_C f_{ce,k} \qquad (6-3)$$

式中　$f_{ce,k}$——水泥标号所对应的强度值，MPa；

　　　　γ_C——水泥标号值的富余系数，该值应按实际统计资料确定，无统计资料时取 1.0。

2. 黏结力 Bonding force

为保证砌体具有一定的强度、耐久性，以及与建筑物的整体稳定性，要求砂浆与基层材料间具有一定的黏结能力。砂浆与基层材料的黏结力随着抗压强度的增加而增加。在充分润湿、干净、粗糙的基面砂浆的黏结力较大。

3. 耐久性质 Durability

使用在水工建筑物和道路建筑物中的砂浆，经常与水接触并处于外部环境中，故应考虑抗渗、抗冻和抗侵蚀性。其影响因素与混凝土大致相同，但因砂浆一般不振捣，所以施工质量对其影响尤为明显。

4. 砂浆的变形 Deformation of mortar

砂浆的变形主要指在承受外力或环境条件变化时，出现收缩的性质。当砂浆的这种收缩过大或者不均匀时，都会降低砌体的整体性，引起沉降和裂缝。若使用轻骨料拌制砂浆或混合料掺量太多，也会引起砂浆收缩变形过大，为了减小收缩，可以在砂浆中加入适量的膨胀剂。

第二节　砌筑砂浆的配合比设计
Section 2　Mix Proportion Design of Masonry Mortar

一般是查阅有关施工手册或资料来选择配合比，然后再做适当调整；当无资料参考时，可根据工程类别及使用部位的设计要求，选择砂浆的强度等级，先按经验公式计算初步配合比，再经试配、调整后确定出施工用的配合比。

用于砌筑吸水基面的砂浆配合比的确定步骤如下：

一、砌筑砂浆初步配合比计算Preparatory mix proportion calculation of masonry mortar

（一）确定配制强度（MPa）Selection of prepared strength

为了保证砂浆具有95％的保证率，设计时，砂浆的配制强度可按下式确定

$$f_{m,o} = f_{m,k} + 1.645\sigma = (f_m - \sigma) + 1.645\sigma = f_m + 0.645\sigma \tag{6-4}$$

式中 $f_{m,o}$——砂浆的配制强度，MPa；

$f_{m,k}$——砂浆的设计强度标准值，MPa；

f_m——砂浆的设计强度等级，MPa；

σ——砂浆强度标准差，精确至0.01MPa。

统计周期内同一砂浆试件的组数 n 不得小于25，按统计方法计算

$$\sigma = \sqrt{\frac{\sum_{i=1}^{n} f_i^2 - n\overline{f}^2}{n-1}} \tag{6-5}$$

无统计资料时可按表6-3选取。

表 6-3 砂浆强度标准差与施工水平的关系
Tab. 6-3 Relationship between deviation σ and construction level

施工水平	砂 浆 强 度 等 级					
	M2.5	M5.0	M7.5	M10	M15	M20
优良	0.50	1.00	1.50	2.00	3.00	4.00
一般	0.62	1.25	1.88	2.50	3.75	5.00
较差	0.75	1.50	2.25	3.00	4.50	6.00

（二）水泥用量The amount of cement

（1）水泥混合砂浆。

按强度公式（6-2）计算 $1m^3$ 砂浆中水泥用量 C（kg/m^3），计算公式如下

$$Q_C = \frac{1000(f_{m,o} - B)}{A f_{ce}} \tag{6-6}$$

当计算出的水泥用量不足200kg/m^3 时，应取 $Q_C = 200kg/m^3$。

（2）水泥砂浆。

每立方米水泥砂浆的水泥用量可根据砂浆的设计强度等级由表6-4选择。

表 6-4 每立方米砂浆的水泥用量
Tab. 6-4 The amount of cement of mortar er cubic meter

强度等级	M2.5～M5	M7.5～M10	M15	M20
水泥用量（kg）	200～230	230～280	280～340	340～400

（三）水泥混合砂浆中掺和料用量The amount of additive in compound cement mortar

若砂浆为水泥混合砂浆，需计算掺和料的用量 D（kg/m^3），水泥混合砂浆中掺和料用量按下式计算

$$Q_D = Q_A - Q_C \tag{6-7}$$

式中　Q_D——掺和料用量（以沉入度为 120mm 的膏体为准），kg/m^3；

　　　Q_C——水泥用量，kg/m^3；

　　　Q_A——胶结料（水泥与掺和料之和）总量，kg/m^3。

一般要求水泥混合砂浆中的水泥和掺和料总量在 $300\sim400kg$ 之间，通常取 350kg。

当掺和料采用石灰膏、黏土膏或电石膏时，若它们的沉入度不足 120mm，其用量应乘以换算系数，见表 6-5。

表 6-5　　　　　　　　　　　　不同稠度的换算系数

Tab. 6-5　　　　　　　　conversion coefficient of different consistency

石灰膏稠度（mm）	120	110	100	90	80	70	60	50	40	30
换算系数	1.00	0.99	0.97	0.95	0.93	0.92	0.90	0.88	0.87	0.86

（四）砂浆中砂用量 The amount of sand in mortar

砂浆中的水、胶结材料和掺和材料是用来填充砂中空隙的。因此，$1m^3$ 砂就构成 $1m^3$ 的砂浆。所以，$1m^3$ 砂浆中的砂用量 Q_S 应以干燥状态（含水率小于 0.5%）堆积密度值作为计算值。故每立方米砂浆中的砂子用量应为

$$Q_S = 1 \cdot \rho'_{0S干} \tag{6-8}$$

当含水率大于 0.5% 时，应按下式进行计算

$$Q_S = \rho'_{0S干}(1+\beta) \tag{6-9}$$

式中　Q_S——每立方米砂浆中砂的用量，kg；

　　　$\rho'_{0S干}$——砂在干燥状态（或含水率小于 0.5%）的松散堆积密度，kg/m^3；

　　　β——砂的含水率，$\%$。

表 6-6　　　　每立方米砂浆用水量参考值

Tab. 6-6　　　Referenced value of water quantity per stere

砂浆品种	混合砂浆	水泥砂浆
用水量 kg/m^3	$260\sim300$	$270\sim330$

注　①混合砂浆中用水量，不包括石灰膏和黏土膏中的水；②当采用细砂或粗砂时，用水量分别取上限和下限；③稠度小于 7cm 时，用水量可小于下限；④施工现场气候炎热或干燥季节，可酌量增加用水量。

（五）砂浆用水量 The amount of water in mortar

砂浆的用水量，可根据砂浆的稠度或按表 6-6 确定。

二、试配与调整 Try and adjustment

（1）按初步配合比进行试拌，测定其拌和物的和易性。若不能满足要求，则应调整用水量或掺和料，直到符合要求为止，以确定基准配合比。

（2）试配时至少应用 3 个不同的配合比，其中 1 个为试配得出的基准配合比，另外 2 个配合比的水泥用量按基准配合比分别增加或减少 10%，在保证稠度、分层度合格的条件下，可将用水量和掺和料做相应调整。

（3）3 个不同的配合比，经调整后，应按标准方法测定砂浆强度等级，并选定符合强度要求且水泥用量较少的为所需要的砂浆配合比。

（4）当原材料有变更时，对已确定的配合比应重新进行试验。

【例 6-1】　要求设计砌砖墙用水泥石灰砂浆的重量配合比，砂浆强度等级为 M7.5。所用原材料为 42.5MPa 普通硅酸盐水泥，砂子的堆积密度为 $1500kg/m^3$，现场砂含水率为

2.5%，石灰膏的沉入度为 100mm，施工水平一般。

解

1. 计算配制强度 $f_{m,o}$

$$f_{m,o} = f_m + 0.645\sigma$$

其中 $f_m = 7.5MPa$；$\sigma = 1.88MPa$

$$f_{m,o} = 7.5 + 0.645 \times 1.88 = 8.7MPa$$

2. 计算水泥用量 Q_C

$$Q_C = \frac{1000(f_{m,o} - B)}{Af_{ce}}$$

其中 $f_{ce} = 42.5MPa$；$A = 3.03$，$B = -15.09$

则

$$Q_C = \frac{1000 \times (8.7 + 15.09)}{3.03 \times 42.5} = 185kg/m^3$$

由于 $Q_C = 185 < 200$，故取 $Q_C = 200$。

3. 计算石灰膏用量 Q_D

$$Q_D = Q_A - Q_C$$

取

$$Q_A = 350kg/m^3$$

则

$$Q_D = 350 - 200 = 150kg/m^3$$

石灰膏稠度 100mm 换算成 120mm，查表 6-5 得，换算系数为 0.97

石灰膏用量为

$$Q_D = 150 \times 0.97 = 145.5kg/m^3$$

4. 计算砂用量 Q_S

$$Q_S = 1500 \times (1 + 2.5\%) = 1538kg/m^3$$

5. 选择用水量 Q_W

查表 6-6，取 $Q_W = 280kg/m^3$。

6. 试配时各材料的用量比为：

水泥：石灰膏：砂：水 = 200：145.5：1538：280

7. 试配调试（从略）

第三节　抹面砂浆和特种砂浆
Section 3　Facing Mortar and Special Mortar

一、抹面砂浆 Facing mortar

凡涂抹在建筑物或建筑构件表面的砂浆，统称为抹面砂浆。根据抹面砂浆功能的不同，可将抹面砂浆分为普通抹面砂浆、装饰砂浆和具有某些特殊功能的抹面砂浆（如防水砂浆、绝热砂浆、吸音砂浆和耐酸砂浆等）。对抹面砂浆要求具有良好的和易性，容易抹成均匀平整的薄层，便于施工。还应有较高的黏结力，砂浆层应能与底面黏结牢固，长期不致开裂或脱落。处于潮湿环境或易受外力作用部位（如地面和墙裙等），还应具有较高的耐水性和强度。抹面砂浆的组成材料与砌筑砂浆基本相同，但为了防止砂浆开裂，有时需加入一些纤维材料，为强化某些功能，还需加入一些特殊骨料（如陶砂，膨胀珍珠岩等）。

（一）普通抹面砂浆 Ordinary facing mortar

普通抹面砂浆是建筑工程中用量最大的抹面砂浆。其功能主要是保护墙体、地面不受风雨及有害杂质的侵蚀，提高防潮、防腐蚀、抗风化性能，增加耐久性，同时可使建筑达到表面平整、清洁和美观的效果。

抹面砂浆通常分为两层或三层进行施工。各层砂浆要求不同，因此每层所选用的砂浆也不一样。一般底层砂浆起黏结基层的作用，要求砂浆应具有良好的和易性和较高的黏结力，因此底面砂浆的保水性要好，否则水分易被基层材料吸收而影响砂浆的黏结力。依所用基底材料的不同，选用不同种类的砂浆，如底层抹灰多用石灰砂浆，有防水、防潮要求时用水泥砂浆。基层表面粗糙些有利于与砂浆的黏结。中层抹灰主要是为了找平，多用混合砂浆或石灰砂浆，有时可省略不用。面层砂浆主要起保护装饰作用，砂浆中宜用细砂。普通抹面砂浆的流动性和骨料的最大粒径参考表 6-7，普通抹面砂浆的配合比，见表 6-8。

表 6-7　抹面砂浆流动性及骨料最大粒径
Tab. 6-7　Fluidity and maximum aggregate diameter of facing mortar

抹面层名称	沉入度（mm）	砂的最大粒径（mm）
底层	100～120	2.6
中层	70～90	2.6
面层	70～80	1.2

表 6-8　抹 面 砂 浆 配 合 比
Tab. 6-8　Mixture ratio of facing mortar

材　料	体积配合比	应用范围
石灰：砂	1：2～1：4	用于砖石墙表面
石灰：黏土：砂	1：1：4～1：1：8	干燥环境的墙表面
石灰：石膏：砂	1：0.4：2～1：1：3	用于不潮湿房间的墙和天花板
石灰：石膏：砂	1：0.6：2～1：1.5：3	用于不潮湿房间的墙和天花板
石灰：石膏：砂	1：2：2～1：2：4	不潮湿房间的线脚
石灰：水泥：砂	1：0.5：4.5～1：1：3	墙外脚及较潮湿的部位
水泥：砂	1：2.5～1：3	用于潮湿的房间墙裙、地面基层
水泥：砂	1：1.5～1：2	地面、墙面、天棚
水泥：砂	1：0.5～1：1	用于混凝土地面随时压光
水泥：石膏：砂：锯末	1：1：3：5	吸声粉刷

（二）特种抹面砂浆 Special facing mortar

1. 防水砂浆 Waterproof mortar

防水砂浆是一种抗渗性高的砂浆。防水砂浆层又称刚性防水层，适用于不受震动和具有一定刚度的混凝土或砖石砌体的表面，对于变形较大或可能发生不均匀沉陷的建筑物，都不宜采用刚性防水层。

防水砂浆按其组成可分为多层抹面水泥砂浆、掺防水剂防水砂浆、膨胀水泥防水砂浆和掺聚合物防水砂浆四类。

常用的防水剂有氯化物金属盐类防水剂、水玻璃类防水剂和金属皂类防水剂等。

防水砂浆的防渗效果在很大程度上取决于施工质量，因此施工时要严格控制原材料质量和配合比。防水砂浆层一般分四层或五层施工，每层厚约 5mm，每层在初凝前压实一遍，最后一层要进行压光。抹完后要加强养护，防止脱水过快造成干裂。总之刚性防水必须保证砂浆的密实性，对施工操作要求高，否则难以获得理想的防水效果。

2. 保温砂浆 **Thermal insulation mortar**

保温砂浆又称绝热砂浆，是采用水泥、石灰和石膏等胶凝材料与膨胀珍珠岩或膨胀蛭石、陶砂等轻质多孔骨料按一定比例配合制成的砂浆。保温砂浆具有轻质、保温隔热、吸声等性能，其导热系数为 0.07～0.10W/(m·K)，可用于屋面保温层、保温墙壁及供热管道保温层等处。

常用的保温砂浆有水泥膨胀珍珠砂浆、水泥膨胀蛭石砂浆和水泥石灰膨胀蛭石砂浆等。随着国内节能减排工作的推进，涌现出众多新型墙体保温材料，其中 EPS（聚苯乙烯）颗粒保温砂浆就是一种得到广泛应用的新型外保温砂浆，其采用分层抹灰的工艺，最大厚度可达100mm，此砂浆保温、隔热、阻燃、耐久。

3. 吸声砂浆 **Sound absorption mortar**

一般绝热砂浆是由轻质多孔骨料制成的，都具有吸声性能。另外，也可以用水泥、石膏、砂、锯末按体积比为 1∶1∶3∶5 配制成吸声砂浆，或在石灰、石膏砂浆中掺入玻璃纤维和矿棉等松软纤维材料制成。吸声砂浆主要用于室内墙壁和平顶。

4. 耐酸砂浆 **Acid-resistant mortar**

用水玻璃（硅酸钠）与氟硅酸钠拌制成耐酸砂浆，有时也可掺入石英岩、花岗岩、铸石等粉状细骨料。水玻璃硬化后具有很好的耐酸性能。耐酸砂浆多用作衬砌材料、耐酸地面和耐酸容器的内壁防护层。

（三）装饰砂浆 **Decorative mortar**

装饰砂浆是指用作建筑物饰面的砂浆。它是在抹面的同时，经各种加工处理而获得的特殊饰面形式，以满足审美需要的一种表面装饰。装饰砂浆饰面可分为两类，即灰浆类饰面和石碴类饰面。灰浆类饰面是通过水泥砂浆的着色或水泥砂浆表面形态的艺术加工，获得一定色彩、线条、纹理质感的表面装饰。石碴类饰面是在水泥砂浆中掺入各种彩色石碴作骨料，配制成水泥石碴浆抹于墙体基层表面，然后用水洗、斧剁、水磨等手段除去表面水泥浆皮，呈现出石碴颜色及其质感的饰面。

装饰砂浆所用胶凝材料与普通抹面砂浆基本相同，只是灰浆类饰面更多地采用白水泥和添加各种颜料。

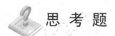 思 考 题

Exercise

1. 砂浆的和易性包括哪些内容？各用什么表示？

2. 砌筑不吸水基层材料和吸水基层材料时，砂浆与强度与哪些因素有关？强度公式如

何表示?

3. 为什么砂浆要有保水性要求? 怎样提高砂浆的保水性?

4. 采用 42.5 普通硅酸盐水泥,含水率 2%、堆积密度为 1440kg/m³ 的中砂,石灰膏稠度为 120mm,胶结材料和掺合料总量取 285kg/m³,施工水平一般。求 M7.5 水泥石灰混合砂浆的配合比。

第七章　沥青及沥青混凝土

Chapter 7　Asphalt and Asphalt Concrete

第一节　概　　述
Section 1　Outlines

一、沥青材料的分类Classification of asphalt material

（一）定义Definition

沥青是由不同分子量的碳氢化合物及其非金属衍生物组成的黑褐色复杂混合物，是高黏度有机液体的一种，多以液体或半固体的石油形态存在，表面呈黑色，可溶于二硫化碳、四氯化碳。沥青是一种防水、防潮和防腐的有机胶凝材料。沥青主要用于涂料、塑料、橡胶等工业及铺筑路面等。

沥青材料同水泥材料一样，是建筑、交通、水利等工程领域中使用最为广泛的建筑材料。沥青具有良好的黏结性和塑性，能抗冲击荷载的作用，对酸碱盐等化学物质有较强的抗蚀性能。但沥青材料存在着易老化、感温性大的缺点，限制了它的使用范围。为扩大沥青材料的使用范围，人们进行了许多研究，研制出基于沥青材料的改性沥青，如乳化沥青、橡胶沥青等。

（二）分类Classification

沥青主要可以分为天然沥青、石油沥青和焦油沥青三种。

1. 天然沥青Native asphalt

天然沥青储藏在地下，有的形成矿层或在地壳表面堆积。这种沥青大都经过天然蒸发、氧化，一般已不含有任何毒素。

2. 石油沥青Petroleum asphalt

石油沥青是原油蒸馏后的残渣。根据提炼程度的不同，在常温下呈液体、半固体或固体。石油沥青色黑而有光泽，具有较高的感温性。由于它在生产过程中曾经蒸馏至400℃以上，因而所含挥发成分甚少，但仍可能有高分子的碳氢化合物未经挥发出来。

3. 焦油沥青Tar asphalt

焦油沥青是将煤、泥炭、木材等各种有机物干馏加工得到的焦油，经再加工而得到的产品。焦油沥青按其加工的有机物名称来命名，如由煤干馏所得的煤焦油，经再加工后得到的沥青，即称煤沥青（俗称柏油）。

工程上主要使用的沥青材料是石油沥青和煤沥青。石油沥青的技术性质优于煤沥青，应用也更为广泛。本章主要讲解石油沥青和相应沥青建筑材料。

二、沥青建筑材料Building asphalt material

因沥青具有良好的防水、抗渗、耐化学侵蚀性，以及它与矿物材料有较强的黏结力、塑性和能抗冲击荷载的作用，在工程上应用面极大，用途宽广。但沥青材料一般情况下却很少单独使用，尤其是在工程上使用的沥青必需具有一定的物理性质，如在低温条件下应有弹性和塑性，在高温条件下要有足够的强度和稳定性，在加工和使用时具有抗"老化"能力，与各种骨料和结构表面有较强的黏附力，以及对构件变形的适应性和抗疲劳性等。从工厂生产出的沥青不一定能全面满足这些要求，如含多蜡原油生产的沥青，控制了耐热性（软化点），其他性能就很难达到要求。由此在工程上使用的沥青材料通常都是改性沥青和沥青混合料。

（一）改性沥青Modified asphalt

改性沥青是指按工程需要的物理特性，用工厂生产出的沥青材料进行人工改造，使其满足工程要求的沥青材料。改性方法通常有掺配法（如将几种不同标号的沥青掺配在一起，改善其针入度和软化点）、填充（如橡胶、树脂和矿物填料等加入沥青中，改善沥青的塑性、黏性和抗老化性）、乳化（将沥青分散在含有表面活性物质乳化剂水溶液中，所构成的稳定乳状液）。常见的改性沥青产品有沥青基防水卷材、沥青胶、沥青防水油膏（如沥青鱼油油膏、沥青桐油油膏、沥青橡胶油膏）、防水涂料等。

1. 液体沥青（又称冷底子油）Liquid asphalt

冷底子油是将汽油、煤油、柴油、工业苯、煤焦油等有机溶剂与沥青融合制得的一种液体沥青。它黏度小，流动性好，将它涂刷在混凝土、砂浆等基层表面，能很快地渗入到材料的毛细孔隙中，待溶剂挥发后，在其表面形成一层牢固的沥青防水膜。

2. 乳化沥青Asphalt emulsion

乳化沥青是将热熔沥青，经强力机械作用使其分散成沥青微滴，并分散在含有表面活性物质（乳化剂、稳定剂）的水溶液中，所构成的稳定乳状液。所用乳化剂的不同，可制成不同类型的乳化沥青，如阴离子乳化沥青、阳离子乳化沥青、非离子乳化沥青、无机乳化沥青等。防水涂料多为乳化沥青产品。

3. 填充料改性沥青Filling material modified asphalt

为了提高沥青的黏性和温度稳定性，常在沥青中加入一定数量的经粉碎加工而成的细微颗粒填充料，制成填充料改性沥青。如矿物填充料改性沥青（填充料主要为滑石粉、云母粉、石棉粉）、橡胶沥青、合成树脂改性沥青、植物油类改性沥青等。

（二）沥青混合料Asphalt mixture

沥青混合料是沥青与级配合适的矿物质材料拌和均匀配制成建筑沥青材料。常见的沥青混合料有沥青混凝土、沥青砂浆、沥青胶（又称玛琋脂）及沥青嵌缝油膏等，主要用于铺路、水工防渗及建筑防水。

1. 沥青胶（又称沥青玛琋脂）Bitumen mastic

沥青胶是用沥青、粉状或纤维状填充料以及改性添加剂等材料配制而成。沥青胶是一种黏结剂，也可用作嵌缝材料、防水涂层、沥青砂浆防水层的底层和沥青路面的面层及水工沥青混凝土面板的封闭层。

2. 沥青混凝土及沥青砂浆Asphalt concrete and asphalt mortar

沥青混凝土是由矿质材料、沥青胶结料混合而成的沥青建筑材料。沥青混凝土的性能受矿物填充料的矿物组分、级配和沥青标号的影响。按填充料的粒径大小划分为沥青混凝土和沥青砂浆。

第二节　石　油　沥　青
Section 2　Petroleum Asphalt

石油沥青是一种有机胶凝材料，在常温下呈固体、半固体或黏性液体状态，颜色为褐色或黑褐色。石油沥青是石油原油经蒸馏等方法提炼出各种轻质油（如汽油、柴油等）及润滑油以后的残留物或经再加工而得到的产品。

沥青产品标号不同，石油沥青的性质不同，与原油成分及加工方法有关。常见的石油沥青加工方法有常压蒸馏法、减压蒸馏法、氧化法、溶剂法和调配法。

一、石油沥青的组成与结构Compositions and structure of petroleum asphalt

（一）石油沥青的组分Compositions of petroleum asphalt

1. 组分划分Classification according to composition

石油沥青由于其化学成分复杂，为便于分析和使用，常将其物理、化学性质相近的成分归类为若干组，称为组分。不同的组分对沥青性质的影响不同。

石油沥青是由多种高分子碳氢化合物及其非金属（主要是氧、硫、氮）的衍生物组成的复杂混合物。沥青的主要化学组成元素是碳（80%～87%）和氢（10%～15%），氧、硫、氮元素的总和小于5%。另外还含有一些微量的金属元素（如镍、钒、铁、锰、钙、镁、钠等），其含量与沥青的加工工艺和性能改善有较密切的关系。因沥青化学组成结构的复杂性，对沥青组成进行分析很困难，同时化学成分还不能反映沥青物理性质的差异。因此一般不做沥青的化学分析，只从使用角度，采用溶剂沉淀和冲洗色谱法将沥青中化学成分和性质相近，并且与物理性质有一定关系的沥青的组成分为几个化学组分，进行分析与研究。

沥青组分可简略反映其使用性能。沥青组分划分方法通常有三组分法和四组分法两种。

2. 三组分法Three-components method

三组分法是将石油沥青分离为油分、树脂和沥青质三个组分，其中油分使沥青流动性好，降低沥青的黏度和软化点；树脂含量越多，石油沥青的延度和黏结力等性能越好；沥青质含量越多，则软化点越高，黏性越大，即越硬脆。此外，沥青中常含有一定量的固体石蜡，是石油沥青的有害成分。油分中的蜡会增大沥青对温度的敏感性。

3. 四组分法Four-components method

四组分法是将沥青分离为饱和分、芳香分、胶质和沥青质四个组分。

其中饱和分含量增加，可使沥青的稠度降低（针入度增大）；胶质含量增大，可使沥青的延性增大；在有饱和分存在的条件下，沥青质含量增加，可降低沥青的温度敏感性；胶质和沥青质的含量增加，可提高沥青的黏度。

（二）组分中物质成分的性质 The properties of component of broad chemical composition of asphalt

石油沥青的组分及特性见表7-1。

1. 油分Oil components

油分为沥青中最轻的组分，呈淡黄至红褐色，密度为0.7～1g/cm³。它能溶于大多数有机溶剂，如丙酮、苯、三氯甲烷等，但不溶于酒精。在石油沥青中，油分含量为40%～

60％。油分使沥青具有流动性。

2. 树脂 **Resinite**

树脂为密度略大于 $1g/cm^3$ 的黑褐色或红褐色黏稠物质，能溶于汽油、三氯甲烷和苯等有机溶剂，但在丙酮和酒精中溶解度很低。在石油沥青中含量为 15％～30％。它使石油沥青具有塑性与黏结性。

3. 沥青质 **Asphaltene**

沥青质为密度大于 $1g/cm^3$ 的固体物质，黑色，不溶于汽油、酒精，但能溶于二硫化碳和三氯甲烷中。在石油沥青中沥青质含量为 10％～30％。它决定石油沥青的温度稳定性和黏性。

4. 固体石蜡 **Solid paraffin**

固体石蜡会降低沥青的黏结性、塑性、温度稳定性和耐热性。由于存在于沥青油分中的蜡是有害成分，故常采用氯盐处理或高温吹氧、溶剂脱蜡等方法处理。石油沥青的组分及特性见表7-1。

表7-1 石油沥青的组分及特性

Tab. 7-1 Characteristics & components of petroleum asphalt

组分	含量（%）	分子量	密度（g/cm³）	特征	对沥青性质的影响
油分	45～60	100～500	0.7～1.0	无色至淡黄色，黏性液体，可溶于大部分溶剂，不溶于酒精	赋予沥青以流动性，油分多，流动性大，黏性小，温度敏感性大
树脂	15～30	600～1000	1.0～1.1	红褐至黑褐色的黏稠半固体，多呈中性，少量酸性。熔点低于100℃	是决定沥青塑性的主要组分，树脂含量增加，沥青塑性增大，温度敏感性增大
沥青质	5～30	1000～6000	1.1～1.5	黑褐至黑色的硬而脆的固体微粒，加热后不溶解，而分解为坚硬的焦炭，使沥青带黑色	是决定沥青黏性的组分，含量高，沥青黏性大，温度敏感性小，塑性降低，脆性增加

（三）石油沥青的胶体结构 **Colloform Texture of Petroleum Asphalt**

沥青组分含量及化学结构的不同，则形成不同类型的胶体结构。沥青中物质可大体分两类——沥青质和可溶质，沥青是以沥青质为分散相，可溶质为分散介质组成的胶体分散体系。可溶质指油分和树脂，它们可以相互溶解。树脂能浸润沥青中的颗粒而在其表面形成薄膜，从而构成以沥青质为胶核，周围吸附有部分树脂和油分的胶团，而无数胶团分散在油分中形成胶体结构。根据沥青中沥青质和可溶质的相对比例不同，胶体结构可分为溶胶型、凝胶型和溶凝胶型三种结构。

沥青的三种胶体结构如图7-1所示。

（1）溶胶型结构　当沥青油分、树脂组分含量较多，沥青质组分含量很少，胶团全部分散，可在分散介质黏度许可范围内自由运动。这种胶体结构的沥青具有较好的流动性和塑性，较强的裂缝自愈能力，但对温度的敏感性高，温度稳定性差，如液体沥青。

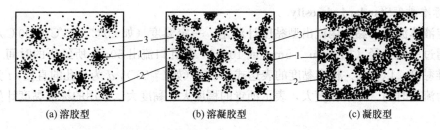

(a) 溶胶型　　　　　　(b) 溶凝胶型　　　　　　(c) 凝胶型

图 7-1　石油沥青胶体结构示意图

Fig. 7-1　Diagram for Colloid Structure of Petroleum Asphalt

1—沥青质；2—胶质；3—油分

（2）凝胶型结构　油分、树脂组分含量较少，沥青质组分含量很多，胶团互相接触，形成不规则的空间网络结构，胶团移动比较困难。这种胶体结构的沥青具有明显的弹性和黏性，流动性和塑性较低，对温度的敏感性低，温度稳定性高，如氧化沥青。

（3）溶凝胶型结构　沥青中沥青质含量不如凝胶型结构中多，但树脂含量要高些，部分胶团互相接触，形成一种介于溶胶和凝胶之间的结构。这种胶体结构的沥青在常温下变形时，最初有明显的弹性，但变形增大到一定程度后，则为黏性流体，如大多数的优质道路沥青。

沥青的胶体结构受温度的影响较大，当沥青受热温度升高时，油分对树脂的溶解能力提高，沥青质的吸附能力降低，原来被沥青质吸附的树脂，部分溶解于油分中，使凝胶结构逐渐转变为溶胶结构状态，但温度降低，它可恢复为原来的结构状态。

沥青极容易老化。石油沥青中的各组分是不稳定的。在阳光、空气、水等外界因素作用下，各组分之间会不断演变，油分、树脂质会逐渐减少，沥青质逐渐增多，这一演变过程称为沥青的老化。沥青老化后，其流动性、塑性变差，脆性增大，使沥青失去防水、防腐效能。

二、石油沥青的技术性质The technical properties of Petroleum Asphalt

对不同工程项目在选择石油沥青作建筑材料时，沥青技术特性是首先考虑的因素。反映石油沥青质量的技术性质主要体现在五个方面，即黏滞性、耐热性、温度稳定性、塑性和大气稳定性（或称耐久性）。

（一）黏滞性Viscidity

黏滞性又称黏性或稠度，是反映沥青材料在外力作用下，沥青颗粒之间产生互相位移时抵抗变形的能力，是沥青材料的一项重要物理力学性质。液态石油沥青的黏滞性用黏度表示，半固体或固体沥青的黏性用针入度表示。黏度和针入度是沥青划分牌号的主要指标。

1. 针入度Penetration degree

针入度是指在一定温度条件下的条件黏度，用标准试针垂直贯入沥青试件的深度表示，单位以 0.1mm 计。针入度试验如图 7-2 所示。针入度标准试验规定：温度25℃，标准针重100g，贯入时间5s，表示为 P（25℃，100g，5s）。针入度值越大，黏度越小，沥青越软。试验时选定不同的条件研究沥青黏度与温度的关系，如 P（0℃，200g，60s）、P（4℃，200g，60s）、P（46℃，50g，5s）、P（38℃，50g，5s）等。

2. 标准黏度 Standard viscosity

测定液体沥青的黏度用流出型黏度计测定。一定温度（如 20℃、25℃ 或 30℃）下，沥青试样通过一定孔径（如 3mm、5mm 或 10mm）的孔口流出 50mL 所经历的时间（秒数），即为标准黏度，以 s 计。标准黏度的表达式为 $C_t^d T$（如 $C_{25}^5 55$），d 为小孔的直径，t 为试验温度，T 为流出时间。标准黏度大，表示沥青的稠度大、黏度大。常用的标准黏度计如图 7 - 3 所示。

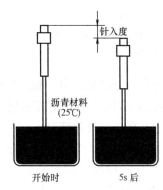

图 7 - 2　针入度测定示意图

Fig. 7 - 2　Schematic Drawing of Penetration Measurement

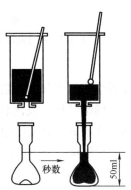

图 7 - 3　标准黏度测定示意图

Fig. 7 - 3　Diagram for Standard Viscosity Measurement

（二）耐热性 Heat-durability

沥青的耐热性是指黏稠的石油沥青在高温下不软化、不流淌的特性。

耐热性常用软化点来表示。软化点是沥青材料由固体状态转变为具有一定流动性的膏体时的温度。

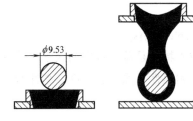

图 7 - 4　软化点测定示意图（单位：mm）

Fig. 7 - 4　Schematic Drawing for Softening Point Measurement

1. 软化点 Softening point

软化点是沥青从固态转变为液态时达到某特定黏性流动状态时的温度，通常用环球法来测定，即将沥青注入标准铜环内制成试件，试件中央放一质量为 3.5g 的钢球，并置于水（或甘油）中，以 5℃/min 速率加热至沥青软化下垂至规定距离 25.4mm 时的温度，即为沥青软化点，以℃为单位。试验方法如图 7 - 4 所示。

不同沥青的软化点不同，大致在 25～100℃ 之间。软化点高，说明沥青的耐热性能好，但软化点过高，又不易加工；软化点低的沥青，夏季易产生变形，甚至流淌。试验证明，沥青在软化点温度下的针入度值约为 800。

与软化点对应的沥青另一个特性指标是脆点。

2. 脆点 Brittle point

脆点是在温度下降过程中，沥青材料由黏-塑性状态转变为弹-脆性状态的温度。脆点是沥青发生脆性破坏的温度界限，是表征沥青低温特性的指标。

脆点测试方法是将沥青在 40mm×20mm 金属片上涂成厚 0.15mm 的薄膜，将其装在弯曲器上放入冷却溶液中，以 1℃/min 的冷却速度降温，同时使试件以每分钟 1 次的频率进行变曲，沥青薄膜开始出现裂纹时的温度即为脆点，如图 7-5 所示。

改善沥青材料软化点和脆点的措施是在沥青中掺入增塑剂，如橡胶填料等。

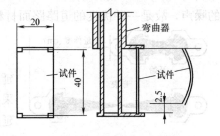

图 7-5 脆点试验示意图（单位：mm）
Fig. 7-5 Schematic Drawing for Brittle Point Test

（三）温度稳定性 **Temperature stability**

温度稳定性是指石油沥青的黏滞性和塑性随温度升降而变化的性能，反映石油沥青对温度的敏感程度。温度稳定性好的石油沥青，其黏滞性、塑性随温度的变化较小，温度敏感性小。工程上用的沥青要求有一定的温度稳定性。通常以针入度指数（PI）作为沥青温度稳定性的指标。

石油沥青材料在不同温度下，因其分子处于不同的运动状态，而呈现出相异的物理状态，即沥青黏性和塑性随温度的变化而转化，其结构如下。

$$玻璃态 \xleftarrow{\quad 温降\ t_b \quad} 固态、半固态弹性态 \xrightarrow{\quad 温升\ t_s \quad} 半流态$$

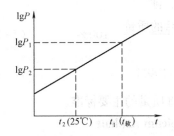

图 7-6 沥青针入度与温度的关系
Fig. 7-6 Penetration-Temperature Curve

沥青材料从固态转化为液态的温度间隔越大，沥青的温度稳定性越好。沥青由高弹态向玻璃态转化的温度为沥青的脆化点 t_b，由高弹态向黏流态转化的温度为软化点 t_s。令 $\Delta T = t_s - t_b$，ΔT 越大，说明沥青的温度稳定性越高，软化点越高，温度稳定性越好，软化点也是反映沥青材料温度稳定性的一个指标。

沥青针入度与温度的关系如图 7-6 所示，图中直线的斜率表示沥青黏度（以针入度的对数表示）对温度的变化率，斜率越大，温度稳定性越差。此斜率称之为针入度-温度感应系数（A），是沥青温度稳定性的评定指标。

针入度与 A 的关系可表达为下式

$$PI = \frac{30}{1+50A} - 10 \tag{7-1}$$

$$A = \frac{\lg 800 - \lg P(25℃, 100g, 5s)}{t_s - 25} \tag{7-2}$$

$P \cdot I$ 值越大，沥青温度稳定性越好。

可根据 PI 值来判断沥青的胶体结构类型。

溶胶型沥青　　　　　　　　$PI < -2$

溶-凝胶型沥青　　　　　　$-2 < PI < +2$

凝胶型沥青　　　　　　　　$PI > +2$

（四）塑性 **Plasticity**

塑性是指沥青在外力作用下产生变形而不破坏，除去外力后仍能保持变形后的形状的性质。塑性较好的沥青在常温下产生裂缝时，因特有的黏塑性而可自行愈合，故塑性还反映了沥青开裂后的自愈能力。沥青之所以能制造出性能良好的柔性防水材料，很大程度上取决于沥青这种性质。同时因沥青的塑性特性有一定的吸收冲击振动荷载的能力，并能减少摩擦时的噪声，故是一种优良的道路路面材料。

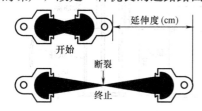

图 7 - 7　延伸度测定示意图

Fig. 7 - 7　Schematic Drawing for

Ductility Measurement

沥青的塑性可用延伸度（简称延度）表示。

在一定温度下，将沥青标准试件以一定的拉伸速度延伸，试件拉断时延伸的长度即为延度，以 cm 计。通常采用的试验条件为温度为 25℃、拉伸速度 50mm/min。延度越大塑性越好。

沥青的延度在一定范围内随温度升降增减，并随针入度指数 PI 的增大而降低。延伸度测定示意如图 7 - 7 所示。

（五）大气稳定性（耐久性）Atmospheric stability

大气稳定性是指石油沥青在热、阳光、氧气和潮湿等环境因素的长期综合作用下抵抗老化的性能，它反映沥青的耐久性。大气稳定性可以用沥青的蒸发减量及针入度变化来表示，即试样在 160℃ 温度加热蒸发 5h 后的质量损失百分率和蒸发前后的针入度比两项指标来表示。蒸发损失率越小，针入度比越大，则表示沥青的大气稳定性越好。

蒸发损失和针入度比计算方法见式（7 - 3）和式（7 - 4），即

$$蒸发损失=\frac{沥青试样原质量 - 沥青试样加热后的质量}{沥青试样原质量}×100\% \qquad (7 - 3)$$

$$针入度比=\frac{沥青试样加热后针入度}{沥青试样原针入度}×100\% \qquad (7 - 4)$$

以上五种石油沥青材料的技术性质是工程中用来评价沥青质量的主要标准。

三、石油沥青的技术标准 The technical standards of Petroleum Asphalt

根据沥青材料的用途和沥青质量标准不同，我国石油沥青产品主要有四类，即道路沥青类、建筑沥青类、普通沥青及专用沥青等，水工沥青归属于道路沥青类，但又有一定差别，目前还无国家标准，只有企业标准。

1. 道路沥青 Road asphalt

道路石油沥青有七个标号，标号越高，黏性越小，针入度越大，塑性越好，延度越大，温度敏感性越大，软化点越低。

2. 建筑沥青 Building asphalt

建筑石油沥青的针入度较小，黏性较大，软化点较高，耐热性较好，但延伸度较小，塑性较小，主要用于制造油纸、油毡、防水涂料和沥青嵌缝油膏等。它们绝大部分用于屋面及地下防水、沟槽防水及管道防腐蚀等工程。

3. 普通沥青 Ordinary asphalt

普通石油沥青含有害成分的蜡较多，一般含量大于 5%，有的高达 20% 以上，故又称多蜡石油沥青。由于蜡温度敏感性较大，达到液态时的温度与其软化点相差较小，塑性较差，在建筑工程上不宜直接使用。

4. 专用沥青 Special asphalt

专用沥青是用于特殊工业的沥青，如油漆沥青、绝缘沥青、电缆沥青等。

水利工程中最常应用的主要是前两类沥青产品。

已颁发的几种道路、建筑和水工石油沥青的质量技术标准见表 7 - 2～表 7 - 5。

表 7 - 2 　　　　道路石油沥青技术要求 (JTG F40—2004)

Tab. 7 - 2　Technicalrequirementof petroleum asphalt for light-traffic road pavement

指标	单位	等级	沥青标号						
			160 号	130 号	110 号	90 号	70 号	50 号	30 号
针入度 (25℃, 5s, 100g)	0.1mm		140~200	120~140	100~120	80~100	60~80	40~60	20~40
适用的气候分区			2-1	2-2 3-2	1-1 1-2	1-3 2-2 2-3	1-3 1-4 2-2 2-3 2-4		1-4
针入度指数 PI		A				−1.5~+1.0			
		B				−1.8~+1.0			
软化点 不小于	℃	A	38	40	43	45　44	46　45	49	55
		B	36	39	42	43　42	44　43	46	53
		C	35	37	41	42	43	45	50
60℃动力黏度 不小于	Pa·s	A	—	60	120	160　140	180　160	200	260
10℃延度 不小于	cm	A	50	50	40	45 30 20 30 20	20 15 25 20 15	15	10
		B	30	30	30	30 20 15 20 15	15 10 20 15 10	10	8
15℃延度 不小于	cm	A、B				100		80	50
		C	80	80	60	50	40	30	20
蜡含量 (蒸馏法) 不大于	%	A				2.2			
		B				3.0			
		C				4.5			
闪点不小于	℃			230		245		260	
溶解度 不小于	%					99.5			
密度 (15℃)	g/cm³					实测记录			
TFOT (或 RTFOT) 后									
质量变化不大于	%					±0.8			
残留针入度比 (25℃) 不小于	%	A	48	54	55	57	61	63	65
		B	45	50	52	54	58	60	62
		C	40	45	48	50	54	58	60

续表

指标	单位	等级	沥青标号						
			160 号	130 号	110 号	90 号	70 号	50 号	30 号
残留延度(10℃)不小于	cm	A	12	12	10	8	6	4	—
		B	10	10	8	6	4	2	—
残留延度(15℃)不小于	cm	C	40	35	30	20	15	10	—

注 1. 30 号沥青仅用于沥青稳定基层。130 号和 160 号沥青除寒冷地区可直接在中低级公路上直接应用外,通常用作乳化沥青、稀释沥青、改性沥青的基质沥青。

2. 经建设单位同意,*PI* 值、60℃动力黏度、10℃延度可作为选择性指标,也可不作为施工质量检验指标。

3. 70 号沥青可根据需要要求供应商提供针入度范围为 60～70 或 70～80 的沥青,50 号沥青可要求提供针入度范围为 40～50 或 50～60 的沥青。

4. 用于仲裁试验求取 *PI* 时的 5 个温度的针入度关系的相关系数不得小于 0.997。

表 7-3   **重交通道路石油沥青技术要求(GB/T 15180—2010)**

Tab. 7-3   Technical requirements of petroleum asphalts for heavy traffic road pavement

项 目		质 量 指 标					
沥青牌号		AH—130	AH—110	AH—90	AH—70	AH—50	AH—30
针入度(25℃,100g,5s)(1/10mm)		120～140	100～120	80～100	60～80	40～60	20～40
延度(15℃)(cm)不小于		100	100	100	100	80	报告
软化点(℃)		38～51	40～53	42～55	44～57	45～58	50～65
溶解度(%)不小于		99.0	99.0	99.0	99.0	99.0	99.0
闪点(℃)不小于		230					260
密度(25℃)(kg/m³)		报告					
蜡含量(℃)不大于		3					
薄膜烘箱试验 163℃,5h	质量变化(%)不大于	1.3	1.2	1.0	0.8	0.6	0.5
	针入度比(%)不小于	45	48	50	55	58	60
	延度(15℃)(cm)不小于	100	50	40	30	报告	报告

表 7-4   **建筑石油沥青技术标准(GB/T 494—2010)**

Tab. 7-4   The technical standards of petroleum asphalt for building

项 目	质 量 标 准	
沥青牌号	10	30
针入度(25℃,100g)1/10mm	10～25	26～35
延度(25℃),(cm)不小于	1.5	3

续表

项 目	质 量 标 准	
沥青牌号	10	30
软化点（环球法），（℃）不低于	95	70
溶解度（三氯乙烯、四氯化碳或苯）（%）不小于	99.5	99.5
蒸发损失（163℃，5h）（%）不大于	1	1
蒸发后针入度比，（%）不小于	65	65
闪点（开口）（℃）不低于	230	230
脆点（℃）	报告	

表 7 - 5　　　　水工石油沥青技术行业标准（SH/T 0799—2007）

Tab. 7 - 5　　Trade technical standards of petroleum asphalt for hydraulic engineering

项 目	技术指标	试验方法
针入度（25℃，100g，5s）（1/10mm）	70—90	GB/T 4509
软化点（环球法）（℃）	47—52	GB/T 4507
延伸度（15℃，5cm/min）（cm）不小于	150	GB/T 4508
脆点（℃）不高于	—10	GB/T 4510
闪点（开口）（℃）不低于	230	GB/T 267
溶解度（CCl_4 或苯）（%）不小于	99.0	GB/T 11148
蜡含量（蒸馏法）（%）不大于	3.0	SH/T 0426
蒸发减量（%）不大于	1.0	GB/T 22964
薄膜烘箱试验		
针入度比（%）不小于	65	GB/T 5301
延度（15℃，5cm/min）（cm）不小于	60	
延度（4℃，1cm/min）（cm）不小于	6	
密度（20℃）（g/cm³）	报告	GB/T 8928

从表 7-2～表 7-5 可看出，各类石油沥青都是按针入度指标来划分标号的。

第三节　沥青改性方法
Section 3　Asphalt Modified Method

为使沥青能满足工程要求，对从工厂生产的沥青材料通常要进行改性，使其具有一定工程必要的物理性质。如弹性、塑性、黏性、强度和温度稳定性等。石油沥青的改性方法主要有掺配法、乳化法和填充法。

一、掺配法Mixing method

掺配法是指当石油沥青的技术性质（如针入度或软化点）不能满足工程要求时，可通过用不同的沥青进行掺配而改变沥青的物理特性。

在进行掺配改性时不能破坏沥青胶体结构。掺配料应选用表面张力相近和化学性质相似的同产源沥青，以便保证沥青胶体结构的均匀性。

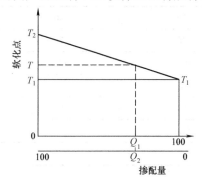

图 7 - 8　沥青掺配比例图

Fig. 7 - 8　Mixing Method Depend
on Softening Point

两种沥青掺配时可先绘制掺配比-软化点曲线，通常按直线法（如图 7 - 8 所示）估算掺配量。计算公式如下

$$Q_1 = \frac{T_2 - T}{T_2 - T_1} \times 100\% \qquad (7 - 5)$$

$$Q_2 = 100 - Q_1 \qquad (7 - 6)$$

式中　Q_1 ——标号较高沥青的掺量，%；

　　　Q_2 ——标号较低沥青的掺量，%；

　　　T ——掺配后沥青的软化点，℃；

　　　T_1 ——标号较高沥青的软化点，℃；

　　　T_2 ——标号较低沥青的软化点，℃。

二、乳化法Emulsification method

乳化法是指将沥青微粒（$1 \sim 6\mu m$）分散在含有表面活性物质（如乳化剂、稳定剂）的水溶液中，形成稳定乳状液的新型沥青材料。在工程上乳化沥青主要用于屋面和路面处理、冷拌沥青混合料、裂缝修补等。

1. 乳化原理Emulsification theory

水是极性分子，沥青是非极性分子，两者不能互相融合。当微小沥青颗粒分散在水中时，形成的沥青-水分散体系不稳定，沥青颗粒会自动聚集，最后与水分离。当水中含有乳化剂时，乳化剂的活性作用使其在沥青颗粒和水粒两相界面上产生强烈的吸附作用，形成了吸附层。吸附层中极性基团与水分子牢固结合形成水膜，非极性基团与沥青结合形成乳化膜。如图 7 - 9 所示。当沥青颗粒互相碰撞时，水膜和乳化膜共同组成的保护膜能阻止颗粒的聚集，从而形成稳定的乳化沥青材料。

2. 乳化剂的种类classification of emulsifying agent

沥青乳化剂主要有有机和无机两大类。

有机乳化剂包括阴离子乳化剂（如肥皂、松香皂等）、阳离子乳化剂、非离子乳化剂。

无机乳化剂包括膨润土、高岭土、无机氯化物、氢氧化物、不溶性硅酸铝、水溶性硅酸钠等。

乳化沥青的命名通常按乳化剂类型确定，如阴离子乳化沥青、阳离子乳化沥青、无机乳化沥青等。

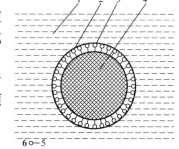

图 7 - 9　乳化沥青示意图

Fig. 7 - 9　Diagram of Emulsified
Structure of Asphalt

1—水；2—水膜；3—乳化剂；

4—沥青颗粒；5—乳化剂非极

性端；6—乳化剂极性端

工程上所用乳化沥青的一般组分含量为沥青 $50\% \sim 60\%$，含有乳化剂、稳定剂的水溶液 $40\% \sim 50\%$，其中乳化剂等的掺量为 $1\% \sim 3\%$。

三、填充法Filling method

填充法是指将细微颗粒（粉状或纤维状）矿物料（如滑石、云母、石棉等）、橡胶、合成树脂和植物油等材料加入沥青中，从而改善提高沥青的强度、温度稳定性、耐酸性、耐碱性、耐热性、柔性、黏性和防水性等物理性能，使其形成满足工程需要的改性沥青。

第四节　沥青混凝土
Section 4　Asphalt Concrete

沥青混凝土是泛指用适量的沥青材料与一定级配的矿质集料经过充分拌和而形成的一种黏-弹-塑性沥青混合料。这种材料不仅具有良好的力学性质和防水性能，而且具有一定的高温稳定性和低温柔韧性。用它铺筑的路面平整，无接缝，而且具有一定的粗糙度，路面减震、吸声、无强烈反光，使行车舒适，有利于行车安全。此外沥青混凝土也是良好的防水材料，常用于土石坝及其他水利工程的防渗。

沥青混凝土可按用途，孔隙率大小和施工方法进行分类。

（1）按用途可分为道路沥青混凝土和水工沥青混凝土等。

（2）按孔隙率的大小可分为密级配沥青混凝土、开级配沥青混凝土和沥青碎石。密级配沥青混凝土的孔隙率小于5%，主要用作防渗层材料；开级配沥青混凝土的孔隙率大于5%，主要用作整平胶结层材料；沥青碎石的孔隙率大于15%，渗透性强，主要用作排水层材料。

（3）按施工方法可分为碾压式沥青混凝土和浇筑式沥青混凝土。碾压式沥青混凝土中，沥青没有把骨料的空隙全部填满，主要靠骨料的咬合力和沥青黏性共同来抵抗荷载，如用于防渗心墙、道路、护面等的沥青混凝土和沥青碎石。浇筑式沥青混凝土中，沥青几乎把骨料的空隙全部填满，施工时在自重作用下能自行密实，主要靠沥青黏性抵抗荷载，如用于防水涂层、封闭层等的沥青玛碲脂、沥青砂浆或富沥青混凝土等。

一、沥青混凝土的组合结构Composite texture of asphalt concrete

沥青混凝土是一种沥青混合料，对矿物质材料有级配要求，包括粗骨料、细骨料和填料。粗骨料指粒径大于2.5mm的骨料，细骨料指粒径2.5~0.074mm的骨料，填料指粒径小于0.074mm的骨料。

根据胶体理论，沥青混凝土是由矿物质材料、沥青胶结料和残余空隙率所组成的具有多级空间网络结构的多相分散体系。沥青混凝土的粗骨料为分散相，是分散在沥青砂浆中的一种粗分散相；砂浆是以细骨料为分散相，是分散在沥青胶浆中的一种细分散相；胶浆又是一种以填充料为分散相，是分散在稠度沥青中的一种微分散相。这一理论说明了骨料的矿物组分、级配，以及沥青与填充料内表面的交互作用等因素对沥青混凝土性能的影响。

沥青混凝土的技术特性由组成沥青混凝土的材料特性确定，即石油沥青、骨料、填料和掺料。不同的工程对沥青混凝土的物理特性要求是不同的。

二、沥青混凝土的技术性质The technical properties of asphalt concrete

不同的工程建筑物，要求的沥青混凝土技术性质指标不同。如公路路面沥青混凝土，其主要技术性质要求有高温稳定性、低温抗裂性、耐久性、抗滑性、水稳定性和施工和易性等。而根据《土石坝沥青混凝土面板和心墙设计规范》（SL 501—2010）规定，沥青混凝土应具有防渗性、抗裂性、稳定性、耐久性和施工和易性要求。下面就沥青混凝土的主要技术性质做介绍。

（一）抗渗性Impermeability

沥青混凝土抗渗性指标用渗透系数来表示。渗透系数可通过渗透试验来测定，而工程中

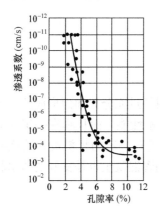

图 7 - 10 沥青混凝土渗透系数
与孔隙率关系曲线

Fig. 7 - 10 Permeability
Coefficient-Porosity
Curve for Asphaltic Concrete

实际需要的沥青混凝土的渗透系数的大小则应根据工程要求来确定。如碾压式沥青混凝土面层防渗层，要求用孔隙率2%～4%的密级配沥青混凝土，其渗透系数要求不大于 1×10^{-7} mm/s；而排水层的渗透系数要求为不小于 1×10^{-2} mm/s，面板整平胶结层为 1×10^{-3} mm/s～1×10^{-4} mm/s。

沥青混凝土渗透性取决于骨料级配、沥青用量及沥青混凝土的压实程度，随孔隙率的减小而降低。沥青混凝土渗透系数与孔隙率的关系如图 7 - 10 所示。当孔隙率小于 4% 时，渗透系数可小于 10^{-7} mm/s。

（二）抗裂性Crack resistance

沥青混凝土的抗裂性是指沥青混凝土在外荷载（如温降或拉伸）作用下抵抗变形而不产生裂缝的性能，是衡量沥青混凝土力学特性的一个重要指标，水工沥青混凝土常用小梁弯曲率（%）来表示，公路沥青混凝土用抗劈强度表示。

沥青混凝土如具有较好的柔性，可充分适应变形，减小和避免裂缝的产生。

沥青混凝土的柔性主要取决于沥青的性质和用量、矿质混合料的级配以及填充料与沥青用量的比值。为了提高沥青混合料的柔性，增加抗裂性，应选用针入度较大、低温延伸度较大的沥青，但沥青的软化点必须能保证耐热性的要求。也可在满足耐热性的前提下多用沥青，增加柔性。但随着沥青用量的增多，沥青混合料的温度变形随之增大，因而受温度影响而产生裂缝的可能性也要增加。

在骨料方面，连续级配或颗粒偏细骨料比间断级配或颗粒偏粗的骨料混合的沥青混凝土柔性好。

（三）抗滑性Skid resistance

抗滑性是路面沥青混凝土要求的指标，用摩擦系数和构造深度来表示。摩擦系数通常采用横向力系数（或摆值）表示。

横向力系数是指摩擦系数测定车以（50±1）kg/h 车速行进时，与运行方向成 20°的轮胎侧面的横向力与轮荷载之比，是路面纵横向摩擦系数的综合反映。

摆值是由摆式仪测定摩擦系数的测定值。

构造深度是类似于路面糙度的评定指标，是高速行车防止水漂和溅水影响司机视线的重要因素。

根据《公路沥青路面设计规范》（JTG D50—2017）规定，路面沥青混凝土的抗滑指标见表 7 - 6。

（四）强度Strength

水工建筑物既是受力体，又是传力体，必须具备一定强度使其在工作中不遭受破坏。沥青混凝土的强度由混合料中骨料间的咬合、沥青的黏性、沥青用量以及混合料的压实度决定，强度指标由 C、φ 值表示。抗压模量 E 和劈裂强度 σ 也是工程中要考虑的强度指标。沥青混合料是一种典型的黏-弹-塑性综合体，在小变形范围内为线性黏弹性体，在大变形流动范围内表现为黏塑性体，而在过渡范围内则表现为一般黏弹性体。确定沥青混凝土非线性参数的方法最常用的是进行沥青混凝土三轴试验。

表 7 - 6　　　　　　　　　　抗 滑 指 标

Tab. 7 - 6　　　　**Standard for skid resistance of highway**

年平均降雨量（mm）≥	交工验收值		
	横向力系数 SFC	动态摩擦系数 DI_{60}	构造深度 TC（mm）
＞1000	≥54	≥0.59	≥0.55
500～1000	≥50	≥0.54	≥0.50
250～500	≥45	≥0.47	≥0.45

（五）稳定性 stability

稳定性是指沥青混凝土在高温条件下及外荷长期作用下不发生严重变形或流淌的性质。稳定性指标可用热稳定性系数、斜坡流淌值或马歇尔稳定度和流值来表示。路面混凝土也用动稳定度表示。

1. 热稳定性系数 **Thermal stability coefficient**

$$热稳定性系数 = R_{20}/R_{50} \qquad (7 - 7)$$

式中　R_{20}——20℃时沥青混凝土抗压强度值；

　　　R_{50}——50℃时沥青混凝土抗压强度值。

热稳定性系数越小，沥青混凝土的稳定性越好。

规范规定，防渗面板沥青混凝土的热稳定性系数不大于 4.5。

2. 斜坡流淌值 **Slope flow value**

斜坡流淌值是指模拟沥青混凝土流变特性的试验值，是反映沥青混凝土在高温下的流变稳定性指标。规范规定，防渗面板沥青混凝土的斜坡流淌值不大于 0.8mm。

斜坡流淌值试验方法是将 $\phi 100mm \times 63mm$ 的试件，置于与坝面坡度相同的斜坡上，在可能达到的最高温度下（一般为 70℃）保持 48h，测出距试件底部高度为 50mm 处的位移（以 0.1mm 计），其值即为斜坡流淌值。

3. 马歇尔稳定度和流值 **Marshal stability and flow value**

马歇尔稳定度和流值是沥青混凝土稳定性评定的主要指标。许多国家采用马歇尔试验的稳定度和流值作为评定沥青混凝土性能的主要指标，并按此试验法作为沥青混凝土配合比设计方法。通常水工建筑物中用于防渗的沥青混凝土马歇尔稳定度大于 5000N，马歇尔流值大于 5，路面沥青混凝土马歇尔稳定度大于 5000～7500N，马歇尔流值为 20～40。

马歇尔试验方法是将圆柱试件（骨料最大粒径不同，试件的尺寸不同，如 $D_{max} < 26.5mm$ 时，试件尺寸为 $\phi 101.6mm \times 63.5mm$），侧放在加荷压头内，使试件在试验机上以 (50 ± 5) mm/min 的变形速率加荷，试件破坏时达到的最大荷载即为稳定度（以 N 计），试件达到最大荷载时所发生的变形即为流值（以 0.1mm 计）。如图 7 - 11 所示。

4. 动稳定度 **Dynamic stability**

动稳定度是指道路沥青混凝土在温度 60℃，轮载 0.7MPa 条件下，车辙试验使沥青混凝土变形 1mm 所通过的次数（要求 600～800 次/mm）。

5. 水稳定性 **Water stability**

水稳定性是指沥青混凝土抵抗水作用引发性质变

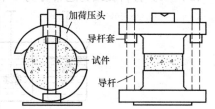

图 7 - 11　沥青混凝土马歇尔试验示意图

Fig. 7 - 11　Diagram of Apparatus for Asphaltic Concrete Marshal Test

化和破坏的能力。通常水工沥青混凝土用水稳定性系数和残留稳定度指标来评定；路面沥青用残留稳定度、黏附性指标评定，在温度低于－21.5℃的寒冷地区，还要用冰融劈裂残留强度来评价，即

$$水稳定系数 = \frac{真空饱水后沥青混凝土抗压强度}{未浸水的沥青混凝土抗压强度} \qquad (7-8)$$

水稳定性系数越大，沥青混凝土耐久性越好。沥青混凝土的水稳定性主要决定于沥青材料性能、骨料与沥青材料的黏结力及沥青混凝土的孔隙率等。水工沥青混凝土防渗层要求水稳定性系数不小于 0.85，孔隙率小于 4%，即

$$残留稳定度 = \frac{浸水饱和后马歇尔稳定度}{未浸水的马歇尔稳定度} \qquad (7-9)$$

水工沥青混凝土要求残留稳定度应为不小于 0.85。

路面沥青混凝土的残留稳定度应不小于 0.6～0.75，冰融劈裂残强度应不小于0.6～0.7。

6. 和易性 Placeability

沥青混合料的和易性是指沥青混凝土在拌和、运输、摊铺及压实过程中具有良好的流动性和良好的黏聚性。和易性良好的沥青混合料能在运输过程中顺畅装卸，不至于在各通道中阻塞，有利于其均匀顺畅地摊铺。在相同的压实强度下，和易性好的沥青混凝土能得到最大程度的压实，从而得到密实的、孔隙率最小的沥青混凝土，保证施工质量和工程质量。沥青混凝土的和易性受所用材料的性质、用量及拌和质量的影响。目前尚无成熟测定沥青混凝土和易性的方法，大多凭经验在施工前进行现场铺筑试验来决定。

三、沥青混凝土配合比设计 Asphalt concrete mix design

沥青混凝土配合比设计的内容主要是确定粗骨料、细骨料、填充料和沥青材料相互配合的最佳组成比例，使之既能满足沥青混凝土工程技术要求又符合经济的原则。配合比室内试验就是根据设计规定的技术要求，对选定的原材料进行多种配合比的试验，选出能满足设计要求的各配合比参数，确定标准配合比。

沥青混凝土配合比设计采用骨料级配和沥青用量两个参数。

(一) 骨料质量要求 Quality requirement of aggregate

对于不同的工程，对骨料的质量要求是不同的。

(1) 粗骨料　表现粗骨料质量的主要指标是骨料的黏结力 (5 级)、密度、吸水率、强度、耐磨性、压碎值 (或形状)。

骨料的黏结力是指在沸水的作用下，裹覆沥青骨料的沥青膜抵抗剥离发生的能力，如图 7-12 所示。骨料黏结力通常分为 5 个等级，见表 7-7。

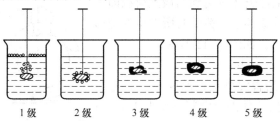

图 7-12　骨料黏结力分级示意图

Fig. 7-12　Diagram of Classification of

Asphalt-Aggregate Cohesion

表 7 - 7　　　　　　　　　　　　骨料黏结力等级评定表

Tab. 7 - 7　　Characterization chart for grade estimation of asphalt-aggregate adhesive force

骨料颗粒表面沥青膜的特征	黏结力等级
沥青膜保持完整	5
沥青膜稍被水所移动，其厚度不均匀，但骨料仍未露出	4
沥青膜在个别地点显著被水所破坏，但沥青仍黏附在颗粒表面	3
沥青膜全部被水破坏，骨料外露，但骨料上还有点滴沥青尚未脱离上浮	2
沥青膜全部被水破坏，骨料表面无沥青黏附，全部沥青上浮至水面	1

（2）细骨料　表现细骨料质量的主要指标是水稳定性（9 级）、密度、吸水率、耐磨性、杂质含量等。

细骨料的水稳定性是指裹覆沥青的骨料在碳酸钠溶液中，骨料表面的沥青膜抵抗剥落的能力。碳酸钠溶液浓度越高，骨料表面的沥青膜剥落越多，当未剥落的试样量不少于原试样量 50％时，所对应的溶液浓度，即为细骨料水稳定性等级，分为 9 级，见表 7 - 8。

表 7 - 8　　　　　　　　　　　　水 稳 定 性 等 级

Tab. 7 - 8　　　　　　　　Water stability grades for fine asphalt-aggregate

碳酸钠溶液浓度（mol/L）	0	$\frac{1}{256}$	$\frac{1}{128}$	$\frac{1}{64}$	$\frac{1}{32}$	$\frac{1}{16}$	$\frac{1}{8}$	$\frac{1}{4}$	$\frac{1}{2}$	1	1mol/L 溶液中完全不分离者为 10 级
水稳定性等级	0	1	2	3	4	5	6	7	8	9	

（3）填料　表现填料质量的主要指标是亲水系数、密度、吸水率和细度要求。

填料的亲水系数是指等量的填料分别放入水和煤油中，填料在水中的沉淀体积 $V_水$ 和填料在煤油中的沉淀体积 $V_油$ 之比，即亲水性系数为 $\eta = V_水 / V_油$。

沥青混凝土填料以憎水性强、亲水性弱为佳。

水利工程沥青混凝土对粗、细骨料和填料的技术要求，见表 7 - 9～表 7 - 11。道路沥青混凝土对骨料质量的要求，详见 JTG F40—2004《公路沥青路面施工技术规范》规定。

表 7 - 9　　　　　　　　　　　　水工粗骨料技术性能要求

Tab. 7 - 9　　Requirements of technical property of coarse aggregate for hydraulic asphalt engineering

项　目	密度（g/cm³）	吸水率（%）	含泥量（%）	耐久性（%）	磨耗损失（%）		针片状含量（%）		与沥青黏附力
					20～10mm	10～5mm	20～10mm	10～5mm	
技术要求	≥2.7	≤2.5	<0.3	<12	<35	<40	<15	<15	>4 级

表 7 - 10　　　　　　　　　　　　细骨料技术性能要求

Tab. 7 - 10　　Requirements of technical property of fine aggregate for hydraulic asphalt engineering

项　目	密度（g/cm³）	吸水率（%）	耐久性（%）	黏土、尘土、炭块含量（%）	水稳定性
技术要求	≥2.7	≤2.5	<15	≤1.0	>4 级

表 7 - 11　　　　　　　　**填料性技术性能要求**

Tab. 7 - 11　requirements of technical property of filler for hydraulic asphalt engineering

项 目	密度 (g/cm³)	吸水率 (%)	亲 水 系 数	细 度（各级筛孔通过率,%)		
				0.6mm	0.15mm	0.075mm
技术指标	≥2.6	<0.5	≤1	100	>93	>75

（二）沥青质量要求 Asphalt quality requirement

沥青质量反映在沥青标号上，其主要指标是针入度、软化点、延伸度、溶解度和闪点。不同的工程，不同的区域，对沥青质量要求也是不同的，如某水工建筑物中的大坝防渗体对沥青产品的质量要求见表 7 - 12。道路沥青质量分级更多，如 JTG D50—2017《公路沥青路面设计规范》规定，高速公路、一级公路的沥青路面，应选用符合"重交通道路石油沥青技术要求"的沥青（见表 7 - 3）；二级及以下公路的沥青路面，应选用符合"中、轻交通道路石油沥青技术要求"的沥青（见表 7 - 2）或改性沥青；同时应满足 JTG F40—2004《公路沥青路面施工技术规范》规定要求。

表 7 - 12　　　　　　　　**水工沥青产品技术性能要求**

Tab. 7 - 12　Technical requirements of asphalt products' property for hydraulic engineering

项 目		质 量 要 求	试 验 方 法
针入度（25℃，1/10mm）		60~80	GB/T 4509
软化点（环球法，℃）		47~54	GB/T 4507
延伸度（15℃，cm）		>150	GB/T 4508
密度（g/cm³）		≈1	GB/T 8928
含蜡量（%）		≤2.0	
脆点（℃）		<−10	GB/T 4510
含水量（%）		<0.2	
溶解度（%）		>99.5	GB/T 11148
闪点（℃）		>230	GB/T 267
薄膜烘箱试验	质量损失（%）	<0.5	GB/T 22964
	针入度比（%）	>68	GB/T 5301
	延度（15℃/25℃，cm）	>60/100	GB/T 5301
	脆点（℃）	<−8	GB/T 5301
	软化点升高（℃）	<5	

（三）骨料级配 Aggregate gradation

骨料级配是指粗骨料、细骨料、填充料按适当比例配合，使其具有最小的空隙率和最大的摩擦力的合成级配。对不同工程或工程的不同部位，沥青混凝土的级配应符合工程技术要求。目前常用的级配理论主要有最大密度曲线理论和粒子干涉理论。

最大密度曲线是通过试验提出的一种理想曲线，这种理论认为，固体颗粒按粒度大小有规则地组合排列，粗细搭配，可以得到密度最大，空隙最小的混合料。并认为骨料的混合级配曲线越接近于抛物线，则密度越大。按最大密度曲线理论，骨料级配计算式见式（7-10），即。

$$P_i = F + (100 - F) \frac{(d_i)^n - (0.074)^n}{(D)^n - (0.074)^n} \qquad (7\text{-}10)$$

式中　P_i——筛孔尺寸为 d_i 时的通过率，%；

　　　F——尺寸小于 0.074mm 填充料用量（通常表示为 $P_{0.074}$），%，通常取 9%～15%；

　　　n——骨料级配指数，通常取 0.2～0.4；

　　　d_i——某一筛孔尺寸，mm；

　　　D——骨料最大粒径，mm。

骨料级配可按下列步骤进行：

（1）确定骨料最大粒径 D 参数（如 $D=20$mm）；

（2）固定填充料用量 F，如定为 12%；

（3）选定不同骨料级配指数 n，如 $n=0.2$，0.25，0.3，0.35，0.4 等；

（4）按式（7-10）可计算出各级骨料的用量，见表 7-13；

（5）改变填充料用量 F（如取 9%、10%、11%、13% 等），重复上面计算，可得到新的骨料级配组。

表 7-13　　　　　　　　　　　骨料级配计算表
Tab. 7-13　　　　　　　　　　　Calculation chart of aggregate gradation

粒径（mm）		20～10	10～5	5～2.5	2.5～0.074	F
					天然砂或人工砂	<0.074
比例（%）	$n=0.25$	18.58	15.63	13.14	40.64	12.0
	$n=0.35$	22.07	17.31	13.58	35.04	12.0
	$n=0.38$	23.13	17.78	13.66	33.43	12.0

（四）沥青用量 Asphalt content

1. 沥青用量确定 Determination of asphalt content

对不同的骨料级配组，即固定骨料级配指数 n 和填充料用量 F 下，选用不同比例的沥青用量 B（如 6.0%、6.4%、6.6%、6.8%、7.0% 等），拌成沥青混合料，制备沥青混凝土马歇尔试件，进行密度、孔隙率、马歇尔稳定度和流值试验。将得到的以上指标与沥青用量点绘在坐标上，并绘制出曲线，如图 7-13 所示。然后从曲线上按密度最大值、稳定度最大值、目标孔隙率（如 3%）和目标流值，选取沥青用量。表 7-15 示例为某大坝的防渗心墙（碾压）沥青混凝土技术要求，目标孔隙率为 2% 和目标流值为 50，从曲线图中可得 4 个对应指标下的沥青用量 $a_1=6.56$，$a_2=6.50$，$a_3=6.52$，$a_4=6.54$，取平均值作为初步选择配合比的沥青用量。

2. 最佳沥青用量 Optimal asphalt content

改变 n、F 值，重复上面试验工作内容，可得到一系列满足沥青混凝土达到最优性能指标要求的沥青用量试验数据，由此可得到最大和最小沥青用量。通常取最大和最小沥青用量的中值，作为最佳沥青用量。

但在确定最佳沥青用量时，还应考虑沥青混凝土应有良好的和易性和施工性，即良好的

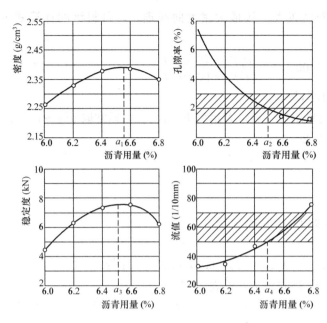

图 7 - 13　沥青用量与沥青混凝土技术指标的关系

Fig. 7 - 13　Technical Index Marts of Asphaltic Concrete
With Asphalt-Cement Content Curve

流动性和黏聚性，外观有较高的亮泽度（通常沥青混凝土的黏聚性差，流动性差，外观亮泽度差均表示沥青用量不足）。应结合良好的和易性和施工性要求，在沥青混凝土的最大和最小沥青用量范围内，选择一个孔隙率小（水工防渗沥青混凝土要求渗透系数满足规定）的沥青用量，作为调整的最佳沥青用量，其相应的配合比，即为设计配合比。

由上述可知，沥青混凝土配合比设计的内容就是选择合理的三个配合比参数：骨料级配指数 n、填充料用量 F 和沥青用量 B。这三个参数的变化引起沥青混凝土技术性能的变化。根据工程技术要求，按上面介绍方法，就可设计沥青混凝

土的配合比。JTG D50—2017《公路沥青路面设计规范》中专门列出了各类道路沥青混凝土的骨料级配和沥青用量表，使道路沥青混凝土配合比设计工作得以简化，而水工沥青混凝土配合比设计则应按上述方法进行。表 7 - 14 示例为某大坝防渗（碾压）沥青混凝土技术要求。

表 7 - 14　　　　　　　　某大坝防渗沥青混凝土设计指标

Tab. 7 - 14　　　　Design technical index of anti seepage asphalt concrete for the dam

序　号	项　目	设计指标	试验方法及要求
1	密度（g/cm³）	＞2.35	
2	孔隙率（%）	≤2.0	
3	渗透系数（cm/s）	≤1×10⁻⁷	
4	马歇尔稳定度（40℃，N）	＞5000	
5	马歇尔流值（1/100cm）	＞50	
6	水稳定系数	＞0.85	
7	小梁弯曲（%）	＞1.0	6.5℃
8	模量数 K（6.5℃）	≥700	$E \sim \mu$ 模型
9	内摩擦角 φ（°）	≥27	6.5℃
10	凝聚力 C（MPa）	≥0.4	

注　表中的后面四个指标作为测试指标参考值。

（五）配合比验证试验Confirmation test of mixture ratio

选定的配合比应经过实验室和现场的试验验证。

1. 实验室验证Laboratory confirmation

按设计配合比制备沥青混凝土试件，再根据设计规定的技术要求，如水稳定系数、热稳定系数、渗透系数、物理力学、变形及其他性能试验等指标进行检验。如各项技术指标均能满足设计要求，则该配合比即可确定为试验室配合比，否则须重新设计。根据对试验成果的分析以及设计指标的要求，各项技术指标推荐用于现场试验的沥青混凝土配合比的主要参数。

2. 现场铺筑试验Test in situ

实验室所用的原材料和成型条件与现场情况不尽相同，试验室配合比用于施工现场时，能否达到预期的质量，须经过现场试验加以检验，必要时作适当的调整。最后选定的配合比应能满足设计要求，又能保证施工质量。

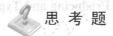

思 考 题

Exercise

1. 简述沥青材料的定义及分类。
2. 简述石油沥青的组分及特点。石油沥青的组分、结构和性质之间的关系。
3. 石油沥青的主要技术性质有哪些？影响这些性质的主要因素各是什么？
4. 如何划分和确定石油沥青的标号？
5. 改变沥青特性的方法有几种？改性沥青的种类及其特点有哪些？
6. 乳化沥青是什么？乳化原理和过程是怎样的？
7. 什么叫沥青混凝土？沥青混凝土主要有哪些技术要求？
8. 沥青混凝土对骨料有何要求？如何确定骨料级配？
9. 沥青混凝土配合比设计中该如何确定沥青用量？

第八章 金 属 材 料

Chapter 8　Metallic Materials

金属材料是一种或多种金属元素或金属元素与非金属元素组成的合金总称，分为黑色金属和有色金属两大类。黑色金属是以铁元素为主要成分的铁和铁合金，主要包括各种钢和铁；有色金属是除黑色金属以外的其他金属，如铝、铅、锌、铜、锡等金属及其合金。其中，钢材和铝材是使用最广泛的金属材料。

第一节　钢材的生产与分类

Section 1　Producing and Types of Steel

一、钢材的生产Steel producing process

铁元素在地壳中占 4.7%，通常以化合物的形式存在于铁矿石（iron ore）中。铁矿石主要有赤铁矿（Fe_2O_3）、磁铁矿（Fe_3O_4）、菱铁矿（$FeCO_3$）、褐铁矿 [$Fe_2O_3 \cdot 2Fe(OH)_3$] 和黄铁矿（FeS_2）。钢和铁的主要成分是铁和碳元素，含碳量为 $2.06\% \sim 6.69\%$，且含杂质较多的铁碳合金（iron-carbon alloy）称为生铁（pig iron）；含碳量在 2.06% 以下，且含少量其他元素的铁碳合金称为钢（steel）。

（一）钢的冶炼Steel smelting

1. 炼铁Ironmaking

将铁矿石、焦炭、石灰石和少量锰矿石按一定比例装入高炉内，在高温条件下，焦炭中的碳与铁矿石中的铁化物发生还原反应（deoxidizing or reducing reaction）生产出生铁。生铁性能硬而脆，塑性差，一般用来生产铸铁和作为钢材的生产原料。

2. 炼钢Steelmaking

钢是以铁水或生铁为主要原料，经冶炼、铸锭、轧制和热处理等工艺生产而成。通过高温氧化（oxidize）作用除去碳及部分杂质，从而提高钢材质量，改善性能。高炉炼铁是现代钢铁生产的主要方法，主要有平炉炼钢法、转炉炼钢法和电炉炼钢法三种。

（1）平炉炼钢法 Open-hearth process（Martin process）

平炉法炼钢以铁水或固体生铁、废钢铁和适量的铁矿石为原料，以煤气或重油为燃料，靠废钢铁、铁矿石中的氧和氧气氧化杂质。由于冶炼时间长（$4 \sim 12h$），容易调整和控制成分，钢材杂质少，质量好，但投资大，需用燃料，成本高。

（2）转炉炼钢法 Converter process

转炉炼钢有空气转炉法和氧气转炉法两种，目前主要采用氧气转炉法。冶炼时在炉顶吹入高压纯氧（99.5%），将铁水中多余的碳和杂质迅速氧化除去，冶炼时间短（$25 \sim 5min$），杂质含量少，钢材质量较好。

（3）电炉炼钢法 Electric process

电炉法炼钢是利用电热冶炼，温度高，能严格控制钢材成分，钢的质量最好，但产量低，耗电大，成本高，一般用于生产合金钢和优质碳素钢。

（二）钢的铸锭 Steel casting

为减少氧对钢材性能的影响，铸锭前需在钢水中加入脱氧剂（deoxidant）。常用脱氧剂有锰铁、硅铁，以及高效的铝脱氧剂。根据脱氧程度不同，钢材分为沸腾钢、半镇静钢、镇静钢和特殊镇静钢。

沸腾钢脱氧不完全，铸锭时有气体外逸，引起钢水剧烈"沸腾"，钢中残留有不少气泡，致密程度较低，质量较差，但成本较低，可用于一般结构。镇静钢脱氧较完全，铸锭时无"沸腾"现象，致密程度高，质量优于沸腾钢，但成本较高，用于承受冲击荷载和其他重要结构中。特殊镇静钢的脱氧程度充分彻底，钢的质量最好，适用于特别重要的结构。半镇静钢的脱氧程度和钢材质量介于沸腾钢和镇静钢之间。

某些元素在液相中的溶解度高于固相，在钢锭冷却过程中，它们会向钢锭中心集中导致化学偏析（segregate），对钢的质量有较大影响，其中以硫、磷的偏析最为严重。沸腾钢的偏析现象较严重，其冲击韧性和可焊性差，尤其是低温冲击韧性更差，但钢锭收缩孔较小，成品率较高。镇静钢质量好，但钢锭的收缩孔大，成品率低。

（三）压力加工和热处理 Presswork and heat treatment

钢在铸锭过程中，常会出现偏析、缩孔、气泡、晶粒粗大和组织不致密等缺陷，压力加工可使钢材内部的气孔焊合，疏松组织密实，消除铸造显微缺陷，并细化晶粒，提高强度和质量。压力加工后的钢材，再经适当的热处理，可显著提高其强度，并保持良好的塑性和韧性。

二、钢材的分类 Steel types

根据不同的需要，常用的钢材分类方法有以下几种。

1. 按冶炼设备分类 **Types according to melting equipment**

①平炉钢 Martin steel；②转炉钢 Converter steel；③电炉钢 Electrical steel。

2. 按脱氧程度分类 **Types according to deoxidized degree**

①沸腾钢 Boiling steel； ②镇静钢 Killed steel；

③半镇静钢 Semi-killed steel； ④特殊镇静钢 Special killed steel。

3. 按化学成分分类 **Types according to chemical component**

（1）碳素钢 Carbon steel

碳素钢的主要成分为铁，含有不大于 1.35% 的碳和微量的硫、磷等杂质和极少量的硅、锰。其中，碳元素对碳素钢的性能起主要作用，根据含碳量分为：

a. 低碳钢（Low carbon steel）：含碳量小于 0.2%，性质软韧，易加工，但不能淬火和退火，是主要的工程用钢；

b. 中碳钢（Medium carbon steel）：含碳量为 0.2%～0.60%，性质较硬，可淬火、退火，多用于机械部件；

c. 高碳钢（High carbon steel）：含碳量大于 0.60%，性质很硬，可淬火、退火，是一般工具的主要用钢。

根据硫、磷等杂质元素的含量，碳素钢可分为：

a. 普通碳素钢（Common straight carbon steel）：含硫量不大于 0.050%，含磷量不大于 0.045%；

b. 优质碳素钢 (Prime carbon steel)：含硫量不大于 0.035％，含磷量不大于 0.035％；

c. 高级优质碳素钢 (High-grade carbon steel)：含硫量不大于 0.025％，含磷量不大于 0.025％；

d. 特级优质碳素钢 (Extra-grade carbon steel)：含硫量不大于 0.015％，含磷量不大于 0.025％。

（2）合金钢 Alloy Steel

合金钢是在碳素钢的基础上，加入一种或多种能改善钢材性能的合金元素而制得的钢种，按合金元素的总含量分为：

a. 低合金钢 (Low alloy steel)：合金元素总含量小于 3.5％；

b. 中合金钢 (Medium alloy steel)：合金元素总含量为 3.5％～10％；

c. 高合金钢 (High alloy steel)：合金元素总含量大于 10％。

4. 按用途分类 Types according to application

（1）碳素结构钢 Carbon structural steel

a. 普通碳素结构钢 (Common carbon structural steel)：也称为碳素结构钢，含碳量不超过 0.38％，是主要的工程用钢，广泛用于结构工程中的型钢和钢筋；

b. 优质碳素结构钢 (Prime carbon structural steel)：比普通碳素结构钢的杂质含量少，具有较好的综合性能，广泛用于机械制造、工具、弹簧等。

（2）合金结构钢 Alloy structural steel

a. 普通低合金结构钢 (Common alloy structural steel)：也称为低合金结构钢，是在普通碳素结构钢基础上加入少量合金元素而成，具有高强度、高韧度和可焊性，是工程中大量使用的结构钢种；

b. 合金结构钢 (Alloy structural steel)：品种繁多，包括合金弹簧钢、滚珠轴承钢、锰钢、铬钢、镍钢、硼钢等，主要用于机械制造和设备的制造，少量用于机械维修和结构构件。

（3）工具钢 Tool steel

a. 碳素工具钢 (Carbon tool steel)：通常含碳量为 0.65％～1.35％，根据硫、磷含量分优质和高级优质两种，工程中凿岩用的钢钎和部分中空钢钎杆就是碳素工具钢制品；

b. 合金工具钢 (Alloy tool steel)：含碳量较高，硬度大、耐磨、热处理变形小，具有在较高温度下工作的热硬性，如量具、刃具用钢、耐冲击工具钢、冷作模具钢、热作模具钢等；

c. 高速工具钢 (High speed steel, HSS)：也称锋钢，是高合金钢，质量优于一般工具钢，但价格较贵，主要用于钻头、刃具等。

（4）特殊性能钢 Special performance steel

特殊性能钢大多是高合金钢，主要有不锈钢、耐热钢、抗磨钢、电工硅钢等。

（5）专门用途钢 Special purpose steel

专门用途钢是应用于专门领域的特殊钢材，如钢筋钢、桥梁钢、钢轨钢、锅炉钢、矿用钢、船用钢、压力容器用钢、低温压力容器用钢等。

第二节 钢材的技术性质
Section 2　Technical Properties of Steel

钢材的技术性质主要包括力学性能和工艺性能，力学性能有抗拉性能、抗冲击性能、耐疲劳性能及硬度，工艺性能有冷弯性能和可焊性。

一、抗拉性能 Tensile properties

抗拉性能是钢材的重要性能，可通过单向静力拉伸试验测试。试验时，将标准试件放置在材料试验机的夹具中，在常温下以规定的加载速度施加荷载直至试件被拉断。测定和计算试件的名义应力 $\sigma = F/A_0$，应变 $\varepsilon = \Delta l/l_0$，绘制出应力－应变曲线（图 8-1）。图中曲线可明显分为弹性阶段（OB）、屈服阶段（BB_2）、强化阶段（B_2C）和颈缩阶段（CD）等四个阶段。

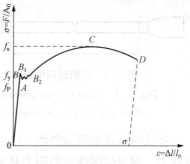

图 8-1　低碳钢的应力－应变曲线
Fig. 8-1　Typical stress-strain curve for low carbon steel

1. 弹性阶段 Elastic stage

弹性阶段包括 OA 直线段和微弯的 AB 曲线段。A 点所对应的应力称为比例极限（proportional limit），B 点所对应的应力称为弹性极限（elastic limit）。由于两者十分接近，可近似认为相等，都用 f_p 表示。试件在弹性阶段发生弹性变形（elastic deformation），应力和应变关系为 $\sigma = E\varepsilon$，E 称为弹性模量（elastic modulus, Young's modulus）。弹性模量 E 反映钢材的刚度，是计算结构变形的重要指标，同种钢材的 E 是常量。常用钢材的弹性模量 E 为 $(2.0 \sim 2.1) \times 10^5 \mathrm{MPa}$。

2. 屈服阶段 Yield stage

应力超过弹性极限 f_p 后，应变增长速度加快，试件产生弹性变形和塑性变形（plastic deformation）。应力达到 B_1 点后，塑性变形急剧增加，产生屈服现象，屈服时的应力称为屈服强度 f_y（yield strength）。此时，试件尚未断裂，但变形较大已不能满足使用要求，设计中采用屈服强度作为钢材强度取值的依据。

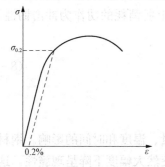

图 8-2　硬钢的应力－应变曲线
Fig. 8-2　Typical stress-strain curve for hard steel

某些合金钢或含高碳钢具有硬钢（hard steel）的特点，无明显的屈服阶段，按规定以产生 0.2％残余应变（residual strain）时的应力作为名义屈服强度（nominal yield strength），用 $\sigma_{0.2}$ 表示，如图 8-2 所示。

3. 强化阶段 Strengthening stage

钢材屈服到一定程度以后，由于内部晶格扭曲、晶粒破碎等原因，阻止了塑性变形的进一步发展，抵抗能力重新提高，应力从屈服平台开始上升直至最高点 C，对应的应力称为抗拉极限强度 f_u（tension strength），是钢材所能承受的最大拉应力。

屈服强度与抗拉极限强度之比 f_y/f_u 称为屈强比（yield ratio），是评价钢材可靠性的一个参数。屈强比越大，钢材受力超过屈服点时的工作可靠性越小，安全性越低；反之，屈强比越小，钢材的工作可靠性越大，安全性越高。但屈强比太小，钢材强度的利用率偏低。钢材的屈强比一般不高于1/1.2，用于抗震结构的普通钢筋的实测屈强比不高于1/1.25。

4. 颈缩阶段 **Necking stage**

钢材强化达到 C 点后，试件应变继续增大，但应力逐渐下降，试件某一断面开始减小，塑性变形急剧增加，产生"颈缩"现象（necking phenomenon），最终试件被拉断（图8-3）。

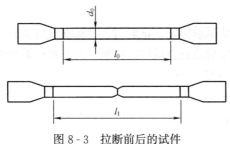

图 8-3　拉断前后的试件

Fig. 8-3　Figure of the specimen before and after tensile rupture

试件标距间的伸长量 Δl 与原标距长度 l_0 之比称为伸长率 δ（ductility），即

$$\delta = \frac{\Delta l}{l_0} = \frac{l_1 - l_0}{l_0} \times 100\% \qquad (8-1)$$

通常，试件的标距取为 $l_0 = 5d_0$（试件直径）和 $l_0 = 10d_0$，其伸长率分别用 δ_5 和 δ_{10} 表示（$\delta_5 > \delta_{10}$）。某些钢材的伸长率采用定标距的试件测定，如 $l_0 = 100$mm 或 $l_0 = 200$mm，其伸长率用 δ_{100} 和 δ_{200} 表示。

伸长率是评定钢材塑性（plasticity）的一个指标，反映了钢材在破坏前可承受永久变形的能力。钢材的塑性变形能力还可用断面收缩率 ψ（contraction of cross-sectional area）表示，即

$$\psi = \frac{A_0 - A_1}{A_0} \times 100\% \qquad (8-2)$$

式中　A_0——颈缩处断裂前的横截面积，mm^2；

　　　A_1——颈缩处断裂后的横截面积，mm^2。

尽管结构是在弹性范围内使用，但应力集中处的应力可能超过屈服点，良好的塑性变形能力可使应力重新分布，从而避免结构过早破坏。常用低碳钢的伸长率一般为 20%～30%，断面收缩率一般为 60%～70%。

二、冲击韧性 Impact toughness

冲击韧性是钢材抵抗冲击荷载（impact load）的能力，通过弯曲冲击韧性试验确定（图8-4）。用摆锤冲击带缺口的试件，将试件打断，单位截面积上所消耗的功作为冲击韧性值，用 α_k 表示

$$\alpha_k = \frac{A_k}{F} \qquad (8-3)$$

式中　A_k——冲断试件所消耗的功，J；

　　　F——试件断口处的面积，mm^2。

钢材的冲击韧性受化学成分、组织状态、冶炼和轧制质量、温度和时间的影响。钢材的冲击韧性随温度的降低会下降，当达到某一温度范围时，会突然大幅度下降呈现脆性，这种现象称为冷脆性（cold-brittleness）。这时的温度范围称为脆性转变温度（brittle transition temperature）或脆性临界温度（brittle critical temperature），如图8-5所示。脆性转变温度值越低，表明钢材的低温冲击韧性越好。在低温下使用的钢材应选用脆性转变温度低于使用温度的钢材。

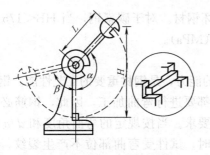

图 8-4 钢材的脆性转变温度
Fig. 8-4 Brittle transition temperature of steel

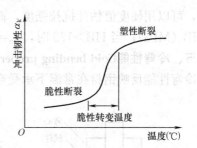

图 8-5 摆锤式冲击韧性试验
Fig. 8-5 Pendulum impact test

随着时间的延长，钢材的强度逐渐提高，塑性和冲击韧性下降的现象称为时效（aging）。时效过程可达数十年，钢材经受冷加工或受到振动及交变荷载的影响，可加速时效发展。因时效而导致钢材性能改变的程度称为时效敏感性（aging sensibility），对于承受动荷载的重要结构应选用时效敏感性小的钢材。

三、耐疲劳性Fatigue durability

钢材在交变荷载（alternate load）反复作用下，在应力远低于抗拉强度的情况下突然发生破坏的现象称为疲劳破坏（fatigue failure）。疲劳破坏是拉应力引起的，首先在局部形成细小裂纹，然后在裂纹端部产生应力集中，使裂纹逐渐扩展直至发生突然的脆性断裂。

交变应力 σ 越大，则断裂时所需的循环次数 N 越少，如图 8-6 所示。当交变应力低于一定值时，交变循环次数即使达到无限次也不会产生疲劳破坏。一般将承受交变荷载达 10^7 周次时不破坏的最大应力规定为钢材的疲劳强度（fatigue strength）。

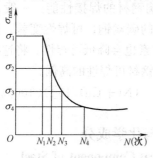

图 8-6 疲劳曲线
Fig. 8-6 Fatigue curve

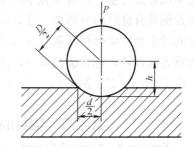

图 8-7 布氏硬度试验示意图
Fig. 8-7 Schematic diagram of Brinell hardness test

四、硬度Hardness

测定钢材硬度的常用方法有布氏法（Brinell hardness）和洛氏法（Rockwell hardness）。布氏法是根据钢球在试件表面的压痕来测定硬度 HB，如图 8-7 所示。由于压痕大，试验数据准确、稳定，可用于测定软硬不同、厚薄不一的材料，但不能测试硬度较高（HB＞450）和厚度太薄的钢材。洛氏法是在洛氏硬度机上根据压头压入试件的深度来表示硬度 HB。洛氏法操作简单迅速，压痕很小，可以测试较薄材料的硬度，但精度稍低，一般用于判断钢材的热处理效果。

材料的硬度值是材料弹性、塑性、变形强化率、强度和韧性等性能的综合反映，硬度值往往与其他性能有一定的相关性。例如钢材的硬度值 HB 与抗拉强度 f_u 之间就有较好的相关性，可以用硬度值估计抗拉强度，而不用破坏钢材。对于碳素钢，当 HB＜175 时，f_u＝3.6HB（MPa）；当 HB＞175 时，f_u＝3.5HB（MPa）。

五、冷弯性能Cold bending properties

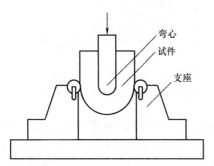

图 8-8　冷弯试验示意图（$d=a$，180°）
Fig. 8-8　Schematic diagram
of cold bending test

冷弯性能反映钢材在常温下承受弯曲变形的能力，是钢材重要的工艺性能。钢筋混凝土的钢筋大都要进行弯曲加工，因此，钢筋必须满足冷弯性能的要求。当按规定的弯曲角度和 d/a 值对试件进行冷弯时，试件受弯曲部位不产生裂纹、起层或断裂，即认为冷弯性能合格，如图 8-8 所示。钢材的冷弯性能用弯曲的角度及弯心直径 d 与试件直径（或厚度）a 的比值来表示。

钢材的冷弯性能和伸长率都能反映塑性变形能力。伸长率反映的是钢材在均匀变形条件下的塑性变形能力，冷弯性能则是检验钢材在局部变形条件下的塑性变形能力。冷弯性能可以揭示钢材内部结构是否均匀、是否存在内应力和夹杂物等缺陷，可用来检验钢材焊接接头的焊接质量。

六、焊接性能Welding performance

焊接性能又称可焊性（weldability），可焊性好的钢材易于用一般焊接方法和焊接工艺施焊，焊接后不易形成裂纹、气孔、夹渣等缺陷，焊接接头牢固可靠，硬脆（hard brittle）倾向小，焊缝及其附近热影响区（heat affected zone）的性能仍能保持与原有钢材相近的力学性能。

钢的化学成分及含量、冶炼质量和冷加工等都影响钢材的焊接性能。一般含碳量小于0.25％的碳素钢具有良好的可焊性，含碳量超过 0.3％的碳素钢，可焊性变差。硫、磷及气体杂质含量的增多会使可焊性降低，加入过多的合金因素也会降低可焊性。将这些化学元素含量等效折算为碳含量，称为碳当量（C_{eq}），用来衡量钢材可焊性的高低。

$$C_{eq}(\%) = [C + Mn/6 + (Cr + Mo + V)/5 + (Ni + Cu)/15] \times 100\% \qquad (8-4)$$

第三节　钢材的晶体结构与化学成分

Section 3　Crystal Structure and Chemical Component of Steel

一、钢的微观组织Microstructure of steel

（一）金属的晶体结构Crystal structure of metal

1. 晶体结构的类型Types of crystal structure

金属是晶体或晶粒的聚集体，金属原子以金属键相结合。当金属晶体受外力作用时，可保留金属键不断裂，而原子或离子产生滑移，使金属材料表现出较高强度和良好塑性。

在金属晶体中，金属原子按最紧密堆积的规律排列，所形成的空间格子称为晶格（crystal lattice），反映排列规律的基本几何单元称为晶胞。晶格有三种类型：面心立方晶格（FCC）、体心立方晶格（BCC）和密集六方晶格（HCP），如图 8-9 所示。

2. 金属晶体结构中的缺陷Defect of metallic crystal structure

在金属晶体中原子的排列并非完整有序，而是存在许多缺陷，这些缺陷对金属的强度、塑性和其他性能具有明显影响。

（1）点缺陷 Point defect

个别能量较高的原子克服了邻近原子的束缚，离开原来的平衡位置形成"空位"，跑到另一个结点位置上产生晶格畸变，或者杂质原子的嵌入成为间隙原子形成点缺陷，如图 8-10 所示。

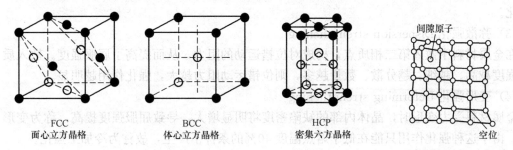

FCC 面心立方晶格	BCC 体心立方晶格	HCP 密集六方晶格

图 8-9　金属的三种晶体结构
Fig. 8-9　Three types of crystal structure of metal

图 8-10　晶格的点缺陷
Fig. 8-10　Point defect in crystal lattice

（2）线缺陷 Line defect

晶面间原子排列数目不相等形成"位错"。施加切应力后，并不在受力晶面上克服键力使原子产生移动，而是逐渐向前推移位错。当位错运动到晶体表面时，位错消失而成形一个滑移台阶，如图 8-11 所示。

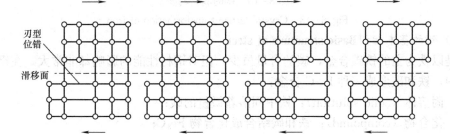

图 8-11　在切应力作用下位错的运动
Fig. 8-11　Dislocation movement by the action of the shearing stress

（3）面缺陷 Planar defect

晶界（intergranular）是晶粒间的边界，金属晶体由许多晶格取向不同的晶粒所组成，在晶界处原子的排列规律受到严重干扰，发生晶格畸变（图 8-12）。畸变区形成一个面，这些面又交织成三维网状结构，形成面缺陷。

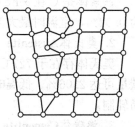

3. 金属强化的微观机理 Micro-mechanics of metal strengthening

改变晶体缺陷的数量和分布状态可提高金属材料的屈服强度和其他力学性能。

图 8-12　晶格的面缺陷
Fig. 8-12　Planar defect in crystal lattice

（1）细晶强化 Refining strengthening

晶体的位错运动必须克服晶界阻力，晶粒越细，单位体积中的晶界越多，晶面阻力越大，则材料的屈服强度越高。通过增加单位体积中晶界面积来提高屈服强度的方法称为细晶强化。加入某些合金元素会使金属凝固时结晶核心增多而达到细晶强化的目的。

（2）固溶强化 Solid solution strengthening

金属中加入另一种物质（如铁中加入碳）形成固溶体，当固溶体中溶质原子和溶剂原子的直径存在差异时会形成大量的缺陷，从而使位错运动阻力增大，使屈服强度提高，称为固溶强化。

（3）弥散强化 Dispersion strengthening

在金属材料中散入第二相质点，构成对位错运动的阻力，从而提高了屈服强度。散入质点的强度越高、越细、越分散、数量越多，则位错运动阻力越大，强化作用越明显。

（4）变形强化 Deforming strengthening

金属材料受力变形时，晶体内部的缺陷密度将明显增大，导致屈服强度提高，称为变形强化。由于这种强化作用只能在低于熔点温度 40% 的条件下产生，故称为冷加工强化。

（二）铁的晶体结构**Crystal structure of iron**

纯铁从液态转变为固态晶体，并逐渐冷却到室温的过程中，发生了两次晶格形式的转变，如图 8 - 13 所示。在 1394℃以上，形成体心立方晶格，称 δ-Fe；由 1394℃降至 912℃，则转变为面心立方晶格，称 γ-Fe；降至 912℃以下，又转变为体心立方晶格，称 α-Fe。

$$\text{液态铁} \xleftarrow{1535℃} \delta\text{-Fe} \xleftarrow{1394℃} \gamma\text{-Fe} \xleftarrow{912℃} \alpha\text{-Fe}$$
体心立方晶体　　　　　面心立方晶体　　　　　体心立方晶体

图 8 - 13　铁的晶格转变

Fig. 8 - 13　Crystal lattice transformation of iron

（三）钢的基本组织**Basic structure of steel**

钢是以铁为主的铁碳合金，碳的含量虽少，但对钢材性能的影响却非常大。在钢水的冷却过程中，铁和碳形成三种 Fe-C 合金：

（1）固溶体（solid solution）：铁中固溶着微量的碳；

（2）化合物（compound）：铁和碳结合成化合物 Fe_3C；

（3）机械混合物（mechanical mixture）：固溶碳和化合物的混合物。

三种形式的 Fe-C 合金在一定条件下形成不同形态的聚合物，构成钢的基本组织。

1. 铁素体**Ferrite**

铁素体是 C 在 α-Fe 中的固溶体，碳在铁素体中的溶解度极小，在 727℃时最大溶解度为 0.02%，室温时最大溶解度小于 0.005%，具有良好的塑性、韧性，但强度、硬度较低。

2. 奥氏体**Austenite**

奥氏体存在于 727℃以上的钢中，是 C 在 γ-Fe 中的固溶体，溶碳能力较强，高温时含碳量可达 2.06%，低温时下降为 0.8%，其强度、硬度不高，但塑性好，使钢材在高温下容易轧制。

3. 渗碳体**Cementite**

渗碳体是铁和碳的化合物 Fe_3C，含 C 量极高为 6.67%，其晶体结构复杂，塑性差，伸长率接近为零，性硬脆，布氏硬度 HB 可达 800，抗拉强度值较低，工程中一般不单独使用。

4. 珠光体**Pearlite**

珠光体是铁素体和渗碳体的机械混合物，含 C 量较低为 0.8%，强度、硬度较高，塑性和韧性介于铁素体和渗碳体之间。

碳素钢中基本组织的含量与含碳量的关系密切，如图 8-14 所示。含碳量小于 0.8% 时，钢由铁素体和珠光体组成，随含碳量的提高，铁素体逐渐减少而珠光体逐渐增多，从而使钢材的强度、硬度逐渐提高，塑性、韧性却逐渐降低；含碳量为 0.8% 时，钢的基本组织仅为珠光体；含碳量大于 0.8% 时，钢由珠光体和渗碳体组成，随含碳量的提高，珠光体逐渐减少而渗碳体相对增多，从而使钢材硬度逐渐提高，塑性、韧性、强度逐渐降低。

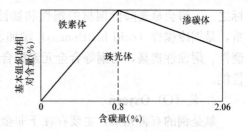

图 8-14　碳素钢基本组织相对含量与含碳量的关系

Fig. 8-14　Relationship between content of basic component and of carbon content

建筑钢材的含碳量均在 0.8% 以下，由硬度低而塑性好的铁素体和强度高的珠光体组成，由此决定了建筑钢材既有较高的强度，也有较好的塑性、韧性，能很好地满足工程需要的技术性能要求。

二、钢材的化学成分 Chemical component of steel

钢材的性能主要决定于其化学成分，除铁、碳两种基本化学元素外，还有少量的硅 Si、锰 Mn、磷 P、硫 S、氧 O、氮 N、钛 Ti、钒 V 等元素。

1. 碳（C）Carbon

碳是钢中除铁之外含量最多的元素，是决定钢材性质的重要元素，对钢材力学性能的影响如图 8-15 所示。含碳量低于 0.8% 时，强度和硬度随含碳量增加而提高，塑性、韧性和冷弯性能随含碳量增加而下降；含碳量增至 0.80% 时，强度最大；含碳量超过 0.8% 以后，钢材变脆，强度反而下降。随着含碳量的增加，还会使钢材的焊接性能、耐锈蚀性能下降，并增加钢的脆性和时效敏感性。一般工程用碳素钢为低碳钢，含碳量小于 0.25%，低合金钢含碳量小于 0.52%。

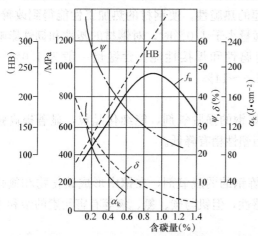

图 8-15　含碳量对碳素钢性能的影响

Fig. 8-15　Influence of carbon content on carbon steel properties

2. 硫（S）Sulfur

硫是钢材中最主要的有害元素之一，硫含量是区分钢材品质的重要指标之一，含量一般不超过 0.055%。硫在钢中以硫化铁 FeS 的形式存在于晶界上，使晶粒间的结合变弱。FeS 是一种低强度的脆性夹杂物，会降低钢材的物理力学性能，如强度、冲击韧性和疲劳强度、抗腐蚀性等。FeS 还是一种低熔点化合物，使钢在热加工和焊接过程中易出现热裂纹（hot crack），产生热脆性（hot brittleness）。硫是钢材中偏析最严重的杂质之一，偏析程度越大，危害越大。

3. 磷（P）Phosphorus

磷是钢材的主要有害元素之一，含量一般不超过 0.045%，也是区分钢材品质的重要指标之一。磷会显著降低钢材的塑性和韧性，特别是低温下的冲击韧性。磷在钢中偏析较严重，是钢冷脆性（cold brittleness）增加、焊接性下降的重要原因。但磷可使钢的强度、耐磨性、耐蚀性提高，与铜等合金元素配合使用时效果较为明显，还可有效改善钢的切削加工性能。

4. 氧（O）Oxygen

氧是钢的有害元素，主要存在于非金属夹杂物中，少量溶于铁素体中。氧的有害性与硫相似，会降低钢的力学性能，特别是降低韧性，还有促进钢材的时效敏感性，使热脆性增加，可焊性变差。通常含氧量小于 0.03%。

5. 氮（N）Nitrogen

氮对钢材性质的影响与碳、磷相似，使钢材强度提高，塑性下降，韧性显著下降。溶于铁素体中的氮，有向晶格缺陷移动、聚集的倾向，加剧钢材的时效敏感性和冷脆性，降低可焊性，一般含氮量小于 0.008%。

6. 硅（Si）Silicon

硅是我国低合金钢的主加合金元素，炼钢时能起脱氧作用，是钢的有益元素。含硅量小于 1.0% 时，大部分溶于铁素体中，提高钢的强度，且对钢的塑性和韧性无明显影响；含硅量大于 1.0% 时，塑性和韧性显著降低，冷脆性增加，可焊性变差。通常碳素钢中的含硅量小于 0.3%，低合金钢含硅量小于 1.8%。

7. 锰（Mn）Manganese

锰是我国低合金钢的主加合金元素，炼钢时能起脱氧除硫的作用，是钢的有益元素。锰的脱氧作用比硅要弱一些，但可以削弱硫所引起的热脆性，使钢材的热加工性能得到改善，同时能细化晶粒，提高钢材的强度和硬度。含锰量小于 1.0% 时，对钢材的塑性和韧性影响不大；含锰量大于 1.0% 时，会降低钢材的耐腐性和焊接性能。含锰量一般为 1.0%～2.0%，有较高耐磨性的高锰钢的含锰量可达 11%～14%。

8. 钛（Ti）Titanium

钛是我国合金钢常用的微量合金元素，是炼钢的强脱氧剂，能细化晶粒，显著提高强度，并改善韧性和焊接性，减少时效敏感性，但塑性稍有降低。

9. 钒（V）Vanadium

钒是我国合金钢常用的微量合金元素，是炼钢的弱脱氧剂，在钢中形成碳化物和氮化物，能细化晶粒，有效提高强度，减少时效敏感性，但钒与碳、氮、氧等有害元素的亲和力很强能增加焊接时的淬硬性。

第四节　钢材的加工与焊接
Section 4　Treatment and Welding of Steel

一、冷加工强化和时效处理Cold-working strengthening and aging treatment

钢材在常温下进行冷拉、冷拔或冷轧，产生塑性变形，从而提高屈服强度，塑性、韧性降低的现象称为冷加工强化（cold-working strengthening）。冷加工变形越大，强化越明显，屈服强度提高越多，而塑性和韧性下降也越大。

冷加工后的钢材在常温下存放 15～20d 或在 100～200℃条件下存放 2～3h，称为时效处理（aging treatment）。前者为自然时效处理，后者为人工时效处理。钢材经时效处理后，屈服强度将进一步提高，抗拉强度、硬度也得到提高，但塑性和韧性将进一步降低。

钢材经冷拉和时效处理后的性能变化也明显反映在应力－应变曲线上，如图 8-16 所示。

工程中常对钢筋进行冷拉或冷拔（cold drawning），以达到提高钢材强度和节约钢材的目的。冷拉钢筋的屈服强度可提高 20%～25%，冷拔钢筋的屈服强度可提高 40%～90%。同时，钢筋冷加工还有利于简化施工工序，冷拉盘条钢筋时可省去开盘和调直工序，冷拉直条钢筋时，则与矫直、除锈等工艺一并完成。

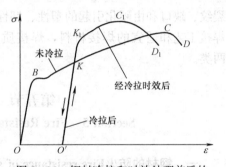

图 8-16 钢材冷拉和时效处理前后的
抗拉应力－应变关系图
Fig. 8-16 Stress-strain curves before
and after cold drawing and aging

二、钢材的热处理Heat treatment

热处理是将钢材按照一定规则进行加热、保温和冷却，通过改变晶体组织，或消除由于冷加工产生的内应力，从而改变钢材的力学性能。

1. 退火**Anneal**

退火是将钢材加热到 723～910℃ 以上的某一温度，然后在退火炉中保温，缓慢冷却的工艺过程。退火能消除钢材中的内应力，改善钢的显微结构，细化晶粒，达到降低硬度、提高塑性和韧性的目的。冷加工后的低碳钢，常在 650～700℃ 的温度下进行退火，提高其塑性和韧性。

2. 淬火**Quenching**

淬火是将钢加热到 723～910℃ 以上的某一温度，保温一定时间使其晶体组织完全转变后，迅速置于水中或油中淬冷的工艺过程。钢材经淬火后，强度和硬度大为提高，脆性增大，但塑性和韧性明显下降。

3. 回火**Temper**

回火是将淬火后的钢材在 723℃ 以下的温度内重新加热，保温后按一定速度冷却至室温的过程。回火可消除淬火产生的内应力，恢复塑性和韧性，但硬度下降。根据加热温度分为高温回火（500～650℃）、中温回火（300～500℃）和低温回火（150～300℃）。回火温度越高，硬度降低越多，塑性和韧性恢复越好。在淬火后随即采用高温回火，称为调质处理，可大大改善强度、塑性和韧性。

4. 正火**Normalizing**

正火也称正常化处理，是将钢材加热到 723～910℃ 或更高温度，保持相当长时间，然后在空气中缓慢冷却的过程。正火处理的钢材，能获得均匀细致的显微结构。正火与退火相比较，钢材的强度和硬度得到提高，但塑性比退火处理的小。

三、钢材的焊接Welding of steel

焊接是钢材连接的主要方式，在钢结构工程中焊接结构占 90% 以上。钢材的焊接方法主要有钢结构焊接用的电弧焊和钢筋连接用的接触对焊。焊接时由于在很短的时间内达到很高的温度，金属局部熔化的体积很小，冷却速度很快，在焊接处必然产生剧烈的膨胀和收缩，易产生变形、内应力和内部组织的变化，因而形成焊接缺陷。对性能最有影响的缺陷是裂纹、缺口和由硬化引起的塑性、韧性的下降。焊接质量主要取决于钢材的焊接性、正确的焊接工艺和适宜的焊接材料，焊接质量的检验方法主要有取样试件试验和原位无损检测两类。

第五节　钢材的防火和防腐蚀
Section 5　Fire Resistance and Corrosion Protection of Steel

一、钢材的防火 Fire resistance of steel

钢材具有不燃性，但并不表明钢材能够抵抗火灾。在 200℃以内，钢材的性能基本不变；超过 300℃以后，力学性能开始显著下降，应变急剧增大；达到 600℃时钢材已失去承载能力。无保护层的钢柱和钢屋架的耐火极限只有 0.25h，而裸露钢梁的耐火极限仅为 0.15h。因此，没有防火保护层的钢材是不耐火的，钢结构和钢筋混凝土结构中的钢材必须要有一定的防火保护层。钢材防火保护主要是采用绝热或隔热材料，防火以包覆法为主，用防火涂料、不燃性板材或混凝土、砂浆将钢构件包裹起来。

1. 防火涂料 Fire-retardant coatings

防火涂料按受热时的变化分为膨胀型（薄型）和非膨胀型（厚型）两种。膨胀型防火涂料的涂层厚度一般为 2～7mm，附着力较强，有一定装饰效果，遇火后会膨胀增厚 5～10 倍，形成多孔结构，耐火极限可达 0.5～1.5h。非膨胀型防火涂料的涂层厚度一般为 8～50mm，呈粒状面，密度小、强度低，喷涂后需用装饰面层隔护，耐火极限可达 0.5～3.0h。

2. 不燃性板材 Non flammable plates

常用的不燃性板材有石膏板、硅酸钙板、蛭石板、珍珠岩板、矿棉板、岩棉板等，通过黏结剂或钢钉、铁箍等固定在钢构件上。

二、钢材的防腐蚀 Corrosion protection of steel

钢材在使用中经常与环境中的介质接触，产生化学反应，导致钢材腐蚀，也称为锈蚀。钢材锈蚀使构件受力面积减小，产生的局部锈坑会造成应力集中，导致结构承载力下降。在动荷载作用下，还将产生锈蚀疲劳现象，使疲劳强度大为降低，出现脆性断裂，影响结构的安全。

1. 腐蚀的原因 Corrosion cause

钢材在大气中的腐蚀是发生了化学腐蚀或电化学腐蚀，但以电化学腐蚀为主。

（1）化学腐蚀 Chemical corrosion

化学腐蚀（干腐蚀）是钢材在常温和高温时发生的氧化或硫化作用。氧化性气体有空气、氧、水蒸气、氧化碳、二氧化硫和氯等，反应后生成疏松氧化物，其反应速度随温度、湿度提高而加速。在干湿交替环境下，腐蚀更为厉害，在干燥环境下，腐蚀速度缓慢。

（2）电化腐蚀 Electrochemical corrosion

电化腐蚀（湿腐蚀）是由于电化学现象在钢材表面产生局部电池作用的腐蚀。在潮湿的空气中，由于吸附作用，钢材表面覆盖一层电解质溶液薄膜。由于钢材中的不同晶体组织和杂质成分的电极电位不同，于是在钢材表面形成许多微小电池。在阳极区，铁被氧化成 Fe^{2+} 离子，在阴极区氧被还原为 OH^- 离子，两者结合成不溶于水的 $Fe(OH)_2$，并进一步氧化成疏松易剥落的红棕色铁锈 $Fe(OH)_3$。

2. 防腐措施**Measures for corrosion protection**

钢材的腐蚀既有内因（材质），又有外因（环境介质的作用），要防止或减少钢材的腐蚀可以从改变钢材本身的易腐蚀性、隔离环境中的侵蚀性介质或改变钢材表面的电化学过程三方面入手。

（1）保护膜法 Protective coating methods

保护膜法使钢材表面既不能产生氧化锈蚀反应，也不能形成腐蚀原电池。如涂刷各种防锈涂料（红丹－灰铅漆、环氧富锌漆、醇酸磁漆、氯磺化聚乙烯防腐涂料等）、搪瓷、塑料，喷镀锌、铬、铝等防护层，或经化学处理使钢材表面形成氧化膜（发蓝处理）或磷酸盐膜。

混凝土中的钢筋处于碱性介质条件下，不易锈蚀。但若混凝土中有大量掺合料，或因碳化反应使内部环境发生变化，或因混凝土外加剂带入一些卤素离子（特别是氯离子），会使锈蚀迅速发展。混凝土中钢筋的防腐蚀要保证混凝土的密实度和钢筋保护层的厚度，限制氯盐类外加剂及加入防锈剂等方法。对于含碳量较高的预应力钢筋，经过冷加工强化或热处理后，易发生腐蚀，应严禁使用氯盐类外加剂。

（2）电化学防腐 Electrochemical protection methods

电化学防腐包括阳极保护和阴极保护，适用于不容易或不能涂敷保护膜层的钢结构，如蒸汽锅炉、地下管道、港口工程结构等。阳极保护也称外加电流保护法，外加直流电源，将负极接在被保护的钢材上，正极接在废钢铁或难熔的金属上，如高硅铁、铝、银合金等。通电后阳极金属被腐蚀，阴极钢材得到保护。阴极保护是在被保护的钢材上接一块较钢铁更为活泼的金属，例如锌、镁等，使活泼金属成为阳极被腐蚀，钢材成为阴极得到保护。

（3）合金化 Alloying

在碳素钢和低合金钢中加入少量的铜、铬、镍、钼等合金元素制成耐候钢。这种钢在大气作用下，能在表面形成一种致密的防腐保护层，起到耐腐蚀作用，同时保持良好的焊接性能。耐候钢的强度级别与常用碳素钢和低合金钢一致，技术指标也相近，但其耐腐蚀能力却高出数倍。

第六节 建筑钢材的标准与选用
Section 6 Specifications and Choice of Building Steels

一、钢材的品种Steel types

（一）碳素结构钢**Carbon structural steel**

根据 GB/T 700—2006《碳素结构钢》规定，碳素结构钢共有四个牌号，每个牌号根据硫、磷等有害杂质的含量又分成四等级，牌号表示为：代表屈服点的字母（Q）、屈服强度（MPa）、质量等级（A～D）、脱氧程度（F、Z、TZ）。其中脱氧程度：F 表示沸腾钢；Z 表示镇静钢；TZ 表示特殊镇静钢，符号"Z"与"TZ"可以省略。如 Q235－A·F 表示屈服强度不小于 235MPa 的平炉或氧气转炉冶炼的 A 级沸腾碳素结构钢；Q235C 表示屈服强度不小于 235MPa 的平炉或氧气转炉冶炼的 C 级镇静碳素结构钢。碳素结构钢的化学成分应符合表 8-1 的规定；力学性能和冷弯性能分别符合表 8-2、表 8-3 的规定。

表 8 - 1 　　　　　　碳素结构钢的化学成分（GB/T 700—2006）
Tab. 8 - 1　Chemical compositions of carbon structural steel（GB/T 700—2006）

牌号	等级	厚度/直径（mm）	化学成分（%），不大于					脱氧程度
			C	Mn	Si	S	P	
Q195	—	—	0.12	0.50	0.30	0.040	0.035	F，Z
Q215	A		0.15	1.20	0.35	0.050	0.045	F，Z
	B					0.045		
Q235	A	—	0.22	1.40	0.35	0.050	0.045	
	B		0.20			0.045		
	C		0.17			0.040	0.040	Z
	D					0.035	0.035	TZ
Q275	A	—	0.24	1.50	0.35	0.050	0.045	F，Z
	B	≤40	0.21			0.045	0.045	Z
		>40	0.22					
	C	—	0.20			0.040	0.040	Z
	D					0.035	0.035	TZ

注　经需方同意，Q235B 的碳含量可不大于 0.22%。

表 8 - 2 　　　　　　碳素结构钢的力学性能（GB/T 700—2006）
Tab. 8 - 2　Mechanical properties of carbon structural steel（GB/T 700—2006）

牌号	等级	拉 伸 试 验													冲击试验	
		屈服强度 f_y(MPa)						拉伸强度/MPa	伸长率 δ_5（%）						温度（℃）	冲击功（纵向）（J）
		钢材厚度/直径（mm）							钢材厚度（直径）（mm）							
		≤16	>16~40	>40~60	>60~100	>100~150	>150~200		≤40	>40~60	>60~100	>100~150	>150~200			
		不小于							不小于							
Q195	—	(195)	(185)	—	—	—	—	315~430	33	—	—	—	—	—	—
Q215	A	215	205	195	185	175	165	335~450	31	30	29	27	26	—	
	B													20	≥27
Q235	A	235	225	215	215	195	185	370~500	26	25	24	22	21	—	
	B													20	≥27
	C													0	
	D													−20	
Q275	A	275	265	255	245	225	215	410~540	22	21	20	18	17	—	
	B													20	≥27
	C													0	
	D													−20	

注　1. Q195 的屈服强度仅供参考，不作为交货条件。

　　2. 厚度大于 100mm 的钢材，抗拉强度下限允许降低 20MPa。宽带钢（包括剪切钢板）抗拉强度上限不作交货条件。

　　3. 厚度小于 25mm 的 Q235B 级钢材，如供方能保证冲击吸收功值合格，经需方同意，可不作检验。

表 8 - 3　　　　　　　碳素结构钢的冷弯性能（GB/T 700—2006）

Tab. 8 - 3　　　Cold-bending properties of carbon structural steel（GB/T 700—2006）

牌　号	试样方向	冷弯试验（$B=2a180°$）	
		钢材厚度/直径（mm）	
		$\leqslant60$	$>60\sim100$
		弯心直径 d	
Q195	纵	0	—
	横	$0.5a$	
Q215	纵	$0.5a$	$1.5a$
	横	a	$2a$
Q235	纵	a	$2a$
	横	$1.5a$	$2.5a$
Q275	纵	$1.5a$	$2.5a$
	横	$2a$	$3a$

注　1. B 为试样宽度，a 为钢材厚度（直径）。

　　2. 钢材厚度（或直径）大于 100mm 时，弯曲试验由双方协商确定。

Q235 具有较高的强度，良好的塑性、韧性和焊接性，能满足一般钢结构和钢筋混凝土结构用钢的要求，在工程中应用十分广泛。由于塑性好，在结构中能保证在超载、冲击、温度应力等不利条件下的安全。力学性能稳定，对轧制、加热、急剧冷却时的敏感性小，适于各种加工，被大量轧制成型钢、钢板及钢筋使用。其中，Q235A 钢仅适用于承受静荷载作用的结构；Q235C、D 钢可用于重要的焊接结构。另外，由于 Q235D 钢含有足够的形成细晶粒结构的元素，对硫、磷等有害元素控制严格，其冲击韧性很好，具有较强的抗冲击、抗振动的能力，尤其适宜在较低温度下使用。Q195，Q215 强度不高，塑性和韧性较好，加工性能与焊接性能较好，常用于制作钢钉、铆钉、螺栓及钢丝等。Q255，Q275 钢强度高，但塑性和韧性较差，不易焊接和冷弯加工，可用于轧制钢筋，螺栓配件等，更多地用于生产机械零件和工具等。

（二）低合金高强度结构钢 High strength low alloy structural steel

低合金高强度结构钢具有强度高、塑性和低温冲击韧性好、耐锈蚀等特点。根据 GB/T 1591—2018《低合金高强度结构钢》，低合金高强度结构钢共有八个强度等级、五个质量等级。低合金高强度结构钢均为镇静钢，其牌号由代表钢材屈服强度的字母"Q"、屈服强度值（MPa）、交货状态（AR 或 WAR、N、M）、质量等级符号（B~F）四个部分按顺序组成。交货状态有三种状态，热轧代号 AR 或 WAR 可省略；正火或正火轧制用 N 表示；热机械轧制（TMCP）用 M 表示。如 Q355ND 表示屈服强度不小于 355MPa，交货状态为正火或正火轧制，质量等级为 D 级的低合金高强度结构钢。低合金高强度结构钢的化学成分和力学性能应符合表 8 - 4～表 8 - 10 的规定。

表 8-4　　热轧低合金高强度结构钢的化学成分(GB/T 1591—2018)

Tab. 8-4　　Chemical compositions of hot rolled high strength low alloy structural steel(GB/T 1591—2018)

牌号		化学成分(%)														
钢级	质量等级	C^a (以下公称厚度或直径(mm))		Si	Mn	P^c	S^c	Nb^d	V^e	Ti^e	Cr	Ni	Cu	Mo	N^f	B
		≤40^b	>40													
		不大于														
Q355	B	0.24		0.55	1.60	0.035	0.035	—	—	不大于	0.30	0.30	0.40	—	0.012	—
	C	0.20	0.22			0.030	0.030								—	
	D	0.20	0.22			0.025	0.025								—	
Q390	B	0.20		0.55	1.70	0.035	0.030	0.05	0.13	0.05	0.30	0.50	0.40	0.10	0.015	—
	C					0.030	0.030									
	D					0.025	0.025									
Q420^g	B	0.20		0.55	1.70	0.035	0.035	0.05	0.13	0.05	0.30	0.80	0.40	0.20	0.015	—
	C					0.030	0.030									
Q460^g	C	0.20		0.55	1.80	0.030	0.030	0.05	0.13	0.05	0.30	0.80	0.40	0.20	0.015	0.004

注　a—公称厚度大于100mm 的型钢,碳含量可由供需双方协商确定。

b—公称厚度大于30mm 的钢材,碳含量上限值可提高 0.22%。

c—对于型钢和棒材,其磷和硫含量可提高 0.005%。

d—Q390,Q420 最高可到 0.07%,Q460 最高可到 0.11%。

e—最高可到 0.20%。

f—如果钢中酸溶铝 Als 含量不小于 0.015%,或全铝 Alt 含量不小于 0.020%,或添加了其他固氮合金元素,氮元素含量不作限制,固氮元素应在质量证明书中注明。

g—仅适用于型钢和棒材。

表 8 - 5　　正火、正火轧制钢的化学成分(GB/T 1591—2018)

Tab. 8 - 5　　Chemical compositions of normalized and normalizing ro ued steel(GB/T 1591—2018)

钢级	质量等级	\multicolumn{14}{c}{化学成分(%)}												
		C 不大于	Si 不大于	Mu	P[a] 不大于	S[a] 不大于	Nb	V	Ti[c]	Cr 不大于	Ni 不大于	Cu 不大于	Mo 不大于	N 不大于	Als[d] 不小于
Q355N	B	0.20	0.50	0.90~1.65	0.035	0.035	0.005~0.05	0.01~0.12	0.006~0.05	0.30	0.50	0.40	0.10	0.015	0.015
	C	0.20	0.50	0.90~1.65	0.030	0.030	0.005~0.05	0.01~0.12	0.006~0.05	0.30	0.50	0.40	0.10	0.015	0.015
	D	0.20	0.50	0.90~1.65	0.030	0.025	0.005~0.05	0.01~0.12	0.006~0.05	0.30	0.50	0.40	0.10	0.015	0.015
	E	0.18	0.50	0.90~1.65	0.025	0.020	0.005~0.05	0.01~0.12	0.006~0.05	0.30	0.50	0.40	0.10	0.015	0.015
	F	0.16	0.50	0.90~1.65	0.020	0.010	0.005~0.05	0.01~0.12	0.006~0.05	0.30	0.50	0.40	0.10	0.015	0.015
Q390N	B	0.20	0.50	0.90~1.70	0.035	0.035	0.01~0.05	0.01~0.20	0.006~0.05	0.30	0.50	0.40	0.10	0.015	0.015
	C	0.20	0.50	0.90~1.70	0.030	0.030	0.01~0.05	0.01~0.20	0.006~0.05	0.30	0.50	0.40	0.10	0.015	0.015
	D	0.20	0.50	0.90~1.70	0.030	0.025	0.01~0.05	0.01~0.20	0.006~0.05	0.30	0.50	0.40	0.10	0.015	0.015
	E	0.20	0.50	0.90~1.70	0.025	0.020	0.01~0.05	0.01~0.20	0.006~0.05	0.30	0.50	0.40	0.10	0.015	0.015
Q420N	B	0.20	0.60	1.00~1.70	0.035	0.035	0.01~0.05	0.01~0.20	0.006~0.05	0.30	0.80	0.40	0.10	0.015	0.015
	C	0.20	0.60	1.00~1.70	0.030	0.030	0.01~0.05	0.01~0.20	0.006~0.05	0.30	0.80	0.40	0.10	0.015	0.015
	D	0.20	0.60	1.00~1.70	0.030	0.025	0.01~0.05	0.01~0.20	0.006~0.05	0.30	0.80	0.40	0.10	0.025	0.015
	E	0.20	0.60	1.00~1.70	0.025	0.020	0.01~0.05	0.01~0.20	0.006~0.05	0.30	0.80	0.40	0.10	0.025	0.015
Q460N[b]	C	0.20	0.60	1.00~1.70	0.030	0.030	0.01~0.05	0.01~0.20	0.006~0.05	0.30	0.80	0.40	0.10	0.015	0.015
	D	0.20	0.60	1.00~1.70	0.030	0.025	0.01~0.05	0.01~0.20	0.006~0.05	0.30	0.80	0.40	0.10	0.025	0.015
	E	0.20	0.60	1.00~1.70	0.025	0.020	0.01~0.05	0.01~0.20	0.006~0.05	0.30	0.80	0.40	0.10	0.025	0.015

注　a—对于型钢和棒材，磷和硫的含量上限值可提高 0.005%。

b—V+Nb+Ti≤0.22%，Mo+Cr≤0.30%。

c—最高可到 0.20%。

d—可用全铝 Alt 替代，此时全铝最小含量为 0.020%。当钢中添加了铌、钒、钛等细化晶粒元素的下限时，铝含量下限值不限。

钢中应至少含有铝、铌、钒、钛等细化晶粒元素中的一种，单独或组合加入时，应保证其中至少一种合金元素含量不小于表中规定含量的下限。

表 8 - 6　热机械轧制钢的化学成分（GB/T 1591—2018）

Tab. 8 - 6　Chemical composition of thermomechanical rolled steel(GB/T 1591—2018)

钢级	牌号 质量等级	化学成分（%）														
		C	Si	Mn	P^a	S^a	Nb	V	Ti^b	Cr	Ni	Cu	Mo	N	B	Als^c
		不大于														不小于
Q355M	B	0.14^d	0.50	1.60	0.035	0.035	0.01~0.05	0.01~0.10	0.006~0.05	0.30	0.50	0.40	0.10	0.015	—	0.015
	C				0.030	0.030										
	D				0.030	0.025										
	E				0.025	0.020										
	F				0.020	0.010										
Q390M	B	0.15^d	0.50	1.70	0.035	0.035	0.01~0.05	0.01~0.12	0.006~0.05	0.30	0.50	0.40	0.10	0.015	—	0.015
	C				0.030	0.030										
	D				0.030	0.025										
	E				0.025	0.020										
Q420M	B	0.16^d	0.50	1.70	0.035	0.035	0.01~0.05	0.01~0.12	0.006~0.05	0.30	0.80	0.40	0.20	0.015	—	0.015
	C				0.030	0.030										
	D				0.030	0.025									0.025		
	E				0.025	0.020										
Q460M	C	0.16^d	0.60	1.70	0.030	0.030	0.01~0.05	0.01~0.12	0.006~0.05	0.30	0.80	0.40	0.20	0.015	—	0.015
	D				0.030	0.025								0.025		
	E				0.025	0.020										
Q500M	C	0.18	0.60	1.80	0.030	0.030	0.01~0.11	0.01~0.12		0.60	0.80	0.55	0.20	0.015	0.004	0.015
	D				0.025	0.020								0.025		
	E				0.020	0.025								0.025		
	D				0.030	0.025										
	E				0.025	0.020										

续表

<table>
<thead>
<tr><th rowspan="2">牌号
钢级</th><th rowspan="2">质量
等级</th><th colspan="14">化学成分（%）</th></tr>
<tr><th>C</th><th>Si</th><th>Mn</th><th>P^a</th><th>S^a</th><th>Nb</th><th>V</th><th>Ti^b</th><th>Cr</th><th>Ni</th><th>Cu</th><th>Mo</th><th>N</th><th>B</th></tr>
<tr><th></th><th></th><th colspan="13">不大于</th><th colspan="1"></th></tr>
</thead>
<tbody>
<tr><td rowspan="3">Q550M</td><td>C</td><td rowspan="3">0.18</td><td rowspan="3">0.60</td><td rowspan="3">2.00</td><td>0.030</td><td>0.030</td><td rowspan="3">0.01~
0.11</td><td rowspan="3">0.01~
0.12</td><td rowspan="3">0.006~
0.05</td><td rowspan="3">0.80</td><td rowspan="3">0.80</td><td rowspan="3">0.80</td><td rowspan="3">0.30</td><td>0.015</td><td rowspan="3">0.004</td></tr>
<tr><td>D</td><td>0.030</td><td>0.025</td><td rowspan="2">0.025</td></tr>
<tr><td>E</td><td>0.025</td><td>0.020</td></tr>
<tr><td rowspan="3">Q620M</td><td>C</td><td rowspan="3">0.18</td><td rowspan="3">0.60</td><td rowspan="3">2.60</td><td>0.030</td><td>0.030</td><td rowspan="3">0.01~
0.11</td><td rowspan="3">0.01~
0.12</td><td rowspan="3">0.006~
0.05</td><td rowspan="3">1.00</td><td rowspan="3">0.80</td><td rowspan="3">0.80</td><td rowspan="3">0.30</td><td>0.015</td><td rowspan="3">0.004</td></tr>
<tr><td>D</td><td>0.030</td><td>0.025</td><td rowspan="2">0.025</td></tr>
<tr><td>E</td><td>0.025</td><td>0.020</td></tr>
<tr><td rowspan="3">Q690M</td><td>C</td><td rowspan="3">0.18</td><td rowspan="3">0.60</td><td rowspan="3">2.00</td><td>0.030</td><td>0.030</td><td rowspan="3">0.01~
0.11</td><td rowspan="3">0.01~
0.12</td><td rowspan="3">0.006~
0.05</td><td rowspan="3">1.00</td><td rowspan="3">0.80</td><td rowspan="3">0.80</td><td rowspan="3">0.30</td><td>0.015</td><td rowspan="3">0.004</td></tr>
<tr><td>D</td><td>0.030</td><td>0.025</td><td rowspan="2">0.025</td></tr>
<tr><td>E</td><td>0.025</td><td>0.020</td></tr>
</tbody>
</table>

注（Al_s^c 不小于 0.015，适用于各牌号）

钢中应至少含有铝、铌、钒、钛等细化晶粒元素中一种，单独或组合加入时，应保证其中至少一种合金元素含量不小于表中规定含量的下限。

注：a—对于型钢和棒材，磷和硫含量上限值可提高0.005%。
b—最高可到0.20%。
c—可用全铝Alt替代，此时全铝最小含量为0.020%。当钢中添加了铌、钒、钛等细化晶粒元素且含量不小于表中规定的下限时，铝含量下限值不限。
d—对于型钢和棒材，Q355M、Q390M、Q420M和Q460M的最大碳含量可提高0.02%。

表 8 - 7　热轧低合金高强度结构钢的力学性能（GB/T 1591—2018）

Tab. 8 - 7　Mechanical properties of hot rolled high strength low alloy structural steel(GB/T 1591—2018)

牌号 钢级	质量等级	上屈服强度ª（MPa）不小于 公称厚度或直径(mm)									抗拉强度（MPa） 公称厚度或直径(mm)				试样 方向	伸长率（%）不小于					
		≤16	>16~40	>40~63	>63~80	>80~100	>100~150	>150~200	>200~250	>250~400	≤100	>100~150	>150~250	>250~400		≤40	>40~63	>63~100	>100~150	>150~250	>250~400
Q355	B,C	355	345	335	325	315	295	285	275	—	470~630	450~600	450~600	—	纵向	22	21	20	18	17	17ᵇ
Q355	D	355	345	335	325	315	295	285	275	265ᵇ	470~630	450~600	450~600	450~600ᵇ	横向	20	19	18	18	17	17ᵇ
Q390	B,C,D	390	380	360	340	340	320	—	—	—	490~650	470~620	—	—	纵向	21	20	20	19	—	—
Q390	B,C,D	390	380	360	340	340	320	—	—	—	490~650	470~620	—	—	横向	20	19	19	18	—	—
Q420ᶜ	B,C	420	410	390	370	370	350	—	—	—	520~680	500~650	—	—	纵向	20	19	19	19	—	—
Q460ᶜ	C	460	450	430	410	410	390	—	—	—	550~720	530~700	—	—	纵向	18	17	17	17	—	—

注　a—当屈服不明显时，可用规定塑性延伸强度 $R_{p0.2}$ 代替上屈服强度。

b—只适用于质量等级为 D 的钢板。

c—只适用于型钢和棒材。

表 8 - 8　正火、正火轧制钢材的力学性能(GB/T 1591—2018)

Tab. 8 - 8　Mechanical properties of normalized and normalizing rolled steel(GB/T 1591—2018)

牌号		上屈服强度a(MPa)不小于								抗拉强度(MPa)			伸长率(%)不小于					
		公称厚度或直径(mm)								公称厚度直径(mm)			公称厚度直径(mm)					
钢级	质量等级	≤16	>16~40	>40~63	>63~80	>80~100	>100~150	>150~200	>200~250	≤100 >16~40	>100~200 >16~40	>200~250 >16~40	≤16	>16~40	>40~63	>63~80	>80~200	>200~250
Q355N	B~F	355	345	335	325	315	295	285	275				22	22	22	21	21	21
Q390N	B~E	390	380	360	340	340	320	310	300				20	20	20	19	19	19
Q420N	B~E	420	400	390	370	360	340	330	320				19	19	19	18	18	18
Q460N	C~E	460	440	430	410	400	380	370	370				17	17	17	17	17	16

注　正火状态包含正火加回火状态。

a—当屈服不明显时，可用规定塑性延伸强度 $R_{p0.2}$ 代替上屈服强度。

表 8 - 9　热机械轧制（TMCP）钢材的力学性能（GB/T 1591—2018）

Tab. 8 - 9　Mechanical properties of thermomechanically rolled steel(GB/T 1591—2018)

牌号 钢级	质量等级	上屈服强度a（MPa）不小于 公称厚度或直径（mm）						抗拉强度（MPa） 公称厚度或直径（mm）					伸长率（%）不小于
		≤16	>16~40	>40~63	>63~80	>80~100	>100~120b	≤40	>40~63	>63~80	>80~100	>100~120b	
Q355M	B~F	355	345	335	325	325	320	470~630	450~631	440~600	440~600	430~590	22
Q390M	B~E	390	380	360	340	340	335	490~650	480~640	470~630	460~620	450~610	20
Q420M	B~E	420	400	390	380	370	365	520~680	500~660	480~640	470~630	460~620	19
Q460M	C~E	460	440	430	410	400	385	540~720	530~710	510~690	400~680	490~660	17
Q500M	C~E	500	490	480	460	450	—	610~770	600~760	590~750	540~730	—	17
Q550M	C~E	550	540	530	510	500	—	670~830	620~810	600~790	590~780	—	16
Q620M	C~E	620	610	600	580	—	—	710~880	690~880	670~860	—	—	15
Q690M	C~E	690	680	670	650	—	—	770~940	750~920	730~900	—	—	14

注　热机械轧制（TMCP）状态包含热机械轧制（TMCP）加回火状态。

a—当屈服不明显时，可用规定塑性延伸强度 $R_{p0.2}$ 代替上屈服强度。

b—对于型钢和棒材，厚度或直径不大于 150mm。

表 8 - 10　低合金高强度结构钢的冲击韧性与冷弯性能（GB/T 1591—2018）

Tab. 8 - 10　Impact toughness and cold-bending properties of high strength low alloy structural steel(GB/T 1591—2018)

牌号 钢级	质量等级	冲击吸收能量最小值 KV$_2$(J) 20℃ 纵向	20℃ 横向	0℃ 纵向	0℃ 横向	-20℃ 纵向	-20℃ 横向	-40℃ 纵向	-40℃ 横向	-60℃ 纵向	-60℃ 横向	180°弯曲试验 公称厚度或直径(mm) ≤16	>16~100
Q355、Q390、Q420	B	34	27	—	—	—	—	—	—	—	—		
Q355、Q390、Q420、Q460	C	—	—	34	27	—	—	—	—	—	—		
Q355、Q390	D	—	—	—	—	34^a	27^a	—	—	—	—		
Q355、Q390、Q420N	B	34	27	—	—	—	—	—	—	—	—		
	C	—	—	34	27	—	—	—	—	—	—		
Q355N、Q390N	D	55	31	47	27	40^b	27	31^c	20^c	—	—	D=2a	
Q420N、Q460N	E	63	40	55	34	47	27	31^c	20^c	—	—		
Q355N、Q420	F	63	40	55	34	47	27	31	20	27	16		D=3a
Q355M、Q390M、Q420M	B	34	27	—	—	—	—	—	—	—	—		
	C	—	—	34	27	—	—	—	—	—	—		
Q355M、Q390M	D	55	31	47	27	40^b	27	31^c	20^c	—	—		
Q420M、Q460M	E	63	40	55	34	47	27	31	20	—	—		
Q355M、Q420	F	63	40	55	34	47	27	31	20	27	16		
Q500M、Q550M	C	—	—	55	34	—	—	—	—	—	—		
Q620M	D	—	—	—	—	47^b	27	—	—	—	—		
Q690M	E	—	—	—	—	—	—	31^c	20^c	—	—		

注：1. 当需方未指定试验温度时，正火、正火轧制和热机械轧制的 C、D、E、F 级钢材分别做 0℃、-20℃、-40℃、-60℃冲击。

2. 冲击试验取纵向试样，经供需双方协商，也可取横向试样。

3. 弯曲试验对于公称宽度不小于 600mm 的钢板及钢带取横向试样，其他钢材的拉伸试验取纵向试样；弯曲试验取纵向试样；D—弯曲压头直径，a—试样厚度或直径。

a—仅适用于厚度不小于 250mm 的 Q355D 钢板。

b—当需方指定时，D 级钢可做-30℃冲击试验时，冲击吸收能量纵向不小于 27J。

c—当需方指定时，E 级钢可做-50℃冲击试验时，冲击吸收能量纵向不小于 27J，横向不小于 16J。

（三）优质碳素结构钢Quality carbon structural steel

优质碳素结构钢分为普通含锰量钢（含锰量＜0.8%）和较高含锰量钢（含锰量0.7%～1.2%）两组。优质碳素结构钢一般经热处理后再供货，因此也称为"热处理钢"。优质碳素结构钢对有害杂质含量（S＜0.035%，P＜0.035%）控制严格，对其他缺陷限制也较严格，质量稳定，性能优于碳素结构钢。根据 GB/T 699—2015《优质碳素结构钢》规定，优质碳素结构钢共有 28 个牌号，除 3 个牌号是沸腾钢外，其余都是镇静钢。牌号用两位数字表示，表示平均含碳量的万分数，数字后若有"Mn"则表示属较高锰含量钢，否则为普通含锰量钢。如 35Mn 表示平均含碳量为 0.35% 的较高锰含量的优质碳素结构钢。

优质碳素结构钢成本较高，仅用于重要结构的钢铸件及高强度螺栓等。如用 30、35、40 号及 45 号钢作高强度螺栓，45 号钢还常用作预应力钢筋的锚具，65、75、80 号钢可用来生产预应力混凝土用的碳素钢丝、刻痕钢丝和钢绞线。

（四）合金结构钢Alloy structural steel

根据 GB/T 3077—2015《合金结构钢》，合金结构钢牌号由含碳量的万分量的两位数、主要合金元素符号及含量的百分量的一位数组成。合金元素的含量按四舍五入原则标记，如含量小于 1.5% 则只标写元素符号；含量为 1.5%～2.49%，则标注"2"；含量为 2.5%～3.49% 时，则标注"3"；以此类推。如 35Mn2，表示含碳量为 0.35%，含锰量为 1.5%～2.49%。合金结构钢是用于机械结构的主要钢种，在工程中常用来制作各种轴、杆、铰、高强螺栓等受力构件及钢铸件。

二、常用钢材Commonly used steel products

（一）钢结构用钢材Steel products used in steel structure

我国钢结构采用的钢材品种主要有热轧型钢、冷弯薄壁型钢、热（冷）轧钢板和钢管等。

1. 热轧型钢Hot-rolled section steel

常用的热轧型钢有角钢、L 型钢、工字钢、槽钢和 H 型钢，如图 8-17 所示。

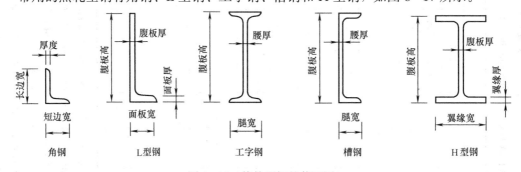

图 8-17　热轧型钢的截面图

Fig. 8-17　Cross-section shapes of hot-rolled section steel

（1）角钢 Angle section steel

角钢（GB/T 706—2016）分等边角钢和不等边角钢两种。等边角钢的规格用边宽×边宽×厚度（mm），如∠100×100×10；不等边角钢的规格用长边宽×短边宽×厚度（mm）表示，如∠100×80×8。我国目前生产的最大等边角钢的边宽为 200mm，最大不等边角钢的两个边宽为 200mm×125mm，长度一般为 3～19m。

（2）L 型钢 L section steel

L 型钢（GB/T 706—2016）的外形类似于不等边角钢，但其两边的厚度不等。规格用腹板高×面板宽×腹板厚×面板厚（mm）表示，如 L250×90×9×13，长度一般为 6～12m。

（3）工字钢 I section steel

普通工字钢（GB/T 706—2016）的翼缘内表面有倾斜度，翼缘外薄而内厚。其规格用腰高度（cm）表示，工 20 或工 32 以上规格中，根据腹板厚度和翼缘宽度又分为 a、b 或 a、b、c 类型，其中 a 类腹板最薄，翼缘最窄。我国生产的最大普通工字钢为工 63，长度一般为 5～19m。工字钢由于宽度方向的惯性矩比高度方向的小得多，一般用于单向受弯构件。

（4）槽钢 Channel section steel

热轧普通槽钢（GB/T 706—2016）的腿部内侧有 1∶10 斜度，其斜度较工字钢小，紧固螺栓比较容易。槽钢规格用高度（cm）表示，[14 或 [25 以上的规格中，根据腹板厚度和翼缘宽度又分为有 a、b 或 a、b、c 类型。我国生产的最大槽钢为 [40，长度为 5～19m，主要用作承受横向弯曲的梁和承受轴向力的杆件。

（5）H 型钢 H section steel

热轧 H 型钢（GB/T 11263—2017）由工字钢发展而来，其翼缘内表面没有斜度，与外表面平行，翼缘较宽，翼缘厚度相等，侧向刚度大，抗弯能力强，截面形状合理，使钢材能高效地发挥作用。规格以腹板高度×翼缘宽度×腹板厚度×翼缘厚度（mm）表示，长度一般为 12m。H 型钢分为宽翼缘 H 型钢（代号为 HW）、中翼缘 H 型钢（HM）和窄翼缘 H 型钢（HN）三类。HW 型钢适用于钢柱，HM 型钢适用于框架柱中的框架梁，HN 型钢适用于钢梁。

2. 冷弯型钢 **Cold-rolled forming section steel**

工程中使用的冷弯型钢采用厚度为 1.5～6mm 薄钢板或钢带经冷轧（弯）或模压而成，也称为冷弯薄壁型钢（cold-rolled lightweight section），其截面形式如图 8-18 所示。冷弯型钢由于壁薄，刚度好，能高效地发挥材料的作用，属于高效经济材料。

（1）冷弯空心型钢 Hollow cold bending section steel

冷弯空心型钢（GB/T 6728—2017）是用连续辊式冷弯机生产的，按形状分为方形空心型钢（F）和矩形空心型钢（J），如图 8-18 所示。

等边角钢　不等边角钢　等边槽钢　不等边槽钢　内卷边槽钢　外卷边槽钢　Z型钢　卷边Z槽钢　方形空心型钢　矩形空心型钢

图 8-18　冷弯型钢截面形式

Fig. 8-18　Cross-section shapes of cold-rolled forming steel

（2）冷弯开口型钢 Open cold bending section steel

冷弯开口型钢（GB/T 6723—2017）是用可冷加工变形的冷轧或热轧钢带在连续辊式冷弯机上生产的，按形状分为 8 种，如图 8-18 所示。

3. 钢管 **Steel tube**

（1）无缝钢管 Seamless steel tube

无缝钢管（GB/T 8162—2018）是以优质碳素钢和低合金高强度结构钢为原材料，采用热轧（挤压、扩）和冷拔（轧）方法制造而成的，规格表示为∅外径×壁厚（mm）。

（2）焊缝钢管 Welded steel tube

焊缝钢管由优质或普通碳素钢钢板卷焊而成，价格相对较低，分为直缝电焊钢管（GB/T 13793—2016）和螺旋焊钢管（GB/T 9711—2017），适用于各种结构、输送管道等用途。

4. 钢板 **Steel plate**

（1）普通钢板 Normal steel sheet

钢板可直接轧制或由宽钢带剪切而成，分为热轧钢板（GB/T 709—2019）和冷轧钢板（GB/T 708—2019）。钢板规格表示为宽度×厚度×长度（mm），分厚板（厚度>4mm）和薄板（厚度≤4mm）两种。厚板主要用于结构，薄板主要用于屋面板、楼板和墙板等。单块钢板一般不能独立工作，需用几块板组合成工字形、箱形等结构来承受荷载。

（2）热轧花纹钢板 Hot rolling checker steel sheet

热轧花纹钢板（GB/T 33974—2017）是表面轧有防滑凸纹的钢板，花纹有菱形、扁豆形和圆豆形，主要用于平台、过道及楼梯等的铺板。钢板厚度为 2.5～8.0mm，宽度为 600～1800mm，长度为 2000～12000mm。

（3）压型钢板 Profiled steel sheet

压型钢板（GB/T 12755—2008）是用冷轧板、镀锌板、彩色涂层板等薄钢板经辊压冷弯而成的波形板，其截面呈梯形、V 形、U 形或类似的波形（图 8-19）。压型钢板规格表示为 YX 波高－波距－板宽，波高一般为 21～173mm，波距为 50～300mm，有效覆盖宽度的尺寸系列为 300～1000mm，板厚为 0.35～1.6mm。压型钢板曲折的板形大大增加了钢板在其平面外的惯性矩、刚度和抗弯能力，具有重量轻、强度刚度大、施工简便和美观等优点，主要用作屋面板、墙板、楼板和装饰板等。

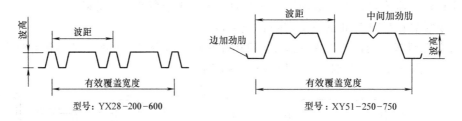

型号：YX28-200-600　　　　　　　型号：XY51-250-750

图 8-19　压型钢板的截面图

Fig.8-19　Cross-section of profiled steel sheet

（4）彩色涂层钢板 Prepainted steel sheet

彩色涂层钢板（GB/T 12754—2019）以薄钢板为基底，表面涂有各类有机涂料的产品，主要用于建筑物的围护和装饰。彩色涂层钢板按用途分为建筑外用（JW）、建筑内用（JN）和家用电器（JD），按表面状态分为涂层板（TC）、印花板（YI）、压花板（YA）。按基板类型分为热镀锌基板（Z）、热镀锌铁合金基板（ZF）、热镀铝锌合金基板（AZ）、热镀锌铝合金基板（ZA）、电镀锌基板（ZE）。

（二）钢筋混凝土用钢材Steel products used in reinforced concrete

钢筋混凝土结构用的钢筋、钢丝、锚筋等钢材主要由碳素结构钢、低合金高强度结构钢和优质碳素钢经热轧（或冷扎）、冷拔和热处理等工艺加工而成。

1. 低碳钢热轧圆盘条Hot-rolled low carbon steel wire rod

建筑用的盘条具有塑性好，伸长率高，便于弯折成形、容易焊接等特点，其主要力学性能见表8-11。可用作中、小型钢筋混凝土结构的受力钢筋或箍筋，以及作为冷加工（冷拉、冷拔、冷轧）的原料。

表 8-11 建筑用低碳钢热轧圆盘条力学性能及工艺性能（GB/T 701—2008）

Tab. 8-11 Mechanical properties and processing properties of hot-rolled low carbon steel wire rod（GB/T 701—2008）

牌号	力学性能		冷弯试验 180°
	抗拉强度（MPa）	伸长率 δ_{10}（%）	d＝弯心直径
	不大于	不小于	a＝试样直径
Q195	410	30	$d=0$
Q215	435	28	$d=0$
Q235	500	23	$d=0.5a$
Q275	540	21	$d=1.5a$

2. 热轧钢筋Hot-rolled bar

热轧钢筋是经热轧成型并自然冷却的成品钢筋，按外形可分为光圆和带肋两种，牌号分别用 HPB、HRB 表示，后带屈服强度特征值级别 300～600。带肋钢筋的表面有纵肋和横肋，也可不带纵肋，横肋形状通常为月牙肋（见图8-20），且与纵肋不相交，以加强钢筋与混凝土之间的握裹力，可用于钢筋混凝土结构的受力钢筋，以及预应力钢筋。根据《钢筋混凝土用钢 第 1 部分：热轧光圆钢筋》（GB/T 1499.1—2017）和《钢筋混凝土用钢 第 2 部分：热轧带肋钢筋》（GB/T

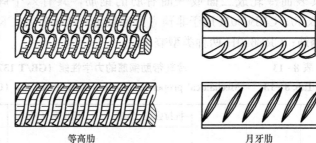

等高肋　　月牙肋

图 8-20 带肋钢筋外形图

Fig. 8-20 Profile of ribbed bar

1499.2—2018），热轧钢筋具有较高的强度，塑性和较好的可焊性，其主要性能和用途列于表8-12中。对于细化晶粒的高性能钢筋，在牌号中用 F 标识，如 HRBF400、HRBF500。对于有较高要求的抗震结构，在牌号后加 E，如 HRB400E、HRBF400E 等。

表 8-12 热轧钢筋的性能和主要用途（GB 1499.1—2017，GB 1499.2—2018）

Tab. 8-12 Properties and main application of hot-rolled bar（GB 1499.1—2017，GB 1499.2—2018）

钢筋牌号	表面形状	公称直径（mm）	屈服强度（MPa）	抗拉强度（MPa）	伸长率（%）	冷弯 180°	主要用途
			不小于				
HPB300	光圆	6～22	300	420	25	$d=a$	非预应力钢筋

续表

钢筋牌号	表面形状	公称直径（mm）	屈服强度（MPa）	抗拉强度（MPa）	伸长率（%）	冷弯180°	主要用途
			不小于				
HRB400 HRBF400	带肋	6～25	400	540	16	$d=4a$	非预应力和预应力钢筋
		28～40				$d=5a$	
HRB400E HRBF400E		＞40～50			—	$d=6a$	
HRB500 HRBF500		6～25	500	630	15	$d=6a$	预应力钢筋
		28～40				$d=7a$	
HRB500E HRBF500E		＞40～50			—	$d=8a$	
HRB600		6～25	600	730	14	$d=6a$	预应力钢筋
		28～40				$d=7a$	
		＞40～50				$d=8a$	

　　注　F—细晶粒，E—地震，d—弯心直径，a—钢筋公称直径。

3. 冷轧带肋钢筋 Cold-rolled ribbed bar

冷轧带肋钢筋是以普通低碳钢或低合金钢热轧盘条为母材，经多道冷轧（拔）减径后，在其表面冷轧成二面或三面有肋的钢筋，共有六个牌号，符合表8-13的性能要求。CRB550、CRB600H用于非预应力混凝土；CRB650、CRB800、CRB800H是预应力混凝土用钢筋；CRB680H两种类型兼可。

表8-13　　　　　　　　　冷轧带肋钢筋的力学性能（GB/T 13788—2017）
Tab. 8-13　　　　　　Mechanical properties of cold-rolled ribbed bar（GB/T 13788—2017）

分类	牌号	公称直径（mm）	抗拉强度（MPa）	伸长率（%）	冷弯试验180°弯心直径[a]（mm）	弯曲次数	应力松弛性能 初始应力	1000h后应力松弛率（%）
			不小于					不大于
普通钢筋混凝土用	CRB550	4～12	550	11	$d=3a$	—	0.7f_u	—
	CRB600H		600	14	$d=3a$	—		—
	CRB680H[b]		680	14	$d=3a$	4		5
预应力混凝土用	CRB650	4、5、6	650	4	—	3		8
	CRB800		800	4	—	3		8
	CRB800H		800	7	—	4		5

　　注　a—d 为弯心直径，a 为钢筋的公称直径。
　　　　b—当该牌号钢筋作为普通钢筋混凝土用时，对反复弯曲和应力松弛不做要求；当该牌号钢筋作为预应力混凝土用时，应进行反复弯曲试验代替180°冷弯试验，并检测松弛率。

4. 冷轧扭钢筋Cold-rolled-twisted bar

冷轧扭钢筋是采用 Q235 低碳钢热轧盘圆条，经冷轧扁和冷扭而成的具有连续螺旋状的钢筋。其刚度大，不易变形，与混凝土的握裹力大，无需再加工（预应力或弯钩），可直接用于混凝土工程，节约钢材 30%。使用冷轧扭钢筋可减小板的设计厚度、减轻自重，施工时可按需要将成品钢筋直接供应现场铺设，免除现场加工钢筋，但由于钢筋经冷轧扭加工处理后，伸长率低，塑性变形能力差、延性不好，目前冷轧扭钢筋已被限制使用。

5. 预应力钢筋Prestressed bar

预应力钢筋除了 CRB650、CRB800、CRB970 三个牌号的冷轧带肋钢筋外，根据《混凝土结构工程施工质量验收规范》（GB 50204—2015）规定，常用的预应力钢筋还有钢丝、钢绞线、热处理钢筋等。

预应力混凝土用钢丝（steel wire）为高强度钢丝，是用 60～80 号的优质碳素结构钢经酸洗、冷拔或再经回火等工艺处理制成，力学性能应满足表 8-14 的要求。其强度高，柔性好，适用于大跨度屋架、吊车梁等大型构件及 V 型折板等，可节省钢材，施工方便，安全可靠，但成本较高。按加工状态分为冷拉钢丝（WCD）和消除应力钢丝两类，消除应力钢丝按松弛性能又分为低松弛级钢丝（WLR）和普通松弛级钢丝（WNR）。钢丝按外形可分为光圆（P）、螺旋肋（H）、刻痕（I）三种，光圆及螺旋肋钢丝的力学性能应满足表 8-16 的规定，刻痕钢丝除弯曲次数外其他应符合表 8-15 的规定，起弯次数均不少于 3 次。经低温回火消除应力后钢丝的塑性比冷拉钢丝要高，刻痕钢丝经压痕轧制后与混凝土握裹力大，可减少混凝土裂纹。

表 8-14　　　　　冷拉钢丝的力学性能（GB/T 5223—2014）

Tab. 8-14　　Mechanical properties of cold drawn steel wire（GB/T 5223—2014）

公称直径（mm）	公称抗拉强度（MPa）	最大力的特征值（kN）	最大力的最大值（kN）	0.2%屈服力（kN）	每210mm扭矩的扭转次数	断面收缩率（%）	1000h应力松弛率（%）
					不小于		不大于
4.00		18.48	20.99	13.86	10	35	
5.00		28.86	32.79	21.65	10	35	
6.00	1470	41.56	47.21	31.17	8	30	
7.00		56.57	64.27	42.42	8	30	
8.00		73.88	83.93	55.41	7	30	7.5
4.00		19.73	22.24	14.80	10	35	
5.00		30.82	34.75	23.11	10	35	
6.00	1570	44.38	50.03	33.29	8	30	
7.00		60.41	68.11	45.31	8	30	
8.00		78.91	88.96	59.18	7	30	

续表

公称直径 (mm)	公称抗拉强度 (MPa)	最大力的特征值 (kN)	最大力的最大值 (kN)	0.2%屈服力 (kN)	每210mm扭矩的扭转次数	断面收缩率（%）	1000h应力松弛率（%）
					不小于		不大于
4.00		20.99	23.50	15.74	10	35	
5.00		32.78	36.71	24.59	10	35	
6.00	1670	47.21	52.86	35.41	8	30	
7.00		64.26	71.96	48.20	8	30	
8.00		83.93	93.99	62.95	6	30	7.5
4.00		22.25	24.76	16.69	10	35	
5.00	1770	34.75	38.68	26.06	10	35	
6.00		50.04	55.69	37.53	8	30	
7.00		68.11	75.81	51.08	6	30	

表 8 - 15 　　　　　　消除应力钢丝的力学性能（GB/T 5223—2014）

Tab. 8 - 15 　　Mechanical properties of stress relieved wire（GB/T 5223—2014）

公称直径 (mm)	公称抗拉强度 (MPa)	最大力的特征值 (kN)	最大力的最大值 (kN)	0.2%屈服力 (kN)	伸长率 （%）	弯曲试验180°		应力松弛性能
						弯曲次数	弯曲半径	1000h应力松弛率（%）
					不小于		R(mm)	不大于
4.00		18.48	20.99	16.22		3	10	
4.80		26.61	30.23	23.35		4	15	
5.00		28.86	32.78	25.32		4	15	
6.00		41.56	47.21	36.47		4	15	
6.25		45.10	51.24	39.58		4	20	
7.00		56.57	64.26	49.64		4	20	2.5
7.50	1470	64.94	73.78	56.99	3.5	4	20	
8.00		73.88	83.93	64.84		4	20	
9.00		93.52	106.25	82.07		4	25	4.5
9.50		104.19	118.37	91.44		4	25	
10.00		115.45	131.16	101.32		4	25	
11.00		139.69	158.70	122.59		—	—	
12.00		166.26	188.88	145.90		—	—	

公称直径（mm）	公称抗拉强度（MPa）	最大力的特征值（kN）	最大力的最大值（kN）	0.2%屈服力（kN）	伸长率（%）	弯曲试验180°		应力松弛性能
						弯曲次数	弯曲半径R（mm）	1000h应力松弛率（%）
				不小于				不大于
4.00	1570	19.73	22.24	17.37		3	10	
4.80		28.41	32.02	25.00		4	15	
5.00		30.82	34.75	27.12		4	15	
6.00		44.38	50.03	39.06		4	15	
6.25		48.17	54.31	42.39		4	20	
7.00		60.41	68.11	53.16		4	20	
7.50		69.36	72.20	61.04		4	20	
8.00		78.91	88.96	69.44		4	20	
9.00		99.88	112.60	87.89		4	25	
9.50		111.28	125.46	97.93		4	25	
10.00		123.31	139.02	108.51		4	25	
11.00		149.20	168.21	131.30		—		
12.00		177.57	200.19	156.26	3.5	—		2.5
4.00	1670	20.99	23.50	18.47		3	10	
5.00		32.78	36.71	28.85		4	15	
6.00		47.21	52.86	41.54		4	15	
6.25		51.24	57.38	45.09		4	20	4.5
7.00		64.26	71.96	56.55		4	20	
7.50		73.78	82.62	64.93		4	20	
8.00		83.93	93.98	73.86		4	20	
9.00		106.25	118.97	93.50		4	25	
4.00	1770	22.25	24.76	19.58		3	10	
5.00		34.75	24.76	30.58		4	15	
6.00		50.04	38.68	44.03		4	15	
7.00		68.11	55.69	59.94		4	20	
7.50		78.20	75.81	68.81		4	20	
4.00	1860	23.38	25.89	20.57		3	10	
5.00		36.51	40.44	32.13		4	15	
6.00		52.58	58.23	46.27		4	15	
7.00		71.57	79.27	62.98		4	20	

　　预应力混凝土用钢绞线（steel strand）由 2 根、3 根、7 根或 19 根 2.5～6.0mm 的高强碳素钢丝绞捻后消除内应力制成，具有强度高、柔性好、无接头等优点，且质量稳定，安全可靠，施工时不需冷拉及焊接，用于大跨度桥梁、屋架、吊车梁、电杆、轨枕等大负荷的预应力结构。根据 GB/T 5224—2014《预应力混凝土用钢绞线》，表 8-16 列出了其中部分规格钢绞线的性能要求。

表 8-16　　　　　　　　　钢绞线的力学性能 （GB/T 5224－2014）
Tab. 8-16　　　　　　　Mechanical properties of steel strand（GB/T 5224—2014）

钢绞线结构	钢绞线公称直径（mm）	强度级别（MPa）	整根钢绞线的最大负荷（kN）	0.2%屈服力（kN）	伸长率（%）	应力松弛性能	
						初始负荷相当于公称最大力的百分数（%）	1000h 后应力松弛率（%不大于）
			不小于				
1×2	5.0	1720	16.9	14.9			
	5.8		22.7	20.0			
	8.0		43.2	38.0			
	10.0		67.6	59.5			
	12.0		97.2	85.5			
1×3	6.2	1860	36.8	32.4			
	6.5		39.4	34.7			
	8.6		70.1	61.7			
	8.74		71.8	63.2			
	10.8		110	96.8		70	2.5
	12.9		158	139	3.5		
1×3 I	8.70		71.6	63.0		80	4.5
1×7	9.5	1960	107	94.2			
	11.1		145	128			
	12.7		193	170			
	15.2		274	241			
1×7 I	12.7	1860	184	162			
	15.2		260	229			
1×7 C	12.7	1860	208	183			
	15.2	1820	300	264			
	18.0	1720	384	338			

　　注　I 指刻痕钢丝捻制的钢绞线；C 指钢丝捻制后又经拔模的绞线。

　　预应力混凝土用热处理钢棒（heat-treated steel bar）是用热轧中碳低合金钢经淬火和回火调质热处理而成，按成盘（盘圆或盘条）供应，其表面形状有光圆钢棒、螺旋槽钢棒、螺旋肋钢棒四种。热处理钢筋的强度高、综合性能好，且开盘后可自然伸直，不需调直，使用时按所需长度切割，不能用电焊或氧气切割，也不能焊接，且对腐蚀及缺陷敏感性较强，主要用于预应力混凝土梁、预应力混凝土轨枕或其他各种预应力混凝土结构。根据 GB/T 5223.3—2017《预应力混凝土用钢棒》规定，其力学性能应符合表 8 - 17 的要求。

表 8 - 17　　预应力混凝土用热处理钢筋的力学性能（GB/T 5223.3—2017）

Tab. 8 - 17　Mechanical properties of heat - treated steel bar used for prestressed concrete

(GB/T 5223.3—2017)

表面类型	公称直径 (mm)	抗拉强度 (MPa)	屈服强度 (MPa)	伸长率 δ (%)	冷弯性能	
		不小于			性能要求	弯曲半径 (mm)
光圆	6、7、8、9、10				反复弯曲不小于 4 次/180°	15、20、25
	11、12、13、14、15、16				弯曲 160°~180°后弯曲处无裂纹	弯心直径为钢棒直径的 10 倍
螺旋槽	7.1、9	1080	930		—	—
	10.7、12.6、14.0	1230	1080			
		1420	1280			
		1570	1420			
螺旋肋	6、7、8、9、10			延性 25 2.5% 延性 35 3.5%	反复弯曲不小于 4 次/180°	15、20、25
	11、12、13、14				弯曲 160°~180°后弯曲处无裂纹	弯心直径为钢棒直径的 10 倍
	16、18、20、22	1080 1270	930 1140			
带肋	6、8、10、12 14、16	1080 1230 1420 1570	930 1080 1280 1420		—	—

冷加工钢筋经冷拉、冷轧、冷拔、轧扭等冷加工后，虽能大幅度提高钢筋强度，具有一定的经济效益，但由于其屈强比较大，安全储备较小，延性较差，使用时有许多限制条件，应谨慎使用。因此，在现行 GB 50010—2010《混凝土结构设计规范》中未将冷加工钢筋产品列入，而优先推荐使用热轧钢筋和预应力钢丝、钢绞线、螺纹钢筋。

第七节　铝 和 铝 合 金

Section 7　Aluminum and Al-alloy

一、纯铝 Pure aluminum

铝在地壳中的含量仅次于氧和硅，约为 8.13%。炼铝的原料是铝矾土，主要成分为一水铝（$Al_2O_3 \cdot H_2O$）和三水铝（$Al_2O_3 \cdot 3H_2O$），另外还含少量氧化铁、石英和硅酸盐等。

从铝矿石中提炼出三氧化铝（Al_2O_3），再通过电解得到含少量铁、硫杂质的电解铝，经提纯后浇铸成铝锭。高纯度铝的纯度可达 99.996％，普通纯铝的纯度在 99.5％以上。铝是有色金属中的轻金属，密度为 $2.7g/cm^3$，约为铜或钢的 1/3，具有良好的塑性、加工性、吸音性、抗撞击性，导热、导电、耐低温、抗核辐射等性能优良，在航天、航空、机械、建筑等各个领域得到十分广泛的应用。但纯铝在自然状态下形成的氧化铝膜很薄，耐腐蚀性有限；电位较低，电化学腐蚀问题极其突出；强度和硬度很低，不能满足使用要求。因此，一般不直接使用纯铝制品，而使用铝合金制品。

二、铝合金的类型及其特性Types and properties of Al-alloy

铝中加入适量的铜、镁、硅、锰、锌等合金元素制成铝合金，经冷加工或热处理后，强度可大幅度提高，与低合金钢的强度相当。铝合金克服了纯铝强度和硬度过低的不足，又仍能保持铝的轻质、易加工等优良性能，在建筑工程中尤其在装饰领域中应用越来越广泛。

铝合金根据化学成分及生产工艺分为铸造铝合金和变形铝合金，建筑用铝合金主要为变形铝合金。铸造铝合金要求具有良好的铸造性；变形铝合金要求具有良好的塑性，变形铝合金分为不能热处理强化铝合金和可以热处理强化铝合金两种。

三、铝合金型材的生产Producing of Al-alloy sections

铝及铝合金铸锭的结晶组织粗大而不均匀，强度较低，塑性较差，一般作为塑性加工的坯料，通过塑性加工改善组织与性能，生产各种铝合金型材。

1. 按加工过程的温度特征分类**Types according to the temperature in treatment process**

（1）热加工 Hot-working

热加工是铝及铝合金锭坯在再结晶温度以上所完成的塑性成型过程。常见的热加工方法有热挤压、热轧制、热锻压、热顶锻、液体模锻、半固态成形、连续铸轧、连铸连轧、连铸连挤等。

（2）冷加工 Cold-working

冷加工是在不产生回复和再结晶温度以下所完成的塑性成型过程。冷加工可得到表面光洁、尺寸精确、组织性能良好和能满足不同性能要求的产品。常见的冷加工方法有冷挤压、冷顶锻、管材冷轧、冷拉拔、板带箔、冷轧、冷冲压、冲弯、旋压等。

（3）温加工 Warm-working

温加工是介于冷、热加工之间的塑性成型过程，可以降低变形抗力、提高塑性。常见的温加工方法有温挤、温轧、温顶锻等。

2. 按变形过程的应力—应变状态分类**Types according to the stress-strain state**

按工件在变形过程中的受力与变形方式（应力—应变状态），铝及铝合金的加工方法有轧制、挤压、拉拔、锻压、旋压及成型加工（如冷冲压、冷变、深冲）等。

四、铝合金的表面处理Surface treatment of Al-alloy

铝合金的表面处理是解决或提高防护性、装饰性和功能性三方面的问题。防护性是提高铝材的抗蚀性，阳极氧化膜和喷涂有机聚合物涂层是常用的表面保护手段。装饰性从美观出发，进行表面着色处理，提高铝材的外观品质。功能性是赋予铝材表面的某些化学或物理特性，如增加硬度、提高耐磨损性、电绝缘性、亲水性等。铝合金表面处理有机械处理、化学处理、电化学处理、物理处理等方法。

五、铝合金结构及铝合金制品Al-alloy construction and Al-alloy products

（一）铝合金结构Al-alloy construction

1. 围护结构Exterior-protected construction

通常把门、窗、护墙、隔墙和天棚吊顶等的框架作围护结构中的线结构；把屋面、天花板、各类墙体、遮阳装置等称作围护结构中的面结构。一般线结构使用铝型材，面结构使用铝薄板。

2. 半承重结构Semi-load-carrying construction

随着围护结构尺寸的扩大和负载的增加，一些结构需起到围护和承重的双重作用，称为半承重结构。半承重铝结构广泛用于跨度大于 6m 的屋顶盖板和整体墙板、无中间构架屋顶、盛各种液体的罐、池等。

3. 承重结构Load-carrying construction

从单层房屋的构架到大跨度屋盖都可使用铝结构做承重件。从安全和经济技术的合理性考虑，往往采用钢柱和铝横梁的混合结构。

（二）铝合金制品Al-alloy products

1. 铝合金门窗Al-alloy doors and windows

铝合金门窗是一种重要的建筑门窗类型，其基本功能是围护作用。铝合金门窗具有较强的防锈能力，使用寿命长，外形美观，密封、防水性能优良。铝合金门窗的主要材料是铝合金型材、玻璃、五金配件、密封材料、密封胶等。

2. 铝合金玻璃幕墙Al-alloy glass curtain wall

铝合金幕墙能产生较好的建筑艺术效果，自重较轻，通常为 $0.3\sim0.5kN/m^2$，只有砖墙的 $1/10\sim1/12$，可以降低主体结构和基础结构造价，施工方便，能较好适应旧建筑物翻新改造的需要，广泛用作外墙。

3. 铝合金装饰板Al-alloy decorative plate

（1）铝合金花纹板（Al-alloy riffled plate）由花纹辊轧制铝合金坯料而成，通过表面处理还可获得各种颜色，用于建筑墙面装饰、楼梯踏板。

（2）铝合金波纹板（Al-alloy corrugated plate）用铝合金平板轧制为波形或梯形截面，用于屋面和墙面。

（3）铝合金冲孔板（Al-alloy perforated plate）由铝合金平板穿孔而成，能降低噪声并兼有装饰效果，用于建筑中改善音质条件或降低音量之处。

第八节 新 型 金 属 材 料
Section 8　New Types of Metal Materials

常用的金属材料品种较单一，普遍存在着不耐高温、易腐蚀、导热性高、低温脆性大等缺点。随着社会的发展和应用领域的扩大，人们对金属材料的各项性能提出了更高的要求，从而需要功能更强大、性能更优良的新型金属材料。

一、超高强度钢Ultra-high strength steel

用于承重结构的钢材主要是低碳钢和低合金钢，低碳钢的 $f_u=315\sim630MPa$；低合金钢的 $f_u=510\sim720MPa$。而高强度钢的 f_u 要求达到 $900\sim1300MPa$，超高强度钢材的 f_u 要求达到 1300MPa 以上，同时韧性和耐疲劳强度等力学性能也要求有较大幅度提高。目前已经开发出的超高强度钢材按合金元素的含量分为低合金系、中合金系和高合金系三类。低合金超高强度钢是将马氏体系低合金钢进行低温回火制成，较多地用于航空业，在建筑上主要用作连接五金件等。中合金超高强度钢是添加铬 Cr、钼 Mo 等合金元素，并进行二次回火处理制成，耐热性能优良，可用作建筑上需要耐火的部位。高合金超高强度钢包括 9Ni - 4Co、马氏体时效硬化钢、析出硬化不锈钢等品种，具有很高的韧性，焊接性能优异，适用于海洋环境和与原子能相关的领域。

二、低屈强比钢 Low yield ratio steel

钢材的屈强比（f_y/f_u）反映钢材具有的安全可靠性，屈强比值对于结构的抗震性能尤其重要。为了满足建筑物抗震安全，要求结构材料具有较高的屈服强度和较小的屈强比，保证在中等强度地震发生时不产生过大变形和破坏，应力有较充足的过程向极限强度发展。

超高强度钢的含碳量一般较高，硬度、脆性较大，无明显的屈服点，屈服发生后很快就到达强度极限，没有明显的塑性变形，不利于结构安全。在超高强度钢材中加入一部分较柔软的金属组织（铁素体），使钢材保持原有超高强度的同时，降低屈服强度，减小屈强比，并增加钢材的塑性和韧性，提高安全性。

三、新型不锈钢 New types of stainless steel

不锈钢通常含有镍 Ni 元素，与普通钢材相比具有"不锈"的性能，但在较苛刻的环境条件下仍然会锈蚀。新型不锈钢不含镍 Ni 元素，是在 19Cr-20Mo 不锈钢中添加铌 Nb、钛 Ti、锆 Zr 等稳定性更好的元素，形成高纯度的贝氏体不锈钢，耐腐蚀性得到大幅度的提高，同时耐热性、耐腐蚀性、焊接加工性能也得到改善。一般用于 300℃ 以下的环境中的太阳能热水器、耐腐蚀配管等构件。对含 Cr 量较大的新型不锈钢可耐 500～700℃ 高温，用于火力发电厂或建筑物中的耐火覆盖层。

四、高耐蚀性金属及钛合金 High corrosion resistance metal and titanium alloy

大多数金属材料在海水中很容易被腐蚀，即使是不锈钢也会发生孔蚀。金属钛具有致密的表面氧化膜，耐海水腐蚀性特别好。钛合金质量轻，比强度高，耐腐蚀性强，且装饰性能、焊接性能好，已经成为宇宙、航空、原子能发电、化学工业以及海水淡化等设施中不可缺少的材料。但是由于价格高昂，还没有达到普及使用的程度。由于腐蚀作用主要从表面开始，为了降低材料的成本，可考虑内部采用不锈钢或普通碳素钢，表面覆盖钛金属保护层的方法来提高构件的耐腐蚀性。

五、耐火钢 Refractory steel

钢材在常温下具有很高的强度，但随着温度的升高，强度降低，变形严重。普通钢材的机械强度在 400℃ 温度时将降为室温强度的 1/3，在 1000℃ 时降低为室温强度的 1/10。为了提高钢材的耐火性，经常是在钢材表面涂刷耐火涂料，或者在钢材表面覆盖耐火材料，但这种方法的施工工序繁杂，被覆盖的钢材难以达到结构轻巧、线条清晰、表面光泽等美观效果。耐火钢是在普通碳素钢中添加钼 Mo、钒 V、铬 Cr、铌 Nb 等合金元素，可使钢材在 400℃ 高温下的强度达到室温强度的 2/3。

六、轻质、高比强度金属材料 Light-weigh and high specific strength metal

比强度是材料的强度与其密度的比值。为减轻高层、超高层建筑物的自重，要求用于主体结构的金属材料具有轻质高强性能，表 8 - 18 为常见金属的比强度值。在纯金属中，钛的比强度较高，但钛金属成本较高，难以作为结构材料在工程中广泛使用。采用轻金属与碳纤维复合制成的纤维强化金属，具有较高的比强度。碳纤维的抗拉强度高达 2000MPa，如果与金属铝复合，制成纤维强化铝金属，密度大幅度降低，抗拉强度可达到 1000MPa 左右，比强度值可超过 350。

表 8 - 18　　　　　　　　　　常 用 金 属 的 比 强 度

Tab. 8 - 18　　　　　　Specific strength of commonly used metal

材料	密度	抗拉强度（MPa）	比强度	材料	密度	抗拉强度（MPa）	比强度
纯钛	4.5	480	107	纯铜	8.9	441	50
碳素钢	7.8	520	67	纯铝	2.7	90	53

七、耐低温金属材料Low temperature resisting metal

地球表面自然环境的最低温度大约为 $-80 \sim -70℃$，而液化天然气的贮藏要在 $-173℃$（100K）左右的温度下，超导机器需要在 $-269.2℃$（4.2K）液体氦的温度下工作，宇宙飞船受太阳直射侧的温度可达到零上 $100 \sim 200℃$，而没有受到太阳照射的一侧最低能达到 $-269℃$（4K）左右的超低温度。这些金属材料要求必须具有优异的耐低温的性能。具有面心立方晶体结构的奥氏体系不锈钢在室温下的冲击韧性值较低，但随着温度降低冲击韧性值基本保持稳定，在低温下显示出较好的韧性。表 8 - 19 列出几种常用耐低温金属材料的使用温度界限。

表 8 - 19　　　　　　　　低温用金属材料的使用温度界限

Tab. 8 - 19　　　　　Temperature limits of metal used in the low temperature condition

使用温度界限/K	金属材料
240（$-33℃$）	回火碳素钢
77（液体氮）（$-196℃$）	9％镍钢
4.2（液体氦）（$-296℃$）	奥氏体系不锈钢、高锰奥氏体钢、铝合金、铜合金、镍合金

八、形状记忆合金Shape memory alloy

金属材料通过特殊的热处理方法，使之具有记忆原来形状的功能称为形状记忆性。具有形状记忆功能的金属通常是合金，故又称为形状记忆合金。形状记忆合金有单向记忆型和双向记忆型两种。如图 8 - 21 所示，将平板状的合金弯曲成直角形状，并加热至某一温度下进行形状记忆热处理，合金将"记住"此时的形状，然后在常温下对该合金进行塑性加工成平板。使用中当环境温度达到进行形状记忆热处理时的温度，则合金恢复成直角形状，之后再冷却至室温，如形状不再改变，称为单方向性记忆型；如在常温下又恢复成平板，则称为双向性记忆型。目前，已开发出的十几种具有形状记忆功能的合金材料中，仅有镍—钛合金和铜—锌—铝合金两种得到实用，主要应用在以下几方面：①配管接头；②宇宙开发；③医疗器械；④自动开启装置。

九、非磁性金属Non-magnetic metal

大多数金属具有磁性，这种磁性对普通的建筑物没有什么影响，但对高智能建筑物、核

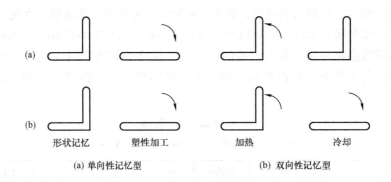

图 8 - 21 形状记忆合金的类型

Fig. 8 - 21 Types of Shape memory alloy

熔炉、磁悬浮铁路系统等容易产生很强的磁场。具有磁性的金属材料在磁场作用下会产生力的作用，不利于结构体的正常运行，这些结构要求采用非磁性的金属材料。非磁性金属材料有高锰钢、奥氏体系列不锈钢和钛金属等。

十、非晶质金属Non-crystal metal

非晶质金属是将熔融状的液态金属瞬间冻结，由于内部质点没有充足的时间形成晶核，排列无序，具有与玻璃体相似的内部结构。非晶质金属具有较高的硬度和强度、电阻值、磁敏感性，以及优异的耐腐蚀性，但焊接性差，板材厚度有限，具有温度不稳定性。非晶质金属的出现，不仅改变了传统的金属材料晶体构造的概念，呈现出比结晶金属性能优良的许多特性，并且还使金属材料的加工制造过程大幅度简化，是一种很有发展前途的新型材料。非晶质合金主要应用于表面防腐膜、太阳能电池、变压器、振子材料、感知器、磁性过滤器等电子部件。目前开发出的非晶质合金有铁-磷、铁-硼等金属-半金属系列，以及铜-锆、铁-锆、钛-镍等金属-金属系列。

十一、金属纤维Metal fiber

在混凝土或砂浆中掺入金属短纤维，可显著提高混凝土或砂浆的抗拉强度。由于金属纤维截面积很小，在使用中会很容易锈蚀而失去增强能力，因而需用耐腐性好的材料制作。非晶质合金就是一种理想的强化纤维材料，其耐蚀性优良，抗拉强度很高，如铁-硼系非晶质合金的抗拉强度可达 3500MPa。

十二、吸氢金属Hydrogen pick-up metal

氢原子尺寸小，在合适的条件下容易进、出其他金属晶格内部。当降低温度或提高压力，氢被吸入；升高温度或减小压力，氢被放出。在吸氢时放出热量，放氢时吸收热量，利用这一特性可制作空调。

 思 考 题

Exercise

1. 钢材是如何分类的？建筑工程常用的钢材有哪些？

2. 钢材的脱氧程度对钢材的质量有何影响？沸腾钢和镇静钢各有哪些优缺点？

3. 钢材的主要技术性能有哪些，各自用什么技术指标进行评定？

4. 什么是钢材的屈强比？其大小对钢材的使用性能有何影响？

5. 为什么用屈服点 f_y 而不用极限抗拉强度 f_u 作为建筑钢材强度取值的依据？$\sigma_{0.2}$ 有什么含义？

6. 钢材的冲击韧性与哪些因素有关？何谓钢材的冷脆性和热脆性？

7. 铁碳合金的晶体结构和基本组织有哪些？

8. 钢中哪些元素是有害元素、有益元素？各自的主要危害或作用是什么？

9. 简述碳素钢在冷加工强化和时效硬化后的性能变化及其在应力—应变图中的反应。

10. 常用的热处理方法有哪些？各自能改善钢材的哪些性能？

11. 钢结构与钢筋混凝土结构分别选用哪些种类的钢？

12. 钢材的主要防火措施有哪些？

13. 试述锈蚀的原因、主要类型和防锈措施。

14. 试述铝与铝合金的特征和工程应用，以及铝合金的主要类型、常用的铝合金制品。

15. 试述建筑领域中新型金属材料的类型和工程应用。

第九章　建　筑　玻　璃

Chapter 9　Building Glass

　　玻璃是一种古老而新兴的建筑光学材料，过去在建筑上主要用作采光和装饰材料，随着现代建筑技术的快速发展，建筑玻璃制品不断向多功能、多品种方向发展。近年来，兼具功能性与装饰性的新品种玻璃的不断出现，为现代建筑设计提供了更加广阔的选择余地，使现代建筑中愈来愈多地采用玻璃门窗、玻璃幕墙和玻璃构件，已达到光控、节能、温控、降低结构自重以及降噪、美化环境等多种目的，使其成为建筑工程中重要的装饰材料而得以广泛应用。

　　另有混入了某些金属的氧化物或者盐类而显现出各种颜色的有色玻璃，以及通过物理或者化学方法制得的钢化玻璃等。有时也含有一些透明的塑料（如聚甲基丙烯酸甲酯）也称作有机玻璃。

第一节　玻　璃　的　制　造　及　种　类

Section 1　Manufacture and Categories of Glass

一、玻璃的制造Manufacture of glass

（一）玻璃的原料及组成**Raw materials and compositions of glass**

　　玻璃是无定型非结晶体，为均质的各向同性材料，玻璃是以石灰石（$CaCO_3$）、纯碱（Na_2CO_3）、长石（$R_2O \cdot Al_2O_3 \cdot 6SiO_2$）、石英砂（$SiO_2$）等为主要原料，在 $1550\sim1600℃$ 高温下熔融、成型并经急冷而制成。为满足特殊环境的需要，常在玻璃原料中加入某些辅助性原料，或经特殊工艺处理，可制得具有各种特殊性能的特种玻璃。

　　制造玻璃的原料主要有以下三类氧化物：

　　（1）酸性氧化物：主要有 B_2O_3、SiO_2 等，在煅烧中能单独熔融成为玻璃的主体，决定玻璃的主要性质。

　　（2）碱性氧化物：主要有 K_2O、Na_2O 等，在煅烧中能与酸性氧化物形成易溶的复盐，起助熔剂的作用。

　　（3）增强氧化物：主要有 BaO、Al_2O_3、CaO、PbO、MgO、ZnO 等，不同程度地影响玻璃的性能。

　　以上这些氧化物在玻璃中起着十分重要的作用，见表 9-1。

表 9-1　　　　　　　　　　　玻璃中主要氧化物的作用

Tab. 9-1　　　　　　　　　　　Effect of main oxide in glass

氧化物	作　用	
	增　　加	降　　低
B_2O_3	化学稳定性、折射率、热稳定性、	熔融温度、析晶倾向
SiO_2	退火温度、化学稳定性、机械强度	密度、热膨胀系数
Na_2O、K_2O	热膨胀系数	化学稳定性、退火温度、熔融温度、韧性、析晶倾向

续表

氧化物	作　用	
	增　加	降　低
BaO	软化温度、密度、折射率、析晶倾向	熔融温度、化学稳定性
Al₂O₃	化学稳定性、机械强度、韧性	析晶倾向
CaO	硬度、化学稳定性、退火温度	耐热性
PbO	密度、折射率	熔融温度、光学稳定性
MgO	热稳定性、机械强度、化学稳定性	析晶倾向、韧性
ZnO	热稳定性、化学稳定性、熔融温度	热膨胀系数

此外，玻璃的制造，特别是特种玻璃的制造，辅助原料是必不可少的，常用的辅助原料及其作用见表 9-2。

表 9-2　　　　　　　　　玻璃常用辅助性原料及其作用
Tab. 9-2　　　　Commonly used assistant raw materials and its effect in glass

名称	常用化合物	主要作用
脱色剂	二氧化锰、硝酸钠、硝酸钡、硝酸钾、三氧化二锑、氧化镍等	消除玻璃中的杂质颜色，使之接近无色，增加透光度
助熔剂	萤石、氟硅酸钠、硼砂等	降低熔融温度、加速熔制过程
着色剂	氧化铁、氧化钴、氧化锰、氧化铬等	使玻璃呈现不同颜色
澄清剂	硝酸钠、硫酸钠、氯化锑等	降低玻璃熔液的黏度，促进玻璃中气泡的排除
氧化剂	硝酸钠、三氧化二砷等	在玻璃熔制时，能放出氧，使低价氧化物转变为高价氧化物
还原剂	碳化物、氧化亚锡、二氯二锡等	在玻璃熔制时，能夺取氧，加速氧化物在熔剂中的还原反应

玻璃的化学成分很复杂，其主要成分为 SiO_2（含量 72% 左右），Na_2O（含量 15% 左右）和 CaO（含量 9% 左右），另外还有少量的 Al_2O_3 和 MgO 等。

（二）玻璃的制造工艺 Manufacture technics of glass

建筑玻璃的制造工艺有垂直引上法、浮法和压延法等。

（1）垂直引上法 Vertical upward draught method

垂直引上法是生产平板玻璃的传统方法，是利用拉引机械从玻璃溶液表面垂直向上引拉玻璃带，经冷却变硬而成玻璃平板的方法。根据引上设备不同它又分为有槽引上、无槽引上和对辊引上等方法。其特点是：成形容易控制，可同时生产不同宽度和厚度的玻璃，但宽度和厚度也受到成形设备的限制，产品质量也不是很高，易产生波筋、线道、表面不平整等缺陷。

（2）浮法工艺 Float technics

浮法玻璃生产的成型过程是在通入保护气体（N_2 及 H_2）的锡槽中完成的。熔融玻璃从池窑中连续流入并漂浮在相对密度大的锡液表面上，在重力和表面张力的作用下，玻璃液在锡液面上铺开、摊平，冷却后被引上过渡辊台。辊台的辊子转动，把玻璃带拉出锡槽进入退火窑，经退火、切裁，就得到浮法玻璃产品。浮法与其他成型方法比较，其优点是：适合于高效率制造优质平板玻璃，如没有波筋、厚度均匀、上下表面平整、互相平行；生产线的规模不受成型方法的限制，单位产品的能耗低；成品利用率高；易于科学化管理和实现全线机械化、自动化，劳动生产率高；连续作业周期可长达几年，有利于稳定地生产；可为在线生产一些新品种提供适合条件，如电浮法反射玻璃、退火时喷涂膜玻璃、冷端表面处理等。

对于浮法玻璃来说，由于厚度的均匀性比较好，其产品的透明度也比较强，所以经过锡面的处理，比较光滑，以及在抛光的作用下，形成了一种表面比较整齐、平面度比较好，光学性能比较强的玻璃。这种浮法玻璃的装饰性特别好，更具有良好的透明性、明亮性、纯净性，以及室内的光线明亮等特点、是天然采光的材料的最佳首选材料，更是极富应用的建筑材料之一，可以说，在建筑玻璃的多种种类来看，这种浮法玻璃应用最大，是进行玻璃深加工的最为重要的原片之一。

目前浮法玻璃产品已完全代替了机械磨光玻璃，它占世界平板玻璃总产量的 75% 以上，可直接将其用于高级建筑、交通车辆、制镜等。浮法生产的玻璃规格有厚度 $0.55 \sim 25mm$ 多种，生产的原版玻璃厚度可达 $2.4 \sim 4.6m$，能满足各种使用要求。

二、玻璃的分类Categories of glass

玻璃的品种繁多，分类的方法也有多样，通常按其化学组成和用途进行分类。

（一）按化学组成分类Types according to chemical component

（1）钠玻璃（又名普通玻璃或钠钙硅玻璃）Soda glass

玻璃的主体结构是二氧化硅，原料是石英砂或石英岩。石英原料太难熔化所以需要加助熔剂，以碳酸钠（纯碱）为助熔剂时，钠将留在玻璃中成为成分之一。钠玻璃主要用于制造普通建筑玻璃和日用玻璃制品。

（2）铝镁玻璃 Aluminum-magnesium glass

降低钠玻璃中碱金属和碱土金属氧化物的含量，引入 MgO，并以 Al_2O_3 代替部分 SiO_2 而制成。软化点低，力学性能、光学性能和化学稳定性等各项性能指标均比钠玻璃高，常用作高档建筑装饰材料。

（3）钾玻璃 Potash glass

钾玻璃又称钾钙玻璃。将制造钠玻璃的原料中的纯碱（Na_2CO_3）改为碳酸钾，制得的玻璃便是钾玻璃。钾玻璃是 K_2SiO_3、$CaSiO_3$ 和 SiO_2 的固熔体。与钠玻璃相比，钾玻璃的热膨胀系数较小，较难熔化，较难受化学药品的侵蚀，可用于制作一般的化学仪器等。

（4）硼硅玻璃 Borosilicate glass

由 B_2O_3、SiO_2 及少量 MgO 所组成。它具有较好的光泽和透明度，较高的力学性能、耐热性、绝缘性和化学稳定性。用于制造高级化学仪器和绝缘材料。

（5）石英玻璃 Quartz glass

石英玻璃是以二氧化硅作为单一组分的特种工业技术玻璃。这种玻璃硬度可达莫氏七级，具有耐高温、膨胀系数低、耐热震性、化学稳定性和电绝缘性能良好，并能透过紫外线和红外线。除氢氟酸、热磷酸外，对一般酸有较好的耐酸性。按透明度分为透明和不透明两大类。按纯度分为高纯、普通和掺杂三类。用水晶，硅石，硅化物为原料，经高温熔化或化学气相沉积而成。熔制方法有电熔法、气炼法等。

（二）按用途分类 Types according to purpose

（1）平板玻璃：主要利用其透视特性，用作建筑物的门窗、橱窗等装饰。这一类玻璃制品包括：普通平板玻璃、花纹平板玻璃、浮法平板玻璃和磨光平板玻璃。

（2）功能玻璃：这类玻璃一般是具有吸收或反射紫外线、光控或电控变色、吸热或反射热等特性，多用于高级建筑物的橱窗、门窗等装饰用。主要品种有：热反射玻璃、吸热玻璃、低辐射玻璃、防紫外线玻璃、光致变色玻璃、电致变色玻璃等。

（3）玻璃砖：这一类是块状玻璃制品，主要用于屋面和墙面装饰。该类包括：特厚玻璃、玻璃空心砖、玻璃锦砖、泡沫玻璃等。

（4）安全玻璃：主要利用其高强度、抗冲击及破碎后无损伤人的危险性等特性，用于装饰建筑物安全门窗、阳台走廊和玻璃幕墙等。主要种类为：钢化玻璃、夹丝玻璃、夹层玻璃等。

（5）饰面玻璃：主要利用其表面色彩图案花纹及光学效果等特性，用于建筑物的地坪装饰和立面装饰。这一类主要品种有：辐射玻璃、釉面玻璃、水晶玻璃、彩色玻璃和矿渣微晶玻璃等。

以上玻璃种类中，以普通平板玻璃最为重要，这不仅因其用量大，而且许多玻璃新品种都是在普通平板玻璃的基础上进行加工处理而成的。

第二节　玻璃的基本特性与加工装饰
Section 2　Primary Properties，Process and Decoration of Glass

一、玻璃的基本性质 Primary properties of glass

（一）力学性质 Mechanical properties

玻璃的力学性质一般用抗压强度、抗拉强度、抗冲击强度、抗折强度等表示。玻璃得到广泛应用的原因之一就是具有较高的抗压强度和硬度。然而抗拉和抗折强度不高，且脆性较大，使玻璃的应用受到了一定的限制。为了改善玻璃的力学性能，可采用钢化、退火、表面处理与涂层、与其他材料复合等多种方法。

玻璃的力学性质与其化学组成，制品结构和制造工艺密切相关。当制品中含有未熔夹杂物、结石瘤或细裂纹时，易造成应力集中，可急剧降低其机械强度。

（1）抗压强度 Compressive strength

玻璃的抗压强度随着化学组成的不同在 $600 \sim 1600$MPa 波动。荷载时间对其影响很小，高温下抗压强度则会急剧下降。

（2）抗拉强度 Tensile strength

玻璃的抗拉强度通常为抗压强度的 $1/15 \sim 1/14$，约 $40 \sim 120$MPa。

（3）抗弯强度 Flexural strength

取决于其抗拉强度，并随荷载时间的延长和制品宽度的增大而减小。

（4）弹性模量 Elastic modulus

普通玻璃的弹性模量为 $60000 \sim 75000$MPa，极易受温度影响：常温下具有弹性，脆而易碎；随温度升高弹性模量会降低，甚至出现塑性变形。

（5）硬度 Hardness

玻璃的硬度一般在莫氏硬度 $4 \sim 7$，随生产加工方法和化学成分而不同。

（二）光学性质optical properties

玻璃具有优良的光学性质，既能透过光线，又能反射光线和吸收光线。

（1）反射能力 Reflection ability

即光线被玻璃阻挡，按一定角度反射的能力，用反射系数表示，即反射光能与投射光能之比，其大小决定于反射面的光滑程度、折射率及投射光线的入射角的大小等，玻璃的反射对光的波长没有选择性。

（2）吸收能力 Absorbency ability

吸收是指光线通过玻璃后，一部分光能被吸收的能力，用吸收系数表示，即吸收光能与入射光能之比。玻璃对光线的吸收能力随着化学组成和颜色而异，并对光的波长有选择性。

（3）透射能力 Transmission ability

透射是指光线能透过玻璃的性质，用透射率或透射系数表示，即光线透过玻璃后的光能与光线透过玻璃前的光能之比。透过率高低是玻璃的重要性能要求，清洁的玻璃透光率达85％～95％。光线经过玻璃将发生衰减，衰减是反射和吸收两因素的综合表现。

（三）热性质Thermal properties

（1）比热 Specific heat

玻璃的比热随着温度而变动。在玻璃软化温度与流动温度范围内，比热随温度上升而急剧变大，而在低于软化温度和高于流动温度范围之内，比热几乎不变。一般在 15～100℃范围内，比热容为（0.33～1.05）$\times 10^3$J/（kg·℃）。

（2）导热系数 Thermal conductivity

材料传导热量的能力，称为导热性。材料的导热性用导热系数表示。玻璃的导热性能差，其导热性与化学组成和温度有关，但主要取决于密度。常温下玻璃的导热系数仅为铜的1/400，但会随着温度的升高而增大，在 700℃以上时，还会受玻璃颜色和化学组成的影响。

（3）热膨胀性 Thermal expansivity

材料受热发生体积膨胀的性质，称为热膨胀性。材料的热膨胀性用热膨胀系数表示。由于玻璃的导热性差，当玻璃局部受热时，这些热量不能及时传递到整块玻璃上，玻璃受热部位产生膨胀。玻璃的热膨胀对玻璃的成型、退火、钢化、玻璃与陶瓷的封接以及玻璃的热稳定性等性质都有重要意义。一般纯度越高，热膨胀系数越小。有些特种玻璃可获得零膨胀系数或负膨胀系数，如微晶玻璃，从而为玻璃开辟了新的使用领域。

（4）热稳定性 Thermal stability

玻璃抵抗温度变化而不破坏的性能称热稳定性。热稳定性的大小，用试样在保持不破坏条件下所能经受的最大温差来表示。玻璃对急热的稳定性比对急冷的稳定性要强。玻璃的热稳定性与导热系数的平方根成正比，与热膨胀系数成反比。

二、玻璃体的缺陷Defect of vitreous body

在实际生产中，理想、均一的玻璃体是极少的。各种夹杂物往往存在于玻璃体内，引起玻璃体的均匀性破坏，不仅使玻璃质量大大降低，影响装饰效果，甚至会严重影响玻璃的进一步成型和加工，造成大量废品。因此，不同用途的玻璃对均质性有不同的要求。

玻璃体中的缺陷夹杂物主要有以下三个类型：结石（固体夹杂物）、气泡（气体夹杂物）及条纹和节瘤（玻璃态夹杂物）。

结石是玻璃体内最危险的缺陷，它不仅破坏了玻璃制品的外观和光学均一性，还因为局部应力使制品的机械强度和热稳定性大大降低，降低了制品的使用价值。根据结石产生的原因，可分为耐火材料结石、配合料结石（未溶化的颗粒）、玻璃液的析晶结石以及由于多种原因形成的"黑斑子"夹杂物等。

玻璃中的气泡是制品在成型过程中产生的，大小为零点几毫米的气泡夹杂物，肉眼可见，主要影响玻璃的外观质量、透明度和机械强度。

玻璃体内存在的异类玻璃夹杂物称为玻璃态夹杂物（条纹和节瘤），它属于一种比较普遍的玻璃不均匀性方面的缺陷，在化学组成和物理性质上与玻璃体不同。对于一般玻璃制品，在不影响使用性能的情况下，允许存在一定程度的不均匀性条纹和节瘤。

三、玻璃的表面加工与装饰Surface process and decoration of glass

玻璃制品成型后为满足要求，大多需要进行加工，以改善其外观和表面性质，或达到装饰效果。加工可分为冷加工，热加工和表面处理三大类。

（一）冷加工Cold working

冷加工是在常温下通过机械方法来改变玻璃制品的外形和表面状态的过程，其基本方法有磨光、喷砂、切割和钻孔。

磨光包括研磨和抛光两个不同的工序，研磨的目的是将制品粗糙不平或成型时余留部分磨去，并确定所需的形状、尺寸或平整面，抛光的目的是使毛面玻璃表面变得光滑、透明、并具有光泽。经研磨、抛光后的玻璃制品，即称磨光玻璃。

喷砂主要用于玻璃表面磨砂及玻璃仪器商标的打印，它是利用高压空气通过喷嘴的细孔时所形成的高速气流，带着细粒的石英砂或金刚砂等喷吹到玻璃表面，使玻璃表面的组织不断受到砂粒的冲击破坏，形成毛面。有时还可以钻孔。

切割是利用玻璃的脆性和残余应力，在切割点加一刻痕造成应力集中，使之易于折断。

钻孔的方法又可分为研磨钻孔（孔径 3～10mm）、钻床钻孔（3～15mm）、超声波钻孔和冲击钻孔等。

（二）热加工Hot working

很多复杂形状和特殊要求的玻璃制品，需要通过热加工进行成型。其他一些玻璃制品，需要用热加工来改善制品的性能和外观质量。

玻璃制品的热加工主要是利用玻璃黏度随温度升高而减小以及表面张力大、导热系数小等特性来进行，主要方法有火抛光、烧口、火焰切割或钻孔等。

火抛光可消除玻璃制品在压制成型过程中表面常出现的微裂纹、折纹以及波纹等缺陷。

烧口是依靠表面张力的作用，用集中的高温火焰局部加热，使玻璃制品口部经切割后具有尖锐、锋利的边缘，在软化时变得光滑的工艺过程。

高速火焰、激光均可使玻璃局部产生高温，达到熔化流动的状态，因此可用作切割或钻孔。

经过热加工的制品，为防止炸裂或产生大的永久应力，应缓慢冷却，必要时可进行二次退火。

（三）表面处理Surface treatment

玻璃表面处理在生产中的应用比较广泛，玻璃表面处理可以清洁玻璃表面，并能制造各种涂层。玻璃表面处理的方法分三类：玻璃的化学蚀刻、玻璃表面金属涂层、玻璃表面着色。

（1）玻璃的化学蚀刻 Chemical etching of glass

玻璃的化学蚀刻是用氢氟酸溶液与玻璃产生化学反应，结果使玻璃得到有光泽或无光泽的表面。根据制品表面形状不同和蚀刻深度不同，分为浅蚀刻（又称毛面腐蚀）、深蚀刻（又称化学浮雕）和深纹蚀刻。

（2）玻璃表面金属涂层 Surface metal coating of glass

玻璃表面镀一层金属薄膜，广泛用于热反射玻璃、保温瓶、玻璃器皿表面涂层以及各种装饰品。表面镀金属薄膜有化学方法和真空沉淀法两种。化学方法常用于玻璃表面镀银、保温瓶镀银。真空沉淀法可以镀各种金属，此方法装置大型化、工艺连续化、拌制半自动化或连续化，目前已被广泛应用。

（3）玻璃表面着色 Surface staining of glass

表面着色就是在高温下用着色离子的金属、熔盐、盐类的糊膏涂覆在玻璃表面上，使着色离子与玻璃中的离子交换，扩散到玻璃层中去使玻璃表面着色；有些金属离子还需要还原为原子，原子集聚成胶体而着色。表面着色一般用于玻璃器皿的表面装饰或仪器的刻度线等。

第三节　建筑玻璃的品种、特性与光学装饰用途
Section 3　Varieties，Properties and Application for Optical Decorate of Building Glass

建筑工程装饰用的玻璃品种主要有五大类：平板玻璃、安全玻璃、功能玻璃、饰面玻璃和玻璃砖。本节介绍各类建筑玻璃的品种、主要特性和装饰用途。

一、平板玻璃Flat glass

平板玻璃是建筑玻璃品种中用量最大的一类，它包括普通平板玻璃、浮法玻璃、磨光玻璃、毛玻璃、压花玻璃、彩色玻璃等。

（一）普通平板玻璃Ordinary plate glass

普通平板玻璃又称窗玻璃。平板玻璃具有透光、隔热、隔声、耐磨、耐气候变化的性能，有的还有保温、吸热、防辐射等特征，因而广泛应用于镶嵌建筑物的门窗、墙面、室内装饰等。

平板玻璃的规格按厚度通常分为 2、3、4、5、6mm，也有生产 8mm 和 10mm 的。一般2、3mm 厚的适用于民用建筑物，4～6mm 的用于工业和高层建筑。

（二）浮法玻璃Float glass

浮法玻璃生产的成型过程是在通入保护气体（N_2 及 H_2）的锡槽中完成的。熔融玻璃从池窑中连续流入并漂浮在相对密度较大的锡液表面上，在重力和表面张力的作用下，玻璃液在锡液面上铺开、摊平、硬化和冷却后被引上过渡辊台。辊台的辊子转动，把玻璃带拉出锡槽进入退火窑，经退火、切裁，就得到浮法玻璃产品。浮法与其他成型方法比较，其优点是：适合于高效率制造优质平板玻璃，如没有波筋、厚度均匀、上下表面平整、互相平行；生产线的规模不受成形方法的限制，单位产品的能耗低；成品利用率高；易于科学化管理和实现全线机械化、自动化，劳动生产率高；连续作业周期可长达几年，有利于稳定地生产。

（三）磨光玻璃Polished glass

经过机械研磨抛光而具有平整光滑表面的平板玻璃，又称镜面玻璃或者白片玻璃，分单面磨光和双面磨光两种。对玻璃磨光是为了消除玻璃中含有的波筋等缺陷。磨光玻璃表面平整光滑且有光泽，从任何方向透视或反射景物都不发生变形，厚度一般为 5、6mm，透光度

大于84%。缺点是加工费时且不经济，近年来随浮法玻璃的出现，磨光玻璃的用量已大为减少。

（四）毛玻璃Ground glass

毛玻璃表面不平整，光线通过毛玻璃被反射后向四面八方射出去（因为毛玻璃表面不是光滑的平面，使光产生了漫反射），折射到视网膜上已经是不完整的像，于是就无法看见玻璃背后的东西。毛玻璃是经研磨、喷砂或氢氟酸溶蚀等加工，使表面（单面或双面）成为均匀粗糙的平板玻璃。用硅砂、金刚砂、石榴石粉等作研磨材料，加水研磨制成的，称为磨砂玻璃；用压缩空气将细砂喷射到玻璃表面而制成的，称喷砂玻璃；用酸溶蚀的称酸蚀玻璃。

由于毛玻璃表面粗糙，使透过光线产生漫射，造成透光不透视，使室内光线不炫目、不刺眼。一般用于建筑物的卫生间、浴室、办公室等的门窗及隔断，也可用作黑板及灯罩等。

二、安全玻璃Safety glass

普通平板玻璃破碎后具有尖锐的棱角，容易伤人。为了保障人身安全，可以通过对普通玻璃增强处理，或者与其他材料复合或采用特殊成分制成安全玻璃。安全玻璃具有力学性能高，抗冲击性强，破碎时碎块无尖锐棱角且不会飞溅伤人等优点。常用的安全玻璃有：钢化玻璃、夹层玻璃、夹丝玻璃、防火玻璃、防紫外线玻璃等。

（一）钢化玻璃Toughened glass

钢化玻璃是平板玻璃经物理强化方法或化学强化方法处理后所得的玻璃制品，它具有较高的机械强度和耐热抗震性能。

物理强化方法是将玻璃加热到接近玻璃软化温度（600～650℃）后迅速冷却。化学法也称离子交换法，是将待处理的玻璃浸入钾盐溶液中，使玻璃表面的钠离子扩散到溶液中，而溶液中的钾离子则填充进玻璃表面钠离子的位置。上述两种强化处理方法都可以使玻璃表面产生一个预压的应力，这个表面预压应力使玻璃的机械强度和抗冲击性能大大提高。一旦受损，整块玻璃呈现网状裂纹，破碎后，碎片小且无尖锐棱角，不易伤人。钢化玻璃在建筑上主要用作高层建筑的门窗、隔墙与幕墙。

（二）夹层玻璃Laminated glass

夹层玻璃是两片或多片平板玻璃之间嵌夹透明塑料薄片，经加热、加压、黏合而成的复合玻璃制品。

夹层玻璃有较高的透明度和抗冲击性能。玻璃破碎时不裂成分离的碎块，只有辐射的裂纹和少量的碎玻璃屑，且碎片粘在薄衬片上，不致伤人，属于安全玻璃。夹层玻璃主要用作汽车和飞机的挡风玻璃，以及有特殊安全要求的建筑门窗、隔墙、工业厂房的天窗和某些水下工程等。

三、功能玻璃Functional glass

功能玻璃是指具有采光、调节热量的进入或散失、调制光线、防止噪声、增加装饰效果、节约能源及降低建筑物自重等多种功能的玻璃制品，其主要品种包括吸热玻璃、热反射玻璃、低辐射玻璃、光致变色玻璃、太阳能玻璃和中空玻璃等。

（一）吸热玻璃Heat absorbing glass

吸热玻璃是能吸收大量红外线辐射，并保持较高可见光透过率的平板玻璃。生产吸热玻璃的方法有两种：一种是在普通钠钙硅酸盐玻璃的原料中加入一定量的有吸热性能的着色剂；另一种是在平板玻璃表面喷镀一层或多层金属或金属氧化物薄膜而制成的。

吸热玻璃在建筑工程中应用广泛，主要用于建筑物的门窗或幕墙。还可按不同的用途进行加工，制成磨光、夹层、镜面及中空玻璃等。在外部围墙结构中用吸热玻璃配制彩色玻璃窗；在室内装饰中，用它镶嵌玻璃隔断，装饰家具以增加美感。

（二）热反射玻璃Heat reflecting glass

热反射玻璃是有较高的热反射能力而又保持良好透光性的平板玻璃，它是采用热解法、真空蒸镀法、阴极溅射法等，在玻璃表面涂以金、银、铜、铝、铬、镍和铁等金属或金属氧化物薄膜，或采用电浮法等离子交换方法，以金属离子置换玻璃表层原有离子而形成热反射膜。热反射玻璃也称镜面玻璃，有金色、茶色、灰色、紫色、褐色、青铜色和浅蓝等各色。

热反射玻璃的热反射率高，如6mm厚浮法玻璃的总反射热仅16％，同样条件下，吸热玻璃的总反射热为40％，而热反射玻璃则可高达61％，因而常用它制成中空玻璃或夹层玻璃，以增加其绝热性能。镀金属膜的热反射玻璃还有单向透像的作用，即白天能在室内看到室外景物，而室外看不到室内的景象。

（三）太阳能玻璃Solar powered glass

玻璃性脆而易碎，但可通过钢化处理来增加强度，因此玻璃仍是太阳能装置的较理想的材料。目前，已有两种类型的太阳能转换装置被广泛研究和应用。一类是吸收或反射辐射能并转换成热能，即光热转换，如太阳能集热器；另一种是利用光电效应转换成电能，如太阳能电池。

（四）中空玻璃Hollow glass

中空玻璃是由两片或多片平板玻璃构成，中间用隔框隔开，四周边缘用胶接、焊接或熔接的方法加以密封，内部空间是干燥空气或充入其他气体。组成中空玻璃的厚片是普通平板玻璃，也可以是钢化玻璃、夹层、夹丝、着色平板玻璃及压花玻璃等。

中空玻璃的特性是保温、绝热、节能性好、隔声性能优良，并能有效地防止结露，广泛地用于需要采暖、安装空调、防止噪声以及需要无直接光和特殊光线的建筑上。

四、饰面玻璃Facing glass

饰面玻璃是用作建筑装饰玻璃的统称，主要品种包括如下几种。

（一）釉面玻璃Enamelled glass

釉面玻璃是在玻璃表面涂覆一层彩色易熔性色釉。其方法是在熔炉中加热至釉料熔融，使釉层与玻璃牢固结合在一起，再经退火或钢化等不同热处理而制成。玻璃基板可采用普通平板玻璃、压延玻璃、磨光玻璃或玻璃砖等。

釉面玻璃具有良好的化学稳定性和装饰性。它可用于食品工业、化学工业、商业、公共食堂等室内装饰面层，也可用作教学、行政和交通建筑的主要房间、门厅和楼梯的饰面层，尤其适用于建筑和构筑物立面的外饰面层。

（二）水晶玻璃Crystal glass

水晶玻璃也称石英玻璃，它是采用玻璃珠在耐火材料模具中制成的一种装饰材料。玻璃珠是以二氧化硅和其他添加剂为主要原料，经配料后用火焰烧熔结晶而制成。

水晶玻璃的外层是光滑的，并带有各种形式的细丝网状或仿天然石料的不重复的点缀花纹，具有良好的装饰效果，机械强度高，化学稳定性和耐大气腐蚀性较好。水晶饰面玻璃的反面较粗糙，与水泥黏结性好，便于施工。

水晶玻璃饰面板适用于各种建筑物的内墙饰面、地坪面层、建筑物外墙立面或室内制作壁画等。

（三）艺术装饰玻璃Art decoration glass

艺术装饰玻璃又称玻璃大理石，是在优质平板玻璃表面，涂饰一层化合物溶液，经烘干、修饰等工序，制成与天然大理石相似的玻璃板材。它具有表面光滑如镜，花纹清晰逼真，自重轻，安装方便等优点。涂层黏结牢固，耐酸、耐碱，是玻璃深加工制品中的一枝新秀。具有同大理石一样的装饰效果，价格比天然大理石便宜得多，深受人们的喜爱。艺术装饰玻璃主要用于墙面装饰。

五、有机玻璃Organic glass

有机玻璃是一种具有极好透光性的热塑性塑料。它是以甲醛丙烯酸甲酯为主要原料，加入引气剂、增塑剂等聚合而成。

有机玻璃与无机玻璃相比，具有如下性能特点：透光性好，可透过光线的99%，并能透过紫外线的73.5%；机械强度较高（抗拉强度高达50~70MPa）；抗寒性及耐气候性较好；一定条件下，尺寸稳定易于成型加工。其缺点是较脆，易溶于有机溶剂中，表面硬度不大。

有机玻璃分无色透明有机玻璃、有色有机玻璃、珠光玻璃等。有机玻璃在建筑上，主要用作室内高级装饰材料及特殊大型吸顶灯具，或作建筑的防护材料等。

 思 考 题

Exercise

1. 玻璃的基本性质有哪些？各受哪些性质的影响？
2. 什么是钢化玻璃？钢化方法有哪些？
3. 何为功能玻璃？常见的功能玻璃有哪些？
4. 从节能的角度应选择哪些品种的建筑玻璃？
5. 玻璃制品为何要进行加工？常见的加工方法有哪些？

第十章　合成高分子材料

Chapter 10　Synthetic Macromolecule Materials

合成高分子材料是由高分子化合物组成的材料。在土木工程中所涉及的主要有塑料、橡胶、化学纤维和胶黏剂等。合成高分子材料具有许多优良的性能，如密度低、比强度（强度与质量之比）高、耐化学侵蚀性强、抗渗性及防水性好等特点。因而在建筑中得到了较为广泛的应用，已成为一类新型的建筑材料，被越来越广泛地应用于建筑领域。但合成高分子材料也有一些缺点，主要是耐热性差、易燃烧、易老化等，使其应用范围受到一定局限。

第一节　合成高分子材料的基本知识

Section 1　Primary Content of Synthetic Macromolecule Materials

一、聚合物的定义及反应类型Definition and reaction types of polymer

（一）聚合物的定义Definition of polymer

高分子化合物是由千万个原子彼此以共价键连接的大分子化合物，其分子量虽然很大，但化学成分却比较简单，一个大分子往往是由许多相同的、简单的结构单元通过共价键重复连接而成，这些特定的结构单元称为链节。大分子链中，链节的数目 n 称为"聚合度"。聚合物的分子量即为链节分子量与聚合度的乘积。一般来说，在高分子聚合物中，链节可能是相同的，而聚合度往往不是一个固定的数值，因此，高分子聚合物是由链节相同而聚合度不同的化合物的混合物所组成。它是生产建筑塑料、胶黏剂、建筑涂料、高分子防水材料的主要原料。

（二）聚合物的反应类型Reaction types of polymer

由单体制备高分子化合物的基本方法有加聚反应和缩聚反应。

加聚反应是由相同或不相同的低分子化合物，相互加合成聚合物而不析出低分子副产物的反应，其生成物称为加聚物。加聚物有两种类型，即均聚物和共聚物，均聚物是由一种单体加聚而成，其命名方法为在单体名称前冠以"聚"字，如由乙烯加聚而得的称为聚乙烯，由氯乙烯加聚而得的称为聚氯乙烯等；共聚物是由两种或两种以上单体加聚而成，命名方法是在单体名称后加"共聚物"，如由乙烯、丙烯、二烯炔共聚而得的称为乙烯丙烯二烯炔共聚物（又称三元乙丙橡胶），由丁二烯、苯乙烯共聚而得的称为丁二烯苯乙烯共聚物（又称丁苯橡胶）。

缩聚反应是由许多相同或不同低分子化合物相互缩合成聚合物并析出低分子副产物的反应，其生成物称缩聚物。常见的缩聚物有酚醛树脂、环氧树脂、有机硅等。缩聚物的命名方法一般为在单体名称后加"树脂"，如由苯酚和甲醛缩合而得的称为酚醛树脂。

二、聚合物的结构与性质Structure and properties of polymer

（一）聚合物分子结构类型Molecular structure types of polymer

1. 线型Line type

高聚物的几何形状为线状大分子，有时带有支链，且线状大分子间以分子间力结合在一起。具有线型结构的高聚物有全部加聚树脂和部分缩聚树脂。一般来说，具有线型结构的树脂，强度较低、弹性模量较小、变形较大、耐热性较差、耐腐蚀性较差，且可溶可熔。线型结构的合成树脂可反复加热软化，冷却硬化。

2. 体型 Body type

线型大分子以化学键交联而形成的三维网状结构，也称网型结构。部分缩合树脂具有此种结构。由于化学键结合力强，且交联形成一个"巨大分子"，故一般来说此类树脂的强度较高、弹性模量较高、变形较小、较硬脆并且没有塑性、耐热性较好、耐腐蚀性较高、不溶不熔。

（二）聚合物的结晶 Crystallization of polymer

聚合物的结晶过程通常是由非晶状态（如聚合物熔体或浓溶液）在冷却过程中，首先在其中的某些有序区域形成晶胚，长大到某一个临界尺寸时转变成初始晶核，大分子链由于热运动在晶核上进行重排生成最初的晶片，初期的晶片沿晶轴方向生长，形成晶体。聚合物的结晶过程是大分子链段重新排列进入晶格，由无序变为有序的松弛过程。

（三）聚合物的变形 Deformation of polymer

高分子聚合物在不同温度下会呈现出玻璃态、高弹态及黏流态等不同的物理状态。非晶态线型高聚物在低于某一温度时由于所有的分子链段和大分子链均不能自由转动而成为硬脆的玻璃体，即处于玻璃态，高聚物转变为玻璃态的温度称为玻璃化温度。当温度超过玻璃化温度时，由于分子链段可以发生运动（大分子仍不可运动），使高聚物产生大的变形，具有高弹性，即进入高弹态。温度继续升高至某一数值时，由于分子链段和大分子链均可发生运动，使高聚物产生塑性变形，即进入黏流态，将此温度称为高聚物的黏流态温度。热塑性树脂与热固性树脂在成型时均处于黏流态。

玻璃化温度低于室温的称为橡胶，高于室温的称为塑料。玻璃化温度是塑料的最高使用温度，但却是橡胶的最低使用温度。

（四）聚合物的热行为 Thermal behavior of polymer

根据受热后性质的不同，可将聚合物分为热塑性聚合物和热固性聚合物两种。

1. 热塑性聚合物 Thermoplastic polymer

热塑性聚合物是一种具有加热后软化、冷却时固化、可再度软化等特性的塑料。热塑性聚合物受热软化变成液态时具有可塑性，冷却时则回到固态，因该现象可交替反复进行（有的物质只能受热可塑化一次，冷却固化后再受热则不具可塑性），所以可回收再利用，不同于热固性聚合物，后者在高温时不易软化也不容易发生形变。热塑性塑料可分为泛用塑料、泛用工程塑料、高性能工程塑料三类。主要的热塑性塑料有：聚乙烯 PE，聚丙烯 PP，聚苯乙烯 PS，聚甲基丙烯酸甲酯 PMMA。

2. 热固性聚合物 Thermosetting polymer

在受热或在固化剂的作用下，能发生交联而变成不熔不溶状态。加工时受热软化，产生化学反应，相邻的分子互相交联而逐渐硬化成型，再受热则不能软化，也不能改变其形状，只能塑制一次。分子结构为体型，包括大部分缩合树脂。其优点是耐热性较好，受压不易变形，但缺点是物理力学性能较差。

三、高分子聚合物的分类及命名 Categories and naming of polymer

高分子聚合物可按不同方式进行分类，常见的分类方式及类别见表10-1。

表 10 - 1　　　　　　　　　　**高分子聚合物常用分类方法**
Tab. 10 - 1　　　　　　　　　**Universal classification method of polymer**

分类方法	类　别	特　性
按聚合物的合成反应	加聚聚合物	由加成聚合反应得到，无副产物
	缩聚聚合物	由缩聚反应得到，有副产物
按聚合物的热行为	热塑性聚合物	线型分子结构，受热的结构类型不变，具有可塑性及可溶性
	热固性聚合物	体型分子结构，物理—力学性能强，化学稳定性好，失去了可塑性及可溶性
按聚合物的性质	树脂及塑料	高温时为黏流态，常温下为玻璃态，有固定形状
	合成橡胶	具有高弹性
	合成纤维	单丝强度高

高分子聚合物常用的命名方法如下：

（1）在生成聚合物的单体名称之前加"聚"字，如聚乙烯、聚氯乙烯等。

（2）在原料名称之后加"树脂"二字，如酚醛树脂、脲醛树脂等。

（3）商品名称。如把聚酰胺纤维称为尼龙或绵纶，把聚丙烯腈纤维称为腈纶等。

聚合物的名称还常用其英文名称的缩写字母表示。如聚乙烯—PE；聚氯乙烯—PVC；聚乙烯醇—PVA；丁苯橡胶—SBR；丙烯腈、丁二烯、苯乙烯共聚物为 ABS 树脂等。

第二节　建　筑　塑　料
Section 2　Building Plastic

塑料、合成纤维、合成橡胶被称为高分子聚合物的三大合成材料。塑料是以合成树脂为主要原料，加入填充剂、增塑剂、稳定剂、润滑剂、颜料等添加剂，在一定温度和压力下制成的一种有机高分子材料。这种塑料作为建筑材料用于建筑工程上，通常称之为建筑塑料。

建筑塑料始于 50 年代，经 50 余年的发展，现在已经被列为三大建筑材料（水泥、木材、钢材）之后的一种重要建筑材料，在建筑领域内得到广泛应用。据统计，世界上建筑材料用量中建筑塑料占 11％以上，占全部塑料产量的 20％～25％。

一、塑料的组成Component of plastic

通常所用的塑料并不是一种单一成分，它是由许多材料配制而成的。其中高分子聚合物（或称合成树脂）是塑料的主要成分。此外，为了改进塑料的性能，还要在高分子化合物中添加各种辅助材料，如填料、增塑剂、润滑剂、稳定剂、着色剂、抗静电剂等，才能成为性能良好的塑料。

塑料助剂又称塑料添加剂，是聚合物（合成树脂）进行成型加工时为改善其加工性能或为改善树脂本身性能不足而必须添加的一些化合物。例如，为了降低聚氯乙烯树脂的成型温度，使制品柔软而添加的增塑剂；又如为了制备质量轻、抗震、隔热、隔音的泡沫塑料而要添加发泡剂；有些塑料的热分解温度与成型加工温度非常接近，不加入热稳定剂就无法成型。因而，塑料助剂在塑料成型加工中占有特别重要的地位。

（一）合成树脂Synthetic resin

合成树脂是塑料的最主要成分，其在塑料中的含量一般在 40％～100％。由于含量大，而且树脂的性质常常决定了塑料的性质，所以人们常把树脂看成是塑料的同义词。例如把聚氯乙烯树脂与聚氯乙烯塑料、酚醛树脂与酚醛塑料混为一谈。其实树脂与塑料是两个不同的概念。树脂是一种未加工的原始高分子化合物，它不仅用于制造塑料，而且还是涂料、胶黏剂及合成纤维的原料。而塑料除了极少一部分含100％的树脂外，绝大多数的塑料，除了主要组分树脂外，还需要加入其他物质。

（二）填料 Filler

填料又称填充剂，它可以提高塑料的强度和耐热性能，并降低成本。例如酚醛树脂中加入木粉后可大大降低成本，使酚醛塑料成为最廉价的塑料之一，同时还能显著提高机械强度。填料可分为有机填料和无机填料两类，前者如木粉、碎布、纸张和各种织物纤维等，后者如玻璃纤维、硅藻土、石棉、炭黑等。填充剂在塑料中的含量一般控制在40％以下。

（三）增塑剂 Plasticizer

增塑剂，或称塑化剂可增加塑料的可塑性和柔软性，降低脆性，使塑料易于加工成型。增塑剂（塑化剂）一般是能与树脂混溶，无毒、无臭，对光、热稳定的高沸点有机化合物，最常用的是邻苯二甲酸酯类。例如生产聚氯乙烯塑料时，若加入较多的增塑剂便可得到软质聚氯乙烯塑料，若不加或少加增塑剂则得硬质聚氯乙烯塑料。

（四）稳定剂 Stabilizer

稳定剂主要是指保持高聚物塑料、橡胶、合成纤维等稳定，防止其分解、老化的试剂。为了防止合成树脂在加工和使用过程中受光和热的作用分解和破坏，延长使用寿命，要在塑料中加入稳定剂。常用的有硬脂酸盐、环氧树脂等。稳定剂的用量一般为塑料的0.3％～0.5％。

（五）着色剂 Colorant

着色剂可使塑料具有各种鲜艳、美观的颜色，为常用的有机颜料和无机颜料。合成树脂的本色大都是白色半透明或无色透明的。在工业生产中常利用着色剂来增加塑料制品的色彩。

（六）润滑剂 Lubricant

润滑剂的作用是防止塑料在成型时粘在金属模具上，同时可使塑料的表面光滑美观。常用的润滑剂有硬脂酸及其钙镁盐等。

（七）抗氧剂 Antioxidant

防止塑料在加热成型或在高温使用过程中受热氧化，而使塑料变黄、发裂等。

（八）抗静电剂 Antistatic agent

塑料是电的不良导体，所以很容易带静电，而抗静电剂可以赋予塑料以轻度至中等的电导性，从而可防止制品上静电荷的积聚。

除了上述助剂外，塑料中还可加入阻燃剂、发泡剂、导电剂、导磁剂、相容剂等，以满足不同的使用要求。

二、建筑塑料的基本性质 Primary properties of building plastic

（一）建筑塑料的优点 Advantages of building plastic

塑料之所以能在建筑装饰工程中得到广泛应用，是由于它具有如下优越的性能：

（1）重量轻 塑料是较轻的材料，相对密度分布在0.90～2.2之间。这种特性使得塑料可用于要求减轻自重的产品生产中。

（2）优良的化学稳定性　绝大多数的塑料对酸、碱等化学物质都具有良好的抗腐蚀能力。特别是俗称为塑料王的聚四氟乙烯，它的化学稳定性甚至胜过黄金，放在"王水"中煮十几个小时也不会变质。由于聚四氟乙烯具有优异的化学稳定性，是理想的耐腐蚀材料。如可以作为输送腐蚀性和黏性液体管道的材料。

（3）优异的电绝缘性能　普通塑料都是电的不良导体，其表面电阻、体积电阻很大、击穿电压大，介质损耗角正切值很小。因此，塑料在电子工业和机械工业上有着广泛的应用，如塑料绝缘控制电缆。

（4）热的不良导体，具有消声、减震作用　一般来讲，塑料的导热性是比较低的，相当于钢的1/75～1/225，泡沫塑料的微孔中含有气体，其隔热、隔音、防震性更好。如聚氯乙烯（PVC）的导热系数仅为钢材的1/357，铝材的1/1250。将塑料窗体与中空玻璃结合起来后，在住宅、写字楼、病房、宾馆中使用，冬天节省暖气、夏季节约空调，好处十分明显。

（5）机械强度分布广和较高的比强度　有的塑料坚硬如石头、钢材，有的柔软如纸张、皮革；从塑料的硬度、抗张强度、延伸率和抗冲击强度等力学性能看，分布范围广，有很大的使用选择余地。因塑料的比重小、强度大，因而具有较高的比强度。

（二）建筑塑料的缺点Disadvantage of building plastic

塑料作为建筑装饰材料，在工程中也应注意其不利的性质：

（1）耐热性差　塑料一般都具有受热变形的问题，甚至产生分解，一般的热塑性塑料的热变形温度仅为80～120℃，热固性塑料耐热性较好，但一般也不超过150℃。在施工、使用和保养时，应注意这一特性。

（2）易燃　塑料材料是由氢氧元素组成的有机高分子物质，当其遇火时，极易起火燃烧。塑料的燃烧可产生如下三种灾难性的作用：

1）燃烧迅速，放热剧烈。这种作用可使塑料或其他可燃材料猛烈燃烧，导致火焰迅速蔓延，使火灾难以控制。

2）发烟量大，浓烈弥漫。浓烟会使人产生恐惧感，加重人们的不安或恐慌心理。同时受害人难以辨明方向，阻碍自身逃逸，妨碍被人救援。

3）生成毒气、毒害窒息。使受害人在几秒或几十秒内，被毒害而丧失意识，或神志不清，或窒息而死。近年来发生的重大火灾伤亡事故，无一不是由于毒害作用而致人死亡。因此，在设计及施工时应给予特别的注意，选用有阻燃性能的塑料，或在设计及工程中，采取必要的消防和防范措施。

（3）易老化　塑料制品在阳光、空气、热及环境介质中的酸、碱、盐等作用下，其力学性能将发生劣化现象，这种现象称为"老化"。采用技术方法，可使其使用寿命延长。

（4）刚度小　塑料是一种黏弹性材料，弹性模量低，只有钢材的1/10～1/20，且在荷载的长期作用下易产生蠕变。但碳纤维增强塑料，其强度和变形性可大为提高，甚至可超过钢材，在航天、航空结构中广泛应用。

三、常用建筑塑料Commonly used building plastic

建筑中所应用的塑料品种繁多，目前，已用于建筑工程的热塑性塑料有：聚乙烯（PE）、聚丙烯（PP）、聚氯乙烯（PVC）、聚偏二氯乙烯（PVDC）、聚醋酸乙烯（PVAC）、聚苯乙烯（PS）、丙烯腈—丁二烯—苯乙烯共聚物（ABS）、聚甲基丙烯酸甲酯（即有机玻璃）（PMMA）、聚碳酸酯（PC）等；已用于建筑工程的热固性塑料有：酚醛树脂（PF）、脲醛树脂（UF）、环氧树脂（EP）、不饱和聚酯（UP）、聚酯（PBT）、聚氨酯（PUR）、有机硅树脂（SI）、聚酰胺（即尼龙）（PA）、三聚氰胺甲醛树脂（密胺树脂）（MF）等。

现将常用建筑塑料的特性与用途列于表 10 - 2。

表 10 - 2　　　　　　　常用建筑塑料的特性与用途

Tab. 10 - 2　　　　Properties and purpose of commonly used building plastic

名　称	特　性	用　途
聚乙烯	柔韧性好，介电性能和化学稳定性好，成型工艺性好，但刚性差	主要用于防水薄膜、给排水管、绝缘材料和卫生洁具等
聚丙烯	耐腐蚀性能优良，力学性能和刚性超过聚乙烯，耐疲劳和耐应力开裂性好，但收缩率较大，低温脆性大	管材、卫生洁具、模板等
聚氯乙烯	耐化学腐蚀性和电绝缘性优良，抗压、抗弯强度高，具有难燃性，但耐热性差，升高温度时易发生降解	有软质、硬质、轻质发泡制品，给排水管、水工闸门、板材、各种型材
聚苯乙烯	树脂透明、有一定的机械强度，电绝缘性能好，耐辐射，易加工，强度较低，耐热性差，韧性差	主要以泡沫塑料形式作为隔热材料，也用于制造灯具平顶板，隔热保温材料等
ABS 塑料	具有韧、硬、刚相均衡的优良力学特性，电绝缘性与耐化学腐蚀性好，尺寸稳定性好，表面光泽性好，易涂装和着色，但耐热性不太好，耐候性较差	用于生产建筑五金和各种管材、模板、异型板等
酚醛树脂	电绝缘性能和力学性能良好，耐水性、耐酸性和耐烧蚀性能优良，酚醛塑料坚固耐用、尺寸稳定、不易变形	用作电工绝缘材料，层压塑料及纤维增强塑料可代替木材制成板材、片材、管材等
环氧树脂	黏结性和力学性能优良，耐化学药品性（尤其是耐碱性）良好，电绝缘性能好，固化收缩率低，可在室温、接触压力下固化成形	主要用于生产玻璃钢、胶黏剂和涂料等产品
不饱和聚酯树脂塑料	可在低压下固化成型，黏结力强、抗腐蚀性好，耐磨性好，弹性模量低，有一定弹性，固化收缩较大	主要用于玻璃钢、涂料和聚酯装饰板，拌制砂浆及混凝土，作修补及护面材料等
聚氨酯	强度高，耐化学腐蚀性优良，耐热，耐油，耐溶剂性好，黏结性和弹性优良	主要以泡沫塑料形式作为隔热材料及优质涂料、胶黏剂、防水涂料和弹性嵌缝材料等

四、常用塑料制品及应用 Product and application of commonly used plastic

塑料的种类虽然很多，但在建筑上广泛应用的仅有十多种，并均加工成一定形状和规格的制品。下面介绍几种常用的塑料制品。

（一）塑料板材 Plastic sheet

（1）有机玻璃板：采用纯聚甲基丙烯酸甲酯制成。有机玻璃的透光率极高，可透过光线的 98%，强度较高，并具有较高的耐热性、耐候性、耐腐蚀性。有机玻璃板主要用于室内隔断、各种透明护板以及各种透明装饰部件等。

（2）塑料贴面装饰板：塑料贴面装饰板是以浸渍三聚氰胺甲醛树脂的花纹纸为面层，与浸渍酚醛树脂的牛皮纸叠合后，经热压制成的装饰板。可仿制各种花纹图案，色调丰富多彩，表面硬度大，耐热，耐烫，耐燃，易清洗。表面分有镜面型和柔光型。塑料贴面板适用于建筑内部墙面、柱面、墙裙、天棚等的装饰和护面，也可用于家具、车船等的表面装饰。

(3) 塑料地板块：目前生产的塑料地板块主要采用聚氯乙烯、重质碳酸钙及各种添加剂，经混炼、热压或压延等工艺制成。塑料地板块按材质分有硬质、半硬质、软质；按结构分有单层、多层复合。塑料地板块的图案丰富，颜色多样，并具有耐磨、耐燃、尺寸稳定、价格低等优点。塑料地板块的尺寸一般为 300mm×300mm，厚度为 2～5mm。塑料地板块适合用于人流不大的办公室、家庭等的地面装饰。

（二）塑料卷材Plastic coiled material

(1) 塑料壁纸：塑料壁纸是以聚氯乙烯为主，加入各种添加剂和颜料等，以纸或中碱玻璃纤维布为基材，经涂塑、压花或印花及发泡等工艺制成的塑料卷材。塑料壁纸的花色品种多，可制成仿丝绸、仿织锦缎、仿木纹等凹凸不平的花纹图案。塑料壁纸美观、耐用、易清洗、施工方便，发泡塑料壁纸还具有较好的吸声性，因而广泛用于室内墙面、顶棚等的装修。塑料壁纸的缺点是透气性较差。

(2) 塑料卷材地板：目前生产的塑料卷材地板主要为聚氯乙烯塑料卷材地板。塑料地面卷材与塑料地板块相比，具有易于铺贴、整体性好等优点，适合用于人流不大的办公室与家庭等的地面装饰。

1) 无基层卷材　质地柔软，脚感较舒适，有一定的弹性，但不能与烟头等燃烧物接触。适合用于家庭地面的装饰。

2) 带基层卷材　由二层或多层复合而成。面层一般为透明的聚氯乙烯塑料，基层为无纺布、玻璃纤维布等，中层为印花的不透明聚氯乙烯塑料。

（三）泡沫塑料与蜂窝制品Plastic foam and beehive product

(1) 泡沫塑料：泡沫塑料是在高聚物中加入发泡剂，经发泡、固化或冷却等工序而制成的多孔塑料制品。泡沫塑料的孔隙率高达 95%～98%，且孔隙尺寸小于 1.0mm，因而具有优良的隔热保温性能，建筑上常用的有聚苯乙烯泡沫塑料、聚氯乙烯泡沫塑料、聚氯酯泡沫塑料、脲醛泡沫塑料等。

(2) 蜂窝塑料板：蜂窝塑料板是由两张薄的面板和一层较厚的蜂窝状孔形的芯材牢固黏合在一起的多孔板材，孔的尺寸较大（5～200mm），孔隙率很高。蜂窝状芯材是由浸渍高聚物（酚醛树脂等）的片状材料（牛皮纸、玻璃布、木纤维板等）经加工黏合成的形状似蜂窝的六角形空心板材。面板为塑料板、胶合板或浸渍高聚物的牛皮纸、玻璃布等。蜂窝塑料板具有抗压强度、抗折强度高，导热系数低 [0.046～0.056W/（m·K）]、抗震性能好。蜂窝塑料板主要用作隔热保温材料和隔声材料。

（四）玻璃纤维增强塑料Glass fiber reinforced plastic

玻璃纤维增强塑料，俗称玻璃钢，是由合成树脂胶结玻璃纤维或玻璃纤维布（带、束等）而成的复合材料。合成树脂的用量一般为 30%～40%，常用的合成树脂为酚醛树脂、不饱和聚酯树脂、环氧树脂等，用量最大的为不饱和聚酯树脂。玻璃钢的性能主要取决于合成树脂和玻璃纤维的性能、相对含量以及之间的黏结力。合成树脂和玻璃纤维的强度越高，特别是玻璃纤维的强度越高，则玻璃钢的强度越高。玻璃钢属于各向异性材料，其强度与玻璃纤维的方向密切相关，以纤维方向的强度最高，玻璃布层与层之间的强度最低。在玻璃布的平面内，经向强度高于纬向强度，沿 45°方向的强度最低。

玻璃钢的最大优点是轻质、高抗拉（抗拉强度可接近碳素钢）、耐腐蚀，而主要缺点是弹性模量小、变形大。

目前玻璃钢制品主要有波形瓦、平板、管材、薄壳容器等。波形瓦与平板主要用于屋面、阳台栏板、隔墙板、夹芯墙板的面板；管材主要用于化工防腐，薄壳容器主要用作防腐和压力容器。

第三节 合 成 橡 胶
Section 3 Synthetic Rubber

橡胶是弹性体的一种，其玻璃化温度较低。橡胶的主要特点是在常温下受外力作用时即可产生百分之数百的变形，外力取消后，变形可完全恢复。橡胶具有很好的耐寒性及较好的耐高温性，在低温下也具有非常好的柔韧性，建筑工程中使用的各种橡胶防水卷材及密封材料正是利用橡胶的这一优良特性。

一、橡胶的硫化Sulfuration of rubber

橡胶硫化实际上是将线型分子交织成网状结构，这个变化过程在广义上称为交联。交联时，硫在大分子间起到了架桥和编织的作用，就像是将许多单根尼龙丝编成渔网一样。硫化后，橡胶的强度、硬度、弹性、抗溶剂性能都发生显著变化，这样的橡胶才有实用价值。

二、橡胶的老化与防护Aging and defend of rubber

橡胶在阳光、热、空气或机械力的反复作用下，表面会出现变色、变硬、龟裂、发黏，同时机械强度降低，这种现象叫老化。老化的基本原因是橡胶分子氧化，从而使橡胶大分子链断裂破坏。老化最易在大分子中双键或其左右开始，因此含双键结构越少，老化也越慢。

为了防止老化，一般采取加入容易优先与氧或氧化产物发生化学反应的化学药品——防老剂，如蜡类、二苯基对苯二胺、二辛基对苯二胺、苯基环己基对苯二胺等。

三、橡胶的再生处理Retexture of rubber

橡胶的再生处理主要是脱硫。脱硫是指将废旧橡胶经机械粉碎和加热处理等，使橡胶氧化解聚，即由大网型结构转变为小网型结构和少量的线型结构的过程。脱硫后的橡胶除具有一定的弹性外，还具有一定的塑性和黏性。经再生处理的橡胶称为再生橡胶。再生橡胶主要用于沥青的改性。

四、常用合成橡胶Commonly used synthetic rubber

（一）三元乙丙橡胶Ethylene propylene terpolymer（EPT）

三元乙丙橡胶是由乙烯、丙烯、二烯烃（如双环戊二烯）共聚而得的弹性体。由于双键在侧链上，受臭氧和紫外线作用时主链结构不受影响，因而三元乙丙橡胶的耐候性很好。三元乙丙橡胶具有优良的耐热性、耐低温性、抗撕裂性、耐化学腐蚀性，且伸长率高。此外三元乙丙橡胶的密度小，仅有 $0.86 \sim 0.87 g/cm^3$。三元乙丙橡胶在建筑上主要用于防水卷材。

（二）氯丁橡胶Polymeric chloroprene rubber

氯丁橡胶是由氯丁二烯聚合而成的弹性体。氯丁橡胶为浅黄色或棕褐色，其抗拉强度、透气性、耐磨性较好，硫化后不易老化，耐油、耐热、耐臭氧、耐酸碱腐蚀性好，黏结力较高，难燃，脆化温度为 $-55 \sim -35℃$。氯丁橡胶可溶于苯和氯仿，在矿物油中稍有溶胀。氯丁橡胶的密度为 $1.23 g/cm^3$。氯丁橡胶在建筑上主要用于防水卷材和防水密封材料。

（三）丁基橡胶Butyl rubber

丁基橡胶是由异丁烯和少量异戊二烯共聚而成的，主要采用淤浆法生产。透气率低，气密性优异，耐热、耐臭氧、耐老化性能良好，其化学稳定性、电绝缘性也很好。丁基橡胶的缺点是硫化速度慢，弹性、强度、黏着性较差。丁基橡胶的主要用途是制造各种车辆内胎，用于制造电线和电缆外皮、耐热传送带、蒸汽胶管等。丁基橡胶在建筑上主要用于防水卷材和防水密封材料。

（四）丁腈橡胶Nitrile butadiene rubber（NBR）

它是丁二烯与丙烯腈的共聚物，称丁腈橡胶。它的特点是对于油类及许多有机溶剂的抵抗力极强。它的耐热、耐磨和抗老化的性能也胜于天然橡胶。主要缺点是绝缘性差，塑性较低，加工困难，成本较高。

第四节 合 成 胶 黏 剂
Section 4　Synthetic Bonding Adhesive

胶黏剂是一种能在两个物体表面间形成薄膜并能把它们紧密地胶接起来的材料。随着现代建筑工业的发展，许多装饰材料和特种功能材料在安装施工时均会涉及它们与基体材料的黏结问题。此外，混凝土裂缝和破损等也常采用胶黏剂进行修补，黏结比传统方法更灵活、方便和可靠，故黏结技术是发展最快的新技术之一。胶黏剂品种繁多，性能各异，产品更新换代也十分迅速。因此黏接技术和黏接材料已越来越受到人们的重视，随着新的胶黏剂不断出现，它已成为当前建筑材料中一个重要的组成部分。天然胶料胶黏剂的组分比较简单，其性能往往不能满足工程需要。随着化学工业的发展和胶粘技术的进步，出现了许多合成胶黏剂。本节简要介绍建筑工程中常用的合成胶黏剂。

一、胶黏剂的组成Component of bonding adhesive

胶黏剂是一种由多组分物质组成的，具有黏结性能的材料。根据各种材料的不同黏结要求，黏合剂的黏结性能各异，因此其组成较复杂。除了起黏结作用的基本组成黏剂（黏料）外，为了使黏合剂起到较好的黏结效果，一般还要加入某些配合剂。

胶黏剂的主要组成有：

1. 主剂Main agent

主剂是胶黏剂的主要成分，主导胶黏剂黏结性能，同时也是区别胶黏剂类别的重要标志。主剂一般由一种或两种，甚至三种高聚物构成，要求具有良好的黏附性和润湿性等。通常用的黏料有：①热固性树脂，如环氧树脂、酚醛树脂、聚氨酯树脂、脲醛树脂、有机硅树脂等。②热塑性树脂，如聚醋酸乙烯酯、聚乙烯醇及缩醛类树脂、聚苯乙烯等。③弹性材料，如丁腈胶、氯丁橡胶、聚硫橡胶等。④各种合成树脂、合成橡胶的混合体或接枝、镶嵌和共聚体等。

2. 助剂Auxiliary

为了满足特定的物理化学特性，加入的各种辅助组分称为助剂，例如：为了使主体黏料形成网型或体型结构，增加胶层内聚强度而加入固化剂（它们与主体黏料反应并产生交联作用）；为了加速固化、降低反应温度而加入固化促进剂或催化剂；为了提高耐大气老化、热老化、电弧老化、臭氧老化等性能而加入防老剂；为了赋予胶黏剂某些特定性质、降低成本而加入填料；为降低胶层刚性、增加韧性而加入增韧剂；为了改善工艺性降低黏度、延长使用寿命加入稀释剂等。

（1）固化剂 Curing agent

固化剂又称硬化剂，是促使黏结物质通过化学反应加快固化的组分，它是胶黏剂中最主要的配合材料。它的作用是直接或通过催化剂与主体聚合物进行反应，固化后把固化剂分子引进树脂中，使原来是热塑性的线型主体聚合物变成坚韧和坚硬的网状结构。固化剂的种类很多，不同的树脂、不同要求采用不同的固化剂。胶接的工艺性和其使用性能是由加入的固化剂的性能和数量来决定的。

（2）增韧剂 Toughening agent

增韧剂的活性基团直接参与胶黏剂的固化反应，并进入到固化产物最终形成的一个大分子的链结构中。没有加入增韧剂的胶黏剂固化后，其性能较脆，易开裂，实用性差。加入增韧剂的胶黏剂，均有较好的抗冲击强度和抗剥离性。不同的增韧剂还可不同程度地降低其内应力、固化收缩率，提高低温性能。常用的增韧剂有聚酰胺树脂、合成橡胶、缩醛树脂、聚砜树脂等。

（3）稀释剂 Diluent

稀释剂又称溶剂，主要作用是降低胶黏剂黏度，增加胶黏剂的浸润能力，改善工艺性能。有的能降低胶黏剂的活性，从而延长试用期。但加入量过多，会降低胶黏剂的胶接强度、耐热性、耐介质性能。常用的稀释剂有丙酮、漆料等多种与黏料相容的溶剂。

（4）填料 Filler

填料一般在胶黏剂中不发生化学反应，使用填料可以提高胶接接头的强度、抗冲击韧性、耐磨性、耐老化性、硬度、最高使用温度和耐热性，降低线膨胀系数、固化收缩率和成本等。常用的填料有氧化铜、氧化镁、银粉、瓷粉、云母粉、石棉粉、滑石粉等。

（5）改性剂 Modifier

改性剂是为了改善胶黏剂的某一方面性能，以满足特殊要求而加入的一些组分，如为增加胶接强度，可加入偶联剂，还可以加入防腐剂、防霉剂、阻燃剂和稳定剂等。

二、胶黏机理Mechanism of adhesive

胶黏剂能够将材料牢固黏结在一起，是因为胶黏剂与材料间存在有黏结力。一般认为黏结力主要来源于以下几个方面。

1. 机械联结理论Mechanical coupling theory

认为被粘物表面是粗糙的、有些是多孔的，胶黏剂能够渗透到被粘物表面的孔隙中去，硬化后就形成了许多微小的机械联结。胶黏剂主要依靠这些机械联结与被粘物牢固地黏结在一起。

2. 化学键理论Chemical bond theory

认为某些胶黏剂与被粘物表面之间还能形成化学键，这种化学键对于黏结力，特别是对于黏结界面抵抗老化的能力是有贡献的，并在某些场合已为实验所证明。

3. 吸附扩散理论Adsorption and diffusion theory

任何物质的分子（或原子）之间都有两种相互作用力：一种是强的主价键力，或称化学键力；另一种是弱的次价键力或称范德华力。物理吸附是由次价键力所引起的。虽然次价键力远比主价键力弱，但由于原子和分子的数目相当多，所以这种物理吸附作用还是很大的。黏合剂分子和被粘材料表面分子之间的物理吸附作用，产生黏结强度。黏合剂分子与被粘材料表面分子之间在产生物理吸附的同时，还会发生互相扩散。分子相互扩散的结果增加了它们的物理吸附作用，形成牢固的黏结。

　　以上各种理论仅仅反映了黏结现象的本质的一个方面。事实上胶黏剂与被粘物之间的牢固黏结是以上理论涉及的一些因素的综合结果。当然，由于所采用的胶黏剂不同，被粘物的不同，黏结物的表面处理或黏结接头的制作工艺不同，上述诸因素对于黏结力的贡献大小也不一样。

三、胶黏剂的分类Categories of adhesive

　　胶黏剂的品种繁多，分类方法各不相同。

　　（1）按来源可分为天然胶黏剂和合成胶黏剂

　　天然胶黏剂的原料主要来自天然，如动物胶有骨胶、虫胶、鱼胶等；植物胶有淀粉、松香等。合成胶黏剂就是由合成树脂或合成橡胶为主要原料配制而成的胶黏剂，如热固型胶黏剂有环氧、酚醛、丙烯酸双脂、有机硅、不饱和聚酯等。橡胶型胶黏剂有氯丁橡胶、丁腈橡胶、硅橡胶等。热塑性胶黏剂有聚醋酸乙烯酯、乙烯、醋酸乙烯酯等。

　　（2）按用途可分为通用胶黏剂和专用胶黏剂

　　通用胶有一定的胶接强度，对一般材料都能进行胶接，如环氧树脂等。专用胶黏剂中有金属用、木材用、玻璃用、橡胶用、聚乙烯泡沫塑料用等胶黏剂。

　　（3）按胶接强度可分为结构胶黏剂和非结构胶黏剂

　　结构胶黏剂胶接的接头抗剪切强度可达 7MPa，不仅有足够的剪切强度，而且具有较高的不均匀扯离强度，能长时间内承受振动、疲劳和冲击等载荷，同时还具有一定的耐热性和耐候性。非结构胶黏剂在较低的温度下有一定的强度，随着温度的升高胶接强度迅速下降，所以这类胶黏剂主要用于胶接不重要的零件，或用于临时固定。

　　（4）按胶黏剂固化温度可分为室温固化胶黏剂、中温固化胶黏剂、高温固化胶黏剂

　　室温是指温度小于 30℃，中温是指 30～99℃，高温是指大于 100℃ 以上能固化的胶黏剂。

四、常用的胶黏剂Commonly used bonding adhesive

　　目前建筑上常用的胶黏剂主要有聚醋酸乙烯及其共聚物胶黏剂、聚乙烯醇缩甲醛胶黏剂、聚氨酯类、环氧树脂类、不饱和聚酯树脂类胶黏剂及酚醛树脂胶黏剂等。

（一）聚醋酸乙烯胶黏剂Polyethylene Acetate bonding adhesive

　　聚醋酸乙烯胶黏剂，又称白乳胶，是由醋酸、乙烯经乳液聚合而制得的一种乳白色、带有酯类芳香的乳胶状液体。聚醋酸乙烯胶黏剂的特点是：

　　（1）胶液呈酸性。

　　（2）具有较强的亲水性。

　　（3）流动性好，便于表面粗糙材料的黏结。

　　（4）耐水性差，不能用于潮湿环境。

　　（5）适宜的黏结温度为 5～80℃。

　　（6）无毒、无污染，是一种优良的环保材料。

　　聚醋酸乙烯胶黏剂黏结强度不高，主要用于黏结受力不大的墙壁纸、壁布等，黏结以受压力为主的木地板、塑料地板等。它除用于黏结材料外，还可作为涂料的主要成膜物质，也可加入水泥砂浆中组成聚合物水泥砂浆，以提高砂浆与基体的黏结力。聚醋酸乙烯胶黏剂是装修装饰工程中用量最大的胶黏剂之一。

（二）聚乙烯醇缩甲醛胶黏剂Polyvinyl formal bonding adhesive

商品名称为108胶，以聚乙烯醇和甲醛为原料，加入适量催化剂和水，在一定条件下缩聚而成的无色透明胶体。108胶具有较高的黏结强度和较好的耐水性及耐老化性能，在建筑装饰中应用广泛，如胶结墙纸、墙布、瓷砖等。在水泥砂浆中掺入适量108胶可增加黏结力、抗渗性、柔韧性以及减少收缩等。

（三）聚氨酯类胶黏剂Polyurethane bonding adhesive

聚氨酯类胶黏剂是以多异氰酸酯和聚氨基甲酸酯（简称聚氨酯）为黏结物质，加入改性材料、填料、固化剂等而制得的胶黏剂。一般为双组分。特点是黏附性好，耐低温性能优异，韧性好，可室温固化。

它对多种材料有良好的黏结性，可以黏结陶瓷、木材、不锈钢、玻璃等材料，另外聚氨酯也可用于制作防水材料、管道密封材料，还可作为聚氨酯涂料的主要成膜物质，涂刷木器家具。

（四）环氧树脂类胶黏剂Epoxy resin bonding adhesive

环氧树脂是含有环氧基的树脂的总称。通常使用的环氧树脂为黄色至青铜色黏稠液体或固体，它与多种材料有很高的黏结力，加入固化剂后，使固化的环氧树脂有相当高的强度，同时有较好的耐热性和化学稳定性，且收缩率、吸水率都较小，不易老化。

环氧树脂可用于黏结金属、玻璃、木材、混凝土等，也可用于配制涂料，配制环氧混凝土、环氧砂浆，还可作为灌浆材料用于混凝土补强。

（五）不饱和聚酯树脂胶黏剂Unsaturation polyester resin bonding adhesive

不饱和聚酯树脂除用于制造玻璃钢制品外，也是一种性能良好的黏结材料。不饱和聚酯树脂未固化时为黏度较高的液体，使用时需加固化剂、稀释剂等。它的工艺性能好，可在室温固化，但固化时收缩率较大。不饱和聚酯树脂胶黏剂可用来黏结陶瓷、玻璃钢、金属、木材和混凝土等材料。

（六）酚醛树脂胶黏剂Phenolic resin bonding adhesive

以酚醛树脂为基料配制而成。它具有良好的耐久性、耐老化性能、耐水性，以及黏结强度高等优点。缺点是脆性大，剥离强度低，需在加压加热条件下进行黏结。采用橡胶改性酚醛树脂作基料的胶黏剂保留了酚醛树脂胶黏剂的优点，而且柔韧性、抗拉强度、剥离强度均有较大提高。主要用于胶接纤维板、非金属材料及塑料等。

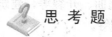

思 考 题

Exercise

1. 热塑性高聚物与热固性高聚物主要不同点有哪些？
2. 高分子化合物的合成反应类型及特征。
3. 与传统材料相比，建筑塑料有何优缺点？
4. 试述塑料的组成成分和它们所起的作用。
5. 对胶黏剂的基本要求有哪些？试举三种工程中常用的胶黏剂，并说明其特性与用途。

第十一章 木 材

Chapter 11 Lumber

木材是土木工程中的主要建筑材料之一，在水利、房屋、桥梁等工程中应用很广泛。

木材具有许多优良特性。例如：轻质高强、有较高的弹性和韧性；耐冲击性、抗震性及特殊的刚性；易加工、易胶合；长期保持干燥或置于水下均有较高的耐久性；导热性低，隔热、隔声、绝缘性好，无毒性；大部分木材都具有美丽的纹理，色调温和，装饰性好等。然而，木材也有构造不均匀，呈各向异性；湿胀干缩，易引起尺寸、形状及强度的变化；易腐、易燃、易虫蛀、天生缺陷较多及生长周期长、成材不易等缺点。因而在使用上也受到一定的限制，但木材的一些缺陷经过适当的处理与加工，可以得到相当程度的减轻，故木材一直是土木工程的主要建筑材料。

森林是天然资源，对保护环境具有重要的作用，建筑工程中大量使用木材与环境保护的矛盾十分突出。因此，不仅要节约使用木材，研究和生产代用材料，而且应积极采用新技术、新工艺，扩大和寻求木材综合利用的新途径。

第一节 木材的分类及构造

Section 1 Types and Structure of Lumber

一、木材的分类 Types of lumber

木材是由树木加工而成，树木种类繁多，一般按树叶的外观形状将木材分为针叶树木材和阔叶树木材两大类。

针叶树树干通直而高大，纹理平顺，材质均匀较软，易于加工，又称软木。强度较高，表观密度和缩胀变形较小，耐腐蚀性较强，为工程中主要用材，广泛用作承重构件、门窗等，常用树种有松木、杉木、柏木等。

阔叶树树干通直，部分树干较短，材质较硬，较难加工，又称硬木。强度高，纹理显著，表观密度及胀缩变形较大，易翘曲、开裂等，建筑中宜用作尺寸较小的构件及室内装修，常用品种有榆木、柞木、水曲柳等。

二、木材的构造 Structure of lumber

由于树种和生成环境不同，各种木材在构造上差异很大，木材的构造是决定木材性质的主要因素，一般从宏观构造和微观构造两方面进行研究。

（一）木材的宏观构造 Macrostructure of lumber

木材的宏观构造是用肉眼和放大镜观察到的木材组织。由于木材是各向异性的，可将木材剖切成横切面、径切面、弦切面了解其构造，如图 11-1 所示。可看到树木主要由髓心、木质部、形成层和树皮等部分构成。髓心位于树干中心，生长期最长，材质松软，强度低，易腐朽，一般不用，重要的木构件都要避开髓心。由髓心向外放射状分布的纤维称髓线，髓线和周围联结较弱，干燥时易沿髓线开裂。木质部位于树皮和髓心之间，是木材使用的主要部分，常分为心材和边材，靠近树心颜色较深的部分，称为心材，靠近边缘颜色较浅的部分，称为边材。心材由于生长较久，含水率低，树脂含量高，不易翘曲，抗腐蚀性较好，使用性能较边材优；边材为树木新生部分，含水量大，易翘曲变形，抗腐朽性较心材差，但力学性能与心材无显著差别。树皮通常无大的使用价值，一般做烧材，个别树种（如木铍栎、黄菠萝）的软木组织较发达，可做绝热材料和装饰材料。

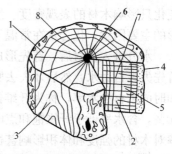

图 11 - 1　树木的宏观构造
Fig. 11 - 1　Macrostructure of lumber
1—横切面；2—径切面；3—弦切面；4—树皮；5—木质部；6—髓心；7—髓线；8—年轮

从横切面上可看到木质部具有深浅相同的圆环，称为年轮。年轮间色浅而质松的部分是春季生长的，称为春材（早材）；色深而质密的部分是夏秋季生长的，称为夏材（晚材），相同的树种夏材所占比例越大，木材强度越高，年轮越密越均匀，材质越好。从弦切面上可看到，年轮和髓线构成了美丽、自然的纹理，体现了较强的装饰性。

形成层位于内皮与木质部之间，是木材的生长组织。树皮是树木的保护兼输送养分的组织。

（二）微观构造Microstructure

微观构造是从显微镜下观察到的木材组织，在显微镜下可看到木材是由无数管状细胞（管胞）紧密结合而成，绝大部分管胞纵向排列，少数横向排列。每个细胞由细胞壁和细胞腔组成，细胞壁是由若干细纤维组成，其间微小的孔隙能吸收和渗透水分。细纤维的纵向联结比横向联结牢固，故细胞壁的纵向强度高于横向强度。细胞壁的成分和细胞组织本身决定了木材的性质。细胞壁越厚细胞腔愈小，木材组织越密实，其表观密度越大，强度也越高，但胀缩变形也较大，如夏材。与之相反，春材是由壁薄腔大的细胞组成，质松软，干缩率小。木材中除纤维、水以外，尚有树脂、色素、糖分、淀粉等有机物，这些组分决定了木材的腐朽、虫害、燃烧等性能。

木材的微观构造随树种而异，针叶树的微观构造较阔叶树简单、规则，针叶树的主要组成部分是管胞和髓线，且髓线比较细小；阔叶树的主要组成部分是木纤维（或管胞）、导管及髓线，髓线有粗有细，粗的肉眼可见，较大的导管肉眼也可见。

第二节　木材的物理力学性质
Section 2　Physical and Mechanical Properties of Lumber

一、木材的物理性质Physical properties of lumber

木材的物理性质包括含水率、湿胀干缩变形、质量等，其中含水率是影响木材性质的最关键因素。

（一）含水率Moisture content

木材的含水率是指木材中所含水质量占木材干燥质量的百分率（%）。

木材中所含水分，可分为自由水、吸附水和化合水三种。存在于细胞腔和细胞间隙中的水为自由水；吸附在细胞壁内的水为吸附水；化合水是木材化学组成中的结合水。自由水的变化只影响木材的表观密度、燃烧性和抗腐蚀性，而吸附水的变化是影响木材强度和膨胀变形的主要因素，化合水在常温下不发生变化。

　　水分进入木材后，首先形成吸附水，吸附饱和后，多余的水成为自由水，木材干燥时，首先失去自由水，然后才失去吸附水。当木材中无自由水，仅细胞壁内充满吸附水并达到饱和时的木材含水率，称为纤维饱和点。其值随树种而异，通常介于 25%～35%，平均约为 30%，含水率低于纤维饱和点时，含水率越低，强度越高；含水率高于纤维饱和点时，含水率对木材的强度和体积影响其微。

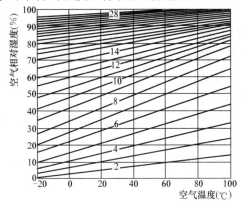

图 11 - 2　　木材的平衡含水率

Fig. 11 - 2　 Equilibrium moisture content of lumber

　　含水率随环境温度和湿度而变化，潮湿的木材能在较干燥的空气中失去水分，干燥的木材也能从周围的空气中吸收水分，当木材长时间处于一定温度和湿度的空气中，会达到相对稳定的含水率，即水分的蒸发和吸收趋于平衡，这时木材的含水率，称为平衡含水率。平衡含水率反映木材吸湿性能随外界气温和空气相对湿度变化而变化，如图 11 - 2 所示。

　　新伐木材含水率通常在 35% 以上，长期处于水中的木材含水率更高，风干木材含水率为 15%～25%，室内干燥的木材含水率通常为 11%～15%。

（二）湿胀干缩变形 Water swelling and dry shrinkage

　　木材细胞壁内吸附水含量的变化会引起木材变形，即湿胀干缩变形。

　　木材的纤维饱和点是木材发生湿胀干缩变形的转折点。当木材由潮湿状态干燥至纤维饱和点时，自由水蒸发，木材质量减少，而尺寸不改变，若继续干燥，含水率低于纤维饱和点，吸附水开始蒸发，伴随着体积收缩。反之，木材在纤维饱和点以下吸湿时，体积发生膨胀，达到纤维饱和点膨胀值最大，此后再吸收水分，木材仅是质量增加而不再膨胀。

　　由于木材构造的不均匀性，各方向的胀缩也不一致。同一木材中弦向胀缩量最大，径向次之，纵向（纤维向）最小，如图 11 - 3 所示。

　　木材的胀缩会使截面形状和尺寸改变。干缩使木材翘曲、开裂，使木构件的接榫松动，拼缝不严；湿胀可造成表面鼓凸，强度降低。为避免这些不利影响，通常先将木材进行干燥，使其含水率降至与构件所处环境温湿度相适应的平衡含水率。我国北方地区平衡含水率约 12%，南方地区为 15%～20%。

（三）表观密度 Apparent density

　　木材单位体积的质量，称为木材的表观密度。木材的表观密度随孔隙率、含水率及其他一些因素变化而不同，即便是同种木材，当含水率不同时，表观密度差异也很大，一般在含水率相同的情况下，表观密度大者，强度亦高。通常以标准含水率为 12% 时的表观密度为标准表观密度。

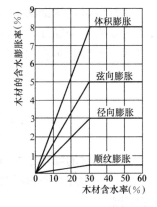

图 11 - 3　　松木的含水膨胀

Fig. 11 - 3　 Water-bearing expansion of pine wood

按下式可将处于纤维饱和点以下任何不同含水率的木材表观密度换算成标准含水率的表观密度

$$\rho_{12\%} = \rho_w[1 - 0.01(1 - K_v)(W - 12)] \tag{11-1}$$

式中　$\rho_{12\%}$——标准含水率时的木材表观密度，g/cm^3 或 kg/m^3；

　　　ρ_w——含水率为 W 时试件表观密度，g/cm^3 或 kg/m^3；

　　　K_v——试样体积干缩系数（一般木材 0.5，白桦落叶松、山毛榉 0.6）；

　　　W——木材试件含水率，%。

一般木材处于气干状态时的表观密度平均约为 $500kg/m^3$，说明木材孔隙率大，根据木材表观密度的大小可以评估其物理力学性质。

二、木材的力学性质 Mechanical properties of lumber

（一）木材的强度 Strength of lumber

木材的强度包括抗压、抗拉、抗弯和抗剪强度。木材强度与树木种类及受力方向密切相关，并受其生长环境的影响。不同产地的不同树种其强度各不相同，即使是同一株树，不同部位的强度也有差异。由于木材是各向异性材料，因而抗压、抗拉和抗剪强度又有顺纹和横纹之分。所谓顺纹是指作用力方向与纤维方向平行；横纹是指作用力方向与纤维方向垂直。木材的顺纹强度和横纹强度有很大的差别。木材各种强度之间的比例关系见表 11-1。

表 11-1　　　　　　　　　　　木 材 各 项 强 度 关 系

Tab. 11-1　　　　　Relationship between different indexes of lumber strength

抗压强度		抗拉强度		抗剪强度	局部承压	抗弯强度
顺纹	横纹	顺纹	横纹	顺纹	横纹	
1	1/10～1/3	2～3	1/20～1/3	1/7～1/3	1/5～1/3	1.5～2

注　表中以顺纹抗压极限强度为1。

木结构设计中主要考虑木材的抗弯强度、顺纹抗压强度、顺纹抗拉及抗剪强度、横纹局部承压强度及弯曲弹性模量等。

木材强度的高低与木材中承担外荷载的厚壁细胞有关，厚壁细胞的数量越多，细胞壁越厚，则木材强度愈高，木材的表观密度越大、夏材百分率越大则木材强度越高。针叶树与阔叶树相比细胞壁较薄、表观密度较小，故其强度较低。

木材顺纹抗拉强度＞抗弯强度＞顺纹抗压强度，是由于木纤维纵向承拉力很强，而纤维的横向联结较弱，易遭破坏。当木材顺纹受压时，细胞壁易失去稳定而破坏，故顺纹抗压强度低于顺纹抗拉强度。当横纹受压时，细胞腔易被挤扁，其强度也较低。

顺纹抗拉强度是木材所有强度中数值最高的强度，顺纹拉力破坏常常是纤维间先出现撕裂而纤维并未被拉断。但在实际应用中，因为木材存在的缺陷对其影响极大，加上受拉构件连接处应力复杂，使顺纹抗拉强度难以充分利用。故在木结构设计中所采用的木材抗拉强度计算值较抗压强度计算值低。几种常用木材的表观密度及强度见表 11-2。

（二）影响木材强度的主要因素 Main factors influencing on strength of lumber

1. 含水率 Moisture content

木材的强度随其含水率变化而异。当含水率低于纤维饱和点时，随含水率减少，细胞壁变得干燥而紧密，故其强度提高，反之则强度降低。当含水率在纤维饱和点以上变化时，细胞腔内水分的变化与细胞壁无关，因而强度不变。含水率对抗弯和顺纹抗压强度影响较大，对顺纹抗剪强度影响较小，而对顺纹抗拉强度几乎没有影响（图 11 - 4）。

表 11 - 2　　　　　　　　　　　　　常用木材的表观密度及强度
Tab. 11 - 2　　　　　　　　Apparent density and strength of normal lumber

树　种		产　地	气干表观密度（g/cm³）	强度（MPa）			
				顺纹抗压	抗弯	顺纹抗拉	顺纹抗剪（径向）
针叶树	杉木	湖南	0.371	37.8	63.8	77.2	4.2
		四川	0.416	36.0	63.4	83.1	5.9
	冷杉	四川	0.433	35.5	70.0	97.3	4.9
		长白山	0.390	32.5	66.4	73.6	6.2
	云杉	四川	0.459	38.6	75.9	94.0	6.1
		东北	0.417	34.5	68.6	94.8	6.1
	铁杉	四川	0.511	46.3	91.5	117.8	9.2
		云南	0.449	36.1	76.1	87.4	7.0
	落叶松	小兴安岭	0.641	57.6	118.3	129.9	8.5
		新疆	0.563	39.0	84.6	113.0	8.7
	马尾松	湖南	0.519	44.4	91.0	104.9	7.5
		广西	0.449	31.4	66.5	66.8	7.4
	红松	东北	0.440	33.4	65.3	98.1	6.3
阔叶树	柞木	长白山	0.766	55.6	124.0	155.4	11.8
		黑龙江	0.748	53.5	116.3	137.9	12.8
	麻栎	安徽	0.930	52.1	128.6	155.4	15.9
		陕西	0.916	66.3	105.2	148.0	14.9
	水曲柳	长白山	0.686	52.5	118.6	138.7	11.3
	柏木	湖北	0.600	53.3	98.6	114.8	6.1

为便于比较，国家标准规定：以木材含水率为 12%（标准含水率）时的木材强度为标准，其他含水率（$W\%$）时的强度可按下式换算成标准强度。

$$f_{12\%} = f_w[1+\alpha(W-12)] \qquad (11 - 2)$$

式中　$f_{12\%}$——含水率为 12% 时的木材强度，MPa；

　　　f_w——含水率为 $W\%$ 时的木材强度，MPa；

　　　W——试件在试验时的含水率，超过纤维饱和点时仍按纤维饱和点计算，%；

　　　α——含水率校正系数。其值随树种和作用力形式而异。含水率在 9%~15% 范围内取值如下：

顺纹抗压：$\alpha = 0.05$；

顺纹抗拉：阔叶树 $\alpha = 0.015$；针叶树 $\alpha = 0$，即 $f_w = f_{15\%}$；

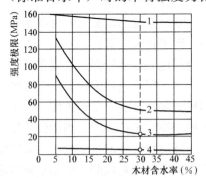

图 11 - 4　含水率对木材强度的影响

Fig. 11 - 4　Influence of moisture content
to lumber strength

1—顺纹抗拉强度；2—抗弯；
3—顺纹抗压；4—顺纹抗剪

　　抗弯：$\alpha=0.04$；
　　径向或弦向横纹局部抗压：$\alpha=0.045$；
　　弦面或径面顺纹抗剪：$\alpha=0.03$。

2. 负荷持续时间 Loading duration

木材在长期荷载作用下不致引起破坏的最大强度，称作持久强度。木材的持久强度比标准试验方法测得的极限强度小得多。一般持久强度约为暂时强度的 $50\%\sim60\%$，这是由于木材在外力作用下会产生塑性流变，若应力不超过持久强度时，变形到一定限度后趋于稳定；若应力超过持久强度，经过一定时间后，变形急剧增加，导致木材破坏。木结构通常都处于某一负荷的长期作用下，因而在设计时，应考虑负荷时间对木材强度的影响。

3. 温度 Temperature

由于温度升高，木纤维和其间的胶体膨胀、软化等原因，木材强度会降低。当温度由 $25℃$ 升到 $50℃$ 时，针叶树抗拉强度降低 $10\%\sim15\%$，抗压强度降低 $20\%\sim24\%$。当木材长期处于 $60\sim100℃$ 温度下时，会引起水分和所含挥发物的蒸发，呈暗褐色，强度下降，变形增大。温度超过 $100℃$ 时，木材中的纤维素发生热裂解，色渐变黑，强度明显下降，因此，长期处于 $50℃$ 以上的建筑物不宜采用木构件。

4. 缺陷 Defect

木材在生长、采伐、储存、加工和使用过程中会产生一些内部和外部的缺陷，如木节、斜纹（或纽纹）、裂缝、腐朽、髓心及虫蛀等。这些缺陷都会显著影响木材的强度。由于木材都有缺陷，故整体木材的实际强度比国家标准测得的标准强度低得多。木材的缺陷是划分木材材质等级的依据。

第三节　木材的腐朽和防腐
Section 3　Corrosion and Preservation of Lumber

一、木材的腐朽 Corrosion of lumber

木材腐朽是由真菌或昆虫侵害所致，引起木材变质腐朽的真菌有三种，即霉菌、变色菌和腐朽菌。霉菌只寄生在木材表面，通常叫发霉，对木材不起破坏作用。变色菌是以细胞腔内含物（如淀粉、糖类等）为养料，不破坏细胞壁，所以对木材破坏作用很小。而腐朽菌是以细胞壁为养料，它能分泌出一种酵素，把细胞壁物质分解为养料，供自身生长繁殖，致使细胞壁完全破坏，木材腐朽则强度降低直至破坏。

腐朽菌在木材中的生存和繁殖，必须同时具备三个条件，即要有适宜的水分、空气和温度。当木材的含水率在 $35\%\sim50\%$，温度在 $24\sim32℃$，木材中又存在一定量空气时，最适宜腐朽菌的繁殖，如果设法破坏其中一个条件，就能防止木材腐朽，当木材含水率在 20% 以下，真菌就不易繁殖，或将木材完全浸入水中或深埋地下，则因缺氧真菌不适生存。由此可见，木材若能经常保持干燥或经常充满水分以隔绝空气，即可免除菌害。

木材除易受真菌侵蚀外，还会受到昆虫的蛀蚀，如白蚁、天牛、蠹虫等。

二、木材的防腐 Preservation of lumber

防止木材腐朽通常采取两种方式，一种是创造条件，使木材不适于真菌寄生和繁殖。如对于使用在干燥环境下的木材，事先进行干燥处理，使含水率保持在 20% 以下，并在木结构中采取通风、防潮、涂刷油漆等措施。另一种是化学防腐处理，把防腐剂注入木材内，使其不能作为真菌的养料，同时还可毒死真菌。常用的水溶性防腐剂的品种有：氟化钠、氟硅酸钠、氯化锌、硼酚合剂及硫酸铜等，常用的油质防腐剂有杂酚油（克鲁苏油）、蒽油、煤焦油等，此外还有五氯酚等。五氯酚是油溶性的有机化合物，对真菌、白蚁及海生钻孔动物、软体动物、藻类等的毒杀能力很强。

水溶性的防腐剂多用于内部木构件的防腐。油溶防腐剂药力持久、毒性大、不易被水冲走、不吸湿，但有臭味，多用于室外、地下、水下。

注入防腐剂的方法有常压法和压力法。常压法是使防腐剂借自然扩散和渗透作用进入木材内部的方法，如表面喷涂法、浸渍法、热冷槽浸透法等。压力法是将木材置于密闭的容器内，加压使防腐剂渗透到木材内部。其中热冷槽浸透法和压力渗透法效果最好。

第四节　木材的应用
Section 4　Application of Lumber

一、木材主要产品种类Main lumber products

根据木材的特点、生产方法及用途，木材分为圆材类、锯材类、人造板三类。

圆材类包括原条和原木，原条是指只去其树枝、皮及树梢而尚未加工成规定尺寸的木料，如脚手杆、建筑用材、家具用材等。原木是指由原条按规定尺寸加工成规定直径和长度的木材，原木又分为直接使用原木和加工使用原木。直接使用原木主要用于屋架、檩、椽、桩木、坑木等。加工用原木是指用于造船、车辆、胶合板等的木材。

锯材类是指已加工锯解成材的木料，又称成材。按横切面宽与厚的比例分为板材、枋材。板材、枋材是水利、桥梁、建筑工程、造船、车辆及家具等的主要用材。板枋材的分类及相应尺寸见表11-3。

表 11 - 3　　　　　　　　　　　板 枋 材 的 分 类

Tab. 11 - 3　　　　　　　Classifications of plate and square log

板、方材的分类						
分类方法材别	按宽、厚尺寸比例分类	板 材 厚 度 按枋材宽、厚乘积分类				
板材	宽≥3×厚度	名称	薄板	中板	厚板	特厚板
		厚度（mm）	≤18	19～35	36～65	≥66
枋材	宽<3×厚度	名称	小枋	中枋	大枋	特大枋
		宽×厚（cm²）	≤54	55～100	101～225	≥226

人造板，以木材或其他非木材植物为原料，经一定机械加工分离成各种单元材料后，施加或不施加胶黏剂和其他添加剂胶合而成的板材或模压制品。主要包括胶合板、刨花（碎料）板和纤维板等三大类产品，其延伸产品和深加工产品达上百种。

二、木材的等级Lumber grades

（一）承重结构木材的材质等级Grades of lumber used in load-carrying structure

GB 50005—2017《木结构设计标准》规定，承重结构用材可采用原木、方木、板材、规格材、层板胶合木、结构复合木材和木基结构板。材质标准按木材缺陷多少划分，原木、方木、板材现场目测的材质标准分为三级；普通胶合木层板的材质等级分为三级；轻型木结构用规格材分为目测分级规格材和机械应力分级规格材，目测分级规格材的材质等级分为七级；机械分级规格材按强度等级分为八级。方木、原木结构的构件设计时，应根据构件的主要用途，按表 11-4 选用相应等级的木材。

表 11-4 普通木结构构件的材质等级

Tab. 11-4 Material grade requirements for square timber and log components

项次	构件类别	材质等级
1	受拉或拉弯构件	I_a
2	受弯或压弯构件	II_a
3	受压构件及次要受弯构件	III_a

（二）木材的强度等级 Lumber strength grades

GB 50005—2017《木结构设计标准》规定，方木、原木、普通层板胶合木和胶合原木等木材的强度等级应根据选用的树种按表 11-5 的规定采用。木材的强度设计值及弹性模量应按表 11-6 的规定采用。

表 11-5 针叶及阔叶树种木材适用的强度等级

Tab. 11-5 Applicable strength grades for tree species of conifer and broad-leaved

木材种类		针　叶　树				阔　叶　树				
强度等级		TC11	TC13	TC15	TC17	TB11	TB13	TB15	TB17	TB20
适用树种	A组	西北云杉 西伯利亚云杉 西黄松 云杉-松-冷杉 铁-冷杉 加拿大铁杉 杉木	油松 西伯利亚落叶松 云南松 马尾松 扭叶松 北美落叶松 海岸松 日本扁柏 日本落叶松	铁杉 油杉 太平洋海岸黄柏 花旗松-落叶松 西部铁杉 南方松	柏木 长叶松 湿地松 粗皮落叶松	大叶椆 心形椆	深红娑罗双 浅比娑罗双 白娑罗双 海棠木	锥栗 桦木 水曲柳 黄娑罗双 异翅香 红尼克樟	栎木 腺瘤豆 筒状非洲棟 蟹木棟 深红默罗藤黄木	青冈 椆木 甘巴豆 冰片香 重黄娑罗双 重坡垒 龙脑香 绿心樟 紫心木 李叶苏木 双龙瓣豆
	B组	速生杉木 冷杉 速生马尾松 新西兰辐射松 日本柳杉	红皮云杉 丽江云杉 红松 樟子松 西加云杉 欧洲云杉 北美山地 云杉 北美短叶松	鱼鳞云杉 西南云杉 南亚松	东北落叶松 欧洲赤松 欧洲落叶松					

表 11-6 方木、原木等木材的强度设计值和弹性模量 （N/mm²）

Tab. 11-6 Strength design value and clastic modulus of square timber log and other wood （N/mm²）

强度等级	组别	抗弯 f_m	顺纹抗压及承压 f_c	顺纹抗拉 f_t	顺纹抗剪 f_v	横纹承压 $f_{c,90}$			弹性模量 E
						全表面	局部表面和齿面	拉力螺栓垫板下	
TC17	A	17	16	10	1.7	2.3	3.5	4.6	10000
	B		15	9.5	1.6				

续表

强度等级	组别	抗弯 f_m	顺纹抗压及承压 f_c	顺纹抗拉 f_t	顺纹抗剪 f_v	横纹承压 $f_{c,90}$			弹性模量 E
						全表面	局部表面和齿面	拉力螺栓垫板下	
TC15	A	15	13	9.0	1.6	2.1	3.1	4.2	10000
	B		12	9.0	1.5				
TC13	A	13	12	8.5	1.5	1.9	2.9	3.8	10000
	B		10	8.0	1.4				9000
TC11	A	11	10	7.5	1.4	1.8	2.7	3.6	9000
	B		10	7.0	1.2				
TB20	—	20	18	12	2.8	4.2	6.3	8.4	12000
TB17	—	17	16	11	2.4	3.8	5.7	7.6	11000
TB15	—	15	14	10	2.0	3.1	4.7	6.2	10000
TB13	—	13	12	9.0	1.4	2.4	3.6	4.8	8000
TB11	—	11	10	8.0	1.3	2.1	3.2	4.1	7000

注　计算木构件端部的拉力螺栓垫板时，木材横纹承压强度设计值应按"局部表面和齿面"一栏的数值采用。

三、木材的综合利用Comprehensive utilization of lumber

木材的综合利用是指将木材加工过程中的大量边角、碎料、刨花、木屑等木质材料或非木质纤维材料如棉秆、甘蔗渣、竹、芦苇等，经过再加工处理，制成各种人造板材，以代替木材，或通过特殊方法对木材进行处理以提高木材物理力学性质，有效提高木材利用率。木材的综合处理对于弥补木材资源严重不足有着十分重要的意义，主要包括人造板材和改性木材两类方法。

（一）人造板Artificial lumber board

人造板与天然木材相比，性质已有显著改变，它的板面宽，表面平整光滑，内部均匀致密，便于加工，没有节子、虫眼和各向异性等缺点，具有不易翘曲、开裂等优点。

1. 胶合板Plywood

胶合板又称层压板，是将原木沿年轮旋切成薄层木片，各薄片按纤维方向相互垂直叠放，用胶黏合并加热加压制成，通常以奇数层组合，并以层数取名。

生产胶合板是合理利用木材，改善木材物理力学性能的有效途径。它能制成较大幅度的板材，消除各向异性，克服木节和裂纹等缺陷的影响。胶合板可用于隔墙板、天花板、门芯板、室内装修和家具等。

2. 胶合夹心板Plywood sandwich board

胶合夹心板有实心和空心板两种。实心板内部由干燥的短木条用树脂胶拼成，表面用胶合板加压加热黏结而成。空心板内部则由厚纸蜂窝结构填充，表面用胶合板加压加热黏结制成。胶合夹心板面宽，尺寸稳定，质轻且构造均匀，多用作门板、壁板和家具。

3. 纤维板Fiber board

纤维板是将木质纤维废料（边皮、木芯、刨花、树枝等）或非木质纤维废料（棉秆、甘蔗渣、竹、芦苇等）研磨成木浆，再经热压成型、干燥处理等工序制成。因成型时不同的温度和压力，纤维板分为硬质、中密度和软质三种。硬质纤维板是在高温高压下成型的。纤维板使木材得到充分利用，其构造均匀，避免了木材的各种缺陷影响，胀缩小，不易开裂和翘曲。

硬质纤维板在建筑上应用很广，可代替木板用于室内墙壁、地板（复合木地板）、门窗、家具和装修。软质纤维板多用于吸声、绝热材料。

4. 刨花板、木丝板、木屑板 **Shaving board，wood - wool board and xylolite board**

刨花板、木丝板、木屑板是利用木材加工中大量刨花、木丝、木屑及采伐剩余物等副产品经干燥、拌和胶料、加压而制成的板材。所用的胶料是多种多样的，如动植物胶、合成树脂、水泥、菱苦土等。

这类板材表观密度小、强度低，主要用作吸声绝热材料。在运输、储存和使用时应注意进行防潮处理。

5. 镶拼地板 **Veneer floor board**

镶拼地板是利用木材生产中的短小废料，加工成 125mm×25mm×10mm 的小木条，预先贴在一块小布上，5 块木条为一联，施工时用专门配制的树脂水泥浆作为胶结材料，将每联的布面朝外，按一定的规则粘贴在已硬化的混凝土地面上，待胶结料硬化后，除去小布，用电刨刨平后油漆打蜡，可显出美丽的木纹。

镶拼地板是木材综合利用的新途径，其特点是可以代替木地板，导热性小，美观、舒适、耐用、装饰效果好，可充分利用木材。目前多用于高级建筑物地面。

（二）改性木材 **Modified lumber**

改性木材是通过树脂的浸渍或高温高压处理的方法，提高木材的性能，如木材层积塑料及压缩木等。

1. 木材层积塑料（层积木） **Compreg**

层积木是一种质量很高的木制品，系将极薄的木片，经过氢氧化钠处理（也可不经处理），用合成树脂溶液浸透，叠放起来加热加压制成。此种材料具有极高的耐磨性，可以代替硬质合金使用，做成齿轮、机器上的轴瓦也经久耐磨。其收缩膨胀率极小，且不会腐朽、虫蛀，强度极高，所以很适用于水工结构中的特殊部位，如闸门滑道等。

2. 压缩木 **Compression wood**

压缩木是把木材直接进行高温高压处理，或先用 20% 酚醛树脂的酒精溶液浸渍后，再进行高温高压处理而得的改性木材。前者具有吸湿膨胀的特点，可作为矿井下的锚杆，以代替矿柱。后者吸湿性小，可制成机器的轴瓦使用。

 思 考 题

Exercise

1. 木材的构造特点是什么？对木材的物理力学性能有何影响？

2. 何谓木材纤维饱和点和平衡含水率？含水率的变化对木材性能有何影响？

3. 木材的干缩变形有何特点？对木材性能有何影响？

4. 木材常用的强度有哪几种？影响木材强度的因素有哪几方面？如何影响？

5. 某地产红松含水率 10% 时的顺纹抗压强度为 44.5MPa，求该红松在标准含水率时的顺纹抗压强度值。

第十二章　墙体材料和屋面材料

Chapter 12　Walling Materials and Roofing Materials

　　用于墙体和屋面的材料是建筑工程中最重要的材料之一。我国传统的墙体材料和屋面材料是用黏土烧制的砖和瓦，即烧土制品，它具有悠久的历史。但是，随着现代建筑的发展，这些传统材料已无法满足使用要求，而且砖瓦自重大、体积小、生产能耗高，需要耗用大量的农田，严重影响生态环境。因此，应加速发展保温、隔热、轻质、高强和施工效率高的新型墙体材料和屋面材料，大幅度提高新型墙体材料在城市新建房屋所用墙体材料中的比例，并大幅度减少毁田面积，降低生产能耗，改善建筑节能效果，提高工业废渣利用率，这是墙体改革的目标。

　　用于砌筑墙体的材料主要有砖、砌块和板材三类。

　　墙体砖按所用原料不同分为黏土砖（N）、页岩砖（Y）、煤矸石砖（M）、粉煤灰砖（F）、建筑渣土砖（Z）、淤泥砖（U）、污泥砖（W）、固体废弃物砖（Q）；按生产方式不同分为烧结砖（经焙烧而制成的砖）、蒸养砖（经常压蒸汽养护硬化而成的砖）、蒸压砖（经高压蒸汽养护硬化而成的砖）、免烧砖（以自然养护而成，如各种混凝土砖）；按孔洞率分为实心砖（孔洞率小于 28%，尺寸为 240mm×115mm×53mm）、多孔砖、空心砖。

　　砌块可分为烧结空心砌块、混凝土砌块、硅酸盐砌块和加气混凝土砌块等。板材可分为混凝土大板、石膏板、加气混凝土板、玻纤水泥板、植物纤维板及各种复合墙板等。用于屋面的材料为各种材质的瓦和板材。

　　用于墙体保温的材料属于新型墙体材料，主要有有机类、无机类、复合材料类。有机类有聚苯乙烯泡沫板、硬质泡沫聚氨酯、聚碳酸酯及酚醛等，无机类有珍珠岩水泥板、泡沫水泥板、复合硅酸盐板等，复合材料类如轻质金属夹芯板等。墙体保温除了采用附着保温层外，还能用保温砖和保温砌块直接砌筑，该材料砌墙可以不做墙体附着保温层，达到建筑节能一体化。

　　用于膜结构的膜材料属于新型屋面材料。膜结构是 20 世纪中叶发展起来的一种新型建筑结构形式，具有造型优美、覆盖跨度空间很大、防火抗震、轻质的特点。作为膜结构的膜材料，常用的主要分为 PVC 膜材、PTFE 膜材、ETEF 膜材三类，具有轻质、透光、柔韧、自洁等优点，尤其是 ETFE 膜材料，透光性特别好，号称"软玻璃"。

第一节　烧　结　砖

Section 1　Fired brick

　　烧结砖是以黏土、页岩、煤矸石或粉煤灰为主要原料，经焙烧而成的砖。在传统的墙体材料中使用最多的是以黏土为原料的烧结砖，为了节约黏土和充分利用工业废渣，近年来大力推广使用煤矸石、页岩、粉煤灰等作为烧砖原料，代替或部分代替黏土生产各种烧结砖。目前使用最成功的是页岩砖。

一、烧结页岩砖的基本生产工艺 Production technology of fired shale brick

烧结页岩砖的基本生产工艺流程为：坯料调制→成型→干燥→焙烧→成品。

（一）坯料调制 Modulating of blank

页岩矿首先进行破碎，为了减少砖烧成过程中的燃料耗用、提高烧成质量，在经破碎的页岩料中搭配适量的内煤，并进行粉碎。粉碎后的页岩原料可进入料仓进行陈化，陈化料进入搅拌机前，应根据成型时的塑性要求加入适量的水分，再进行搅拌，作为坯料。

（二）制品成型 Molding of product

坯料经成型可制成各种形状、尺寸的生坯，成型方法有塑性法、模压法、注浆法。塑性法成型的坯料含水率为 15%～25%，用挤泥机挤出一定断面尺寸的泥条，切割后获得制品的形状，如成型烧结普通砖。模压法（半干压或干压法）成型的坯料含水率低（半干压法为8%～12%，干压法为 4%～6%），可塑性差，在压力机上成型，如烧结多孔砖和空心砖、黏土平瓦、外墙面砖及地砖多用此法成型。注浆法成型的坯料含水率高达 40%，呈泥浆状，注入模型中成型，此法适合成型形状复杂或薄壁制品，如卫生陶瓷、内墙面砖等。页岩砖一般用挤泥机挤压成条，再切断成坯体，并小心码放在坯车上。

（三）生坯干燥 Green ware drying

生坯的含水率必须降至 8%～10% 才能入窑焙烧，所以要先进行干燥。干燥处理分自然干燥（在露天阴干，再在阳光下晒干）和人工干燥（利用焙烧窑的余热，在室内进行），一般采用人工干燥。干燥过程中要控制干燥的速度，防止生坯因脱水过快或不均匀脱水而出现收缩裂纹。干燥的过程中还应该控制干燥的温度，人工干燥温度一般在 110～120℃。

（四）焙烧 Roasting

焙烧是生产工艺的关键阶段。焙烧工艺有连续式和间歇式两种。目前国内多采用连续式生产，即在隧道窑或轮窑中，装窑、预热、焙烧、冷却、出窑等过程同步进行，生产效率较高。农村中的立式土窑则属间歇式生产。焙烧过程分为若干温度段，逐渐预热、焙烧、冷却、出窑，为了保证成品的质量，应严格观察和控制各段温度。

除了烧结页岩砖，还可以用以下工业废料来生产烧结砖：

1. 煤矸石 Coal spoil

它是煤矿的废料。煤矸石砖是将煤矸石粉碎成适当细度的粉料，再配料进行煅烧。选择煤矸石作原料时，应选择热值相对较高的黏土质煤矸石，并将其含硫量限制在 10% 以下。

用煤矸石作原料生产砖，可以消耗大量废渣，由于其中有许多可燃成分，还可节约外投煤。

2. 粉煤灰 Fly ash

用电厂排出的粉煤灰作为烧砖的原料，可部分或全部代替黏土。

二、烧结普通砖 Fired common brick

根据国家标准 GB/T 5101—2017《烧结普通砖》的规定，烧结普通砖按其主要原料分为黏土砖（N）、页岩砖（Y）、煤矸石砖（M）、粉煤灰砖（F）、建筑渣土砖（Z）、淤泥砖（U）、污泥砖（W）、固体废弃物砖（G）。

烧结普通砖的规格为 240mm×115mm×53mm（公称尺寸）的直角六面体。在烧结普通砖砌体中，加上灰缝约 10mm，每 4 块砖长、8 块砖宽或 16 块砖厚均为 1m，所以 1m³ 砌体需用砖 512 块。

（一）烧结普通砖的主要技术性质Technical properties of fired common brick

根据 GB/T 5101—2017，烧结普通砖的技术性质包括尺寸偏差、外观质量、强度、抗风化性能、泛霜、石灰爆裂、放射性物质等，并划分为 MU30、MU25、MU20、MU15、MU10 五个强度等级。

1. 强度等级Strength grade

普通砖根据 10 块试样抗压强度的试验结果，分为五个强度等级。各强度等级的抗压强度应符合表 12-1 的规定，否则，为不合格品。

表 12-1　　　　　　　　　　　　　强 度 等 级
Tab. 12-1　　　　　　　　　　　　Strength grade

强度等级	抗压强度平均值 $\overline{f}\geqslant$	强度标准值 $f_k\geqslant$
MU30	30.0	22.0
MU25	25.0	18.0
MU20	20.0	14.0
MU15	15.0	10.0
MU10	10.0	6.5

2. 尺寸偏差Dimensional deviation

普通砖根据 20 块试样的公称尺寸检验结果，尺寸偏差应符合表 12-2 的规定，符合规定的产品为合格产品，否则为不合格产品。

表 12-2　　　　　　　　　　　　　尺 寸 允 许 偏 差　　　　　　　　　（单位 mm）
Tab. 12-2　　　　　　　　　　　Approved dimensional deviation　　　　（unit mm）

公称尺寸	指标	
	样本平均偏差	样本极差≤
240	±2.0	6.0
115	±1.5	5.0
53	±1.5	4.0

3. 外观质量Appearance quality

烧结普通砖的外观质量应符合表 12-3 的规定。符合规定的产品为合格产品，否则为不合格产品。产品中不允许有欠火砖、酥砖和螺旋纹砖（过火砖），否则为不合格品。

表 12-3　　　　　　　　　　　　　外 观 质 量　　　　　　　　　　　（单位 mm）
Tab. 12-3　　　　　　　　　　　The quality of appearance　　　　　（unit mm）

项　　目		指标
两条面高度差	≤	2
弯曲	≤	2
杂质凸出高度	≤	2
缺棱掉角的三个破坏尺寸	不得同时大于	5

续表

项　目		指标
裂纹长度≤	a. 大面上宽度方向及其延伸至条面的长度	30
	b. 大面上长度方向及其延伸至顶面的长度或条顶面上水平裂纹的长度	50
完整面①	不得少于	一条面和一顶面

注 为砌筑挂浆而施加的凹凸纹、槽、压花等不算作缺陷。

① 凡有下列缺陷之一者，不得称为完整面：

　　1）缺损在条面或顶面上造成的破坏面尺寸同时大于 10mm×10mm；

　　2）条面或顶面上裂纹宽度大于 1mm，长度超过 30mm；

　　3）压陷、黏底、焦花在条面或顶面上的凹陷或凸出超过 2mm，区域尺寸同时大于 10mm×10mm。

砖烧成的时候，如果时间不足，则成为欠火砖，颜色较浅、声音沙哑、吸水率大、强度低、耐久性差；如果烧结的时间过长，则为过火砖，颜色较深、声音清脆、吸水率小、强度高，但有弯曲变形。

4. 泛霜 Efflorescence

原料中含有硫、镁等可溶性盐，在砖使用中，盐类会随砖内水分蒸发而在砖表面产生白色物质，如在砖表面形成絮团状斑点，严重的会起粉、掉角或脱皮。轻微泛霜就能对清水砖墙的建筑外观产生较大影响。国家标准规定，每块砖均不允许出现严重泛霜现象。

5. 石灰爆裂 Lime imploding

生产砖的原料中有石灰，烧成过程中生石灰可留在砖内，使用时如果砖内吸收外界的水分，生石灰消化并产生体积膨胀，导致砖发生胀裂破坏的现象称为石灰爆裂。

石灰爆裂对砖砌体影响较大，轻者影响美观，重者将使砖砌体强度降低直至破坏。砖中石灰质颗粒越大，含量越多，对砖体强度影响越大。国家标准规定，破坏尺寸大于 2mm 且小于或等于 15mm 的爆裂区域，每组砖样中不得多于 15 处。其中大于 10mm 的爆裂区域不得多于 7 处。同时不允许出现最大破坏尺寸大于 15mm 的爆裂区域，实验后抗压强度损失不得大于 5MPa。

6. 抗风化性能 Weathering resistance

砖的抗风化性能是指砖在干湿变化、温度变化、冻融变化等物理因素作用下，材料不破坏并长期保持其原有性质的能力，是烧结普通砖耐久性的重要标志之一。砖的抗风化性能越好，砖的使用寿命越长。其主要影响因素是砖的吸水率，通常以抗冻性、吸水率和饱和系数等指标来判定砖的抗风化性能。国家标准 GB/T 5101—2017 规定，根据工程所处的省区，对砖的抗风化性能（吸水率、饱和系数及抗冻性）提出不同要求。

我国根据风化程度不同，分为严重风化区（东北、西北及华北各省区）、非严重风化区（山东省、河南省及黄河以南地区）。其中，对严重风化区中东北、内蒙古及新疆地区使用的砖，必须进行冻融试验，将 5 块砖样经 15 次冻融后，每块砖样不允许出现分层、掉皮、缺棱、掉角等冻坏现象，冻后裂纹长度不得大于表 12-3 中第 52 页裂纹长度的规定，则抗风化性能合格。淤泥砖、污泥砖、固体废弃物砖应进行冻融实验。其他省区的砖，抗风化性能根据其吸水率及饱和系数来评定。根据 GB/T 5101—2017 规定，砖的抗风化性能应符合表 12-4 的规定。当符合表 12-4 的规定时，可不做冻融试验，评为风化性能合格，否则，必须进行冻融试验。

（二）烧结普通砖的应用 Application of fired common brick

烧结普通砖主要用于砌筑建筑工程的承重或非承重墙体、基础，还可用于拱、烟囱、沟道、挡土墙等构筑物，有时也用于闸墩、涵管、渡槽等小型水利工程。其中优等品砖可用于清水墙和墙体装饰，一等品及合格品砖可用于混水墙。中等泛霜的砖不能用于潮湿部位。

烧结普通砖砌筑的砌体，其强度不仅取决于砖的强度，而且受砂浆强度的影响。砖的吸水率大，一般为 15%～20% 左右，在砌筑时将大量吸收砂浆中的水分，致使水泥不能正常凝结硬化，导致砂浆强度下降以至影响砖砌体强度。因此，在砌筑前，必须预先将砖进行吮水润湿。为了增强砌体的稳定性，可在砌体中加配钢筋。

表 12 - 4   **抗 风 化 性 能 表**
Tab. 12 - 4   **Weathering resistance**

砖种类	严重风化区				非严重风化区			
	5h 沸煮吸水率（%）≤		饱和系数≤		5h 沸煮吸水率（%）≤		饱和系数≤	
	平均值	单块最大值	平均值	单块最大值	平均值	单块最大值	平均值	单块最大值
黏土砖、建筑渣土砖	18	20	0.85	0.87	19	20	0.88	0.90
粉煤灰砖①	21	23			23	25		
页岩砖	16	18	0.74	0.77	18	20	0.78	0.80
煤矸石砖								

① 煤粉灰掺入量（体积比）小于 30% 时，按黏土砖规定判定。

三、烧结多孔砖、空心砖 Fired cellular brick and hollow brick

（一）烧结多孔砖 Fired perforated bricks and blocks

烧结多孔砖一般外形为直角六面体，在与砂浆的接合面上应设有增加结合力的粉刷槽和砌筑砂浆，如图 12 - 1 所示。孔为矩形或条形多而小，孔洞垂直于受压面，成型尺寸可为各种不同的组合。烧结多孔砖内孔洞率在 28% 以上，33% 以下，表观密度约为 1400kg/m³ 左右，孔洞分布在大面而且均匀合理，非孔部分砖体较密实，所以强度较高，常被用于砌筑六层以下的承重墙。当烧结多孔砖的孔型及孔洞率设计合理的时候，其热传导系数可小至 3W/(m·K)，可以作为墙体的自保温材料。

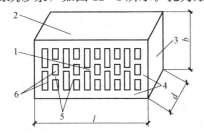

图 12 - 1 烧结多孔砖和多孔砌块
Fig. 12 - 1   Fired perforated bricks and blocks
1—大面（坐浆面）；2—条面；3—顶面；
4—外壁；5—肋；6—孔洞；
l—长度；b—宽度；d—高度

国家标准 GB/T 13544—2011《烧结多孔砖和多孔砌块》规定，根据烧结多孔砖的密度等级分为 1000、1100、1200、1300 四个等级。根据抗压强度，烧结多孔砖又分为 MU30、MU25、MU20、MU15、MU10 五个强度等级，见表 12 - 5。

表 12 - 5　　　　　　　　　**烧结多孔砖的强度等级**
Tab. 12 - 5　　　　　　　**The strength grade of fired perforated brick**

强度等级	抗压强度平均值 $\bar{f}\geqslant$	强度标准值 $f_k\geqslant$
MU30	30.0	22.0
MU25	25.0	18.0
MU20	20.0	14.0
MU15	15.0	10.0
MU10	10.0	6.5

（二）烧结空心砖和空心砌块 Fired hollow bricks and blocks

烧结空心砖是指孔洞率大于 40%，孔尺寸大而孔数量少的砖。烧结空心砖的尺寸一般较大，空洞通常平行于承压面，抗压强度较低。在与砂浆的接合面上，设有增加结合力的深度为 1mm 以上的凹线槽，如图 12 - 2 所示。

根据国家标准 GB/T13545—2014《烧结空心砖和空心砌块》的规定，空心砖和砌块的长度、宽度、高度尺寸应符合下列要求：

——长度规格尺寸（mm）：390，290，240，190，180（175），140

——宽度规格尺寸（mm）：190，180（175），140，115

——高度规格尺寸（mm）：180（175），140，115，90

其他规格尺寸由供需双方商定。

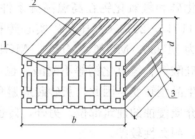
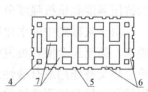

图 12 - 2　烧结空心砖和空心砌块示意图
Fig. 12 - 2　Fired hollow bricks and blocks
1—顶面；2—大面；3—条面；4—壁孔；
5—粉刷槽；6—外壁；7—肋
l—长度；b—宽度；d—高度

砖按抗压强度分为 MU10.0、MU7.5、MU5.0、MU3.5 四个强度等级，见表 12 - 6，按砖和砌块的体积密度分成 800、900、1000、1100 四个密度等级。强度、密度、抗风化性能和放射性物质合格的砖和砌块，根据尺寸偏差、外观质量、孔洞排列及其结构、泛霜、石灰爆裂、吸水率分为优等品（A）、一等品（B）和合格品（C）三个质量等级。

烧结空心砖和空心砌块质量较轻，热工性能好，强度不高，因而多用作非承重墙，如多层建筑内隔墙或框架结构的填充墙等。

表 12 - 6　　　　　　　　**烧结空心砖的强度等级**
Tab. 12 - 6　　　　　　　**The strength grade of fired hollow brick**

强度等级	抗压强度（MPa）		
	抗压强度平均值 $\bar{f}\geqslant$	变异系数 $\delta\leqslant0.21$ 强度标准值 $f_k\geqslant$	变异系数 $\delta>0.21$ 单块最小抗压强度值 $f_{min}\geqslant$
MU10.0	10.0	7.0	8.0

强度等级	抗压强度（MPa）		
	抗压强度平均值 $\bar{f}\geqslant$	变异系数 $\delta\leqslant0.21$	变异系数 $\delta>0.21$
		强度标准值 $f_k\geqslant$	单块最小抗压强度值 $f_{min}\geqslant$
MU7.5	7.5	5.0	5.8
MU5.0	5.0	3.5	4.0
MU3.5	3.5	2.6	2.8

第二节　工业废渣砖
Section 2　Industrial Solid Waste Brick

随着现代工业的不断发展，各种废料的排放量剧增。为保护环境，近年来利用工业废料废渣，开发研究并生产了不少新型墙体材料，如各种烧结砖和非烧结砖。

一、蒸压灰砂砖Autoclave sand-lime brick

蒸压灰砂砖简称灰砂砖。砖的主要原料是磨细砂子，加入 10%～20% 的石灰，坯体需经高压蒸汽养护，使二氧化硅和氢氧化钙在高温高湿条件下反应生成水化硅酸钙而具有强度。根据国家标准 GB/T 11945—2019《蒸压灰砂实心砖和实心砌块》，将砖按浸水 24h 后的抗压强度和抗折强度分为 MU30、MU25、MU20、MU15、MU10 五个强度等级。

由于灰砂砖中的水化硅酸钙、氢氧化钙等不耐酸，也不耐热，若长期受热会产生分解、脱水，甚至还会使石英发生晶型转变，因此，灰砂砖应避免用于长期受热高于 200℃、受急冷急热交替作用或有酸性介质侵蚀的建筑部位。另外，砖也不能用于有流水冲刷的地方，使用较久将风化或严重风化，耐久性较差。

二、蒸养粉煤灰砖Steam-cured fly ash brick

蒸养粉煤灰砖是以粉煤灰、石灰为主要原料，掺加适量石膏和骨料经坯料制备、压制成型、常压或高压蒸汽养护而成的实心砖。粉煤灰具有火山灰性，尤其是在水热环境中，和碱性激发剂的作用下，易形成水化硅酸钙、水化硫铝酸钙等多种水化产物，获得一定的强度。建材行业标准 JC/T 239—2014《蒸压粉煤灰砖》根据砖的抗压强度将其分为 MU30、MU25、MU20、MU15、MU10 五个强度等级。

我国有大量的粉煤灰，如果进行堆埋，会污染环境，占用土地。所以尽量利用粉煤灰生产建筑用砖，可保护环境，还可以节约黏土资源。粉煤灰砖可用于建筑的墙体和基础，但用于基础或易受冻融和干湿交替作用的建筑部位必须使用一等品砖与优等品砖。粉煤灰砖也不能用于长期受热（200℃以上）、受急冷急热和有酸性介质侵蚀的建筑部位。用粉煤灰砖砌筑的建筑物，应适当增设圈梁及伸缩缝或采用其他措施，以避免或减少收缩裂缝的产生。

三、炉渣砖Slag brick

炉渣砖又称为煤渣砖，是以煤燃烧后的炉渣为主要原料，加入适量石灰、石膏（或电石渣、粉煤灰）和水搅拌均匀，并经陈伏、轮碾、成型、蒸汽养护而成。炉渣砖按抗压强度和抗折强度分为 MU20、MU15、MU10 三个强度等级。

炉渣砖可用于一般工程的内墙和非承重外墙。其他使用要点与灰砂砖、粉煤灰砖相似。

第三节 建 筑 砌 块
Section 3 Building Blocks

砌块是用于砌筑的人造块材，外形多为直角六面体，砌块一般较砖或长或厚或宽。其分类见表 12-7。工程中常用的砌块有水泥混凝土砌块、轻集料混凝土砌块、炉渣砌块、粉煤灰砌块、其他硅酸盐砌块、水泥混凝土铺地砖等。砌块按体积密度分为 B03、B04、B05、B06、B07、B08 六个密度级别。制作砌块可以充分利用地方材料和工业废料，且砌块尺寸比较大，施工方便，能提高砌筑效率，还可改善墙体功能。因此，近年来在建筑领域砌块的应用越来越广泛。

表 12-7　　　　　　　　　　　　砌 块 的 分 类
Tab. 12-7　　　　　　　　　　　　The sorts of block

按尺寸（mm）分类	按空心率大小分类	按主要原材料分类
大型砌块（主规格高度＞980）	实心砌块	普通混凝土砌块
中型砌块（主规格高度 380～980）	（空心率小于 25％或无孔洞）空心砌块	轻骨料混凝土砌块 蒸压粉煤灰空心砌块 粉煤灰混凝土小型砌块
小型砌块（主规格高度 115～380）	（空心率大于或等于 25％）空心砖	煤矸石砌块 加气混凝土砌块

一、蒸压加气混凝土砌块 Autoclave aerated concrete block

蒸压加气混凝土砌块是用钙质材料（如水泥、石灰）和硅质材料（如砂子、粉煤灰、矿渣）的配料中加入铝粉作加气剂，经加水搅拌、浇注成型、发气膨胀、预养切割，再经高压蒸汽养护而成的多孔轻质块体材料。国家标准 GB/T 11968—2020《蒸压加气混凝土砌块》规定，砌块的规格（公称尺寸），长度（L）有 600mm；宽度（B）有 100、120、125、150、180、200、240、250、300mm；高度（H）有 200、240、250、300mm 等多种。砌块按尺寸偏差分为Ⅰ型和Ⅱ型，Ⅰ型适用于薄灰缝砌筑，Ⅱ型适用于厚灰缝砌筑。砌块强度级别按 100mm×100mm×100mm 立方体试件抗压强度值（MPa）划分为 A1.5、A2.0、A2.5、A3.5、A5.0 五个强度级别，不同强度级别砌块抗压强度应符合表 12-8 的规定。砌块密度级别，按其干燥体积密度分为 B03、B04、B05、B06 及 B07 五个级别。强度等级为 A1.5、A2.0 与干密度级别为 B03、B04 的砌块适用于建筑保温。不同质量等级砌块的干燥表观密度值与砌块强度等级应符合表 12-8 的规定。

表 12-8　　　　不同强度级别的砌块抗压强度与砌块的干体积密度　　（单位 MPa/kg/m³）
Tab. 12-8　　　The compressive strength grade of different blocks　　（unit MPa/kg/m³）

强度级别	抗压强度（MPa）		干密度级别	平均干密度（kg/m³）
	平均值	最小值		
A1.5	≥1.5	≥1.2	B03	≤350
A2.0	≥2.0	≥1.7	B04	≤450

续表

强度级别	抗压强度（MPa）		干密度级别	平均干密度（kg/m³）
	平均值	最小值		
A2.5	≥2.5	≥2.1	B04	≤450
			B05	≤550
A3.5	≥3.5	≥3.0	B04	≤450
			B05	≤550
			B06	≤650
A5.0	≥5.0	≥4.2	B05	≤550
			B06	≤650
			B07	≤750

蒸压加气混凝土砌块选用脱脂铝粉作发气剂，铝粉极细，产生的氢气使混凝土中大量均匀分布小气泡，具有许多优良特性，如表观密度低，且具有较高的强度、抗冻性及较低的导热系数［导热系数≤0.1～0.16W/(m·K)］，是良好的墙体材料及隔热保温材料。蒸压加气混凝土砌块多用于高层建筑非承重的内外墙，也可用于一般建筑物的承重墙和非承重隔墙，还可用于屋面保温。但蒸压加气混凝土砌块不能用于建筑物基础和处于浸水、高湿和有化学侵蚀的环境（如强酸、强碱或高浓度 CO_2），也不能用于表面温度高于 80℃ 的承重结构部位。

二、混凝土小型空心砌块Small hollow concrete block

混凝土小型空心砌块是由水泥、粗细骨料加水搅拌，经装模、振动（或加压振动或冲压）成型，并经养护而成。分为承重砌块和非承重砌块两类。其主要规格尺寸为 390mm×190mm×190mm。国家标准 GB/T 8239—2014《普通混凝土小型砌块》按砌块的抗压强度将其分为 MU35.0、MU20.0、MU15.0、MU10.0、MU7.5 及 MU5.0 六个强度等级。

混凝土小型空心砌块具有质量轻、生产简便、施工速度快、适用性强、造价低等优点，广泛用于低层和中层建筑的内外墙。这种砌块在砌筑时一般不需吮水，但在气候特别干燥炎热时，可在砌筑前稍喷水湿润。

如用轻集料（粉煤灰陶粒、黏土陶粒、页岩陶粒、天然轻集料等），可制成轻集料混凝土小型空心砌块。根据国家标准 GB/T 15229—2011《轻集料混凝土小型空心砌块》，按砌块孔的排数分为四类：单排孔、双排孔、三排孔和四排孔。按砌块密度等级分为八级 700、800、900、1000、1100、1200、1300、1400 除自然煤矸石掺量不小于砌块质量 35% 的砌块外，其他砌块的最大密度等级为 1200。按砌块强度等级分为五级 MU2.5、MU3.5、MU5.0、MU7.5、MU10.0。

三、蒸压粉煤灰空心砌块Autoclaved fly ash hollow block

蒸压粉煤灰空心砌块是以粉煤灰、生石灰（或电石渣）为主要原料，可掺加适量石膏、外加剂和其他集料，经胚料制备、压制成型、高压蒸汽养护而制成的空心率不小于 45% 的砌块。其主要规格尺寸为 390mm×190mm×190mm。GB/T 36535—2018《蒸压粉煤灰空心砖和空心砌块》按砌块的抗压强度将其分为 MU3.5、MU5.0 和 MU7.5 三个强度等级。

粉煤灰、页岩等材料还可做成空心砌块，表观密度较低，但具有一定的强度，可以作为填充墙材料。为了便于砌筑和增强砌体的隔热保温性能，砌块的孔可设为盲孔，其热传导系数可小至 0.09W/(m・k)，满足节能材料的要求，可作为自保温的填充墙体材料。

四、粉煤灰混凝土小型砌块Small hollow block of fly ash concrete

粉煤灰混凝土小型空心砌块是以粉煤灰、水泥、集料、水为主要组分（也可加入外加剂等）制成的混凝土小型空心砌块。其主要规格尺寸为 390mm×190mm×190mm。JC/T 862—2008《粉煤灰混凝土小型空心砌块》按砌块的抗压强度将其分为 MU3.5、MU5、MU7.5、MU10、MU15 和 MU20 六个强度等级。

粉煤灰混凝土小型砌块可用于一般工业和民用建筑的墙体和基础，但不宜用在有酸性介质侵蚀的建筑部位，也不宜用于经常受高温影响的建筑物，如铸铁和炼钢车间、锅炉房等的承重结构部位。在常温施工时，砌块应提前浇水润湿，冬季施工时则不需浇水润湿。

五、QTC 轻质复合砌块QTC lightweight compound block

QTC 轻质复合砌块由特种水泥、粉煤灰、泡沫麻纤等为主要原料复合而成，强度高、重量轻、不燃、耐潮、耐腐，遇水不变形，强度不降低。能锯、能刨、能钉，易于粘贴、吊挂，适用于抗震设防烈度为 6 度、7 度地区的一般工业与民用建筑中作非承重内隔墙或框架填充墙。

其常用主板规格：板长 660mm，板宽 500mm、330mm，板厚 120mm、90mm，可以按用户要求定做。

其主要技术指标：

容重<750kg/m³，面密度<65kg/m²，抗折强度>2500N，空气声计权隔声量 90 单层 40dB，120 单层 45dB，耐火极限（90 单层）90min，（120 单层）120min，单点吊挂力 800N，抗冲击性（标次）>8，吸水率：≤19%。

六、FHP-Vc 复合硅酸盐硬质保温隔热板FHP-Vc horniness compound silicate thermal baffle

这种板材是以粉煤灰、海泡石、膨胀珍珠岩填料等硅酸盐材料为主，以水为分散介质，加入黏合剂、发泡剂，在发泡气体的作用下制成的。常用的规格是：长 250mm×宽260mm×厚 30、40、50、60mm。其体积密度≤240kg/m³，抗压强度≥0.4MPa，热传导系数≤0.07W/(m・K)，吸水率≤12%。这种板材质量轻、隔热保温性能好，是良好的外墙外保温材料。

第四节 建 筑 板 材
Section 4　Building board

在建筑物的屋面和墙体采用板材具有质量轻、施工速工快、造价低等优点。常用的板材有预应力空心墙板、玻璃纤维增强水泥板、轻质隔热夹芯板、网塑夹芯板和纤维增强低碱度水泥建筑平板等。

一、预应力空心墙板Prestressing hollow wallboard

预应力空心墙板是用高强度低松弛预应力钢绞线，52.5MPa 强度等级早强水泥及砂、石为原料，经过张拉、搅拌、挤压、养护、放张、切割而成的混凝土制品。

预应力空心墙板板面平整，尺寸误差小，施工使用方便，减少了湿作业，加快了施工速度，提高了工程质量。该墙板可用于承重或非承重的外墙板及内墙板，并可根据需要增加保温吸声层、防水层和各种饰面层（彩色水刷石、剁斧石、喷砂和釉面砖等），也可以制成各种规格尺寸的楼板、屋面板、雨罩和阳台板等。

二、玻璃纤维增强水泥—多孔墙板 （GRC—KB） Glass fiber reinforced cement－porous wall-board

该多孔墙板是以低碱水泥为胶结料，抗碱玻璃纤维和中碱玻璃纤维加隔离覆被的网格布为增强材料，以膨胀珍珠岩、加工后的锅炉炉渣、粉煤灰为集料，按适当配合比经搅拌、灌注、成型、脱水、养护等工序制成的。

GRC多孔板主要用作建筑物隔墙，轻质，施工方便，绝热吸声效果好，适用于民用与工业建筑的分室、分户、厨房、厕浴间、阳台等非承重的内外墙体部位，抗压强度≥10MPa的板材，也可用于建筑加层和两层以下建筑的内外承重墙体部位。现在GRC广泛用于低层到高层住宅，写字楼到学校、医院、体育场馆、候车室、商场、娱乐场所和各种星级宾馆中，其耐火极限可达3.0小时。采用双凹槽GRC平板和L型板、T型板的后压力灌注安装方法，可解决传统GRC板和其他轻质隔墙板面抹灰层容易开裂的问题，增强了轻质隔墙的稳固性、抗裂性。

三、轻质隔热夹芯板 Light-weight sandwich thermal baffle

轻质隔热夹芯板外层是高强材料，内层是轻质绝热材料，通过自动成型机，用高强度黏结剂将两者黏合，经加工、修边、开槽、落料而成板材。

外层材料可为涂漆热浸镀锌钢板、热浸镀铝钢板、镀锌合金钢板、镀锌铝合金钢板、高耐候性热轧制钢板、冷轧不锈钢板等，芯材有聚苯乙烯泡沫塑料、硬质聚氨酯泡沫塑料、岩棉矿渣棉、玻璃棉等。夹芯板材的防火性能和隔热性能取决于芯材的性能，夹芯板材的耐久性能取决于表面涂层和板缝连接处的质量和性能。

该板质量约为 $10\sim14kg/m^2$，导热系数多为 $0.021W/（m \cdot K）$，具有良好的绝热和防潮等性能，又具备较高的抗弯和抗剪强度，并且安装灵活快捷，可多次拆装重复使用。常用于厂房、仓库和净化车间、办公楼、商场、影剧院等工业和民用建筑，以及房屋加层、组合式活动房、室内隔断、天棚、冷库等。

四、网塑夹芯板 Wire mesh-foam coreboard

网塑夹芯板是由呈三维空间受力的镀锌钢丝笼格作骨架，中间填以阻燃型发泡聚苯乙烯，内外侧浇筑细石混凝土或水泥砂浆层后组合而成的一种复合墙板。该板具有自重轻、强度高、保温、隔声、防火、抗震性能好和安装简便等优点，主要用于宾馆、办公楼等的内隔墙。

五、纤维增强低碱度水泥建筑平板 （TK 板） Fiber reinforced low-alkali cement plate

纤维增强低碱度水泥建筑平板是以低碱度水泥、中碱玻璃纤维和石棉纤维为原料制成的薄型建筑平板。具有质量轻，抗折、抗冲击强度高，不燃、防潮、不易变形和可锯、可钉、可涂刷等优点。TK板与各种材质的龙骨、填充料复合后，可用作多层框架结构体系、高层建筑、旧房加屋改造中的内隔墙。

六、玻璃纤维增强石膏板 Fiber reinforced plasterboard

玻璃纤维增强石膏板是以石膏为主要材料制成的空心板材，规格有 $666 \times 500 \times 100$、$500 \times 333 \times 180$ 等，表观密度不大于 $700kg/m^3$，断裂荷载不小于 1.5kN，可用于框架结构的内隔填充墙。向板的空腔内灌注混凝土并配置适量钢筋，可作为承重墙使用，与传统的砖砌墙体和混凝土墙体相比，施工省时、方便、经济效益好。

七、钢丝网增强水泥轻质内隔墙板 Steel mesh reinforced cement light-weight interier partition plate

钢丝网增强水泥轻质内隔墙板是以水泥为胶凝材料，以粉煤灰为填充材料，以黏土陶粒、膨胀珍珠岩等为轻质材料，以钢丝网为增强材料，加入一定量的掺加剂制成的空心墙板。采用双面铺设钢丝网作为增强材料，避免了用玻璃纤维网、炉渣墙板耐久性差等问题，而且可增加墙板抗折、抗冲击能力。可用于工业与民用建筑中非承重内隔墙。

第五节　屋　面　材　料
Section 5　Roofing Materials

瓦是最常用的屋面材料，主要起防水和防渗等作用。目前经常使用的除黏土瓦和水泥瓦外，还有石棉水泥瓦、塑料瓦和沥青瓦等。

一、黏土瓦 Fired roofing tile

烧结瓦是以黏土或其他无机非金属原料为主要原料，经成型、烧结而成。生产烧结瓦的原料应杂质少、塑性好。成型方式可用模压成型或挤压成型。生产工艺和烧结普通砖相同。

黏土瓦有平瓦和脊瓦两种，颜色有青色和红色，平瓦用于屋面，脊瓦用于屋脊。

根据国家标准 GB/T 21149—2019《烧结瓦》，烧结瓦的分类有：

根据形状分为平瓦、脊瓦、三曲瓦、双筒瓦、鱼鳞瓦、牛舌瓦、板瓦、筒瓦、滴水瓦、沟头瓦、J 形瓦、S 形瓦、波形瓦、平板瓦和其他异形瓦及其配件、试件。

根据表面状态可以分为釉瓦（含表面经过加工处理形成装饰薄膜层的瓦）和无釉瓦（含青瓦）。

根据吸水率不同分为 I 类瓦、II 类瓦和 III 类瓦。

相同品种、物理性能合格的产品，根据尺寸偏差和外观质量分为优等品（A）和合格品（C）两个等级。

烧结瓦通用规格及主要结构尺寸见表 12 - 9。

表 12 - 9　　　　　　　　　通用规格及主要结构尺寸　　　　　　　（单位 mm）
Tab. 12 - 9　　　General specifications and main structural dimensions　　（unit mm）

产品类别	规格	基本尺寸							
					搭接部分长度		瓦爪		
		厚度	瓦槽深度	边筋高度	头尾	内外槽	压制瓦	挤出瓦	后爪有效高度
平瓦	400×240～300×200	10～20	≥10	≥3	50～70	25～40	具有四个瓦爪	保证两个后爪	≥5
脊瓦	L≥300	h	L_1				d		h_1
	b≥180	10～20	25～35				b/4		≥5
三曲瓦、双筒瓦、鱼鳞瓦、牛舌瓦	320×200～150×150	8～12	同一品种、规格瓦的曲度或弧度应保持一致						
板瓦、筒瓦、滴水瓦、沟头瓦	430×350～110×50	8～16							

续表

产品类别	规格		基本尺寸
J形瓦、 S形瓦	320×320~ 250×250	12~20	谷深 c≥35，头尾搭接部分长度 50~70，左右搭接部分长度 30~50
波形瓦	270×170~ 420×330	8~16	瓦脊高度≤35，头尾搭接部分长度 30~70，内外槽搭接部分长度 25~40
平板瓦	270×170~ 480×350		瓦槽深度≥10，边筋高度≥3， 头尾搭接部分长度 30~70，内外槽搭接部分长度 25~40

黏土瓦质量大、质脆、易破损，在贮运和使用时应注意横立堆垛，垛高不得超过五层。

二、混凝土瓦Concrete tile

混凝土瓦是以水泥、集料和水等为主要原料，经配料拌和、挤压成型或其他成型方法制成的用于坡屋面的屋面瓦及与其配合使用的配件瓦。混凝土瓦可以是本色的、着色的或表面经过处理的，如图 12-3 所示。混凝土屋面瓦是铺设于屋顶坡面完成瓦屋面功能的建筑构件，分为混凝土有筋槽屋面瓦和混凝土无筋槽屋面瓦。混凝土有筋槽屋面瓦的正面和背面搭接的侧边带有嵌合边筋和凹槽，可以有、也可以没有顶部的嵌合搭接。混凝土无筋槽屋面瓦一般是平的、横向或者纵向成拱形的屋面瓦，带有规则或不规则的前沿。混凝土配件瓦是铺设于屋顶特定部位，满足屋顶瓦特殊功能的，配合屋面瓦完成瓦屋面功能的建筑构件，包括脊瓦、封头瓦、排水沟瓦、檐口瓦和弯角瓦、三向脊顶瓦、四向脊顶瓦等，如图 12-4 所示。

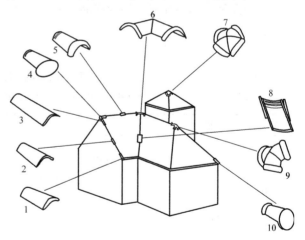

图 12-4　混凝土配件瓦名称

Fig. 12-4　Name of the fittings of the concrete tile

1—檐口封；2—檐口瓦；3—檐口顶瓦；4—圆脊封头；
5—圆脊瓦；6—双向脊顶瓦；7—四向脊顶瓦；
8—排水沟瓦；9—三向脊顶瓦；10—斜脊封头

注：此为部分混凝土配件瓦的示意图及名称。配件瓦应与
各生产厂家不同特殊瓦型相配套

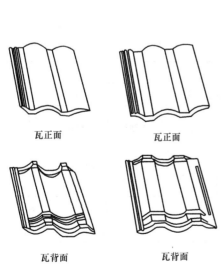

瓦正面　　　　　瓦正面

瓦背面　　　　　瓦背面

图 12-3　混凝土瓦

Fig. 12-3　Concrete tile

根据 JC/T 746—2007《混凝土瓦》，其技术要求包括尺寸偏差、外观质量、质量偏差、承载力、吸水率、抗渗性、抗冻性各方面。混凝土屋面瓦承载力的标准值见表 12-10。

表 12 - 10　　　　　　　　　混凝土屋面瓦的承载力标准值
Tab. 12 - 10　　　　The standard value of bearing capacity of concrete Roofing tile

项目	波型屋面瓦						平屋面瓦		
瓦脊高度 d (mm)	$d>20$			$\leqslant 20$			—		
遮盖宽度 b_1 (mm)	$b_1 \geqslant 300$	$b_1 \leqslant 200$	$200 < b_1 < 300$	$b_1 \geqslant 300$	$b_1 \leqslant 200$	$200 < b_1 < 300$	$b_1 \geqslant 300$	$b_1 \leqslant 200$	$200 < b_1 < 300$
承载力标准值 F_c (N)	1800	1200	$6b_1$	1200	900	$3b_1 + 300$	1000	800	$2b_1 + 400$

混凝土平瓦可用来代替烧结瓦，其耐久性好、成本低，但质量大于烧结瓦。有时加入颜料，可制成彩色混凝土平瓦。

三、纤维水泥波瓦Filer cement corrugated tile

纤维水泥波瓦是用水泥或温石棉为原料，其中纤维起增强作用，纤维可以是分散状态，也可以是网状或线状。经加水搅拌、压波成型、养护而成的波形瓦。纤维水泥波瓦是屋面的覆盖材料，按增强纤维成分分为无石棉型（NA）和温石棉型（A）水泥波瓦，按波高尺寸分为大波瓦（DW）、中波瓦（ZW）、小波瓦（XW）三种。

根据国家标准 GB/T 9772—2009《纤维水泥波瓦及其脊瓦》，其规格尺寸为：大波瓦为 2800mm×994mm、中波瓦为 1800mm×745mm 和 1800mm×1138mm、小波瓦为 1800mm×720mm。根据波瓦抗折力分为五个强度等级：Ⅰ级、Ⅱ级、Ⅲ级、Ⅳ级、Ⅴ级（Ⅳ级、Ⅴ级波瓦反适用于试用期五年以下的临时建筑）。

温石棉型水泥波瓦的特点是单张面积大，有效利用面积大，可防火、防潮、防腐，耐热、耐寒，质轻。其制作简便，造价低，用途广。

也可采用耐碱玻璃纤维和有机纤维替代石棉纤维来生产水泥波瓦。如无石棉维纶纤维增强水泥波瓦，是用高弹模的维纶纤维与改性维纶纤维代替石棉纤维作主要增强材料，用普通硅酸盐水泥作胶结材料，并掺入若干外掺料制成的。其容重低于石棉水泥波瓦，但抗冲击强度高于石棉水泥波瓦，属于不燃性材料。由于没有石棉，在生产和使用时对人体健康无害。

用玻璃纤维做增强材料，对胶结材料碱性有一定要求。玻纤增强氯氧镁水泥波型瓦，是以氯氧镁水泥为胶结材料制作而成，价格低廉。用玻璃纤维增强的氯氧镁水泥波形瓦是一种性能优越的新型无机刚性屋面材料，它充分利用了镁水泥基体中特有低碱度（pH 在 8～9），对玻璃纤维腐蚀性小的特点，可采用玻璃纤维增强基体。玻纤增强氯氧镁水泥波型瓦具有强度高（包括抗压强度、抗折强度、抗冲击强度等）、不透水、抗冻性好、防火、保温、隔热等优点。

为改善氯氧镁水泥波瓦的耐水性等，可加入炉渣。炉渣仿陶瓷波型瓦就是用炉渣、氧化镁、氯化镁、添加剂、玻纤布、颜料等，经压制作、保湿养护而成的。其表面有陶瓷质感，并有瓷质性能。虽然以菱镁为胶结材料，却没有菱镁瓦泛霜、返卤、变形、不耐水等弊病，性能优于菱镁瓦。

四、铁丝网水泥大波瓦Large-size woven wire cement corrugated tile

铁丝网水泥大波瓦是用普通水泥和砂加水混合后浇模，中间放置一层冷拔低碳钢丝网，成型后经养护而成的。其尺寸为 1700mm×830mm×14mm，质量较大（50±5kg），适用于作工厂散热车间、仓库及临时性建筑的屋面或围护结构。

五、塑料瓦Plastic tile

（一）聚氯乙烯波纹瓦 PVC corrugated tile

聚氯乙烯波纹瓦又称塑料瓦楞板，是以聚氯乙烯树脂为主体，加入添加材料，经塑化、压延、压波而制成的波形瓦。其规格尺寸为 2100mm×（1100～1300）mm×（1.5～2）mm。塑料瓦楞板具有质量轻、防水、耐腐、透光、有色泽等特点。常用作车棚、凉棚、果棚等简易建筑的屋面，也可用作遮阳板。

（二）玻璃钢波形瓦Glass reinforced plastic corrugated tile

玻璃钢波形瓦是用不饱和聚酯树脂和玻璃纤维为原料，经手工糊制而成。其尺寸为长1800mm，宽740mm，厚0.8～2.0mm。这种瓦质量轻、强度高、耐冲击、耐高温、耐腐蚀、透光率高、色彩鲜艳和生产工艺简单。适用于屋面、遮阳、车站月台和凉棚等。

六、金属波形瓦Metal corrugated tile

金属波形瓦是以铝合金板、薄钢板或镀锌铁板等轧制而成（也称为金属瓦楞板）的。如用薄钢板轧成瓦楞状，再涂以搪瓷釉，经高温烧制所得为搪瓷瓦楞板。金属波形瓦质量轻、强度高、耐腐蚀、光反射好、接头少、设计简单、安装方便、易于维护，广泛用于建盖各种轻型结构屋面、仓库、活动房屋、各类大棚等建筑工程中。

 思 考 题

Exercise

1. 根据什么指标来确定烧结普通砖、烧结多孔砖和烧结空心砖的强度等级和产品等级？
2. 目前所用的墙体材料有哪几类？各有哪些优缺点？

第十三章 防 水 材 料

Chapter 13　Waterproof Material

防水材料是防止雨水、雪水、地下水及其他水分等对建筑物和各种构筑物的渗透、渗漏和侵蚀的材料。其质量的优劣直接影响建筑物的使用功能和寿命，是建筑工程中不可缺少的主要建筑材料之一。

防水材料品种繁多，可按不同方法分类。按防水材料的形态，可分为液态（涂料）、胶体（或膏状）及固态（卷材及刚性防水材料）等。按组成成分可分为有机防水材料、无机防水材料（如防水砂浆、防水混凝土等）及金属防水材料（如镀锌薄钢板、不锈钢薄板、紫铜止水片等）及复合类防水材料（如 JS 复合防水涂料）。有机防水材料又可分为沥青基防水材料、塑料基防水材料、橡胶基防水材料以及复合防水材料等。按防水材料的物理特性，可分为柔性防水材料和刚性防水材料。按防水材料的变形特征，可分为普通型防水材料和自膨胀型防水材料（如膨胀水泥防水混凝土、遇水膨胀橡胶嵌缝条等）。

防水工程的质量首先取决于防水材料的优劣，同时也受到防水构造设计、防水工程施工等因素的影响。国内外使用沥青作为防水材料已有悠久的历史，目前其仍是一种用量较多的防水材料。沥青材料成本较低，但性能较差，防水寿命较短。近年来，新型防水材料得到迅速发展，防水材料已向改性沥青材料和合成高分子材料方向发展；防水层构造已由多层向单层方向发展；施工方法已由热熔法向冷粘贴法方向发展。

我国建筑防水材料的发展方向：大力发展改性沥青防水卷材，积极推进高分子卷材，适当发展防水涂料，努力开发密封材料，注意开发地下止水、堵漏材料和硬质发泡聚氨酯防水保温一体材料，逐步减少低档材料和提高中档材料的比例。

本章主要介绍常用的有机防水材料及制品。

第一节 防 水 涂 料

Section 1　Waterproof Coating Material

防水涂料是以沥青、高分子合成材料等为主体，在常温下呈无定型流态或半固态，经涂布能在结构物表面结成坚韧防水膜的物料的总称。

防水涂料的主要组成材料一般包括：成膜物质、溶剂及催干剂，有时也加入增塑剂及硬化剂等。涂布于基材表面后，经溶剂或水分挥发或各组分间的化学反应，而形成具有一定厚度的弹性连续薄膜（固化成膜），使基材与水隔绝，起到防水、防潮的作用。

防水涂料按主要成膜物质可划分为沥青类、高聚物改性沥青类、合成高分子类及水泥类四种。按涂料的分散介质和成膜机理，可分为溶剂型、水乳型及反应型三种。按涂料的组分可分为单组分和双组分两种。

防水涂料特别适合于结构复杂不规则部位的防水，能形成无接缝的完整防水层。它大多采用冷施工，减少了环境污染、改善了劳动条件。防水涂料可人工涂刷或喷涂施工，操作简单、进度快、便于维修。但是防水涂料为薄层防水，且防水层厚度很难保持均匀一致，使防水效果受到影响。防水涂料适用于普通工业与民用建筑的屋面防水、地下室防水和地面防潮、防渗等防水工程，也用于渡槽、渠道等混凝土面板的防渗处理。

一、沥青基防水涂料Asphalt waterproof coating material

这类涂料的主要成膜物质是沥青，包括溶剂型和水乳型两种，主要品种有冷底子油、沥青胶、水性沥青基防水涂料。

（一）冷底子油Adhesive bitumen primer

冷底子油是用建筑石油沥青（10 号或 30 号）加入汽油、煤油、轻柴油，或者用软化点 50～70℃的煤沥青加入苯，溶合而配制成的沥青溶液。它的黏度小，能渗入到混凝土、砂浆、木材等材料的毛细孔隙中，待溶剂挥发后，便与基面牢固结合，使基面具有一定的憎水性，为黏结同类防水材料创造了有利条件。若在这种冷底子油层上面铺热沥青胶粘贴卷材时，可使防水层与基面黏结牢固。因它多在常温下用于防水工程的底层，故名冷底子油。

（二）沥青胶（玛琋脂）Mastic asphalt

沥青胶是为了提高沥青的耐热性，降低沥青层的低温脆性，在沥青材料中加入粉状或纤维状的填充料混合而成。粉状填料有石灰石粉、滑石粉、白云石粉等，纤维状填料有木质纤维、石棉屑等。

根据《屋面工程质量验收规范》（GB 50207—2012），沥青胶的质量要求应符合表 13-1 的规定。

表 13-1 沥青胶的技术指标
Tab. 13-1 Technical specification for mastic asphalt

指标名称＼标号	S—60	S—65	S—70	S—75	S—80	S—85
耐热度	用 2mm 厚沥青胶粘和两张沥青油纸，在不低于下列温度（℃）中，在 1：1 坡度上停放 5h 后，沥青胶不应流淌，油纸不应滑动					
	60	65	70	75	80	85
柔韧度	涂在沥青油纸上的 2mm 厚的沥青胶层，在（18±2）℃时围绕下列直径（mm）的圆棒，用 2s 的时间以均衡速度弯成半周，沥青胶不应有裂纹					
	10	15	15	20	25	30
黏结力	将两张用沥青胶粘贴在一起的油纸慢慢地一次撕开，从油纸和沥青胶粘贴面的任何一面的撕开部分，应不大于粘贴面积的 1/2					

沥青胶主要用于沥青或改性沥青类卷材的黏结、沥青防水涂层和沥青砂浆层的底层。沥青胶的标号应根据屋面的使用条件、坡度和当地历年极端最高温度进行选择。

沥青胶有冷用和热用两种，一般工地施工是热用，冷沥青胶可在常温下施工，但须耗用大量有机溶剂，黏结质量也不及热沥青胶好，故工程上应用较少。

（三）水乳型沥青防水涂料Water asphalt waterproof coating material

水乳型沥青防水涂料是指乳化沥青以及在其中掺入各种改性材料的水乳型防水涂料。水乳型沥青防水涂料按产品性能分为 H 型和 L 型两大类。按产品类型和标准号顺序标记，如 H 型水乳型沥青防水涂料标记为：HJC/T 408—2005。

水乳型沥青基薄质防水涂料是用化学乳化剂配制的乳化沥青为基料，掺有氯丁胶乳或再生胶等橡胶水分散体，常温时为液体，具有流平性的防水涂料，其代号为 AE—2 类。

根据 JC/T 408—2005《水乳型沥青防水涂料》，水乳型沥青防水涂料的物理力学性能应满足表 13-2 的要求。

表 13-2 　　　　　　　　　　　水乳型沥青防水涂料的物理力学性能
Tab. 13-2　　**Physical and mechanical specification for water asphalt waterproof coating material**

项目		L	H
固体含量（%）≥		45	
耐热度（℃）		80±2	110±2
		无流淌、滑动、滴落	
不透水性		0.10MPa/30min 无渗水	
黏结强度（MPa）≥		0.30	
表干时间（h）≤		8	
实干时间（h）≤		24	
低温柔度① （℃）	标准条件	−15	0
	碱处理		
	热处理	−10	5
	紫外线处理		
断裂伸长率（%）≥	标准条件		
	碱处理		
	热处理	600	
	紫外线处理		

① 供需双方可以商定温度更低的低温柔度指标。

水乳型沥青基防水涂料属于低档防水材料，主要用于Ⅲ、Ⅳ级防水等级的屋面防水工程以及道路、水利等工程中的辅助性防水工程。

二、高聚物改性沥青防水涂料High polymer modified asphalt waterproof coating material

高聚物改性沥青防水涂料是以高聚物改性沥青为基料，用合成橡胶、再生橡胶或 SBS 聚合物对沥青进行改性而制成的防水涂料。其成膜物质中的胶粘材料是沥青和橡胶（再生橡胶或合成橡胶等）。该类涂料有溶剂型和水乳型两类，品种有再生橡胶改性沥青防水涂料、氯丁橡胶沥青防水涂料及 SBS 橡胶改性沥青防水涂料等。

溶剂型涂料以石油沥青与橡胶（再生橡胶或合成橡胶）为基料，掺入适量的溶剂（汽油或苯），并配以助剂制成的一种防水涂料。其优点是能在各种复杂表面形成无接缝的防水膜，具有一定的柔韧性、耐久性和耐候性；涂料成膜较快，涂膜较致密完整；能在常温及较低温度下进行冷施工；但缺点是一次涂刷成膜较薄，难以形成厚涂膜；以汽油或苯为溶剂，在生产、贮运过程中有燃爆危险，同时溶剂在施工过程中的挥发，对环境有污染，操作人员要有防护措施。

水乳型涂料是用化学乳化剂配制的乳化沥青为基料，掺有氯丁胶乳或再生胶等橡胶水分散体的一种防水涂料。其优点是以水作分散介质，具有无毒、无味、不燃，安全可靠，可在常温下冷施工作业，不污染环境；操作简单，维修方便，在稍潮湿而无积水的表面上可施工；但缺点是产品质量易受工厂生产条件影响，涂料成膜及储存稳定性易出现波动；同时气温低于 5℃时不宜施工。

由于采用了高聚物改性沥青，因此，与沥青基涂料相比，无论在柔韧性、抗裂性、强度，还是耐高低温性能、使用寿命、气密性、耐化学腐蚀性、耐燃性、耐光、耐气候性等方面都有了很大的改善。常用的高聚物改性沥青防水涂料的技术性能见表 13 - 3。

表 13 - 3   高聚物改性沥青防水涂料物理力学性能

Tab. 13 - 3   Physical and mechanical specification for high polymer modified asphalt waterproof coating material

项目	再生橡胶改性		氯丁橡胶改性		SBS 聚合物改性水乳型沥青涂料
	溶剂型	水乳型	溶剂型	水乳型	
固体含量，不小于	—	45%	—	43%	50%
耐热度（45°）	80℃，5h 无变化	80℃，5h 无变化	80℃，5h 无变化	80℃，5h 无变化	80℃，5h 无变化
低温柔性	−28～−10℃绕 ϕ10mm 无裂纹	−10℃，绕 ϕ10mm 无裂纹	−40℃，绕 ϕ5mm 无裂纹	−15～−10℃绕 ϕ10mm 无裂纹	−20℃，绕 ϕ10mm 无裂纹
不透水性（无渗漏）	0.2MPa 水压 2h	0.1MPa 水压 0.5h	0.2MPa 水压 3h	0.1～0.2MPa 水压 0.5h	0.1MPa 水压 0.5h
耐裂性（基层裂纹宽）	0.2～0.4mm 涂膜不裂	≤2.0mm 涂膜不裂	≤0.8mm 涂膜不裂	≤2.0mm 涂膜不裂	≤1.0mm 涂膜不裂

高聚物改性沥青防水涂料，适用于Ⅰ、Ⅱ、Ⅲ级防水等级的工业与民用建筑工程的屋面防水，混凝土地下室和卫生间的防水工程，以及水利、道路等工程的一般防水处理。

三、合成高分子防水涂料 Synthetic polymeric waterproof coating material

合成高分子防水涂料是指以合成橡胶或合成树脂为主要成膜物质，加入其他辅料而配成的单组分或多组分防水涂料。

合成高分子防水涂料的种类繁多，不易明确分类，通常情况下，一般都按化学成分即按其不同的原材料来进行分类和命名。如进一步简单地按其形态进行分类，则主要有三种类型，第一类为反应型，属双组分型高分子材料，其特点是用液状高分子材料作为主剂与固化剂进行反应而成膜（固化）；第二类为乳液型，属单组分高分子防水涂料中的一种，其特点是经液状高分子材料中的水分蒸发而成膜；第三类为溶剂型，也是单组分高分子防水涂料中的一种，其特点是经液状高分子材料中的溶剂挥发而成膜。

合成高分子防水涂料质量要求见表 13 - 4。

合成高分子防水涂料的具体品种更是多种多样，如聚氨酯、丙烯酸、硅橡胶（有机硅）、氯磺化聚乙烯、氯丁橡胶、丁基橡胶、偏二氯乙烯涂料以及它们的混合物等。合成高分子防水涂料除聚氨酯、丙烯酸和硅橡胶（有机硅）等涂料外，均属中低档防水涂料，若用涂料进行一道设防，其防水耐用年限仅聚氨酯、丙烯酸和硅橡胶等涂料可达 10 年以上，但也不超过 15 年，参照屋面防水等级、防水耐用年限、设防要求，涂膜防水屋面主要适用于屋面防水等级为Ⅲ、Ⅳ级的工业与民用建筑。既然涂膜防水可单独做成一道设防，同时涂膜防水又具有整体性好，对屋面节点和不规则屋面便于防水处理等特点，因此涂膜防水也可作Ⅰ、Ⅱ级屋面多道设防中的一道防水层。

表 13 - 4 合成高分子防水涂料质量要求

Tab. 13 - 4 The quality requirements for synthetic polymeric waterproof coating material

项目		质量指标	
		I类（反应型）	II类（乳液型）、III类（溶剂型）
固体含量（%）		≥94	≥65
拉伸强度（MPa）		≥1.65	≥0.5
断裂延伸率（%）		≥300	≥400
柔性		-30℃弯折无裂纹	-20℃弯折无裂纹
不透水性	压力（MPa）	≥0.3	≥0.3
	保持时间（min）	至少30min不渗透	至少30min不渗透

第二节 防 水 卷 材
Section 2 Waterproof Coiled Material

防水卷材是一种可卷曲的片状防水材料。其尺寸大，施工效率高，防水效果好，主要用于建筑物的屋面防水、地下防水以及其他防止渗漏的工程部位，是建筑工程中最常用的柔性防水材料。

防水卷材的品种很多。按其组成材料可分为沥青防水卷材、高聚物改性沥青防水卷材和合成高分子防水卷材三大类。沥青防水卷材是传统的防水材料，被广泛应用于地下、水工、工业及其他建筑和构筑物中，特别是屋面工程中仍被普遍采用。按卷材的结构不同又可分为有胎卷材及无胎卷材两种。所谓有胎卷材，即是用纸、玻璃布、棉麻织品、聚酯毡或玻璃丝毡（无纺布）、塑料薄膜或编织物等增强材料作胎料，将沥青、高分子材料等浸渍或涂覆在胎料上，所制成的片状防水卷材。所谓无胎卷材，即将沥青、塑料或橡胶与填充料、添加剂等经配料、混炼压延（或挤出）、硫化、冷却等工艺而制成的防水卷材。各类防水卷材均应有良好的耐水性、温度稳定性和大气稳定性（抗老化性），并应具备必要的机械强度、柔韧性。

一、沥青防水卷材Asphalt waterproof coiled material

沥青防水卷材有石油沥青防水卷材和煤沥青防水卷材两种。一般生产和使用的多为石油沥青防水卷材。石油沥青防水卷材有纸胎油毡、油纸及石油沥青玻璃纤维胎或玻璃布胎油毡等。

（一）石油沥青纸胎油毡Petroleum asphalt felt paper

石油沥青纸胎油毡是采用低软化点石油沥青浸渍原纸，然后用高软化点石油沥青涂盖油纸两面，再涂或撒隔离材料所制成的一种纸胎防水卷材。所用隔离材料为粉状材料（如滑石粉、石灰石粉）时，为粉毡；用片状材料（如云母片）时，为片毡。

根据《石油沥青纸胎油毡》（GB/T 326—2007），石油沥青纸胎油毡的标号、等级及物理性能应符合表 13 - 5 的要求。

I、II型油毡适用于辅助防水、保护隔离层、临时性建筑防水、防潮及包装等；III型油毡适用于屋面工程的多层防水。

（二）石油沥青玻纤油毡及石油沥青玻璃布胎油毡Petroleum asphalt fiberglass felt paper and petroleum asphalt glass cloth felt paper

石油沥青玻璃纤维胎油毡（简称玻纤胎油毡），是以无纺玻璃纤维薄毡为胎芯，用石油沥青浸涂薄毡两面，并涂撒隔离材料所制成的防水卷材。石油沥青玻璃布胎油毡是采用玻璃布为胎基，浸涂石油沥青并在两面涂撒隔离材料所制成的防水材料。

表 13 - 5 　　　　　　　　　　石油沥青纸胎油毡物理力学性能

Tab. 13 - 5 　　　　Physical and mechanical specification for paper based asphalt felt

项　　目	标号、等级	指标		
		Ⅰ型	Ⅱ型	Ⅲ型
单位面积浸涂材料总量（g/m²）≥		600	750	1000
不透水性	压力（MPa）≥	0.02	0.02	0.10
	保持时间（min）≥	20	30	30
吸水率（%）≤		3.0	2.0	1.0
耐热度		(85±2)℃，2h涂盖层无滑动、流淌和集中性气泡		
拉力（纵向）（N/50mm）≥		240	270	340
柔度		(18±2)℃，绕 ϕ20mm 棒或弯板无裂纹		
卷重（kg/卷）≥		17.5	22.5	28.5

注　本标准Ⅲ型产品物理性能要求为强制性的，其余为推荐性的。

根据 GB/T 14686—2008《石油沥青玻璃纤维胎防水卷材》，石油沥青玻璃纤维胎防水卷材产品按单位面积质量分为 15 号和 25 号，按上表面材料分为 PE 膜、砂面，也可按生产要求采用其他类型的表面材料。按力学性能分为Ⅰ型和Ⅱ型。其规格公称宽度为 1m，公称面积为 10m²、20m²。标记方法为产品名称、型号、单位面积质量、上表面材料、面积。石油沥青玻璃纤维胎防水卷材单位面积质量要求符合表 13 - 6 的要求，材料物理力学性能要求符合表 13 - 7 的要求。

表 13 - 6 　　　　　　　　石油沥青玻璃纤维胎防水卷材单位面积质量

Tab. 13 - 6 　　　The quality per unit area for Petroleum asphalt fiberglass waterproof coiled material

标号	15 号		25 号	
上表面材料	PE 膜面	砂面	PE 膜面	砂面
单位面积质量（kg/m²）≥	1.2	1.5	2.1	2.4

表 13 - 7 　　　　　　　　石油沥青玻璃纤维胎防水卷材物理力学性能

Tab. 13 - 7 　　　Physical and mechanical specification for Petroleum asphalt

fiberglass waterproof coiled material

序号	项目		指标	
			Ⅰ型	Ⅱ型
1	可溶物含量（g/m²），≥	15 号	700	
		25 号	1200	
		试验现象	胎基不燃	
2	拉力（N/50mm），≥	纵向	350	500
		横向	250	400
3	耐热性		85℃	
			无滑动、流淌、滴落	

续表

序号	项目		指标	
			Ⅰ型	Ⅱ型
4	低温柔性		10℃	5℃
			无裂缝	
5	不透水性		0.1MPa，30min 不透水	
6	钉杆撕裂强度（N），≥		40	50
7	热老化	外观	无裂纹、无起泡	
		拉力保持率（%），≥	85	
		质量损失率（%），≤	2.0	
		低温柔性	15℃	10℃
			无裂缝	

玻纤胎油毡质地柔软，非常适用于建筑物表面不平整部位（如屋面阴阳角部位）的防水处理，其边角服帖、不易翘曲、易与基材黏结牢固。15 号玻纤胎油毡适用于一般工业与民用建筑的多层防水，并可用于包扎管道（热管道除外）作防腐保护层。25、35 号玻纤胎油毡适用于屋面、地下、水利等工程的多层防水，其中 35 号玻纤胎油毡可用于热熔法施工的多层（或单层）防水。

玻璃布胎油毡适用于铺设地下防水、防腐层，并用于屋面作防水层及金属管道（热管道除外）的防腐保护层。

二、高聚物改性沥青防水卷材 High polymeric modified asphalt waterproof coiled material

高聚物改性沥青防水卷材是以合成高分子聚合物改性沥青为涂盖层，以纤维织物、纤维毡或塑料薄膜为基胎，以粉状、粒状、片状或薄膜材料为覆面材料制成的可卷曲的防水材料。近几年来高聚物改性沥青防水卷材的研制与应用发展比较迅速，是重点发展的一类中、高档防水产品。

高聚物改性沥青防水卷材按涂盖层材料分为弹性体改性沥青防水卷材、塑性体改性沥青防水卷材及橡塑共混体改性沥青防水卷材三类。胎体材料有聚酯毡、玻纤毡、聚乙烯膜等。高聚物改性沥青防水卷材常用品种有弹性体改性沥青防水卷材（SBS）、塑性体改性沥青防水卷材（APP）、改性沥青聚乙烯胎防水卷材等。

（一）弹性体改性沥青防水卷材（SBS 改性）Elastic modified asphalt waterproof coiled material（SBS modifying）

弹性体改性沥青防水卷材是以苯乙烯－丁二烯－苯乙烯（SBS）热塑性弹性体作改性剂，以聚酯毡（PY）或玻纤毡（G）为胎基，两面覆盖以聚乙烯膜（PE）、细砂（S）、粉料或矿物粒（片）料（M）制成的卷材，简称 SBS 卷材。

根据《弹性体改性沥青防水卷材》（GB 18242—2008），卷材幅宽 1000mm，聚酯胎卷材厚度有 3mm、4mm 两种，玻纤胎卷材厚度有 2mm、3mm、4mm 三种。按物理性能分为Ⅰ型、Ⅱ型，其物理性能见表 13-8。

SBS 卷材属高性能的防水材料，结合了沥青防水的可靠性和橡胶的弹性，提高了柔韧性、延展性、耐寒性、粘附性、耐气候性，具有良好的耐高、低温性能，可形成高强度防水层。耐穿刺、硌伤、撕裂和疲劳，出现裂缝能自我愈合，能在寒冷气候热熔搭接，密封可靠，是大力推广使用的防水卷材品种。

表 13 - 8   弹性体改性沥青防水卷材的物理力学性能

Tab. 13 - 8   Physical and mechanical specification for elastic modified asphalt waterproof coiled material

胎基		聚酯毡（PY）		玻纤毡（G）	
型号		Ⅰ型	Ⅱ型	Ⅰ型	Ⅱ型
可溶物含量（g/m²），≥	3mm	2100			
	4mm	2900			
不透水性	压力（MPa），≥	0.3		0.2	0.3
	保持时间（min），≥	30			
耐热度（℃）		90	105	90	105
		无滑动、流淌、滴落			
拉力（N/50mm），≥	纵向	450	800	350	500
	横向			250	300
最大拉力时延伸率（%），≥	纵向	30	40	—	—
	横向				
低温柔度（℃）		−20	−25	−20	−25
		无裂纹			
撕裂强度（N），≥	纵向	250	350	250	350
	横向			170	200
人工气候加速老化	外观	一级，无滑动、流淌、滴落			
	纵向拉力保持率（%），≥	80			
	低温柔度（℃）	−10	−20	−10	−20
		无裂纹			

SBS 卷材广泛应用于各种领域和类型的防水工程。尤其适合于工业与民用建筑的常规及特殊屋面防水；工业与民用建筑的地下工程防水、防潮及室内游泳池等的防水；各种水利设施及市政工程防水。

（二）塑性体改性沥青防水卷材（APP 改性）Plastic modified asphalt waterproof coiled material（APP modifying）

塑性体改性沥青防水卷材是指以聚酯毡或玻纤毡为胎基，无规聚丙烯（APP）或聚烯烃类聚合物（APAO、APO 等）作石油沥青改性剂，两面覆以隔离材料所制成的防水卷材，简称 APP 卷材。APP 卷材的品种、规格、外观要求同 SBS 卷材，根据《塑性体改性沥青防水卷材》（GB 18243—2008），其物理力学性能应符合表 13 - 9 的规定。

APP 卷材具有良好的防水性能、耐高温性能和较好的柔韧性（耐−15℃不裂），能形成高强度、耐撕裂、耐穿刺的防水层，耐紫外线照射，耐久寿命长。APP 卷材广泛应用于各种领域和类型的防水，适用于工业与民用建筑的屋面和地下防水工程，以及道路、桥梁、地铁、隧道等建筑物的防水，尤其适用于较高气温环境的建筑防水。

表 13-9　　　　　　　　　塑性体改性沥青防水卷材的物理力学性能

Tab. 13-9　　　Physical and mechanical specification for plastic modified asphalt
waterproof coiled material

项　目		指标				
		I		II		
		PY	G	PY	G	PYG
可溶物含量 (g/m²)，≥	3mm	2100				—
	4mm	2900				—
	5mm	3500				—
	试验现象	—	胎基不燃	—	胎基不燃	—
耐热性	℃	110		130		
	≤mm	2				
	试验现象	无流淌、滴落				
低温柔度（℃）		−7		−15		
		无裂缝				
不透水性 30min		0.3MPa	0.2MPa	0.3MPa		
拉力	最大峰拉力（N/50mm），≥	500	350	800	500	900
	次高峰拉力（N/50mm），≥	—	—	—	—	800
	试验现象	拉伸过程中，试件中都无沥青涂盖层开裂或与胎基分离现象				
延伸率	最大峰时延伸率（%），≥	25		40		—
	第二峰时延伸率（%），≥	—	—	—	—	15
浸水后质量增加（%），≥	PE、S	1.0				
	M	2.0				
热老化	拉力保持率（%），≥	90				
	延伸率保持率（%），≥	80				
	低温柔度（℃）	−2		−10		
		无裂缝				
	尺寸变化率（%），≤	0.7	—	0.7	—	0.3
	质量损失（%），≤	1.0				
接缝剥离强度（N/mm），≥		1.0				
钉杆撕裂强度① （N），≥		—				300
矿物粒料黏附性② （g），≤		2.0				
卷材下表面沥青涂盖层厚度③ （mm），≥		1.0				
人工气候加速老化	外观	无滑动、流淌、滴落				
	拉力保持率（%），≥	80				
	低温柔度（℃）	−2		−10		
		无裂缝				

① 仅适用于单层机械固定施工方式卷材；

② 仅适用于矿物粒料表面的卷材；

③ 仅适用于热熔施工的卷材。

（三）改性沥青聚乙烯胎防水卷材Modified asphalt polyethylene waterproof coiled material

改性沥青聚乙烯胎防水卷材是以改性沥青为基料，以高密度聚乙烯膜为胎体，以聚乙烯膜或铝箔为上表面覆盖材料，经滚压、水冷、成型制成的防水卷材。

根据《改性沥青聚乙烯胎防水卷材》（GB 18967—2009），按基料将产品分为改性氧化沥青（O）防水卷材、丁苯橡胶改性氧化沥青（M）防水卷材、高聚物改性沥青（P）防水卷材和高聚物改性沥青耐根穿刺（R）防水卷材四类；按产品的施工工艺分为热熔型（T）和自粘型（S）两种。改性沥青聚乙烯胎防水卷材的物理力学性能应符合表13-10的规定。

表 13 - 10　　　　　　改性沥青聚乙烯胎防水卷材的物理力学性能

Tab. 13 - 10　　　　Physical and mechanical specification for modified asphalt
polyethylene waterproof coiled material

项　　目			技术指标				
			T				S
			O	M	P	R	M
不透水性			0.4MPa，30min 不透水				
耐热性（℃）			90				70
			无流淌，无起泡				
低温柔性（℃）			−5	−10	−20	−20	−20
			无裂纹				
拉伸性能	拉力（N/50mm）≥	纵向	200			400	200
		横向					
	断裂延伸率（%）	纵向	120				
		横向					
尺寸稳定性	℃		90				70
	%，≤		2.5				
卷材下表面沥青涂盖层厚度（mm），≥			1.0				—
剥离强度（N/mm）	卷材与卷材		—				1.0
	卷材与铝板		—				1.5
钉杆水密性			—				通过
持黏性（min），≥			—				15
自粘沥青再剥离强度（与铝板）(N/mm)，≥			—				1.5
热空化老化	纵向拉力（N/50mm），≥		200			400	200
	纵向断裂延伸率（%），≥		120				
	低温柔性（℃）		5	0	−10	−10	−10
			无裂纹				

改性沥青聚乙烯胎防水卷材，综合了沥青和塑料薄膜的防水功能，具有抗拉强度高、延伸率大，不透水性强并可热熔黏结等特点，适用于各类非外露的建筑与设施防水工程。

三、合成高分子防水卷材Synthetic polymeric waterproof coiled material

合成高分子防水卷材又称高分子防水片材，是以合成橡胶、合成树脂或两者共混体为基料，加入适量化学助剂、填充料等，采用经混炼、塑炼、压延或挤出成型、硫化、定型等工序加工制成的可卷曲片状防水材料。

合成高分子防水卷材拉伸强度和抗撕裂强度高，断裂伸长率极大，耐热性和低温柔性好、耐腐蚀、耐老化，适宜冷粘施工，性能优异，是目前大力发展的新型高档防水卷材。常用的合成高分子防水卷材有：三元乙丙橡胶防水卷材、聚氯乙烯防水卷材、氯化聚乙烯防水卷材等。

（一）三元乙丙橡胶防水卷材Ethylene propylene diene monomer（EPDM）waterproof coiled material

三元乙丙橡胶防水卷材是以三元乙丙橡胶或在三元乙丙橡胶中掺入适量的丁基橡胶为基本原料，加入软化剂、填充剂、补强剂、硫化剂、促进剂、稳定剂等，经精确配料、密炼、塑炼、过滤、拉片、挤出或压延成型、硫化、检验、分卷、包装等工序加工而成的可卷曲的高弹性防水卷材。

其产品有硫化型和非硫化型两类，非硫化型系指生产过程不经硫化处理的一类。硫化型三元乙丙防水卷材代号为JL1，非硫化型三元乙丙防水卷材代号为JF1。

根据 GB 18173.1—2012《高分子防水材料 第1部分：片材》，三元乙丙橡胶防水卷材的物理力学性能应符合表13-11的要求。

表 13-11　　　　　　　　三元乙丙橡胶防水卷材物理力学性能

Tab. 13-11　Physical and mechanical specification for EPDM waterproof coiled material

项　　目		硫化型 JL1	非硫化型 JF1
拉伸强度（MPa）	常温（23℃），≥	7.5	4.0
	高温（60℃），≥	2.3	0.8
拉断伸长率（%）	常温（23℃），≥	450	400
	低温（−20℃），≥	200	200
撕裂强度（kN/m），≥		25	18
不透水性（30min）		0.3MPa 无渗漏	0.3MPa 无渗漏
低温弯折		−40℃无裂纹	−30℃无裂纹
加热伸缩量（mm）	延伸，≤	2	2
	收缩，≤	4	4
热空气老化（80℃×168h）	拉伸强度保持率（%），≥	80	90
	拉断伸长率保持率（%），≥	70	70
耐碱性［饱和 Ca（OH)$_2$ 溶液，常温×168h］	拉伸强度保持率（%），≥	80	80
	拉断伸长率保持率（%），≥	80	90
臭氧老化（40℃×168h）	伸长率40%（500×10^{-8}）	无裂纹	无裂纹
	伸长率20%（200×10^{-8}）	—	—
	伸长率20%（100×10^{-8}）	—	—

续表

项 目		硫化型 JL1	非硫化型 JF1
人工气候老化	拉伸强度保持率（%），≥	80	80
	拉断伸长率保持率（%），≥	70	70
黏结剥离强度 （片材与片材）	标准试验条件（N/mm），≥	1.5	
	浸水保持率（23℃×168h）%，≥	70	

　　广泛采用的硫化型三元乙丙防水卷材有耐老化性能好，使用寿命长；拉伸强度高，抗裂性极佳；耐高低温性能好等优点，且可以单层施工，因此在国内外发展很快，产品在国内属于高档防水材料。

　　三元乙丙防水卷材适用于屋面、楼房地下室、地下铁道、地下停车站的防水，桥梁、隧道工程防水，排灌渠道、水库、蓄水池、污水处理池等工程的防水隔水等。

　　（二）聚氯乙烯防水卷材（PVC 卷材）**Polyvinyl chloride waterproof coiled material（PVC coiled material）**

　　聚氯乙烯防水卷材是以聚氯乙烯树脂（PVC）为主要原料，加入适量添加剂制成的均质防水卷材。

　　根据《聚氯乙烯（PVC）防水卷材》（GB 12952—2011），产品按组成分为：均质卷材（代号 H）、带纤维背衬卷材（代号 L）、织物内增强卷材（代号 P）、玻璃纤维内增强卷材（代号 G）和玻璃纤维内增强带纤维背衬卷材（GL）。聚氯乙烯防水卷材的物理力学性能应满足表 13-12 的要求。

表 13-12　　　　　　　聚氯乙烯防水卷材物理力学性能

Tab. 13-12　　　**Physical and mechanical specification for PVC coiled material**

项 目		H	L	P	G	GL
中间胎基上面树脂层厚度（mm），≥		—	—		0.40	
拉伸性能	最大拉力（N/cm），≥	—	120	250	—	120
	拉伸强度（MPa），≥	10.0	—	—	10.0	—
	最大拉力时伸长率（%），≥	—	—	15	—	—
	断裂伸长率（%），≥	200	150	—	200	100
热处理尺寸变化率（%），≤		2.0	1.0	0.5	0.1	0.1
低温弯折性		−25℃无裂纹				
不透水性		0.3MPa，2h 不透水				
抗冲击性能		0.5kg·m，不渗水				
抗静态荷载		—		20kg 不渗水		
接缝剥离强度（N/mm），≥		4.0 或卷材破坏		3.0		
直角撕裂强度（N/mm），≥		50	—	—	50	—
梯形撕裂强度（N），≥		—	150	250	—	220

项　目		H	L	P	G	GL
吸水率（70℃，168h）%	浸水后，≤			4.0		
	晾置后，≥			−0.4		
热老化 （80℃）	时间（h）			672		
	外观		无起泡、裂纹、分层、黏结和孔洞			
	最大拉力保持率（%），≥	—	85	85	—	85
	拉伸强度保持率（%），≥	85			85	—
	最大拉力时伸长率保持率（%），≥			80		
	断裂伸长率保持率（%），≥	80	80		80	80
	低温弯折性			−20℃无裂纹		
耐化学性	外观		无起泡、裂纹、分层、黏结和孔洞			
	最大拉力保持率（%），≥	—	85	85	—	85
	拉伸强度保持率（%），≥	85			85	—
	最大拉力时伸长率保持率（%），≥			80		
	断裂伸长率保持率（%），≥	80	80		80	80
	低温弯折性			−20℃无裂纹		
人工气候 加速老化	时间（h）			1500		
	外观		无起泡、裂纹、分层、黏结和孔洞			
	最大拉力保持率（%），≥	—	85	85	—	85
	拉伸强度保持率（%），≥	85			85	—
	最大拉力时伸长率保持率（%），≥			80		
	断裂伸长率保持率（%），≥	80	80		80	80
	低温弯折性			−20℃无裂纹		

　　PVC卷材的拉伸强度较高，延伸率较大，对基层的伸缩和开裂变形适应性强，耐高低温性能较好，而且热熔性能好。卷材接缝时，既可采用冷粘法，也可以采用热风焊接法，使其形成接缝黏结牢固、封闭严密的整体防水层。

　　PVC卷材可用于各种屋面防水、地下防水及旧屋面维修工程。目前在世界上是应用最广泛的防水卷材之一，仅次于三元乙丙防水卷材而居第二位。

（三）氯化聚乙烯防水卷材Chlorinated polyethylene waterproof coiled material

　　氯化聚乙烯防水卷材是以氯化聚乙烯树脂为主要原料，加入适量添加剂制成的弹塑性防水卷材。

　　根据GB 12953—2003《氯化聚乙烯防水卷材》，产品按有无复合层分类：无复合层的为N类，用纤维单面复合的为L类，织物内增强的为W类。每类产品按理化性能分为Ⅰ型和Ⅱ型。氯化聚乙烯防水卷材的物理力学性能应满足表13-13的要求。

表 13 - 13 　　　　　　　　　　氯化聚乙烯防水卷材物理力学性能

Tab. 13 - 13　　Physical and mechanical specification for chlorinated polyethylene

waterproof coiled material

项　　目		N 类		L 类、W 类	
		Ⅰ 型	Ⅱ 型	Ⅰ 型	Ⅱ 型
N 类：拉伸强度（MPa），≥； L、W 类：拉力（N/cm），≥		5.0	8.0	70	120
断裂伸长率（%）；≥		200	300	125	250
热处理尺寸变化率（%），≤		3.0	纵向 2.5 横向 1.5	1.0	
低温弯折性，无裂纹		−20℃	−25℃	−20℃	−25℃
抗穿孔性		不渗水			
不透水性		不透水			
剪切状态下的黏合性（N/mm），≥		N 类及 L 类：3.0 或卷材破坏；W 类：6.0 或卷材破坏			
热老化处理	外观	无起泡、裂纹、黏结和孔洞			
	N 类：拉伸强度变化率（%）； L、W 类：拉力（N/cm），≥	+50 −20	±20	55	100
	N 类：断裂伸长率变化率（%）； L、W 类：断裂伸长率（%），≥	+50 −30	±20	100	200
	低温弯折性，无裂纹	−15℃	−20℃	−15℃	−20℃
耐化学侵蚀	N 类：拉伸强度变化率（%）； L、W 类：拉力（N/cm），≥	±30	±20	55	100
	N 类：断裂伸长率变化率（%）； L、W 类：断裂伸长率（%），≥			100	200
	低温弯折性，无裂纹	−15℃	−20℃	−15℃	−20℃
人工气候加速老化	N 类：拉伸强度变化率（%）； L、W 类：拉力（N/cm），≥	+50 −20	±20	55	100
	N 类：断裂伸长率变化率（%）； L、W 类：断裂伸长率（%），≥	+50 −30	±20	100	200
	低温弯折性，无裂纹	−15℃	−20℃	−15℃	−20℃

　　氯化聚乙烯防水卷材具有热塑性弹性体的优良性能，具有耐热、耐老化、耐腐蚀等性能，且原材料来源丰富，价格较低，生产工艺较简单，可冷施工操作，施工方便，故发展迅速，目前，在国内属中高档防水卷材。

　　氯化聚乙烯防水卷材适用于各种工业和民用建筑物屋面，各种地下室，其他地下工程以及浴室、卫生间和蓄水池、排水沟、堤坝等的防水工程。由于氯化聚乙烯呈塑料性能，耐磨性能很强，故还可作为室内装饰地面的施工材料，兼有防水与装饰作用。

第三节 建 筑 密 封 材 料

Section 3　Construction Sealing Material

建筑密封材料又称嵌缝材料。建筑施工中的施工缝、构件连接缝、建筑物的变形缝等，必须填充具有黏结性能好，弹性好的材料，使这些接缝保持较高的气密性和水密性，这种材料就是建筑密封材料。

建筑密封材料按形态分为定形材料和不定形材料两大类。定形密封材料是具有一定形状和尺寸的密封材料，如止水带，密封条、带，密封垫等。非定形密封材料，又称密封胶、密封膏，是溶剂型、乳剂型或化学反应型等黏稠状的密封材料，如沥青嵌缝油膏、聚氯乙烯建筑防水接缝材料。

密封材料按其嵌入接缝后的性能分为弹性密封材料和塑性密封材料。弹性密封材料嵌入接缝后呈现明显弹性，当接缝位移时，在密封材料中引起的应力值几乎与应变量成正比；塑性密封材料嵌入接缝后呈现塑性，当接缝位移时，在密封材料中发生塑性变形，其残余应力迅速消失。密封材料按使用时的组分分为单组分密封材料和多组分密封材料。按组成材料分为改性沥青密封材料和合成高分子密封材料。

一、建筑防水密封膏Construction waterproof sealant

建筑防水密封膏一般是由高分子化合物加入各种助剂配制而成具有防水密封性能的膏体材料，属非定型密封材料。一般要求具有较好的气密性和水密性能、较好的弹性、耐老化性等特点。

防水密封膏所用材料主要有改性沥青材料和合成高分子材料两类。目前，常用的建筑防水密封膏有：建筑防水沥青嵌缝油膏、聚氯乙烯建筑防水接缝材料、硅酮建筑密封胶、聚氨酯密封胶等。

（一）建筑防水沥青嵌缝油膏Construction waterproof asphalt caulking ointment

建筑防水沥青嵌缝油膏系以石油沥青为基料，加入改性材料、稀释剂、填料等配制而成。产品按耐热性和低温柔性分为702和801两个标号，外观应为黑色均匀膏状、无结块和未浸透的填料。

根据JC/T 207—2011《建筑防水沥青嵌缝油膏》，油膏的各项物理力学性能应符合表13-14的规定。

表13-14　　　　　　　　沥青嵌缝油膏的物理力学性能

Tab. 13-14　　　Physical and mechanical specification for asphalt caulking ointment

项 目		技术指标	
		702	801
密度（g/cm^3）		产品说明书规定值±0.1	
施工度（mm）		≥22.0	≥20.0
耐热性	温度（℃）	70	80
	下垂值（mm）	≤4.0	
低温柔性	温度（℃）	—20	—10
	黏结状态	无裂纹和剥离现象	
拉伸黏结性（%）		≥125	
浸水后拉伸黏结性（%）		≥125	

续表

项　目		技术指标	
		702	801
渗出性	渗出幅度（mm）	≤5	
	渗出张数（张）	≤4	
挥发性（%）		≤2.8	

　　沥青嵌缝油膏采用冷施工，施工方便，具有较好的黏结性、防水性、低温性、耐久性，以塑性性能为主，延伸性好，回弹性差。适用于屋面、墙面防水密封及桥梁、涵洞、输水洞及地下工程等的防水密封。

　　（二）聚氯乙烯建筑防水接缝材料（简称 PVC 接缝材料）Polyvinyl chloride construction waterproof joint material

　　聚氯乙烯接缝材料是以聚氯乙烯树脂（PVC）为基料，加入改性材料（如煤焦油等）及其他助剂（如增塑剂、稳定剂）和填充料等配制而成的防水密封材料，简称 PVC 接缝材料。

　　根据 JC/T 798—1997《聚氯乙烯建筑防水接缝材料》，PVC 接缝材料按施工工艺分为两种类型：J 型是用热塑法施工的产品，俗称聚氯乙烯胶泥，外观为均匀黏稠状、无结块、无杂质；G 型是用热熔法施工的产品，俗称塑料油膏，外观为黑色块状物、无焦渣等杂物、无流淌现象。按耐热性和低温柔性分为 801 和 802 两个型号，其物理力学性能应符合表 13-15 的规定。

表 13-15　　　　　　　　　聚氯乙烯接缝材料的物理力学性能

Tab. 13-15　　Physical and mechanical specification for polyvinyl chloride construction
waterproof joint material

项　目		技术指标	
		801	802
密度，（g/cm³）		产品说明书规定值±0.1	
下垂值（mm），80℃		≤4	
低温柔性	温度（℃）	−10	−20
	柔性	无裂缝	
拉伸黏结性	最大抗拉强度（MPa）	0.02～0.15	
	最大延伸率（%）	≥300	
浸水后拉伸性	最大抗拉强度（MPa）	0.02～0.15	
	最大延伸率（%）	≥250	
恢复率（%）		≥80	
挥发率（%）		≤3	

　　PVC 接缝材料耐热度大，夏天不流淌、不下坠，适合于我国各地区气候条件下使用；具有优良的弹塑性，抗老化性、耐腐蚀性，适用于各种屋面嵌缝或表面涂布成防水层，也可用于大型墙板嵌缝、渠道、涵洞、管道等的接缝处理。

　　（三）硅酮和改性硅酮建筑密封胶（modified）Silicone sealant for building

　　硅酮建筑密封胶是以聚硅氧烷为主要成分的单组分和双组分室温固化型建筑密封材料。其中，单组分应用较多，双组分应用较少，两种密封胶的组成主剂相同，而硫化剂及其固化机理不同。

　　改性硅酮建筑密封胶（MS）是以端硅烷基聚醚为主要成分、室温固化的单组分和多组分密封胶。

　　单组分硅酮建筑密封胶是把主剂二有机硅氧烷聚合物和硫化剂、填料及其他助剂在隔绝空气条件下混合均匀，装于密闭筒中备用。施工时，将筒中密封胶嵌填于缝隙，而后它吸收空气中的水分进行交联反应，形成橡胶状弹性体。

　　双组分密封胶将主剂（聚硅氧烷）、填料、助剂等混合作为一个组分，将交联剂作为另一组分，分别包装。使用时，将两组分按比例混合均匀后嵌填于缝隙中，胶体进行交联反应形成橡胶状弹性体。

　　根据 GB/T 14683—2017《硅酮和改性硅酮建筑密封胶》，硅酮建筑密封胶分为单组分（Ⅰ）和多组分（Ⅱ）两种类型；硅酮建筑密封胶按用途分为三类：F 类—建筑接缝用，G_n 类—普通装饰装修镶装玻璃用，不适用于中空玻璃，G_w 类—建筑幕墙非结构性装配用，不适用于中空玻璃；改性硅酮密封胶按用途分为两类：F 类—建筑接缝用，R 类—干缩位移接缝用，常见于装配式预制混凝土外挂墙板接缝；按位移能力分为 50、35、25、20 四个级别；按拉伸模量分为高模量（HM）和低模量（LM）两个次级别。硅酮和改性硅酮建筑密封胶的理化性能应分别符合表 13 - 16 和表 13 - 17 的规定。

表 13 - 16　　　　　　　　　　　硅酮建筑密封胶的物理性能

Tab. 13 - 16　　　　　　**Technical specification for silicone sealant for building**

序号	项目		技术指标							
			50LM	50HM	35LM	35HM	25LM	25HM	20LM	20HM
1	密度（g/cm³）		规定值±0.1							
2	下垂度（mm）		≤3							
3	表干时间[a]（h）		≤3							
4	挤出性（mL/min）		≥150							
5	适用期[b]		供需双方商定							
6	弹性恢复率（%）		≥80							
7	拉伸模具（MPa）	23℃	≤0.4 和 ≤0.6	>0.4 或>0.6	≤0.4 和 ≤0.6	>0.4 或>0.6	≤0.4 和 ≤0.6	>0.4 或>0.6	≤0.4 和 ≤0.6	>0.4 或>0.6
		−20℃								
8	定伸黏结性		无破坏							
9	浸水后定伸黏结性		无破坏							
10	冷拉—热压后黏结性		无破坏							
11	紫外线辐照后黏结性[c]		无破坏							
12	浸水光照后黏结性[d]									
13	质量损失率（%）		≤10							
14	烷烃增塑剂[e]		不得检出							

a 允许采用供需双方商定的其他指标。

b 仅适用于多组分产品。

c 仅适用于 G_n 类产品。

d 仅适用于 G_w 类产品。

e 仅适用于 G_w 类产品。

表 13 - 17　　　　　　　　改性硅酮建筑密封胶（MS）的理化性能

Tab. 13 - 17　　Technical specification for modified silicone sealant for building

序号	项目		技术指标				
			25LM	25HM	20LM	20HM	20HM
1	密度（g/cm³）		规定值±0.1				
2	下垂度（mm）		≤3				
3	表干时间（h）		≤24				
4	挤出性ᵃ（mL/min）		≥150				
5	适用期ᵇ/min		≥30				
6	弹性恢复率（%）		≥70	≥70	≥60	≥60	—
7	定伸永久变形（%）		—	—	—	—	＞50
8	拉伸模量（MPa）	23℃	≤0.4 或≤0.6	＞0.4 和＞0.6	≤0.4 和≤0.6	＞0.4 或＞0.6	≤0.4 和≤0.6
		−20℃					
9	定伸黏结性		无破坏				
10	浸水后定伸黏结性		无破坏				
11	冷拉—热压后黏结性		无破坏				
12	质量损失率（%）		≤5				

ᵃ仅适用于单组分产品。

ᵇ仅适用多组分产品；允许采用供需双方商定的其他指标。

　　硅酮建筑密封胶具有优异的耐热、耐寒性和较好的耐候性，与各种材料具有良好的黏结性能，而且伸缩疲劳性能、疏水性能也良好，硫化后的密封胶在−50～250℃范围内能长期保持弹性，使用后的耐久性和储存稳定性都好，是一种高档密封材料。

　　高模量硅酮建筑密封胶主要用于建筑物的结构型密封部位，如内层建筑的玻璃幕墙、隔热玻璃黏结密封以及建筑门窗密封等；低模量硅酮建筑密封胶主要用于建筑物的非结构型密封部位，如预制混凝土墙板、水泥板、大理石板、花岗石的外墙接缝、混凝土与金属框架的黏结、卫生间及高速公路接缝的防水密封等。改性硅酮密封胶特别适用于预制混凝土建筑等工程的接缝密封。

（四）聚氨酯密封胶Polyurethane sealant

　　聚氨酯密封胶是以含异氰酸基的化合物（预聚体）为基料，和含有活泼氢化合物的固化剂所组成的一种常温固化型弹性密封材料，是一种高分子化学反应型密封材料。聚氨酯密封胶产品按包装形式分为单组分（Ⅰ）和双组分（Ⅱ）两个品种，按流动性分为非下垂型

（N）和自流平型（L）两个类型，按位移能力分为 25、20 两个级别，按拉伸模量分为高模量（HM）和低模量（LM）两个级别。

根据《聚氨酯建筑密封胶》（JC/T 482—2022），聚氨酯建筑密封胶的物理力学性能应符合表 13 - 18 的要求。

表 13 - 18　　　　　　　聚氨酯建筑密封胶的物理力学性能

Tab. 13 - 18　　　Physical and mechanical specification for Polyurethane sealant

项　目		技术指标			
		25HM	20HM	25LM	20LM
密度（g/cm³）		规定值±0.1			
下垂值（mm）	垂直	≤3			
	水平	无变形			
表干时间（h）		≤3			
挤出性（mL/min）		≥80			
弹性恢复率（%）		≥80			
拉伸模量（MPa）	23℃	>0.4		≤0.4	
	−20℃	或>0.6		或≤0.6	
定伸黏结性		无破坏			
紫外线辐照后黏结性		无破坏			
冷拉—热压后黏结性		无破坏			
浸水后定伸黏结性		无破坏			
质量损失率（%）		≤10			

聚氨酯密封膏具有弹性模量低、弹性高、延伸率大、耐老化、耐低温、耐水、耐油、耐酸碱、耐疲劳等特性；与水泥、木材、金属、玻璃、塑料等多种建筑材料有很强的黏结力；固化速度较快，能适用于工期进度要求快的工程，其性价比在目前的防水密封材料中较高。适用于混凝土墙板、储水池、游泳池、窗框、落水管等接缝部分的防水密封；混凝土构件裂缝的修补；工业与民用建筑的地下室、伸缩缝、沉降缝的密封处理；混凝土、铝、砖、木、钢材之间的黏结。

二、止水带Waterproof strip

止水带又名封缝带，系处理建筑物或地下构筑物接缝（如伸缩缝、施工缝、变形缝等）用的定型防水密封材料。传统的止水带是用金属－沥青材料所制成的，随着高分子工业的发展，塑料止水带和橡胶止水带的应用已逐渐增多，几乎已取代了金属－沥青止水带。目前，塑料止水带在其挤出成型工艺上与橡胶止水带相比，外观尺寸误差较大，且物理力学性能略差于橡胶止水带，故其使用不及橡胶止水带，而橡胶止水带则因其材料质量稳定，适应变形能力强，故其在国内外应用较为普遍。

（一）塑料止水带Plastic waterproof strip

塑料止水带目前多为软质聚氯乙烯塑料止水带，是由聚氯乙烯树脂、增塑剂、稳定剂、防老剂等原料，经塑炼、造粒、挤出、加工成型而成的带状防水隔离材料。塑料止水带的主要物理力学性能指标应符合表 13 - 19 的要求。

表 13 - 19　　　　　　　　　　　　　塑料止水带的物理力学性能

Tab. 13 - 19　　　　Physical and mechanical specification for plastic waterproof strip

外观要求	物理力学性能要求		耐久性能要求		
	项目	指标	项目	老化系数（%）	
				拉伸强度	相对伸长率
1. 颜色：灰色或黑色 2. 塑化均匀不得有焦烧料及未塑化的生料 3. 不得有气孔	抗拉强度（MPa）	≥12	热老化［（70±1）℃×360h］	≥95	≥95
	定伸强度（MPa）	≥4.5	碱抽取 （1%碱溶液，KOH 或 NaOH）	≥95	≥95
	相对伸长率（%）	≥300	碱效应 （1%碱溶液，60～65℃，30d）	≥95	≥95
	硬度（邵氏 A）	60～75	低温对折（℃）	≤-40	

塑料止水带产品原料充足，成本低廉（仅为天然橡胶止水带的 40%～50%），耐久性好，耐腐蚀性好，物理力学性能一般能满足使用要求。适用于工业与民用建筑的地下防水工程、隧道、涵洞、坝体、溢洪道、沟渠等的变形缝防水。

（二）橡胶止水带 Rubber waterproof strip

橡胶止水带又称止水橡皮或止水橡胶构件，是以天然橡胶与各种合成橡胶为主要原料，掺加各种助剂和填充剂，经塑炼、混炼、压制成型。其品种规格较多，如 P 型橡胶止水带、桥型橡胶止水带等。

根据《高分子防水材料　第 2 部分：止水带》（GB 18173.2—2014），橡胶止水带按其用途分为三类：变形缝用止水带（B）；施工缝用止水带（S）；沉管隧道接头缝用止水带（J），沉管隧道接头缝用止水带又分为可卸式止水带（JX）和压缩式止水带（JY）。橡胶止水带的物理力学性能应符合表 13 - 20 的要求。

表 13 - 20　　　　　　　　　　　　　橡胶止水带的物理力学性能

Tab. 13 - 20　　　　Physical and mechanical specification for rubber waterproof strip

项　　　目		指标		
		B、S	J	
			JX	JY
硬度（邵尔 A）度		60±5	60±5	40～70
拉伸强度（MPa），≥		10	16	16
拉断伸长率（%），≥		380	400	400
压缩永久变形（%）	70℃×24h，25%，≤	35	30	30
	23℃×168h，25%，≤	20	20	15
撕裂强度（kN/m），≥		30	30	20
脆性温度（℃），≤		-45	-40	-50

续表

项 目		指标		
		B、S	J	
			JX	JY
热空气老化 （70℃×168h）	硬度变化（邵尔A）度，≤	+8	+6	+10
	拉伸强度（MPa），≥	9	13	13
	拉断伸长率（%），≥	300	320	300
臭氧老化 50×10⁻⁸，20%，（40±2）℃×48h		无裂纹		
橡胶与金属黏合		橡胶间破坏	—	—
橡胶与帘布黏合强度（N/mm），≥		—	5	—

橡胶止水带具有良好的弹性、耐磨性、耐老化和抗撕裂性能，适应变形能力强，防水性能好。但橡胶止水带的适用范围有一定的限制，在 −40～40℃ 条件下有较好的耐老化性能，当作用于止水带上的温度超过 50℃，以及止水带使用环境受到强烈的氧化作用或受到油类等有机溶剂的侵蚀时，均不宜使用橡胶止水带。

橡胶止水带适用于地下构筑物、小型水坝、储水池、游泳池、屋面及其他建筑物和构筑物的变形缝防水。

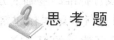 思 考 题

Exercise

1. 简述防水材料的类别及特点。
2. 防水涂料的常用品种及适用范围如何？
3. 防水卷材的品种、特点和适用范围如何？
4. 建筑密封材料的品种、特点和适用范围如何？

第十四章　绝热、吸声隔声及装饰材料

Chapter 14　Thermal Insulating, Sound Absorbing, Sound Insulating and Decorative Materials

第一节　绝　热　材　料
Section 1　Thermal Insulating Materials

　　建筑物中起保温、隔热作用的材料，称为绝热材料，其中，控制室内热量外流的材料称为保温材料，防止热量进入室内的材料称为隔热材料。绝热材料主要用于墙体及屋顶、热工设备及管道、冷藏设备及冷藏库等工程或冬季施工等。在建筑中合理地采用绝热材料，能提高建筑物的使用性能，减少热损失，节约能源，降低成本。2015 年 10 月正式实施的《公共建筑节能设计标准》（GB 50189—2015）按照全国各地的气候条件，划分为严寒地区、寒冷地区、夏热冬冷地区、夏热冬暖地区以及温和地区五个分区。2022 年 4 月实施的《建筑节能与可再生能源利用通用规范》（GB 55015—2021）规定，新建居住建筑和公共建筑平均设计能耗水平应在 2016 年执行的节能设计标准的基础上分别降低 30% 和 20%。严寒和寒冷地区居住建筑平均节能率应为 75%；其他气候区居住建筑平均节能率应为 65%；公共建筑平均节能率应为 72%。该规范还对各分区建筑的门、窗、外墙、屋顶等的传热系数进行了详细的规定，以夏热冬冷 A 区为例，屋面的传热系数 $K \leqslant 0.40\text{W}/(\text{m}^2 \cdot \text{K})$，楼板 $K \leqslant 1.80\text{W}/(\text{m}^2 \cdot \text{K})$，户门 $K \leqslant 2.00\text{W}/(\text{m}^2 \cdot \text{K})$。近年来为了应对气候变化和能源危机，世界各国相继采取了措施降低建筑物的能源消耗量。欧盟规定，自 2020 年底起成员国所有新建建筑达到近零能耗水平；日本提出 2030 年新建建筑要达到零能耗，因此对其外围护结构的传热系数有了更高的要求。以德国被动式低能耗建筑为例，非透明外围护结构的传热系数要求在 $0.15\text{W}/(\text{m}^2 \cdot \text{K})$ 以下。我国也相继提出了超低能耗建筑、近零能耗建筑、零能耗建筑的概念，并颁布实施了一系列标准。从目前来看，降低建筑能耗的主要措施之一是提高其隔热保温性能。因此，合理地使用绝热材料具有重要意义。

　　一、绝热材料的分类及基本要求 Kinds and basic requirements of thermal insulating materials

　　热量的传递分为导热、对流、热辐射三种方式，在每一实际的传热过程中，往往都同时存在着两种或三种传热方式。例如，通过实体结构本身的传热过程，主要是靠导热，但一般建筑材料内部或多或少地存在孔隙，在孔隙内除存在气体的导热外，同时还有对流和热辐射。根据其绝热机理的不同，绝热材料大致可以分为多孔型、纤维型和反射型三种类型。

　　对绝热材料的基本要求是：导热性低〔导热系数小于 $0.23\text{W}/(\text{m} \cdot \text{K})$〕、表观密度小（不大于 $600\text{kg}/\text{m}^3$）、有一定的强度（块状材料抗压强度大于 0.3MPa）。其中，导热系数是绝热材料中最重要最基本的热物理指标。常见建筑材料的导热系数参见第一章表 1-2。除此之外，还要根据工程的特点，考虑材料的吸湿性、温度稳定性、耐腐蚀性等性能以及技术经济指标。

二、绝热材料的基本性能及影响因素Foundational performances and influential factors of thermal insulating materials

绝热材料的基本性能主要包括：

（1）导热系数（参见第一章第一节）　绝大多数建筑材料的导热系数（λ）介于0.029～3.49 W/(m·K)之间，λ值越小说明该材料越不易导热，绝热效果越好。建筑中，一般把导热系数（λ）值小于0.23 W/(m·K)的材料称为绝热材料。应当指出，即使用同一种材料，其导热系数也并不是常数，它与材料的湿度和温度等因素有关。

（2）温度稳定性　材料在受热作用下保持其原有性能不变的能力，称为绝热材料的温度稳定性。通常用其不致丧失绝热性能的极限温度来表示。绝热材料的温度稳定性指标应高于实际使用温度。

（3）吸湿性　绝热材料从潮湿环境中吸收水分的能力称为吸湿性。由于水的导热系数是空气的24倍，故吸湿性越大，材料的绝热效果越差。由于大多数绝热材料都具有一定的吸水、吸湿能力，故在实际使用时，需在其表层加防水层或隔汽层。

（4）强度　保温材料常用的强度包括压缩（或抗压）强度、抗折强度、垂直于板面方向的抗拉强度等。由于保温材料含有大量孔隙，故其强度一般均不大，因此不宜将绝热材料用于承受外界荷载部位。对于某些纤维材料（如岩棉板）和泡沫保温板（如模塑聚苯乙烯泡沫保温板），有时常用材料达到某一变形时的承载能力作为其强度代表值；如硬质泡沫塑料，对试样表面垂直施加压缩力，可以计算出试样承受的最大应力；如应力最大值对应的相对形变小于10%，称其为"压缩强度"，如应力最大值对应的相对形变达到或超过10%，则取相对形变为10%的压缩应力。

（5）燃烧性能　根据GB 8624—2012《建筑材料及制品燃烧性能分级》，材料的燃烧性能划分为四个等级：A级，不燃材料；B_1，难燃材料；B_2，可燃材料；B_3，易燃材料。绝热材料的燃烧性能由其本身的性质决定。无机类保温材料如发泡水泥板、泡沫玻璃、岩棉板、膨胀珍珠岩板等为不燃材料。有机类保温材料如聚苯乙烯泡沫板、聚氨酯板本身为易燃材料，通过添加阻燃剂，可以使其燃烧性能等级达到B_2，部分达到B_1级。近年来，因使用可燃性外墙保温材料引发的火灾事故频发，给人们的生命财产带来巨大损失。因此，燃烧性能成为衡量保温绝热材料优劣的重要指标之一。

（6）吸水性　吸水性指材料在水中能吸收水分的性质。随着吸水量的增多，材料保温隔热效果变差。

（7）憎水性　憎水性是指材料在空气中与水接触时不能被水润湿的性质，它是反映材料耐水渗透的一个技术指标。材料的憎水性是由于憎水基团的作用，一般的憎水基团为C—H键，如油脂类物质。岩棉材料生产时通常添加有机硅类憎水剂，以提高其自身憎水性能。

（8）水蒸气透过性能　包括湿阻因子和透湿系数。湿阻因子用来衡量绝热材料的抗水蒸气渗透能力。湿阻因子越大，材料表面越致密，则越能隔绝水蒸气。透湿系数是用来衡量一定厚度的绝热材料水蒸气透过能力。

材料绝热性能的好坏，主要受以下因素的影响。

（1）材料的性质　不同材料的导热系数不同。一般说来，金属导热系数值最大，非金属次之，液体较小。对于同一种材料，内部结构不同，导热系数也差别很大。结晶结构的最大，微晶体结构的次之，玻璃体结构的最小。对于多孔的绝热材料，由于孔隙率高，气体（空气）对导热系数的影响起主要作用，而固体部分的结构无论是晶态或玻璃态对其影响都不大。

（2）表观密度与孔隙特征　材料中固体物质的导热能力比空气大得多，故表观密度小的材料，因其孔隙率大，导热系数小。在孔隙率相同的条件下，孔隙尺寸越大，导热系数越大；互相连通孔隙比封闭孔隙导热性要高。对于表观密度很小的材料，特别是纤维状材料（如超细玻璃纤维），当其表观密度低于某一极限值时，导热系数反而会增大，这是孔隙率增大时互相连通的孔隙大大增多，而使对流作用加强的结果。因此这类材料存在一最佳表观密度，即在这个表观密度时导热系数最小。

（3）湿度　材料吸湿受潮后，其导热系数增大，这在多孔材料中最为明显。这是由于当材料的孔隙中有了水分（包括水蒸气）后，孔隙中蒸汽的扩散和水分子将起主要传热作用，而水的导热系数比空气的导热系数大 20 倍左右。如果孔隙中的水结成了冰，冰的导热系数更大，其结果使材料的导热系数更加增大。故绝热材料在应用时必须注意防水避潮。

（4）温度　材料的导热系数随温度升高而增大。因此绝热材料在低温下的使用效果更佳。

（5）热流方向　对于各向异性的材料，如木材等，热流方向与纤维排列方向垂直时材料的导热系数要小于平行时的导热系数。

三、常用绝热材料 Commonly used thermal insulating materials

绝热材料一般系轻质、疏松的多孔体、松散颗粒或纤维状材料、轻质泡沫板材等。常见的绝热材料的导热系数见表 14-1。

表 14-1　　　　　　　　　　　　常见的绝热材料

Tab. 14-1　　　　　　　　Commonly used thermal insulating materials

序号	名称	表观密度（kg/m³）	导热系数[W/(m·K)]
1	矿棉	45～150	0.049～0.44
	矿棉毡	135～160	0.048～0.052
	酚醛树脂矿棉板	<150	<0.046
2	玻璃棉（短）	100～150	0.035～0.058
	玻璃棉（超细）	>80	0.028～0.037
3	陶瓷纤维	130～150	0.116～0.186
4	微孔硅酸钙	250	0.041
	泡沫玻璃	150～600	0.06～0.13
	发泡水泥板	150～300	0.065～0.080
5	模塑聚苯乙烯泡沫板（EPS）	15～60	0.030～0.044
	挤塑聚苯乙烯泡沫板（XPS）	22～35	0.025～0.030
	硬泡聚氨酯板（PU）	≥35	0.018～0.027
	酚醛泡沫板（PF）	≤55	0.020～0.033
6	岩棉板（纤维平行于板材表面）	130～150	0.035～0.040
	岩棉条（纤维垂直于板材表面）	100～120	0.044～0.048
7	真空绝热板	—	0.004～0.012
8	膨胀蛭石	80～200（堆积密度）	0.046～0.07
	膨胀珍珠岩	40～300（堆积密度）	0.025～0.048

第二节　吸声隔声材料
Section 2　Sound Absorbing and Sound Insulating Materials

吸声材料是一种能在较大程度上吸收由空气传递的声波能量的建筑材料，主要用于音乐厅、影剧院、大会堂、播音室等的内部墙面、地面、天棚等部位，能改善声波在室内传播的质量，获得良好的音响效果。隔声材料则是能够隔绝或阻挡声音传播的材料，如建筑内外墙体，能够阻挡外界或邻室的声音而获得安静的环境。

一、吸声系数和隔声量Sound absorbing coefficient and sound reduction index

声音起源于物体的振动。声源的振动迫使邻近的空气跟着振动而形成声波，并在空气介质中向四周传播。声音在传播过程中，一部分声能随着距离的增大而扩散，另一部分则因空气分子的吸收而减弱。当声波传播到某一边界面时，一部分声能被边界面反射（或散射），一部分声能被边界面吸收（这包括声波在边界材料内转化为热能被消耗掉或是转化为振动能沿边界构造传递转移），另有一部分则直接透射到边界另一面空间。在一定面积上被吸收的声能（E）与入射声能（E_0）之比称为材料的吸声系数 α，即

$$\alpha = \frac{E}{E_0} \tag{14-1}$$

吸声系数介于 0 与 1 之间，是衡量材料吸声性能的重要指标。吸声系数越大，材料的吸声效果越好。

材料的吸声性能除与声波方向有关外，还与声波的频率有密切关系。同一材料对高、中、低不同频率声波的吸声系数可以有很大差别，故不能按一个频率的吸声系数来评定材料的吸声性能。为了全面地反映材料的吸声频率特性，工程上通常将对 125、250、500、1000、2000、4000（Hz）六个频率的平均吸声系数大于 0.2 的材料，称之为吸声材料。常用材料的吸声系数见表 14-2。

表 14-2　　　　　　　　　　常用材料的吸声系数

Tab. 14-2　　　Sound absorption coefficient of familiar sound absorbing materials

材　料	厚度（cm）	各种频率（Hz）下的吸声系数						装置情况
		125	250	500	1000	2000	4000	
（一）无机材料								
吸声砖	6.5	0.05	0.07	0.10	0.12	0.16	—	贴实
石膏板（有花纹）	—	0.03	0.05	0.06	0.09	0.04	0.06	贴实
水泥蛭石板	4.0	—	0.14	0.46	0.78	0.50	0.60	墙面粉刷
石膏砂浆（掺水泥、玻璃纤维）	2.2	0.24	0.12	0.09	0.30	0.32	0.83	
水泥膨胀珍珠岩板	5.0	0.16	0.46	0.64	0.48	0.56	0.56	
水泥砂浆	1.7	0.21	0.16	0.25	0.40	0.42	0.48	
砖（清水墙面）	—	0.02	0.03	0.04	0.04	0.05	0.05	

续表

材　料	厚度(cm)	各种频率（Hz）下的吸声系数						装置情况
		125	250	500	1000	2000	4000	
（二）木质材料								
软木板	2.5	0.05	0.11	0.25	0.63	0.70	0.70	贴实
木丝板	3.0	0.10	0.36	0.62	0.53	0.71	0.90	钉后留空气层
三夹板	0.3	0.21	0.73	0.21	0.19	0.08	0.12	在后留空气层
穿孔五夹板	0.5	0.01	0.25	0.55	0.30	0.16	0.19	骨后留空气层
林丝板	0.8	0.03	0.02	0.03	0.03	0.04	—	骨后留空气层
木质纤维板	1.1	0.06	0.15	0.28	0.30	0.33	0.31	上后留空气层
（三）泡沫材料								
泡沫玻璃	4.4	0.11	0.32	0.52	0.44	0.52	0.33	贴实
脲醛泡沫塑料	5.0	0.22	0.29	0.40	0.68	0.95	0.94	贴实
泡沫水泥（外面粉刷）	2.0	0.18	0.05	0.22	0.48	0.22	0.32	紧靠粉刷
吸声蜂窝板	—	0.27	0.12	0.42	0.86	0.48	0.30	
泡沫塑料	1.0	0.03	0.06	0.12	0.41	0.85	0.67	
（四）纤维材料								
矿棉板	3.13	0.10	0.21	0.60	0.95	0.85	0.72	贴实
玻璃棉	5.0	0.06	0.08	0.18	0.44	0.72	0.82	贴实
酚醛玻璃纤维板	8.0	0.25	0.55	0.80	0.92	0.98	0.95	贴实
工业毛毡	3.0	0.10	0.28	0.55	0.60	0.60	0.56	紧靠墙面

　　一般来讲，坚硬、光滑、结构紧密的材料吸声性能差，反射能力强，如水磨石、大理石、混凝土、水泥粉刷墙面等；粗糙松软、具有互相贯穿内外微孔的多孔材料吸声能力好，反射性能差，如玻璃棉、矿棉、泡沫塑料、木丝板、半穿孔吸声装饰纤维板和微孔砖等。

　　对于两个空间中间的界面隔层来说，当声波从一室入射到界面上时，声波激发隔层的振动，以振动向另一面空间辐射声波，此为透射声波。通过一定面积的透射声波能量与入射声波能量之比称为透射系数。入射声能与另一侧的透射声能相差的分贝数就是材料的隔声量，以分贝（dB）表示。隔声量是衡量材料隔声效果的重要指标。隔声量越大，材料的隔声效果越好。

　　对于单一材料来说，吸声能力与隔声效果往往是不能兼顾的。譬如，砖墙或钢板可以作为较好的隔声材料，但吸声效果极差。反之，如果拿吸声性能好的材料（如玻璃棉）做隔声材料，即使声波透过该材料时声能被吸收 99%（这是很难达到的），只有 1% 的声能传播到另一空间，则此材料的隔声量也只有 20dB，并非好的隔声材料。

　　二、影响多孔性材料吸声性能的因素 Influential factors of sound absorbing properties of porous materials

　　材料吸声性能，主要受下列因素的影响。

　　（1）材料的表观密度。对同一种多孔材料（如超细玻璃纤维），当其表观密度增大时（即孔隙率减小时），对低频声波的吸声效果有所提高，而对高频吸声效果则有所降低。

　　（2）材料的厚度。增加多孔材料的厚度，可提高对低频声波的吸声效果，而对高频声波则没有多大影响，因而为提高材料的吸声能力盲目增加材料的厚度是不可取的。

（3）材料的孔隙特征。孔隙越多、越细小，吸声效果越好。如果孔隙太大，则效果较差。如果材料中的孔隙大部分为单独的封闭的气泡（如聚氯乙烯泡沫塑料），则因声波不能进入，从吸声机理上来讲，就不属多孔性吸声材料。当多孔材料表面涂刷油漆或材料吸湿时，则因材料表面的孔隙被水分或涂料所堵塞，使其吸声效果大大降低。

（4）材料背后的空气层。空气层相当于增大了材料的有效厚度，因此它的吸声性能一般来说随空气层厚度增加而提高，特别是改善对低频的吸收，它比增加材料厚度来提高低频的吸声效果更有效。当材料离墙面的安装距离（即空气层厚度）等于 1/4 波长的奇数倍时，可获得最大的吸声系数。

（5）温度和湿度的影响。温度对材料的吸声性能影响不显著，温度的影响主要改变入射波的波长，使材料的吸声系数产生相应的改变。湿度对多孔材料的影响主要表现在多孔材料容易吸湿变形，滋生微生物，从而堵塞孔洞，使材料的吸声性能降低。

三、常用吸声材料（或吸声结构）Commonly used sound absorptive materials（or sound absorptive structures）

1. 多孔吸声材料 Porous sound absorptive materials

声波进入材料内部互相贯通的孔隙，空气分子受到摩擦和黏滞阻力，使空气产生振动，从而使声能转化为机械能，最后因摩擦而转变为热能被吸收。这类多孔材料的吸声系数，一般从低频到高频逐渐增大，故对中频和高频的声音吸收效果较好。

凡是符合多孔吸声材料构造特征的，都可以当成多孔吸声材料来利用。目前，市场上出售的多孔吸声材料品种很多。有呈松散状的超细玻璃棉、矿棉、海草、麻绒等；有的已加工成毡状或板状材料，如玻璃棉毡、玻璃棉板、半穿孔吸声装饰纤维板、软质木纤维板、木丝板；另外还有微孔吸声砖、矿渣膨胀珍珠吸声砖、泡沫玻璃等。

2. 薄板振动吸声结构 Sheet vibrating sound absorbing structure

薄板振动吸声结构是在声波作用下发生振动，板振动时由于板内部和龙骨间出现摩擦损耗，使声能转变为机械振动，而起吸声作用。由于低频声波容易激起薄板产生振动，所以具有低频吸声特性。建筑中常用的薄板振动吸声结构的共振频率约在 80～300Hz 之间，在此共振频率附近吸声系数最大，约为 0.2～0.5，而在其他频率附近的吸声系数就较低。常用的材料有：胶合板、薄木板、硬质纤维板、石膏板、石棉水泥板、金属板等，把它们周边固定在墙或顶棚的龙骨上，并在背后留有空层，即成薄板振动吸声结构。

3. 共振吸声结构 Resonant sound absorbing structure

共振吸声结构具有封闭的空腔和较小的开口，很像个瓶子。当瓶腔内空气受到外力激荡时，会产生一定频率的振动，这就是共振吸声器。每个单独的共振器都有一个共振频率，在其共振频率附近，由于颈部空气分子在声波的作用下像活塞一样进行往复运动，因摩擦而消耗声能。若在腔口蒙一层细布或疏松的棉絮，可以加宽和提高共振率范围的吸声量。为了获得较宽频带的吸声性能，常采用组合共振吸声结构或穿孔板组合共振吸声结构。共振吸声结构在厅堂建筑中应用极广。

4. 穿孔板组合共振吸声结构 Perforated plate combined resonance sound absorbing structure

这种结构是用穿孔的胶合板、硬质纤维板、石膏板、硅酸钙板、石棉水泥板、铝合金板、薄钢板等，将周边固定在龙骨上，并在背后设置空气层而构成。它可看作是许多单独共振吸声器的并联，起扩宽吸声频带的作用，特别对中频声波的吸声效果较好。穿孔板厚度、穿孔率、孔径、背后空气层厚度以及是否填充多孔吸声材料等，都直接影响吸声结构的吸声性能。此种形式在建筑上使用得比较普遍。

5. 悬挂空间吸声体 **Hanging spatial sound absorber**

将吸声材料制成平板形、球形、圆锥形、棱锥形等多种形式，悬挂在顶棚上，即构成悬挂空间吸声体。此种构造增加了有效的吸声面积，再加上声波的衍射作用，可以显著地提高实际吸声效果。

6. 帘幕吸声体 **curtain sound absorber**

帘幕吸声体是用具有通气性能的纺织品，安装在离墙面或窗洞一定距离处，背后设置空气层。这种吸声体对中、高频都有一定的吸声效果。帘幕的吸声效果与材料种类和褶裥等有关。帘幕吸声体安装、拆卸方便，兼具装饰作用，因此应用价值较高。

7. 柔性吸声材料 **Flexible sound absorbing materials**

具有密闭气孔和一定弹性的材料，如聚氯乙烯泡沫塑料，声波引起的空气振动不易直接传递至材料内部，只能相应地产生振动，在振动过程中由于克服材料内部的摩擦而消耗了声能，引起声波衰减。此种材料的吸声特性是在一定的频率范围内出现一个或多个吸收频率。

四、隔声材料的分类和影响隔声效果的因素 Kinds and Influential factors of sound insulating properties of sound insulating materials

隔声材料按隔绝声音的传播途径，可以分为隔空气声材料和隔固体声材料。所谓隔空气声，就是防止空气的振动，如黏土砖、钢板、钢筋混凝土等密实、沉重的材料；所谓隔固体声，则是防止固体撞击或振动，常采用不连续的结构，如在墙壁和承重梁之间、房屋的框架和墙板之间加弹性衬垫材料（如毛毡、软木、橡皮等）。

不透气的固体材料，对于空气中传播的声波都有隔声作用。材料的隔声效果主要取决于材料的面密度、杨氏模量、吻合效应的程度和发生吻合效应的频率等。材料的隔声量遵守质量定律

$$TL = 20lgm + 20lgf - 43 \tag{14-2}$$

式中　　TL——声波垂直入射条件下的隔声量，dB；

　　　　m——材料的面密度，kg/m^2；

　　　　f——入射声波频率，Hz。

由此可知，增加材料的面密度可有效地提高其隔声量。

当声波与隔层呈一定角度 θ（非垂直入射）入射时，声波波前依次到达隔层表面，而先到隔层的声波激发隔层内弯曲振动波沿隔层横向传播，若弯曲波传播速度与空气中渐次到达隔层表面的声波行进速度一致时，声波便加强弯曲波的振动，这一现象称为吻合效应。产生吻合效应的频率 f_c 为

$$f_c = \frac{C_0^2}{2\pi \sin^2\theta}\left[\frac{12\rho(1-\sigma^2)}{Eh^2}\right]^{1/2} \tag{14-3}$$

式中　　ρ、σ、E——隔层材料的密度、泊松比和杨氏模量；

　　　　h——隔层厚度。

任意吻合频率 f_c 与声波入射角 θ 有关。在大多数房间的声场都接近于混响声场，到达隔层的入射角从 0°到 90°都有可能。因此吻合频率出现在从掠入射（$\theta=90°$）的 f_{c0} 开始的一个频率范围，也就是说吻合效应使这一频率范围的隔声效果变差了，此频率范围一般发生在中高频。

第三节 装 饰 材 料
Section 3　Decorative Materials

在建筑上，把铺设、粘贴或涂刷在建筑物内外表面，主要起装饰作用的材料，称为装饰材料。现代装饰装修材料的应用，不仅能起到保护建筑物主体结构的作用，提高建筑物艺术上的美感，而且能改善建筑物的使用功能，如绝热、防火、防潮、吸声等，以满足建筑物使用功能和装饰功能的要求。

装饰材料按其装饰部位分为外墙、内墙、地面及吊顶装饰材料。按组成成分分为有机装饰材料（如塑料地板、有机高分子涂料等）和无机装饰材料。无机装饰材料又有金属材料（如铝合金）与非金属材料（如陶瓷、玻璃制品、水泥类装饰制品等）之分。对于装饰要求较高的大型公共建筑物，如纪念馆、大会堂、高级宾馆等，用于装饰上的费用可能高达建筑总造价的 30％以上。

目前许多装饰材料含有对人体有害的物质，例如含高挥发性有机物的涂料，含醛等过敏性化学物质的胶合板、纤维板、胶粘剂，含放射性高的花岗岩、大理石、陶瓷面砖等，含微细石棉纤维的石棉纤维水泥制品等。我国于 2002 年 7 月 1 日起对室内装饰装修材料强制实施市场准入制度，即只有达到《室内装饰装修材料有害物质限量》的 10 项标准方可进入市场。实际上，10 项标准只是市场准入的最低要求，和真正的绿色产品标准还有一段距离。只有获得由中国环境标志认证委员会颁发的绿色产品标志——10 环缠绕青山绿水的建材产品才是真正的符合国际化标准的绿色建材。

一、装饰材料的基本要求Basic requirements of decorative materials

对装饰材料的基本要求如下：

（1）装饰效果。是指装饰材料通过调整自身的颜色、光泽、透明性、质感、形状与尺寸等要素，构成与建筑物使用目的和环境相协调的艺术美感。材料的颜色实质上是材料对光谱的反射，并非是材料本身固有的。颜色对于材料的装饰效果极为重要。光泽是材料表面的一种特性，是有方向性的光线反射性质。在评定材料的外观时，其重要性仅次于颜色。材料的透明性也是与光线有关的一种性质。按透光及透视性能，分为透明体（如门窗玻璃）、半透明体（如磨砂玻璃、压花玻璃等）、不透明体（如釉面砖等）。质感是材料质地的感觉，主要通过线条的粗细、凸凹不平程度对光线吸收、反射强弱不同而产生观感上的差别。

（2）保护功能。是指装饰材料通过自身的强度和耐久性，来延长主体结构的使用寿命，或通过装饰材料的绝热、吸声功能，改善使用环境。

二、常用装饰材料Commonly used decorative materials

（一）石材Stones

我国使用石材作为装饰材料具有悠久的历史，这是因为我国的石材资源丰富、分布面广，可以就地取材，成本低；另外石材质地密实、坚固耐用，建筑、装饰性能好，可以取得较好的装饰效果，因此一直被广泛地应用。装饰石材分为天然石材和人造石材两大类。

1. 天然石材Natural stones

目前用作装饰的天然石材主要有花岗岩和大理石等。

（1）花岗岩板。花岗岩是岩浆岩中分布最广的岩石。它由长石、石英和少量云母，以及深色矿物组成。花岗岩质地坚实，耐酸碱，耐风化，色彩鲜明。花岗岩板由花岗岩经开采、锯解、切割、磨光而成，有深青、紫红、浅灰、纯墨等颜色，并有小而均匀的黑点，耐久性和耐磨性都很好。磨光花岗岩板可用于室外墙面及地面，经斩凿加工的可铺设勒脚及阶梯踏步等。

（2）大理石板。大理石属于变质岩类，化学成分主要是碳酸钙，但构造紧密。纯的大理石为白色，称汉白玉。由于在变质过程中掺进了杂质，所以呈现灰、黑、红、黄、绿色等，有些岩石还具有美丽的花纹图案。其加工工艺同花岗岩板。由于在室外易风化，故多用于室内墙面、地面、柱面等处。

2. 人造石材 Man - made stones

人造石材多指人造花岗岩和人造大理石。人造石材具有天然石材的质感。色彩、花纹都可以按设计要求做，且重量轻、强度高、耐蚀和抗污染性能好，可以制作出曲面、弧形等天然石材难以加工出来的几何形体，钻孔、锯切和施工都较方便，是建筑物墙面、柱面、门套等部位较理想的装饰材料。

根据人造石材所用胶结材料的不同，可将人造石材分为水泥型人造石材、树脂型人造石材、烧结型人造石材和复合型人造石材。

（二）建筑陶瓷制品 Construction ceramic products

建筑陶瓷是用于建筑物墙面、地面及卫生设备的陶瓷材料及制品。建筑陶瓷因其坚固耐久、色彩鲜明、防火防水、耐磨耐蚀、易清洗、维修费用低等优点，成为现代建筑工程的主要装饰材料之一。

（1）釉面砖。又称为内墙砖，属于精陶类制品。它是以黏土、石英、长石、助熔剂、颜料及其他矿物原料，经破碎、研磨、筛分、配料等工序加工成含一定水分的生料，再经模具压制成型（坯料）、烘干、素烧、施釉和釉烧而成，或由坯体施釉一次烧成。釉面砖具有色泽柔和典雅、美观耐用、朴实大方、防火耐酸、易清洁等特点。主要用于建筑物内部墙面，如厨房、卫生间、浴室、墙裙等的装饰与保护。

近年来，我国釉面砖有了很大的发展。颜色从单一色调发展成彩色图案，还专门烧制成供巨幅画拼装用的彩釉砖。在质感方面，已在表面光平的基础上增加了有凹凸花纹和图案的产品，给人以立体感。釉面砖的使用范围已从室内装饰推广到建筑物的外墙装饰。

（2）墙地砖。墙地砖的生产工艺类似于釉面砖。产品包括内墙砖、外墙砖和地砖三类。墙地砖具有强度高、耐磨、化学性能稳定、不易燃、吸水率低、易清洁、经久不裂等特点。

（3）陶瓷锦砖。俗称马赛克。是以优质瓷土为主要原料，经压制烧成的片状小瓷砖。陶瓷锦砖具有耐磨、耐火、吸水率低、抗压强度高、易清洁、色泽稳定等特点。广泛使用于建筑物门厅、走廊、卫生间、厨房、化验室等内墙和地面装饰，并可作建筑物的外墙饰面与保护。施工时，可以用不同花纹、色彩和形状的陶瓷锦砖联拼成多种美丽的图案。用水泥浆将其贴于建筑物表面后，用清水刷除牛皮纸，即可得到良好的装饰效果。

（4）卫生陶瓷。卫生陶瓷为用于浴室、盥洗室、厕所等处的卫生洁具，例如洗面器、浴缸、水槽、便器等。卫生陶瓷结构型式多样，色彩也较丰富，表面光亮、不透水、易于清洁，并耐化学腐蚀。

（5）陶瓷劈离砖。又称劈裂砖、劈开砖或双层砖，是以黏土为主要原料，经配料、真空挤压成型、烘干、焙烧、劈离等工序制成。产品具有均匀的粗糙表面、古朴高雅的风格、良好的耐久性，广泛用于地面和外墙装饰。

（6）建筑琉璃制品。建筑琉璃制品是我国陶瓷宝库中的古老珍品之一。它以难熔黏土为主要原料烧制而成。颜色有绿、黄、蓝、青等。品种可分为瓦类（板瓦、滴水瓦、筒瓦、沟头）、脊头和饰件类（吻、博古、兽）三种。

琉璃制品色彩绚丽、造型古朴、质坚耐久，用它装饰的建筑物富有我国传统的民族特色。主要用于具有民族色彩的宫殿式房屋和园林中的亭、台、楼阁等。

（三）装饰玻璃制品 Decorative glass products

玻璃是建筑装饰中应用最广泛的材料之一，常用于门窗、内外墙饰面、隔断等部位，具有透光、隔声、保温、电气绝缘等优点。有些玻璃制品具有特殊的装饰功能。在装饰工程中，用量最多的是利用玻璃的透光性和不透气性。在墙面装饰方面，内墙使用的玻璃强调装饰性，外墙使用的玻璃往往更注重其物理性能。近年来建筑玻璃新品种不断出现。如平板玻璃已由过去单纯作为采光材料，而向控制光线、调节热量、节约能源、控制噪声以及降低结构自重、改善环境等多种功能方面发展，同时用着色、磨光、压花等办法提高装饰效果。

（1）装饰平板玻璃。装饰平板玻璃有用机械方法或化学腐蚀方法将表面处理成均匀毛面的磨砂玻璃，只透光不透视；有经压花或喷花处理而成的花纹玻璃；有在原料中加颜料或在玻璃表面喷涂色釉后再烘烤而得的彩色玻璃，前者透明而后者不透明。

（2）安全玻璃。安全玻璃有经加热骤冷处理，使其表面产生预加压应力而增强的钢化玻璃；有用透明塑料膜将多层平板玻璃胶结而成的夹层玻璃；有在生产过程中压入铁丝网的夹丝玻璃。它们都具有不易破碎以及破碎时碎片不易脱落或碎块无锐利棱角、比较安全的特点。夹丝玻璃还有良好的隔绝火势的作用，又有防火玻璃之称。

（3）特种玻璃。主要包括吸热玻璃、热反射玻璃、中空玻璃、压花玻璃、磨砂玻璃、玻璃空心砖、玻璃马赛克等。

（四）装饰砂浆及装饰混凝土 Decorative mortars and decorative concretes

装饰砂浆是指用作建筑物饰面的砂浆。装饰砂浆饰面可分为两类，即灰浆类饰面和石碴类饰面。灰浆类饰面是通过水泥砂浆的着色或水泥砂浆表面形态的艺术加工，获得一定色彩、线条、纹理质感的表面装饰。灰浆类饰面砂浆具有色彩质感自然、视觉柔和、成本低及易施工等特点，是目前最常用的装饰砂浆形式。石碴类饰面是在水泥砂浆中掺入各种彩色石碴作骨料，配制成水泥石碴浆抹于墙体基层表面，然后用水洗、斧剁、水磨等手段除去表面水泥浆皮，呈现出石碴颜色及其质感的饰面。

装饰砂浆目前惯用的除普通抹面砂浆外，有在水泥中加有色石渣或白色白云石或大理石渣及颜料，最后磨光上蜡的水磨石；有在硬化后表面用斧刃剁毛的剁斧石；有在硬化前喷水冲去面层水泥浆使石渣外露的水刷石等。近年来发展的有在水泥净浆中加适量107胶，再向其表面粘彩色石渣的干粘石；有用特制模具把表面灰浆拉刮成柱形、弧形或不平整表面的拉条粉刷等。

装饰混凝土的特点是利用水泥和骨料自身的颜色、质感、线型来发挥装饰作用，把构件制作和装饰处理合为一体，目前应用较多的主要有清水装饰混凝土和露骨料装饰混凝土两类。清水装饰混凝土的制作方法是在混凝土墙板浇筑后，表面压轧出各种线条和花饰（称正打）；或在模底设衬模再行浇筑（称反打）。如用墙板滑模现浇混凝土，可在升模内侧安置条形衬模，形成直条形饰面。露骨装饰混凝土制作方法是用水喷刷除掉表面水泥浆，或用铺砂理石法，使混凝土中的骨料适当外露。通过骨料的天然色泽和排列组合来获得装饰效果。

（五）塑料制品 **Plastic products**

塑料是以合成树脂为主要成分，再加入化学添加剂，经一定的温度和压力而塑制成型的材料。塑料具有许多优良的性能，在建筑工程中应用的塑料制品，除广泛应用于外墙保温的泡沫塑料外，大多数制品用于非承重的装饰材料，如塑料壁纸、塑料地板、塑料门窗、塑料吊顶材料、塑料管道、塑料灯具、塑料楼梯扶手和塑料卫生洁具等。

（1）塑料地板。塑料地板是以高分子合成树脂为主要材料，加入其他辅材料，经一定的制作工艺制成的预制块状、卷材状或现场铺涂整体状的地面材料。按其材质可分为硬质、半硬质和软质（弹性）三种。按其基本原料可分为聚氯乙烯（PVC）塑料、聚乙烯（PE）塑料和聚丙烯（PP）塑料等。

（2）塑料壁纸。装饰工程中应用塑料壁纸多为聚氯乙烯塑料。它是以纸为基层、以聚氯乙烯塑料为面层，经过压延或涂布以及印刷、压花或发泡而成。塑料壁纸大致可分为三类，即普通壁纸、发泡壁纸和特种壁纸，每一类壁纸都有三四个品种，每个品种中又有若干个花色。塑料壁纸的抗污染性较好，污染后尚可清洗，对水和清洁剂有较强的抵抗力，因而壁纸被广泛地应用于室内墙面、柱面和顶棚的裱糊装饰。

（3）化纤地毯与塑料地毯。化纤地毯由丙纶、腈纶、锦纶等纤维，用黏结法或针刺黏结法制得的无纺化纤地毯等。丙纶（聚丙烯）化纤地毯，强度高，耐腐蚀，但耐光差；腈纶（聚丙烯腈）化纤地毯，强度比羊毛高 2～3 倍，不霉不蛀，耐酸碱；锦纶（尼龙）化纤地毯，强度很高，耐污染，但耐光和耐热性较差。

塑料地毯是由聚氯乙烯树脂、增塑剂和其他助剂经混炼、塑制而成的成卷材料。

化纤地毯和塑料地毯具有保温、吸声、脚感舒适，色彩鲜艳等优点，价格低于羊毛地毯，在实用上可以替代羊毛地毯。

（4）塑料装饰板。塑料装饰板材主要有聚氯乙烯塑料装饰板、硬质聚氯乙烯透明板、覆塑装饰板、玻璃钢装饰板和钙塑泡沫装饰吸声板等。塑料贴面装饰板是以印有不同色彩和图案的纸为胎，浸渍三聚氰胺树脂和酚醛树脂，再经过热压而成的可覆于各种基材上的一种贴面材料。这种装饰板材有柔光型和镜面型两种，其特点是具有图案、色调丰富多彩、耐磨、耐潮湿、耐一般酸、碱、油脂及酒精等溶剂的侵蚀，适合于各种建筑室内和家具的装饰。

塑料装饰板材主要用于护墙板、平顶板和屋面板，特点是重量轻，保温、隔热、隔声性好，装饰效果好。

（六）装饰涂料 **Decorative coatings**

涂料是喷涂于物体表面后能形成连续的坚硬薄膜并赋予物体以色彩、图案、光泽和质感等美化表面，且能保护物体，防止各种介质侵蚀，延长其使用寿命的材料。在对建筑物装饰和保护的多种途径中，采用涂料是最简便、经济和易于维护更新的一种方法。涂料的主要组成材料一般包括成膜材料、颜料、稀释剂和催化剂，有时也加入增塑剂或硬化剂等。涂料按主要成膜材料不同，分为无机涂料和有机涂料。有机涂料又有溶剂型、水乳型和乳胶型三种。用刷涂、滚涂或喷涂等施工工艺，应用于钢结构、木结构表面（多用溶剂型有机涂料）以及外墙、内墙、地面、屋面或吊顶等不同部位。

（1）无机涂料。以无机材料为主要成膜物质的涂料。目前国内常用的有硅酸盐和硅溶胶（胶体二氧化硅）无机涂料。硅酸盐无机涂料是以碱金属硅酸盐为主要成膜材料，加适量固化剂（缩合磷酸铝）、填料、颜料及分散剂制成的涂料。此类涂料具有资源丰富、生产工艺简便、价格低、省能源、不污染环境等优点，对基材的适应性广，涂层耐水、耐碱、耐冻、耐沾污、耐高温且色彩丰富持久。

（2）丙烯酸酯类涂料。以丙烯酸树脂为主要成膜材料，常制成水乳液。有优异的耐水、耐碱、耐老化和保色性能，是一种新型的有前途的涂料。目前国内应用的品种主要有：

1）彩砂涂料。其特点是采用着色骨料，即将石英砂加颜料高温烧结成色彩鲜艳而又稳定的骨料，再配以适量的石英砂、白云石粉来调节色彩层次。涂层有天然石材的质感和好的耐久性。

2）喷塑涂料。涂层由底油、骨架、面油三部分组成。其特点是通过喷涂、滚压工艺使骨架层形成立体花纹图案，通过加耐晒颜料美化面油层。分有光、平光两种。

3）各色有光凹凸乳胶漆。涂层由厚薄两种涂料组成。厚涂料经喷涂、抹轧制成凹凸面层，薄涂料则增色上光。涂层能显示不同底色上的各种图案，或在各种图案上显示不同的色彩，有很好的装饰效果。

4）膨胀型防火涂料。在高温时能分解出大量惰性气体，形成蜂窝状炭化泡层。涂刷在易燃材料表面上，有较好的防火效果。

（3）氟碳涂料。以氟树脂为主要成膜物质的涂料，又称氟碳漆、氟涂料、氟树脂涂料等。氟碳涂料由于引入的氟元素电负性大，碳氟键能强，不但具有优越的耐候性、耐热性、耐低温性、耐化学药品性等，而且具有独特的不黏性和低摩擦性。目前建筑用氟树脂涂料主要有聚偏二氟乙烯（PVDF）、氟烯烃－乙烯基醚共聚物（PEVE）等类型。

（4）聚乙烯醇类及其他涂料。此类涂料目前在国内使用较为普遍。适用于外墙、地面、屋面的有二聚乙烯醇缩丁醛涂料、过氯乙烯涂料和苯乙烯焦油涂料，均属溶剂型。适用于内墙的有二聚乙烯醇缩甲醛涂料（108 胶）、聚乙烯醇水玻璃涂料（106 胶）和聚醋酸乙烯乳液涂料，属水溶性或乳胶型。

（七）金属装饰材料Metallic decorative materials

金属装饰材料具有强度高，耐久性好，色彩鲜艳，光泽度高且施工方便等特点，在建筑装饰工程中使用较为普遍。

目前常用的金属装饰材料主要有铝合金和不锈钢两种，其制品主要有各种铝合金异型材制品（如门、窗，以及铝质装饰板）、不锈钢装饰板和彩色压型钢板等。

（1）铝合金装饰材料。固态铝具有很好的塑性，但强度和硬度较低，为了提高铝的实用价值，在铝中加入镁、锰、铜、锌、硅等元素组成铝基合金，即铝合金。铝合金的机械性能明显高于铝本身，并且仍然保持铝的轻量性，因此使用价值大为提高。

铝合金材料除了用来制作门、窗异型材制品外，还可做成装饰板材，如利用铝阳极氧化处理后可以进行着色等特点，做成装饰品。此外，铝板表面还可以进行防腐、轧花、涂装、印刷等二次加工。近年来使用较多的塑料铝合金复合板材，是以经过化学处理的涂装铝板为表层材料，聚乙烯塑料等为芯材，在专用生产设备上加工而成的复合材料。它具有色彩多样、施工便捷、易于加工等优点，常用作建筑外墙装饰材料。

（2）不锈钢材料。不锈钢装饰材料有装饰板材及各种管件、异型材、连接件等。表面经过加工处理，既可高度抛光发亮，也可无光泽。作为建筑装饰材料，室内外都可使用。可作为非承重的纯装饰品，也可作承重材料。

（3）彩色钢板。为了提高普通钢板的防腐性能和表面装饰效果，在钢板表面涂饰一层具有保护性的装饰膜，通常称之为彩色钢板。彩色钢板的生产工艺可分静电喷漆、涂料涂敷和薄膜层压三种方法。

目前在建筑上用得最多的是彩色压型钢板。这种钢板以镀锌钢板、冷轧薄钢板为原板，经成型轧制、表面涂装而成。具有质量轻、抗震性能好、经久耐用、色彩鲜艳等优点，并且加工简单，安装方便，广泛用于外墙及屋面。

（4）金属面夹心板。成型方法主要有两种：用高强黏合剂把内外两层彩色金属面薄板与聚苯乙烯泡沫板、岩棉板、硬泡聚氨酯等保温板材黏结固化制成；或直接在面板中间发泡、熟化成型（如聚氨酯）。金属面夹心板具有质量轻、保温性能好、易于加工等优点。岩棉夹芯板还具有防火性能优良等特点，是工业厂房建设常用的材料。

（八）木质装饰制品Wooden decorative products

木质材料在装饰工程中应用十分广泛，常用的木质装饰品有：木质地板、木花格、木装饰线条、旋切微薄木及各种人造板等。

（1）木质地板。木地板是由软木树材（如松、杉等）和硬木树材（如水曲柳、柞木、榆木、柚木、枫木及樱桃木等）经加工处理而成的木板面层。木地板分为拼花木地板、条木地板、软木地板和复合地板等。

（2）木装饰线条。木装饰线条是选用质硬、纹理细腻、材质较好的木材，经过干燥处理后加工而成的。它在室内装饰中起着固定、连接、加强装饰饰面的作用。可作为装饰工程中各平面相接处、相交处、分界面、层次面、对接面的衔接口及交接条等的收边封口材料。

木线条主要用作建筑物室内墙面的墙腰饰线、墙面洞口装饰线、护壁板和勒脚的压条饰线、门框装饰线、顶棚装饰角线、栏杆扶手镶边、门窗及家具的镶边等。建筑物室内采用木线条装饰，可增添古朴、高雅和亲切的美感。

（3）旋切微薄木。旋切微薄木是以色木、桦木或多瘤的树根为原料，经水煮软化后，旋切成厚0.1mm左右的薄片，再用胶黏剂粘贴在坚韧的纸上制成卷材；或采用水曲柳、柳桉等树材，经旋切制成厚0.2～0.5mm的微薄木，再采用先进的胶贴工艺，将微薄木贴在胶合板基材上，制成微薄木贴面板。旋切微薄木花纹清晰美丽，色彩赏心悦目，真实感和立体感强，具有浓厚的自然美。采用树根瘤制成的微薄木具有鸟眼花纹等特点，装饰效果更佳。

微薄木主要用于高级建筑的室内墙、门等部位的装饰及家具饰面。

（4）常用人造板。凡以木材或木质碎料等为原料，进行加工处理而制成的板材，通称为人造板。人造板可以科学利用木材，提高木材的利用率，同时具有幅面大、质地均匀、变形小及强度大等优点。常用人造板有胶合板、纤维板、刨花板和细木工板等。

 思 考 题

Exercise

1. 何谓绝热材料？影响材料绝热性能的因素有哪些？
2. 何谓吸声材料？影响多孔性吸声材料吸声效果的因素有哪些？
3. 绝热材料与吸声材料在结构上的主要区别是什么？
4. 为什么不能简单地将一些吸声材料作为隔声材料来使用？
5. 建筑工程中常用的装饰材料有哪些？各有何特点？
6. 建筑材料燃烧性能分级有哪几类？

第十五章 建 筑 材 料 试 验
Chapter 15　Building Material Test

建筑材料试验是建筑材料课程的重要组成部分。学习建筑材料试验主要可达到如下三个目的：其一是使学生熟悉主要建筑材料的技术要求，受到建筑材料试验基本操作技能的训练，并获得处理试验数据、分析试验结果、编写试验报告的初步能力，能对常用建筑材料独立进行质量检验和评价；其二是使学生对具体材料的组成、成分和性质有进一步的了解，丰富和巩固建筑材料的理论知识；其三是对学生进行科学研究的基本训练，培养学生严肃、认真、求实的工作态度，提高独立分析问题、解决问题的能力。学生试验中应注意到如下要求：

（1）试验前做好预习，懂得试验目的、试验原理及操作要点，了解试验所用的仪器、材料。

（2）试验中严格按试验规程进行操作，注意取样的代表性，试件制备的标准性，试验方法的规范性，认真观察试验现象，详细做好试验记录。

（3）对试验结果进行分析，懂得试验数据的条件性、相对性，编写好试验报告。

本书试验内容较多，可根据不同专业的教学要求进行试验。

第一节　建筑材料基本物理性质试验
Section 1　The Basic Physical Property Test of Building Materials

建筑材料基本性质的试验项目较多，对于各种不同材料，测试的项目应根据用途与具体要求而定。现以石料为例进行以下几方面试验：

一、密度的测定Determination of density

密度是指材料绝对密实状态下单位体积的质量，以 g/cm^3 表示。根据密度和表观密度可以计算石料的孔隙率。

（一）主要仪器设备Key apparatus

李氏瓶（详见图 15-1）、筛子（孔径 0.25mm）、烘箱、干燥器、天平（称量 500g，感量 0.001g）、恒温水槽、温度计等。

（二）测定步骤Determination procedure

（1）将石料试样研磨成细粉、过筛后放在烘箱中，以不超过（105±5）℃的温度烘干，烘干时间不得少于 6h（直至其质量不变为止），并在干燥器内冷却至室温，以待取用。

（2）在李氏瓶中注入煤油（或不与石粉起反应的其他液体）至突颈下部，使液面达到 0～1mL 刻度之间。将李氏瓶放在水温为（20±1）℃的恒温水槽中，经 30min，待瓶中液

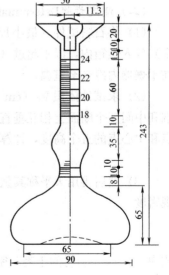

图 15-1　李氏瓶
Fig. 15-1　Lee bottle

体与恒温水槽的水温相同后，记下李氏瓶内下弯液面的刻度数。

（3）用天平秤取 60～90g 试样。用漏斗将试样渐渐送入李氏瓶内（不能大量倾倒，因为这样会妨碍李氏瓶中的空气排出，或在咽喉部分形成气泡，妨碍粉末的继续下落），使液面上升至接近 20cm³ 的刻度为止。再称剩下的试样，计算送入李氏瓶中的试样质量 m（g），精确至 0.001g。

（4）将李氏瓶倾斜并沿瓶轴旋转，使石粉中的气泡逸出。再将李氏瓶放回恒温水槽中，30min 后，待瓶内液体温度与水温一致时，再记下李氏瓶内下弯液面的刻度数。

（5）注入试样后的李氏瓶中液面的刻度数，减去未注前的刻度数，得试样的绝对体积 V（cm³）。按此法进行两次相同的试验。

（6）按下式算出石料的密度

$$\rho = \frac{m}{V} \quad (\text{g/cm}^3)$$

式中　ρ——石料的密度，g/cm³，取两次试验的平均值为试验结果，计算值精确至 0.01g/cm³。
当两次测值之差大于 0.02g/cm³ 时，应重新取样进行试验。

　　　　m——李氏瓶中石粉的质量，g。

　　　　V——李氏瓶中石粉的绝对密实体积，cm³。

二、表观密度测定 Apparent density determination

表观密度是指材料在自然状态下（包括孔隙）单位体积的质量，以 g/cm³ 表示。表观密度对于计算材料的孔隙率、体积、质量以及结构物自重等都是必不可少的依据。石料的表观密度试验可采用量积法、水中称量法或蜡封法。凡能制备成规则试件的各类岩石，宜采用量积法。除遇水崩解、溶解和干缩湿胀性岩石外，均可采用水中称量法。遇水崩解、溶解和干缩湿胀性岩石宜采用蜡封法。下面仅以量积法为例加以说明。

（一）主要仪器 Key instruments

锯石机、天平（称量 1000g、感量 0.01g）、游标卡尺（精度 0.01mm）、烘箱等。

（二）测定步骤 Determination procedure

（1）将石料试件（最小尺寸≮50mm 的立方体试件或圆柱体试件，每组试件不少于 3 个）放入烘箱内，以不超过（105±5）℃的温度烘干至恒重，烘干时间不得少于 24 小时，并在干燥器内冷却至室温。

（2）求试件体积 V_0（cm³），用游标卡尺量其尺寸（cm），精确至 0.01mm。测量试件两端和中间三个断面上相互垂直的两个直径或边长，按平均值计算面积；测量断面周边对称四点和中心点的五个高度，计算高度平均值

$$V_0 = 底面积 \times 高$$

（3）然后再用天平称其量测了体积石料的质量 m（g），精确至 0.01g。按下式计算其表观密度

$$\rho_0 = \frac{m}{V_0} \quad (\text{g/cm}^3)$$

式中　ρ_0——石材的干表观密度，以三个试件测值的平均值为试验结果，g/cm³；

　　　　m——干试件的质量，g；

　　　　V_0——干试件的体积，cm³。

三、孔隙率的计算Porosity calculation

将已经求出的密度和表观密度（用同样的单位表示）代入下式计算得出孔隙率：

$$P = \frac{\rho - \rho_0}{\rho} \times 100\%$$

四、吸水率试验Water absorptivity testing

石料的吸水率通常是指在常温〔（20±1)℃〕常压条件下，石料试件最大的吸水质量（浸水饱和状态）占烘干试件质量的百分率。

石料的吸水率在一定程度上反映它的易风化程度和孔隙率大小，以及它在冻融循环、干湿交替过程中发生破坏的危险性。因此，也可把吸水率看作是石料耐久性的一个指标。

（一）主要仪器Key instruments

天平（称量1000g、感量0.01g）、水槽、煮沸设备、游标卡尺（精度0.1mm）、烘箱、玻璃（或金属）盆等。

（二）试验方法Test method

（1）将石样加工成边长为50mm的立方体试件，每组试件至少3~5个（根据石样组织的均匀程度而定）。

（2）将试件置于烘箱中，以不超过（105±5)℃的温度烘干24h，取出放入干燥器内冷却至室温，然后再以感量为0.01g的天平称其质量m(g)，并按本试验二的方法计量体积V_0。

（3）采用煮沸法煮沸饱和试件时，煮沸容器内的水面应始终高于试件，煮沸时间不得少于6h，然后将煮沸的试件放在容器内冷却至室温；当采用自由浸水法浸泡饱和试件时，将试件放入水槽，先注水至试件高度的1/4处，以后每隔2h分别注水至试件高度的1/2和3/4处，6h后全部浸没试件，试件在水中自由吸水48h。

（4）取出试件，用湿毛巾将表面水分沾去并称取质量m_1(g)，并按本试验二方法计量饱水试件的体积V_1。

（5）取三个试样（对于石料组织不均匀的石料以5个试件）的吸水率计算其平均值，按下列公式计算吸水率

$$W_m = \frac{m_1 - m}{m} \times 100\%$$

$$W_v = \frac{V_1}{V_0} \times 100\% = \frac{m_1 - m}{m} \cdot \frac{\rho_0}{\rho_w} \times 100\% = W_m \times \rho_0$$

式中　　W_m、W_v——分别表示石料的质量吸水率和体积吸水率，%；

　　　　m、m_1——分别表示石料试件烘干时和吸水饱和时的质量，g，精确至0.01g；

　　　　V_0、V_1——分别表示石料试件烘干时和吸水饱和时的体积，cm^3；

　　　　ρ_w——水的密度，常温时$\rho_w = 1$（g/cm^3）。

第二节　水　泥　试　验
Section 2　Cement Test

按照国家标准GB/T 1346—2011《水泥标准稠度用水量、凝结时间、安定性检验方法》及GB/T 17671—2021《水泥胶砂强度检验方法》的规定。

一、水泥试验的一般规定General criterion of cement test

（1）以同一水泥厂、同期到达、同品种、同强度等级的水泥为一个取样单位，袋装水泥不超过 200t，散装水泥不超过 500t。取样要有代表性，可连续取样，也可从 20 个不同部位取等量样品，总量至少 12kg。

（2）样品应充分拌均匀，通过 0.9mm 的方孔筛，并记录筛余百分比及筛余物情况。将试样烘至恒重备用。

（3）试验用水，能饮用的淡水。验收试验或有争议时应使用符合 GB/T 6682—2008《分析室验室用水规格和试验方法》规定的三级水，其他试验可用饮用水。

（4）试验室的温度为（20±2)℃，相对湿度大于 50%；养护箱温度为（20±1)℃，相对湿度大于 90%。

二、水泥标准稠度用水量试验Water consumption of cement standard consistency test

水泥标准稠度用水量试验有标准法和代用法两种方法，当检验结果有争议时，以标准法为准。

（一）主要仪器设备Key apparatus

（1）水泥净浆搅拌机。

（2）维卡仪，如图 15 - 2 所示。

（3）标准法维卡仪，试杆有效长度为（50±1）mm，由直径为 φ10±0.05mm 的圆柱形耐腐蚀金属制成，试模深度为（40±0.2）mm，顶部内径为 φ65±0.5mm，底部内径为 φ75±0.5mm 的截顶圆锥体，如图 15 - 3 所示，每支试模配一个边长或直径约 100mm，厚度 4~5mm 的平板玻璃底板或金属底板。

（4）代用法维卡仪，试锥、试模如图 15 - 4 所示。

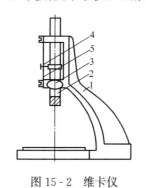 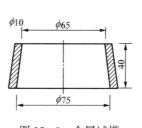 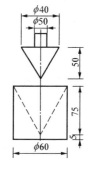

图 15 - 2　维卡仪

Fig. 15 - 2　Vicat apparatus

1—铁座；2—金属圆棒；3—松紧螺丝；4—指针；5—标尺

图 15 - 3　金属试模

Fig. 15 - 3　Metallic die setting

图 15 - 4　试锥、试模

Fig. 15 - 4　Test cone and die setting

（二）标准法试验Standard method test

（1）试验前检查仪器设备。把测定标准稠度用试杆连接在维卡仪上，与试杆连接的滑动杆表面光滑，能靠重力自由下落，不能有紧涩和晃动现象；试模和玻璃底板用湿布擦拭；调整试杆下端接触玻璃板时将指针对准零点；搅拌机运转正常。

（2）拌制水泥净浆。用湿布将水泥净浆搅拌机的搅拌锅、搅拌叶片擦过。称取水泥 500g，凭经验取适量水，通用水泥的标准稠度用水量在 26%~30%。

先把拌和水倒入搅拌锅内，在 5～10s 内将称好的 500g 水泥加入水中，先把锅放在搅拌机的锅座上，升至搅拌位置，启动搅拌机，低速搅拌 2min，后停 15s，同时把锅壁上和叶片上的水泥浆刮入锅中间，再启动搅拌机，高速搅拌 2min 后停机。

（3）测定沉入度，拌和结束后，立即取适量水泥净浆一次性将其装入已置于玻璃底板上的试模中，浆体超过试模上端，用宽约 25mm 的直边刀轻轻拍打超出试模部分的浆体 5 次以排除浆体中的空隙，然后在试模表面约 1/3 处，略倾斜于试模分别向外轻轻锯掉多余净浆，再从试模边沿轻抹顶部一次，使净浆表面光滑，在锯掉多余净浆和抹平的操作过程中，注意不要压实净浆，抹平后迅速将试模和底板移到维卡仪上，其中心定在试杆下，降低试杆至净浆表面接触，拧紧螺丝 1～2s 后，突然放松使试杆自由地沉入净浆中。在试杆停止下沉或释放试杆 30s 时记录试杆距玻璃板之间的距离。提升试杆后立即擦净，整个操作应在 1.5min 内完成。

（4）计算标准稠度用水量 $P\%$，以试杆沉入净浆距玻璃板 6 ± 1mm 的净浆为标准稠度净浆，其拌和水量为该水泥的标准稠度用水量 P，按水泥质量的百分数计。如果试杆沉入度不满足上述要求，调整水量，重做试验。

（三）代用法试验Substitution method test

（1）试验前检查仪器设备，维卡仪的金属棒应能自由滑动，搅拌机运转正常。

（2）称量水泥和水，采用代用法测定水泥标准稠度用水量，可用调整用水量和固定用水量方法测定。称取水泥 500g，采用调整用水量法时先凭经验初步确定拌和水，采用固定用水量法时取 142.5mL 拌和水。

（3）测定下沉量，拌制水泥净浆同前，拌和结束后，立即把拌制好的水泥净浆装入锥模中，用宽约 25mm 的直边刀将浆体表面轻轻插捣 5 次后再轻振 5 次，刮去多余净浆，抹平后迅速将锥模移到试锥下面固定的位置上，降低试锥至净浆表面，拧紧螺丝 1～2s 后，突然放松使试锥自由地沉入净浆中，在试锥停止下沉或释放试锥 30s 时记录试锥下沉深度。整个操作应在 1.5min 内完成。

（4）计算标准稠度用水量 $P\%$。采用调整用水量方法测定时，以试锥下沉量（30 ± 1）mm 时的净浆为标准稠度净浆，其拌和水量为该水泥的标准稠度用水量 P，按水泥质量的百分数计。如下沉量超出范围应另称取水泥、调整水量重做试验，直到试锥下沉量达到（30 ± 1）mm 范围为止。

采用固定用水量方法测定时，按下式计算水泥的标准稠度用水量

$$P = 33.4 - 0.185S$$

式中　P——水泥的标准稠度用水量，%；

　　　S——试锥下沉量，mm。

当试锥下沉量 S 小于 13mm 时，用调整用水量法测定。

三、凝结时间试验Settling time test

（一）主要仪器设备Key apparatus

（1）水泥净浆搅拌机。

（2）维卡仪如图 15 - 2 所示。

（3）初凝时间试针如图 15 - 5 所示。

（4）终凝时间试针如图 15 - 6 所示。

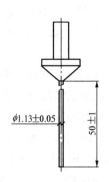

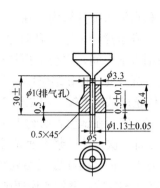

图 15 - 5　初凝时间试针

Fig. 15 - 5　Needle at initial setting time

图 15 - 6　终凝时间试针

Fig. 15 - 6　Needle at final setting time

（5）盛水泥净浆的金属试模及玻璃板，如图 15 - 4 所示。

（6）初凝时间测定立式试模，其侧视图，如图 15 - 7 所示。

（7）终凝时间测定反转试模，其前视图，如图 15 - 8 所示。

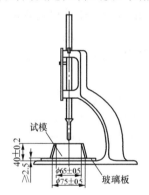

图 15 - 7　初凝时间测定用
立式试模侧视图

Fig. 15 - 7　Side elevation of erect die
setting for testing the initial setting time

图 15 - 8　终凝时间测定
用反转试模前视图

Fig. 15 - 8　Front elevation of reversal
die setting for testing the final setting time

（二）试验方法 Test method

（1）测定前检查仪器设备，维卡仪的滑动部分表面光滑，能靠重力自由下落，不能有紧涩和晃动现象；调整试针下端接触玻璃时将指针对准零点；搅拌机运转正常。

（2）制备试件，把试模放在玻璃板上，试模内侧和玻璃板上稍涂一层机油。用标准稠度用水量拌制水泥净浆，拌制方法同前。拌和结束后，立即把拌制好的净浆装入试模中，用小刀插捣数次后抹平。然后放入养护箱内。记录拌制净浆时水泥全部加入水中的时间，作为凝结时间的起始时间。

（3）测定初凝时间，第一次测定（自加水后 30min），从湿气养护箱中取出试模，置于试针下，使试针与净浆表面接触。拧紧螺丝 1～2s 后，突然放松使试针垂直自由地沉入净浆中，观察试针停止下沉或释放试针 30s 时指针的读数。临近初凝时每隔 5min（或更短时间）测定一次，当试针下沉距玻璃板（4±1）mm 时，为净浆达到初凝状态；由水泥全部加入水中至初凝状态的时间为水泥的初凝时间，用"min"表示。

（4）测定终凝时间，为了准确观察试针的下沉状况，在终凝试针上安装一个环形附件。在完成初凝时间测定后，立即将试模连同浆体以平移的方式从玻璃板上取下，翻转180°，直径大端朝上，小端朝下放在玻璃板上，如图15-8所示。再放入养护箱内继续养护，临近终凝时每隔15min（或更短时间）测定一次，至试针沉入试件0.5mm时，即环形附件开始不能在试体上留下痕迹时，为净浆达到终凝状态，由水泥全部加入水中至终凝状态的时间为水泥的终凝时间，用"min"表示。

测定时注意，在最初测定的操作时，应轻轻地扶持金属棒，使其徐徐下降，以防试针撞弯，但应以自由下落为准；在整个测试过程中试针下沉的位置至少要距试模10mm。临近初凝时每隔5min（或更短时间）测定一次，临近终凝时每隔15min（或更短时间）测定一次，到达初凝或终凝时立即重复测一次，当两次结果相同时才能定为初凝，到达终凝时，需要在试体另外两个不同点测试，确认结论相同才能定到达终凝状态。每次测定不能让试针落入原针孔，每次测试完毕须把试针擦净将试模放回湿气养护箱内，整个测试过程中要防止试模受振。

四、体积安定性试验（安定性）Volume stability test（stability）

（一）标准法 Standard method

1. 主要仪器设备 **Key apparatus**

（1）水泥净浆搅拌机。

（2）沸煮箱，有效容积为410mm×240mm×310mm，内设箅板和加热器，能在30±5min内将水箱内的水由室温至沸腾状态保持3h以上，整个试验过程中不需加水。

（3）雷氏夹，雷氏夹用铜板材料制成，如图15-9和图15-10所示，校正雷氏夹时，把一端指针的根部先悬挂在金属丝上，把另一端指针的根部挂上300g质量的砝码时，两端指针针尖之间的距离增加应为（17.5±2.5）mm的范围内，即 $2x=(17.5\pm2.5)$ mm，当去除砝码后针尖的距离恢复至加砝码前的形状和尺寸。

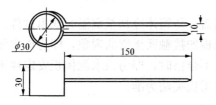

图 15-9 雷氏夹

Fig. 15-9 Le Chatelier apparatus

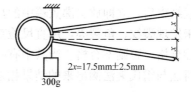

图 15-10 雷氏夹校正图

Fig. 15-10 Emendation drawing of Le Chatelier apparatus

2. 试验方法 **Test method**

（1）准备工作，每个试验需成型两个试件，每个雷氏夹需配备两块边长或直径约80mm、厚度4～5mm的玻璃板，每块玻璃的质量约75～85g，凡与水泥净浆接触的雷氏夹的内表面和玻璃板上稍涂一层机油。

（2）制备试件，把雷氏夹放在玻璃板上，用标准稠度拌制水泥净浆，拌制方法同前。拌和结束后，立即把拌制好的净浆一次装满雷氏夹，装浆时一只手轻轻扶持雷氏夹，另一只手用宽约25mm的直边刀在浆体表面轻轻插捣3次，然后抹平，盖上玻璃板，然后放入湿气养护箱内，养护（24±2）h。

（3）沸煮。

1）调整好沸煮箱内的水量，保证在整个沸煮过程中水位一直超过试件，不能中途加水，同时又保证在（30±5）min 内升温至沸腾。

2）把试件从湿气养护箱内拿出来，从玻璃板上取下雷氏夹试件，先测量雷氏夹指针尖端之间的距离（A），精确到 0.5mm，然后把试件放入沸煮箱中的试架上，指尖朝上，加热至沸腾连续 3h±5min。

3. 结果判别 **Test result judgement**

沸煮结束后，立即放出沸煮箱中的热水，打开箱盖，待箱体冷却到室温时取出试件。测量沸煮后指针尖端之间的距离（C），精确至 0.5mm。当两个试件沸煮后指针尖端之间增加的距离（C−A）的平均值不大于 5.0mm 时，即为该水泥体积安定性合格，否则为不合格。当两个试件的（C−A）值相差超过 4.0mm 时，应该用同一样品立即重做一次试验。

（二）代用法 **Substitution method**

1. 主要仪器设备 **Key apparatus**

同前，但不用雷氏夹。

2. 试验方法 **Test method**

（1）准备工作。每个试验需成型两个试件，每个试件需配备一块玻璃板 100mm×100mm。凡与水泥净浆接触的玻璃上稍涂一层机油。

（2）制备试件。用标准稠度拌制水泥净浆，拌制方法同前。拌和结束后，用净浆团成两个球形，放在玻璃板上，轻轻振动玻璃板使之坍落成圆饼形，用小刀从边缘向中央抹，做成直径为 70~80mm，中高约 10mm，边缘渐薄、表面光滑的试饼，然后放入湿气养护箱内，养护（24±2）h。

（3）沸煮（同前）。把试件从湿气养护箱内拿出来，从玻璃板上取下试饼，检查试饼无缺陷后，放入沸煮箱水中的篦板上，加热至沸腾连续 3h±5min。

3. 结果判别 **Test result judgement**

沸煮结束后，立即放出沸煮箱中的热水，打开箱盖，待箱体冷却至室温时取出试件。观看试饼未发现裂纹、龟裂等，用直尺检查试饼与玻璃板的接触面无弯曲现象，即为该水泥体积安定性合格，否则不合格。当其中有一个试饼结果不合格时，即为该水泥体积安定性不合格，若饼法与雷氏夹法测出来的结果相矛盾时，应以雷氏夹法为准。

五、水泥胶砂强度试验（ISO 法）Cement mortar strength test

（一）主要仪器设备 **Key apparatus**

（1）行星式砂浆搅拌机　应符合 JC/T 681 的要求。

（2）胶砂振实台　应符合 JC/T 682 的要求。

（3）抗折强度试验机　应符合 JC/T 724 的要求。

（4）抗压强度试验机　应符合 JC/T 960 的要求应在较大的 4/5 量程范围内，使用时记录的荷载误差为±1%，并有按（2400±200)N/s 速率的加荷能力。

（5）抗压强度试验机用夹具　应符合 JC/T 683 的要求，受压面积 40mm×40mm，由硬质钢材制作。

（6）试模　为可装卸的三联试模，由底模、侧板和挡板组成，如图 15 - 11 所示。可同时成型三条试件，尺寸为 40mm×40mm×160mm，试模的材质和尺寸应符合 JC/T726 的要求。成型操作时，应在试模上面加有一个壁高 20mm 的金属模套，当从上往下看时，模套壁与试模内壁应该重叠，超出内壁不应大于 1mm。

（7）下料漏斗，由漏斗和模套组成。

（8）雾室或湿箱温度（20±1）℃，相对湿度大于 90%。

（9）三角刮刀、天平等。

（10）养护水池　养护水池（带篦子）的材料不应与水泥发生反应。养护水池水温度保持在（20±1）℃。

（二）试验材料 Test materials

水泥、标准砂、水，其要求同水泥试验的一般规定。水泥样品应储存在气密的容器里，这个容器不应与水泥发生反应。试验前混合均匀。

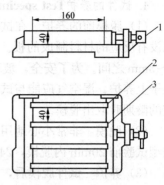

图 15 - 11　试模

Fig. 15 - 11　Die setting

1—底模 bottom die setting

2—侧板 side plate

3—挡板 baffle

（三）砂浆配合比 Mortar mixing proportion

（1）水泥与标准砂的质量比为 1：3。水灰比，对于通用水泥均为 0.5。

（2）每成型一个三联模试件需称量水泥（450±2）g，标准砂（1350±5）g，用水量对于通用水泥均为 225mL。

（四）试验方法 Test method

1. 准备工作 Preparing

成型前将试模擦干净，底模与四周模板的接触面应涂上黄油，内壁均匀地抹一层机油，按一个三联试件称量材料。

2. 胶砂搅拌 Mortar beating up

先使搅拌机处于待工作状态，将水加入锅里，再加入水泥，把锅放在固定架上，上升至固定位置；立即开动搅拌机，低速搅拌 30s 后，在第二个 30s 的开始，均匀地将砂子加入。把机器调至高速再搅拌 30s，停拌 90s，在第一个 15s 内，用一胶皮刮具将叶片和锅壁上的胶砂刮入锅内，再在高速下继续搅拌 60s。

3. 制备试件 Sample prearation

胶砂搅拌结束后立即成型。将空试模和模套固定在振实台上，用料勺将锅壁上的胶砂清理到锅内并翻转搅拌胶砂使其更加均匀，成型时将胶砂分两层装入试模，装第一层时，每个槽里约放 300g 胶砂，先用料勺沿试模长度方向划动胶砂以布满模槽，再用大布料器垂直架在模套顶部，沿每个模槽来回一次将料层布平，振实 60 次。再装入第二层胶砂，用料勺沿试模长度方向划动胶砂以布满模槽，但不能接触已振实胶砂，再用小布料器布平，再振实 60 次。每次振实时可将一块用水湿过拧干、比模套尺寸稍大的棉纱布盖在模套上以防止振实时胶砂飞溅。移走模套，从振实台上取下试模，用一金属直尺以近似 90°的角度并向刮平方向稍斜，架在试模顶的一端，然后沿试模长度方向以横向锯割，并慢慢向另一端移动，将超过试模部分的胶砂刮去。然后在试模上做标记。锯割动作的多少和直尺角度的大小取决于胶砂的稀稠程度，较稠的胶砂需要多次锯割，锯割动作要慢以防止拉动已振实的胶砂。用拧干的湿毛巾将试模端板顶部的胶砂擦拭干净，再用同一直边尺以近乎水平的角度将试体表面抹平。抹平的次数要尽量少，总次数不应超过 3 次。最后将试模周边的胶砂擦除干净。

用毛笔或其他方法对试体进行编号。两个龄期以上的试体，在编号时应将同一试模中的 3 条试体分在两个以上龄期内。

4. 试件的养护 Test specimen curing

（1）脱模前的养护　在试模上盖一块玻璃板，也可用相似尺寸的钢板或不渗水的、和水泥没有反应的材料制成的板。盖板不应与水泥胶砂接触，盖板与试模之间的距离应控制在2～3mm 之间。为了安全，玻璃板应有磨力。立即将做好标记的试模放入雾室或湿箱的水平架子上养护，湿空气应能与试模各边接触。养护时不能把试模放在其他试模上。直到养护规定的龄期时取出脱模。

（2）脱模　非常小心地用塑料榔头或皮榔头对试体脱模。需要测定 24h 龄期的试件，在破型试验前 20min 内脱模，24h 以上龄期的试件，应在成型后 20～24h 脱模。

（3）养护　试件脱模后，立即水平或竖直放在（20±1）℃的水中养护，水平放置时刮平面朝上。试体放在不易腐烂的篦子上，试件之间应保持一定的间距，让水与试体的六个面接触。试件间距和试件上表面的水不得小于 5mm。养护水每两周更换一次。每个养护池只养护同类型的水泥试体。最初用自来水装满养护池（或容器），随后随时加水保持适当的水位。在养护期间，可以更换不超过 50% 的水。

试件的龄期从水泥加入水搅拌开始时算起，各龄期的强度试验在下表时间里进行：

龄期	时间	龄期	时间
1d	24h±15min	7d	7d±2h
2d	48h±30min	28d	28d±8h
3d	3d±45min		

试件从水中取出后，用湿毛巾覆盖至试验前。

5. 抗折强度试验 Flexural strength test

将试件一个侧面放在试验机支撑圆柱上，试件长轴垂直于支撑圆柱，以（50±10）N/s 的速率均匀地垂直地加荷在棱柱体上直至折断，记录破坏荷载，按下式计算抗折强度

$$R_f = 1.5F_f L/b^3$$

式中　R_f——抗折强度，MPa（精确到 0.1MPa）；

　　　F_f——破坏荷载，N；

　　　L——支撑圆柱中心距离，即 100mm；

　　　b——棱柱体正方形截面的边长，mm。

6. 抗压强度试验

用折断的棱柱体做抗压试验，受压面为试体成型时的两个侧面，面积为 40mm×40mm。半截棱柱体中心与压力机压板中心差应在±0.5mm 内，棱柱体露在压板外的部分约有 10mm。以（2400±200）N/s 的速率均匀地加荷直至破坏，记录破坏荷载，按下式计算抗压强度

$$R_c = F_c/A$$

式中　R_c——抗压强度，MPa（精确至 0.1MPa）；

　　　F_c——破坏荷载，N；

　　　A——受压面积，mm²，400mm×400mm＝160000mm²。

（五）试验结果评定 Test result assessing

（1）抗折强度　以三个棱柱试件抗折强度的算术平均值为试验结果。当三个强度值中有

一个超过平均值±10％时，应剔除再取后余下的两个计算算术平均值，并作为抗折强度的试验结果。当三个强度值中有两个超出平均值±10％时，则以剩余一个作为抗折强度结果。单个抗折强度结果精确至 0.1MPa，算术平均值精确至 0.1MPa。

（2）抗压强度　以六个半截棱柱体抗压强度的算术平均值为试验结果。当六个强度值中有一个超出平均值的±10％时，应剔除后取余下的五个计算算术平均值为结果。如果五个强度值中再有超过它们平均值±10％的，则该组试验结果作废。当六个测定值中同时有两个或两个以上超出平均值的±10％时，则此组结果作废。单个抗压强度结果精确至 0.1MPa，算术平均值精确至 0.1MPa。

（3）确定水泥强度等级　根据不同品种的水泥，按规定龄期的抗折、抗压强度确定水泥的强度等级。

第三节　混凝土骨料试验
Section 3　Concrete Aggregate Test

混凝土骨料试验的目的是：评定骨料的质量，并为混凝土配合比设计提供资料。为了获得骨料质量的可靠资料，必须选取具有足够代表性的试样，并应遵守 GB/T 14684～14685—2011《建筑用砂、石》的检验规则。

（1）抽样方法　当从料堆上抽样时，试样可从料堆自上而下的不同方向均匀选取 8（细骨料）～15（粗骨料）点抽样，其试样总量至少应多于试验用量的 1 倍。进行全套试验所需的试样数量：细骨料至少抽取 60kg；粗骨料随粒径不同，至少抽取（100～500）kg。

（2）试样缩分　将所抽试样倒在平板上，在自然状态下拌和均匀，铺成适宜厚度的圆饼（砂）或锥体（碎石），然后按下述四分法选样。在铺好的圆饼（或锥体）上，用铲沿两相互垂直方向，将抽样四等分，取其对角的两份重新拌匀，再铺成圆饼。重复上述过程，直至缩分后的试样略多于试验所需的数量为止。

（3）等级判定　经检验后，其结果符合标准规定的Ⅰ、Ⅱ、Ⅲ类相应技术指标时，可判为相应类别。若其中一项不符合，则应再次从同一批产品中抽样，并对该项进行复检。如复检仍不符合该等级技术指标，则该项目实测等级即为产品的等级。

（4）一般要求　①试样烘至恒量。通常是指相邻二次称量间隔时间不小于 3h 的情况下，前后两次称量之差小于该项试验所要求的称量精度。②试验环境温度。骨料试验允许在 15～30℃室温下进行，水温与室温相同，称量过程中水的温差不得超过 2℃。

一、细骨料颗粒级配试验Size grade distribution test of fine aggregate

试验的目的是通过筛分析来测定砂的颗粒级配，计算细度模数，评定砂质量和进行施工质量控制。

1. 主要仪器设备**Key apparatus**

（1）烘箱：能使温度控制在（105±5）℃；

（2）天平：称量 1000g，感量 1g；

（3）方孔筛：孔径为 0.150mm、0.300mm、0.600mm、1.18mm、2.36mm、4.75mm 及 9.50mm 的筛各一只，并附有筛底和筛盖；

（4）摇筛机、搪瓷盘、毛刷等。

2. 试样制备 **Sample preparation**

用于颗粒级配试验的砂样，颗粒粒径不应该大于 9.50mm。取样前，应先将砂样通过 9.50mm 筛，并算出其筛余百分率。然后取在潮湿状态充分拌匀、用四分法缩分至每份不少于 550g 的砂样两份，在（105±5）℃下烘至恒量，并在干燥器内冷却至室温，分别按下述步骤进行试验。

3. 试验步骤 **Test procedure**

（1）称取烘干试样 $m = 500g$，精确至 1g。将试样倒入按孔径大小顺序排列的套筛的最上一只筛（4.75mm）上（附筛底）。将套筛置于摇筛机上，摇 10min 左右（如无摇筛机，可采用手筛）；取下套筛，按筛孔大小顺序再逐个用手筛，筛至每分钟通过量小于试样总量 0.1% 为止。通过的试样并入下一号筛中，并和下一号筛中的试样一起过筛，这样顺序进行，直至各号筛全部筛完为止。

（2）用毛刷轻轻地刷净各筛上遗留的试样，称出各个筛上的筛余量 m_n，精确至 1g，分别计为 A_1、A_2、A_3、A_4、A_5、A_6。试样在各号筛上的筛余量不得超过按下式计算出的量

$$m'_n = \frac{A \times d^{1/2}}{200}$$

式中　　m'_n——在一个筛上的筛余量，g；

　　　　A——筛面面积，mm^2；

　　　　d——筛孔尺寸，mm。

超过时应按下列方法之一处理：

①将该粒级试样分成少于按上式计算出的量，分别筛分，并以筛余量之和作为该号筛的筛余量。

②将该粒级及以下各粒级的筛余混合均匀，称出其质量，精确至 1g。再用四分法缩分为大致相等的两份，取其中一份，称出其质量，精确至 1g，继续筛分。计算该粒级及以下各粒级的分计筛余量时应根据缩分比例进行修正。

4. 试验结果处理 **Test result processing**

（1）按下式计算各筛上的分计筛余百分数 a_n（精确至 0.1%）

$$a_n = \frac{m_n}{m} \times 100\% (n = 1 \sim 6)$$

$$A_n = \sum_{i=1}^{n} a_n (n = 1 \sim 6)$$

式中　　m_n、a_n、A_n——分别为 4.75mm、2.36mm、1.18mm、0.600mm、0.300mm、0.150mm 筛上的筛余量（g）、分计筛余量、累计筛余量。

　　　　m——烘干试样的质量，为 500g。

（2）按下式计算细度模数 M_x（精确至 0.01）

$$M_x = \frac{(A_2 + A_3 + A_4 + A_5 + A_6) - 5A_1}{100 - A_1}$$

式中　　　　　　　　　M_x——细度模数；

　　A_1、A_2、A_3、A_4、A_5、A_6——分别为 4.75mm、2.36mm、1.18mm、0.600mm、0.300mm、0.150mm 筛的累计筛余百分率。

（3）以两次测值的算术平均值作为试验结果，精确至 1%。细度模数取两次试验结果的

算术平均值，精确至 0.1；如两次试验的细度模数之差超过 0.20 时，须重做试验。

二、细骨料表观密度及吸水率试验 Apparent density and water absorptivity test of fine aggregate

细骨料表观密度（也称为视密度）是包括内部封闭孔隙在内的颗粒单位体积的质量，以 g/cm^3 来表示。按照颗粒含水状态的不同，有干视密度与饱和面干视密度之分。前者是细骨料在完全干燥状态下测得的，后者是颗粒内部孔隙吸水饱和而外表干燥状态下测得的。测定细骨料的表观密度和吸水率，主要供混凝土配合比设计和评定砂料质量用，在应用时须注意两种不同含水状态的区别。

1. 主要仪器设备 Key apparatus

（1）天平：称量 10kg，感量 1g；

（2）容量瓶：500mL；

（3）鼓风烘箱：能使温度控制在（105±5）℃；

（4）玻璃棒、搪瓷盘、滴管、毛刷等。

2. 试样制备 Sample preparation

（1）干试样：将 1000g 左右的细骨料在（105±5）℃烘箱中烘至恒量，并在干燥器内冷却至室温。

（2）饱和面干试样：取 2000g 左右的细骨料，装入搪瓷盘中，注入清水，水面应高出试样 20mm 左右，用玻璃棒轻轻搅拌，排出气泡。静置 24h 后，将清水倒出，摊开砂样，用电吹风机缓缓吹拂暖风，并不时搅拌，使细骨料表面的水分蒸发，直至达饱和面干状态时为止。

（3）饱和面干状态的判定方法：将砂样分两层装入饱和面干试模内（试模放在玻璃板上），第一层装入试模高度的一半，一手按住试模不得移动，另一手用捣棒自试样表面高约 10mm 处自由落下，均匀插捣 13 次；第二层装满试样，再插捣 13 次。然后刮平表面，轻轻将试模垂直提起。当试样呈现图 15 - 12（b）的形状，即为饱

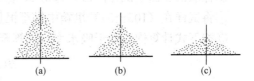

图 15 - 12　试样的坍落形状图

Fig. 15 - 12　Sample slump shape

和面干状态。如试样呈图 15 - 12（a）的形状，说明尚有表面水分，应继续吹风干燥；如试样呈图 15 - 12（c）的形状，说明试样已过分干燥，应喷水 5～10mL，将试样充分拌匀，加盖后静置 30min，再作判定。

3. 试验步骤及结果处理 Test procedure and result processing

（1）表观密度试验 Apparent density test

①称取烘干（或饱和面干试样）试样两份，每份重 300g，精确至 1g，记为 m_1。将试样装入容量瓶，注入冷开水至接近 500mL 的刻度处，用手旋转摇动容量瓶，使砂样充分摇动，排除气泡，塞紧瓶盖，静置 24h；对于饱和面干试样，静置 30min。然后用滴管小心加水至容量瓶 500mL 刻度处，塞紧瓶盖，擦干瓶外水分，称出其质量，精确至 1g，记为 m_2。

②倒出瓶内水和试样，洗净容量瓶，再向容量瓶内注水（应与①中水温相差不超过 2℃，并在 15～25℃范围内）至 500mL 刻度处，塞紧瓶盖，擦干瓶外水分，称出其质量，精确至 1g，记为 m_3。

注：在本试验过程中应测量并控制水的温度，试验的各项称量可在 15～25℃范围内进行。从试样加水

静置的最后 2h 起直至试验结束，其温度相差不应超过 2℃。

③结果处理，按下式计算砂的表观密度，精确至 $10\text{kg}/\text{m}^3$

$$\rho_0 = \left(\frac{m_1}{m_1 + m_3 - m_2} - \alpha_t\right) \times \rho_w$$

式中　ρ_0——干表观密度（或饱和面干表观密度），kg/m^3；

　　　ρ_w——水的密度，$1000\text{kg}/\text{m}^3$；

　　　m_1——烘干（或饱和面干）试样的质量，g；

　　　m_2——试样、水及容量瓶的总质量，g；

　　　m_3——水及容量瓶的总质量，g。

　　　α_t——水温对表观密度影响的修正系数，见表 15 - 1。

表 15 - 1　　　　　　　　不同水温对砂的表观密度影响的修正系数

水温(℃)	15	16	17	18	19	20	21	22	23	24	25
α_t	0.002	0.003	0.003	0.004	0.004	0.005	0.005	0.006	0.006	0.007	0.008

以两次测值的算术平均值作为试验结果，精确至 $10\text{kg}/\text{m}^3$；如两次试验结果之差大于 $20\text{kg}/\text{m}^3$，应重新取样进行试验。

（2）吸水率试验 Water absorptivity test

吸水率是试样在饱和面干状态时所含的水分，以质量百分率表示。通常以烘干试样质量为基准，也可以用饱和面干试样质量为基准，在应用时须注意其区别。

①称取饱和面干试样两份，每份 500g，分别进行试验。

②将试样在 (105 ± 5)℃烘箱中烘至恒量，冷却至室温后，称出其质量。

③按下式计算饱和面干吸水率（计算至 0.1%）

$$\alpha_1 = \frac{m_1 - m_2}{m_2} \times 100\%$$

$$\alpha_2 = \frac{m_1 - m_2}{m_1} \times 100\%$$

式中　α_1——以干试样为基准的吸水率，%；

　　　α_2——以饱和面干试样为基准的吸水率，%；

　　　m_1——饱和面干状态试样的质量，g；

　　　m_2——烘干后试样的质量，g。

④以两次测值的算术平均值作为试验结果。如两次测值之差超过 0.2%时，应重新取样进行试验。

三、细骨料表面含水率试验 Surface water content test of fine aggregate

潮湿状态细骨料的含水率和表面含水率，是现场拌制混凝土时修正用水量及细骨料用量需要应用的资料。含水率与表面含水率的区别在于：含水率是湿砂烘至完全干燥状态时所测得的含水百分率；表面含水率是湿砂风干至饱和面干状态时，所测得的含水百分率。本方法适用于砂料超过饱和面干吸水率的湿砂，并须预先测得砂料饱和面干表观密度。

1. 主要仪器设备 **Key apparatus**

（1）天平：称量 1kg，感量 1g；

（2）容量瓶：1000mL；

（3）搪瓷盘、漏斗、温度计等。

2. 试样制备 Sample preparation

自现场选取代表性的湿砂。

3. 试验步骤 Test procedure

（1）称取湿砂试样两份，每份400g，计为m_1，分别进行试验。

（2）将砂样通过漏斗装入盛半满水的容量瓶内，然后用手旋转容量瓶底部（手和瓶之间应垫毛巾，防止传热），排除气泡，然后加水至容量瓶颈刻度线处，静置片刻，测出瓶中水温（温度计的水银球应插入容量瓶中部），塞紧瓶盖，擦干容量瓶外面水分，称出质量（m_2）。

（3）倒出瓶中的水和砂样，将瓶内外洗净，再向瓶内注水至容量瓶颈刻度线处，塞紧瓶盖，擦干瓶外水分，称其质量（m_3）。

4. 试验结果处理 Test result processing

（1）按下式计算表面含水率（计算至0.1%）

$$w_b = \frac{(\rho_1 - \rho_w)\dfrac{m_1}{\rho_1} - (m_2 - m_3)}{m_2 - m_3} \times 100\%$$

式中 w_b——表面含水率，%；

ρ_1——试样饱和面干表观密度，kg/m³；

ρ_w——水在试验温度下的密度，一般取1000kg/m³；

m_1——湿砂样质量，g；

m_2——湿砂样、水及容量瓶总质量，g；

m_3——水及容量瓶总质量，g。

（2）以两次测值的算术平均值作为试验结果。如两次测值之差超过0.5%，应重新取样进行试验。

四、细骨料堆积密度与空隙率试验 Bulk density and void ratio test of fine aggregate

试验目的是测定细骨料松散状态下的堆积密度，供混凝土配合比设计用，也可用以估计运输工具的数量或存放堆场的面积等，根据堆积密度和表观密度可计算其空隙率。

1. 主要仪器设备 Key apparatus

（1）鼓风烘箱：能使温度控制在（105±5）℃；

（2）天平：称量10kg，感量1g；

（3）容量筒：圆柱形金属筒，内径108mm，净高109mm，壁厚2mm，筒底厚约5mm，容积为1L（如图15-13）；

（4）方孔筛：孔径为4.75mm的筛一只；

（5）垫棒：直径10mm，长500mm的圆钢；

（6）直尺、漏斗或料勺、搪瓷盘、毛刷等。

2. 试验步骤 Test procedure

（1）用搪瓷盘装取试样约3L，放在烘箱中于（105±5）℃下烘干至恒量，待冷却至室温后，筛除大于4.75mm的颗粒，分为大致相等的两份备用。

（2）松散堆积密度：取试样一份，用漏斗或料勺将试样从容量筒中心上方50mm处徐

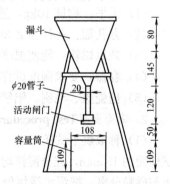

图15-13　标准漏斗及容量筒
Fig. 15-13　Standard funnel and measuring cylinder

徐倒入，让试样以自由落体落下，当容量筒上部试样呈锥体，且容量筒四周溢满时，即停止加料。然后用直尺沿筒口中心线向两边刮平（试验过程应防止触动容量筒），称出试样和容量筒总质量，精确至 1g。

（3）紧密堆积密度：取试样一份分两次装入容量筒。装完第一层后，在筒底垫放一根直径为 10mm 的圆钢，将筒按住，左右交替颠击地面各 25 次。然后装入第二层，第二层装满后用同样方法颠实（但筒底所垫钢筋的方向与第一层时的方向垂直）后，再加试样直至超过筒口，然后用直尺沿筒口中心线向两边刮平，称出试样和容量筒总质量，精确至 1g。

3. 试验结果处理 Test result processing

（1）按下式计算细骨料的松散或紧密堆积密度（计算至 $10kg/m^3$）

$$\rho_1 = \frac{m_1 - m_2}{V}$$

式中　ρ_1——松散堆积密度或紧密堆积密度，kg/m^3；

　　　m_1——容量桶和试样总质量，g；

　　　m_2——容量筒质量，g；

　　　V——容量桶的容积，L。

（2）按下式计算空隙率 P'（%）（精确至 1%）

$$P' = \left(1 - \frac{\rho_1}{\rho_0}\right) \times 100\%$$

式中　P'——空隙率，%；

　　　ρ_1——试样的松散（或紧密）干堆积密度，kg/m^3；

　　　ρ_0——试样的表观密度，kg/m^3。

（3）堆积密度取两次试验结果的算术平均值，精确至 $10kg/m^3$。空隙率取两次试验结果的算术平均值，精确至 1%。

五、细骨料泥含量试验 Percentage of sediment test of fine aggregate

泥含量包括黏土、淤泥及石屑含量，它是出厂检验的一个质量指标。

1. 主要仪器设备 Key apparatus

（1）天平：称量 10kg，感量 1g；

（2）方孔筛：孔径为 2.36mm 及 4.75mm 筛各一只；

（3）鼓风烘箱：能使温度控制在（105±5）℃；

（4）容器：要求淘洗试样时，保持试样不溅出（深度大于 250mm）；

（5）搪瓷盘、毛刷、铝铲等。

2. 试验步骤 Test procedure

（1）称取烘干试样 500g，精确至 0.1g。将试样倒入淘洗容器中，注入清水，使水面高于试样面约 150mm，充分搅拌均匀后，浸泡 2h，然后用手在水中淘洗试样，使尘屑、淤泥和黏土与砂粒分离，把浑水缓缓倒入 1.18mm 及 $75\mu m$ 的套筛上（1.18mm 筛放在 $75\mu m$ 筛上面），滤去小于 $75\mu m$ 的颗粒。试验前筛子的两面应用水润湿，在整个过程中应小心防止砂粒流失。

（2）再向容器中注入清水，重复上述操作，直至容器内的水目测清澈为止。

（3）用水淋洗剩余在筛上的细粒，并将 $75\mu m$ 筛放在水中（使水面略高出筛中砂粒的上表面）来回摇动，以充分洗掉小于 $75\mu m$ 的颗粒，然后将两只筛的筛余颗粒和清洗容器中已经洗净的试样一并倒入搪瓷盘，放在烘箱中于（105±5）℃下烘干至恒量，待冷却至室温后，称出其质量，精确至 0.1g。

3. 试验结果处理 **Test result processing**

泥含量 Q_b 按下式计算（计算至 0.1%）

$$Q_b = \frac{m_1 - m_2}{m_1} \times 100\%$$

式中　Q_b——泥块含量，%；

　　　m_1——试验前的烘干试样的质量，g；

　　　m_2——试验后烘干试样的质量，g。

以两次试验测值的算术平均值作为试验结果。若两次测定值之差超过 0.5%，须重新取样试验。

六、粗骨料表观密度及吸水率试验 Apparent density and water absorptivity test of coarse aggregate

粗骨料表观密度（也称视密度）是其颗粒（包括内部封闭孔隙）的单位体积质量。粗骨料的表观密度可以反映骨料的坚实、耐久程度，因此是一项技术指标。同时，表观密度和吸水率还可供混凝土配合比设计之用。

1. 主要仪器设备 **Key apparatus**

（1）方孔筛：孔径为 4.75mm 的筛一只；

（2）吊篮：直径和高度均为 150mm，由孔径为 1～2mm 的筛网或钻有 2～3mm 孔洞的耐腐蚀金属板制成；

（3）盛水容器：有溢流孔；

（4）台秤：称量 5kg，感量 5g；其型号及尺寸应能允许在臂上悬挂盛试样的吊篮，并能将吊篮放在水中称量；

（5）鼓风烘干机、温度计、搪瓷盘，毛巾等。

2. 试验步骤 **Test procedure**

（1）按规定取样，并缩分至略大于表 15-2 规定的数量，风干后筛除小于 4.75mm 的颗粒，然后洗刷干净，分为大致相等的两份备用。

表 15-2　　　　　　　　　　表观密度试验所需试样数量

Tab. 15-2　　　　　　　Sample quantity needed for apparent density test

最大粒径，mm	小于 26.5	31.5	37.5	63.0	75.0
最少试样质量，kg	2.0	3.0	4.0	6.0	6.0

（2）取试样一份装入吊篮，并浸入盛水的容器中，液面至少高出试样表面 50mm。浸水 24h 后，移放到称量用的盛水容器中，并用上下升降吊篮的方法排除气泡（试样不得露出水面）。吊篮每升降一次约 1s，升降高度为 30～50mm。

（3）测定水温后（此时吊篮应全浸在水中），准确称出吊篮及试样在水中的质量，精确至 5g。称量时盛水容器中水面的高度由容器的溢流孔控制。

（4）提起吊篮，将试样倒入浅盘，放在烘箱中于（105±5）℃下烘干至恒温，待冷至室温后，称出其质量，精确至 5g。

（5）称出吊篮在同样温度的水中的质量，精确至 5g。称量时盛水容器的水面高度仍由溢流孔控制。

3. 试验结果处理 Test result processing

（1）按下式分别计算表观密度（计算至 10kg/m³）

$$\rho_0 = \frac{G_0}{(G_0 + G_2 - G_1)} - \alpha_t \times \rho_w$$

式中　ρ_0——表观密度，kg/m³；

G_0——烘干后试样的质量，g；

G_1——吊篮及试样在水中的质量，g；

G_2——吊篮在水中的质量，g；

ρ_w——1000kg/m³；

α_t——水温对表观密度影响的修正系数，见表 15-1。

（2）按下列公式分别计算以干试样为基准的吸水率和以饱和面干试样为基准的吸水率（计算至 0.1%）

$$\alpha_1 = \frac{G_3 - G_0}{G_0} \times 100\%$$

$$\alpha_2 = \frac{G_3 - G_0}{G_3} \times 100\%$$

式中　α_1——以干料为基准的吸水率，%；

α_2——以饱和面干状态为基准的吸水率，%；

G_0——烘干试样质量，g；

G_3——饱和面干试样在空气中质量，g。

（3）以两次试验测值的算术平均值作为试验结果。两次测值之差大于 20kg/m³ 或两次吸水率试验测值相差大于 0.2% 时，须重新试验。

七、粗骨料堆积密度与空隙率试验 Bulk density and void ratio test of coarse aggregate

粗骨料的堆积密度有松散堆积密度和紧密堆积密度之分，它的大小是粗骨料级配优劣和空隙多少的重要标志，且是进行混凝土配合比设计的必要资料。此外，还可根据它计算粗骨料在松散状态下的质量和体积，或用以估计运输工具的数量及存放堆场面积等。

1. 主要仪器设备 Key apparatus

（1）台秤：称量 10kg，感量 10g；

（2）磅秤：称量 50kg 或 100kg，感量 50g；

（3）垫棒：直径 16mm、长 600mm 的圆钢；

（4）容量筒：规格见表 15-3；

（5）直尺、小铲等。

表 15-3　　　　　　　　　　容量筒的规格要求
Tab. 15-3　　　　　　　　　Specification requirement of capability tube

最大粒径，mm	容量筒容积（L）	容量筒规格		
		内径（mm）	净高（mm）	壁厚（mm）
9.5, 16.0, 19.0, 26.5	10	208	294	2
31.5, 37.5	20	294	294	3
53.0, 63.0, 75.0	30	360	294	4

2. 试验步骤**Test procedure**

（1）按规定取样：当骨料最大粒径为 9.5～26.5mm、31.5～37.5mm、63～80mm，分别取不少于 40、60、80、120kg 试样，烘干或风干后，拌匀并把试样分为大致相等两份备用。

（2）松散堆积密度：取试样一份，用小铲将试样从容量筒口中心上方 50mm 处徐徐倒入，让试样以自由落体落下，当容量筒上部试样呈锥体，且容量筒四周溢满时，即停止加料。除去凸出容量筒口表面的颗粒，并以合适的颗粒填入凹陷部分，使表面稍凸起部分和凹陷部分的体积大致相等（试验过程应防止触动容量筒），称出试样和容量筒总质量。

（3）紧密堆积密度：取试样一份分为三次装入容量筒。装完第一层后，在筒底垫放一根直径为 16mm 的圆钢，将筒按住，左右交替颠击地面各 25 次，再装入第二层，第二层装满后用同样方法颠实（但筒底所垫钢筋的方向与第一层时的方向垂直），然后装入第三层，如法颠实。试样装填完毕，再加试样直至超过筒口，用钢尺沿筒口边缘刮去高出的试样，并用适合的颗粒填平凹处，使表面稍凸起部分与凹陷部分的体积大致相等。称取试样和容量筒的总质量，精确至 10g。

3. 试验结果处理**Test result processing**

（1）按下式计算紧密（或松散）堆积密度（计算至 $10kg/m^3$）

$$\rho_1 = \frac{G_1 - G_2}{V}$$

式中 ρ_1——松散堆积密度或紧密堆积密度，kg/m^3；

     G_1——容量筒和试样的总质量，g；

     G_2——容量筒质量，g；

     V——容量桶的容积，L。

（2）按下式计算空隙率 P'（%）（计算至 1%）

$$P' = \left(1 - \frac{\rho_1}{\rho_0}\right) \times 100\%$$

式中 P'——空隙率，%；

     ρ_1——试样的松散（或紧密）堆积密度，kg/m^3；

     ρ_0——试样的干表观密度，kg/m^3。

（3）堆积密度取两次试验测定值的算术平均值作为试验结果，精确至 $10kg/m^3$。空隙率取两次试验结果的算术平均值，精确至 1%。

八、粗骨料颗粒级配试验Size grade distribution test of coarse aggregate

粗骨料颗粒级配试验目的是：通过筛分，测定卵石或碎石的颗粒级配。

1. 主要仪器设备**Key apparatus**

（1）方孔筛：孔径为 2.36mm、4.75mm、9.50mm、16.0mm、19.0mm、26.5mm、31.5mm、37.5mm、53.0mm、63.0mm、75.0mm 及 90mm 的筛各一只，并附有筛底和筛盖（筛框内径为 300mm）；

（2）鼓风烘箱：能使温度控制在（105±5）℃；

（3）台秤：称量 10kg，感量 1g；

（4）摇筛机：电动振动筛，振幅（0.5±0.1）mm，频率（50±3）Hz；

（5）搪瓷盘、毛刷等。

2. 试验步骤**Test procedure**

（1）按规定取样，并将试样缩分至略大于表 15-4 规定的数量，烘干或风干后备用。

表 15 - 4   颗粒级配试验所需试样数量
Tab. 15 - 4   Sample quantity needed for grain composition test

最大粒径（mm）	9.5	16.0	19.0	26.5	31.5	37.5	63.0	75.0
最少试样质量（kg）	1.9	3.2	3.8	5.0	6.3	7.5	12.6	16.0

（2）用四分法选取按上表规定数量的烘干（风干）试样两份，精确到 1g。将试样倒入按孔径大小从上到下组合的套筛上，然后进行筛分。

（3）将套筛置于摇筛机上，摇 10min；取下套筛，按筛孔大小顺序再逐个用手筛，筛至每分钟通过量小于试样总量 0.1％为止。通过的颗粒并入下一号筛中，并和下一号筛中的试样一起过筛，这样顺序进行，直至各号筛全部筛完为止。

（4）称出各号筛的筛余量，精确至 1g。

3. 试验结果处理Test result processing

（1）计算分计筛余百分率：各号筛的筛余量与试样总质量之比，计算精确至 0.1％。

（2）计算累计筛余百分率：该号筛的筛余百分率加上该号筛以上各分计筛余百分率之和，精确至 1％。筛分后，如每号筛的筛余量与筛底的筛余量之和同原试样质量之差超过 1％时，须重新试验。

（3）根据各号筛的累计筛余百分率，评定该试样的颗粒级配。

第四节　新拌混凝土试验
Section 4　Fresh Concrete Test

新拌混凝土的性能直接关系到施工工艺的选择及混凝土的施工质量，对硬化后混凝土的物理力学性能也有重大影响。本试验包括新拌混凝土的和易性、表观密度、凝结时间试验以及水灰比分析等。

一、新拌混凝土的拌制Malaxation of fresh concrete

（一）取样Sampling

（1）同一组新拌混凝土的取样应从同一盘混凝土或同一车混凝土中取样。取样量应多于试验所需量的 1.5 倍，且不宜小于 20L。

（2）新拌混凝土的取样应具有代表性，宜采用多次采样的方法。一般在同一盘混凝土或同一车混凝土中的约 1/4 处、1/2 处和 3/4 处之间分别取样，从第一次取样到最后一次取样不宜超过 15min，然后人工搅拌均匀。

（3）从取样完毕到开始做各项性能试验不宜超过 5min。

（二）试样的制备Sample preparation

（1）在试验室制备新拌混凝土时，拌和时实验室的温度应保持在（20±5）℃，所用材料的温度应与实验室温度保持一致。

（2）实验室拌和混凝土时，材料用量应以质量计。称量精度：骨料为±1％；水、水泥、掺合料、外加剂均为±0.5％。

（3）新拌混凝土的制备应符合 JGJ 55—2011《普通混凝土配合比设计规程》中的有关规定。

（4）拌和混凝土用的各种用具（搅拌机、钢板和铁铲等），应事先清洗干净并保持表面润湿。

（5）砂石骨料用量以饱和面干状态为准（或以干燥状态为准）。

（6）从试样制备完毕到开始做各项性能试验不宜超过 5min。

（三）拌制新拌混凝土的方法Mixing method of fresh concrete

1．人工拌和Handwork mixing

（1）人工拌和在钢板上进行，一般用于拌和数量较少的混凝土，拌和前应将钢板及铁铲清洗干净，并保持表面湿润。

（2）将称好的砂料、胶凝材料（水泥和掺合料预先拌制均匀）倒在钢板上，用铁铲翻拌至颜色均匀，再放入称好的石料与之拌和，至少翻拌三次，然后堆成锥形。将中间扒成凹坑，加入拌和用水（外加剂一般先溶于水），小心拌和，至少翻拌六次，每翻拌一次后，用铁铲将全部拌和物铲切一次。拌和从加水完毕时算起，应在 10min 内完成。

2．机械拌和Mechanical mixing

（1）机械拌和在搅拌机中进行。拌和前应将搅拌机冲洗干净，并预拌少量同种混凝土拌和物或水胶比相同的砂浆，使搅拌机内壁挂浆，后将剩余料卸出。

（2）将称好的石料、胶凝材料、砂料、水（外加剂一般先溶于水）依次加入搅拌机，开动搅拌机搅拌 2～3min。

（3）将拌好的新拌混凝土卸在钢板上，刮出黏结在搅拌机上的拌和物，用人工翻拌 2～3 次，使之均匀。

二、新拌混凝土和易性试验Fresh mixed concrete workability test

新拌混凝土和易性试验的目的是检验新拌混凝土是否满足施工所要求的流动性、黏聚性和保水性等。

和易性试验常用的有坍落度试验和维勃稠度（工作度）试验。

（一）坍落度试验Slump constant test

坍落度试验是以标准截圆锥形新拌混凝土的坍陷值，来确定拌和物的流动性，并根据试验过程中的感触和观察，判定其黏聚性和保水性的好坏。这种方法适用于骨料最大粒径不超过 40mm、坍落度值不少于 10mm 的塑性混凝土。当骨料最大粒径超过 40mm 时，应用湿筛法，将大于 40mm 的颗粒剔除再进行试验（并作记录）。

1．主要仪器设备Key apparatus

（1）坍落度筒：用 2～3mm 厚的铁皮制成。筒内壁光滑，筒的上下面相互平行，并垂直于轴线。上口直径 100mm、下口直径 200mm、高 300mm。筒外壁上部焊有两只手柄，下部焊有两片踏脚板。

（2）弹头捣棒：直径 16mm、长 650mm 的钢棒，端部磨圆。

2．试验步骤Test procedure

（1）润湿坍落度筒的内壁及拌和钢板的表面，并将筒放在钢板上，用双脚踏紧踏脚板。

（2）将拌好的新拌混凝土分 3 层装入筒内，每层体积大致相等或每层高度大致相等（捣实后每层高度均为 100mm 左右）。装入的试样须均匀并具有代表性；每装 1 层，用捣棒垂直插捣 25 次，插捣应在筒内全部面积上，由边缘到中心，沿螺旋方向均匀进行（底层插捣到底，上一层则应插到下一层表面以下 10～20mm）；顶层插捣时，如混凝土沉落到低于筒口，则应随时添加。捣完后，用镘刀将新拌混凝土沿筒口抹平，并清除筒外周围的混凝土。

（3）在 5～10s 内将坍落度筒徐徐垂直、平稳地提起，不得歪斜，坍落度筒的提离过程
应在 5～10s 内完成。从开始装料到提起坍落度筒的整个过程应在 150s 内完成。

（4）将坍落度筒轻放于试样旁边，当试样不再坍落时，用钢尺量出筒高与试体最高点之
差，此值即为坍落度值。量测准确至 1mm，结果表达精确至 5mm。

（5）整个坍落试验应连续进行，并应在 2～3min 内完成。

（6）如混凝土试体发生崩坍或一边剪切现象，则应取试样其余部分再做试验。如第二次
试验仍出现上述现象，则表示该混凝土黏聚性及保水性不良，应予记录备查。

（7）观察新拌混凝土的黏聚性及保水性。对黏聚性及保水性不良的混凝土，所测得的坍
落度值不能作为新拌混凝土和易性的评定指标。

黏聚性：用捣棒在已坍落的混凝土锥体一侧轻打，如果轻打后锥体渐渐下沉，表示黏聚
性良好；如果锥体突然倒塌、部分崩裂或发生石子离析，即表示黏聚性不好。

保水性：坍落度筒提起后，如有较多稀浆从底部析出，混凝土试体因失浆而骨料外露，
则表示保水性不好；如坍落度筒提起后无稀浆或仅有少量稀浆自底部析出，锥体混凝土含浆
饱满，则表示保水性良好。

（8）当新拌混凝土的坍落度大于 220mm 时，用钢尺测量新拌混凝土扩展后最终的最大
直径和最小直径，在这两个直径之差小于 50mm 的条件下，用其算术平均值作为坍落扩展
度值；否则，此次试验无效。如果发现粗骨料在中央集堆或边缘有水泥浆析出，表示此新拌
混凝土抗离析性不好，应予记录。

（二）维勃稠度（工作度）试验Vebe consistency（placeability）test

测定新拌混凝土维勃稠度的目的是用以评定新拌混凝土的和易性。维勃稠度是指按标准
方法成型的截头圆锥形新拌混凝土，经振动至摊平状态时所需的时间（s）。维勃稠度值小
者，流动性较好。本试验适用于测定骨料最大粒径不超过 40mm、坍落度小于 10mm、维勃
稠度在 5～30s 之间的新拌混凝土的稠度。当骨料最大料径超过 40mm 时，应用湿筛法剔除
粒径大于 40mm 的颗粒（并作记录），然后进行试验。

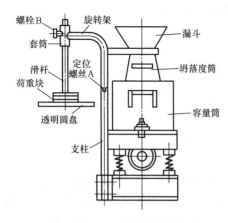

图 15 - 14 维勃稠度测定仪
Fig. 15 - 14 Vebe apparatus

1. 主要仪器设备Key apparatus

维勃稠度测定仪（图 15 - 14）由以下几部分组
成：①振动台长 380mm，宽 260mm，振动频率
（50±3.3）Hz，空载振幅（0.5±0.1）mm；②容量
桶，内径（240±3）mm、高（200±2）mm、壁厚
3mm、底厚 7.5mm 的金属圆筒，筒两侧有手柄，底部
可固定于振动台上；③无踏脚板的坍落度筒（尺寸同
标准坍落度筒）；④透明圆盘（可用无色有机玻璃制
成）；⑤配重及滑动部分总质量为（2750±50）g，滑
杆上有刻度以测读混凝土的坍落度；⑥旋转架等组成。

2. 试验步骤Test procedure

（1）按前述方法制备好新拌混凝土，骨料粒径
大于 40mm 时，用湿筛法剔除，也可用人工剔除。

并用湿布将容量筒、坍落度筒及漏斗内壁湿润。

（2）将容量筒用螺母固定于振动台台面上。把坍落度筒放入容量筒内并对中，然后把漏斗旋转到筒顶位置并把它坐落在坍落度筒的顶上，拧紧螺丝 A，以保证坍落度筒不能离开容量筒底部。

（3）将新拌混凝土试样用小铲分三层经漏斗装入坍落度筒，装料及插捣的方法同坍落度试验。三层插捣完毕后将 A 螺丝松开，漏斗旋转 90 度，然后再将螺丝 A 拧紧。用镘刀刮平顶面。

（4）将坍落度筒小心缓慢地竖直提起，让混凝土慢慢坍陷，放松螺丝 A，把透明圆盘转到坍陷的混凝土锥体上部，小心下降圆盘直至与新拌混凝土面接触，拧紧螺栓 B。此时可从滑杆刻度上读出坍落度数值。

（5）重新拧紧螺丝 A，放松螺栓 B，开动振动台，同时用秒表记录时，当透明圆盘的整个底面都与水泥浆接触时（允许存在少量闭合气泡），立即卡停秒表，关闭振动台。

（6）记录秒表上的时间，精确至 1s。由秒表读出的时间（s）即为新拌混凝土的维勃稠度值。

三、新拌混凝土表观密度试验Apparent density test of fresh mixed concrete

新拌混凝土的表观密度是混凝土的重要指标之一。拌制一立方米混凝土所需各种材料用量，需根据表观密度计算。当已知所用材料的密度时，还可由此推算出新拌混凝土的含气量。

1. 主要仪器设备 **Key apparatus**

（1）容量桶：金属制成的圆桶，两旁装有提手。对骨料最大粒径不大于 40mm 的新拌混凝土，采用容积为 5L 的容量桶，其内径与内净高均为（186±2）mm，筒壁厚 3mm；骨料最大粒径大于 40mm 时，容量桶的内径、净高均应大于最大粒径的 4 倍。容量筒上缘及内壁应光滑平整，顶面与底面应平行并与圆柱体的轴垂直。

（2）台秤：称量 50kg，感量 50g。

（3）振动台、捣棒、厚玻璃板等。

2. 试验步骤 **Test procedure**

（1）用湿布把容量筒内外擦干净，称出容量筒的质量，精确至 50g。

（2）混凝土的装料及捣实方法应根据拌和物的稠度而定。坍落度不大于 70mm 的混凝土，用振动台振实为宜；大于 70mm 的用捣棒捣实为宜。采用捣棒捣实时，应根据容量筒的大小决定分层与插捣次数：用 5L 容量筒时，新拌混凝土应分两层装入，每层的插捣次数应为 25 次；用大于 5L 的容量筒时，每层混凝土的高度不应大于 100mm，每层插捣次数应按每 10000mm^2 截面不小于 12 次计算。各次插捣应由边缘向中心均匀地插捣，插捣底层时捣棒应贯穿整个深度，插捣第二层时，捣棒应插透本层至下一层的表面；每一层捣完后用橡皮锤轻轻沿容器外壁敲打 5～10 次，进行振实，直至拌和物表面插捣孔消失并不见大气泡为止。

采用振动台振实时，应一次将新拌混凝土灌到高出容量筒口，装料时可用捣棒稍加插捣，振动过程中如混凝土低于筒口，则应随时添加混凝土，振动直至表面出浆为止。

（3）用刮尺将筒口多余的新拌混凝土刮去，表面如有凹陷应填平；将容量筒外壁擦净，称出混凝土试样与容量筒总质量，精确至 50g。

3. 试验结果处理 **Test result processing**

按下式计算混凝土拌和物的实测表观密度 ρ_h（计算精确至 10kg/m^3 或 0.01kg/L）

$$\rho_h = \frac{W_2 - W_1}{V} \times 1000$$

式中　ρ_h——表观密度，kg/m^3；

W_2 ——容量筒和试样总质量，kg；

W_1 ——容量筒的质量，kg；

V ——容量桶的容积，L。

四、新拌混凝土含气量试验（气压法）Fresh mixed concrete air content test（pneumatic process）

混凝土含气量的多少，对其和易性、强度及耐久性均有很大的影响，是控制混凝土质量的重要指标之一。含气量试验方法有气压法、水压法、体积法等。本试验仅介绍较常用的气压法。

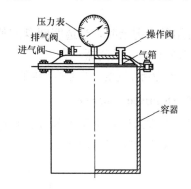

图 15-15 混凝土含气仪（气压式）
Fig. 15-15 concrete entrained air instruments（vapor-pressure type）

气压法系根据波义耳定律，从空气的压力和体积变化的关系来求新拌混凝土中的空气含量。适用于骨料最大料径不大于 40mm 的塑性混凝土。当骨料最大粒径超过 40mm 时，应用湿筛法剔除粒径大于 40mm 的颗粒，并根据混凝土配合比将所测得的试样含气量换算为混凝土含气量。

1. 主要仪器设备 **Key apparatus**

（1）混凝土含气仪（气压式）（图 15-15）：由容器及容器盖组成。容器盖子的内部是空的（作为气箱），顶部附有操作阀，能使空气从气箱进入容器；另装有进气阀、排气阀及最大读数为 0.2 的压力表。

（2）捣实设备：振动台、捣棒。

（3）磅秤（称量 50kg，感量 50g）、架盘天平（称量 1kg 或 2kg，感量 1g）、打气筒、木槌、水桶、镘刀、刮尺和玻璃板等。

2. 试验步骤 **Test procedure**

（1）率定仪器。

1）求量钵的容积：称取量钵和玻璃板的总质量，将量钵加满水，用玻璃板沿钵顶徐徐平推将钵口盖住，使量钵内盛满水而玻璃板下面无气泡，擦干外部并称其质量。两次质量之差即为量钵所装水的质量，除以该温度下水的密度即得量钵的容积（一般可取水的密度为 1kg/L）。去掉玻璃板并保持量钵满水。

2）拧紧盖上的阀门，加橡皮垫圈，盖严钵盖。

3）打开进气阀，用打气筒往气箱内打气加压，使压强稍大于 0.1MPa，然后用排气阀调整为 0.1MPa。

4）松开操作阀，使气室的压缩气体进入量钵内，测读压力表读数（准至 0.01MPa）。此时指针所指之处相当于含气量为 0% 的起点线。

5）打开排气阀放气，打开钵盖分别抽出量钵容积 1%、2%、3%、4%、…、8% 的水量，分别重复进行上述率定，可读得相当于 1%、2%、3%、4%、…、8% 含气量的压力表读数。

6）以压力表读数为纵坐标，含气量为横坐标，绘制含气量与压力表读数关系曲线。

（2）把率定好的含气量测定仪的内壁润湿，将拌好的新拌混凝土均匀适量地装入量钵内。用振动台振实，振捣时间以 15s～30s 为宜（如采用人工捣实，可将拌和物分两层装入，每层插捣 25 次）。

（3）刮去表面多余的新拌混凝土，用镘刀抹平，并使表面光滑无气泡。

（4）擦净量钵边缘，在操作阀孔处贴一塑料膜，垫好橡皮圈，盖严钵盖，保持不漏气。

（5）关好操作阀，用打气筒往气箱中打气加压至稍大于 0.1MPa，然后用排气阀调整压力表至 0.1MPa。

（6）松开操作阀，待压力表指针稳定后，测读压力表读数，用测读压力表读数从已绘制的含气量与压力表读数关系曲线上查出含气量 A_1。

（7）测定骨料校正因素（C）：骨料校正因素随骨料种类而变化。

1）按以下两式计算出装入量钵中的砂石质量

$$G_{S1} = \frac{G_S V_0}{1000 - G_3/\rho_G}$$

$$G_{G1} = \frac{(G_1 + G_2)V_0}{1000 - G_3/\rho_G}$$

式中　　G_{S1}、G_{G1}——分别表示装入量钵中的砂石质量，kg；

　　　　　G_S——每立方米混凝土中用砂量，kg/m³；

　　　G_1、G_2、G_3——分别为每立方米混凝土中 5～20mm、20～40mm 及大于 40mm 的石子用量，kg/m³；

　　　　　ρ_G——大于 40mm 的石子表观密度，kg/m³；

　　　　　V_0——量钵容积，L。

由以上两式计算出的砂、石用量以饱和面干状态为准，实际用量还需根据砂石料的含水情况进行修正。按修正后的砂、石用量称取砂、石料。

2）量钵中先盛 1/3 高度的水，将称取的砂石料混合并逐渐加入量钵中，边加料边搅拌以排气，每当水面升高 25mm 时，用捣棒轻捣 10 次，骨料全部加入后，再浸泡 5min，再加水至满，然后除去水面泡沫，擦净量钵边缘，加橡皮圈，盖紧钵盖，使密不透风。按测定新拌混凝土含气量的步骤测定此时的含气量，即骨料校正因素 C。

3. 试验结果处理 **Test result processing**

（1）按下式计算新拌混凝土的含气量 A（计算至 0.1%）

$$A = A_1 - C$$

式中　A——拌和物的含气量，%；

　　A_1——仪器测得的拌和物的含气量，%；

　　C——骨料校正因素，%。

（2）以两次测值的算术平均值作为试验结果，如两次含气量测值相差 0.5% 以上时，应找出原因，重做试验。

五、新拌混凝土凝结时间试验（贯入阻力法）Fresh concrete setting time test（penetration resistance method）

测定不同原材料、不同配合比以及不同气温条件下新拌混凝土的初凝与终凝时间，对施工现场控制混凝土生产流程具有重要意义。

1. 主要仪器设备 **Key apparatus**

（1）贯入阻力仪（图 15-16）：100kg 的贯入仪，读数精度 1kg。测针长 100mm，在距贯入端 25mm 处有明显的标记，测针的承压面积有 100mm²、50mm²、20mm² 三种。也可采用其他形式的贯入阻力仪。

图 15-16　贯入阻力仪
Fig. 15-16　Penetration
resistance instruments

（2）砂浆桶：上口内径 160mm、下口内径 150m、净高 150mm 的刚性不透水的金属圆筒，并配有盖子。也可采用边长 150mm 不漏浆的立方体试模。

（3）标准筛：孔径为 5mm 的符合《试验筛》GB/T 6005 规定的金属圆孔筛。

（4）振动台、捣棒、吸液管、温度计、钟表等。

2. 试验步骤 Test procedure

（1）按前述方法拌制好新拌混凝土，加水完毕时开始计时。用 5mm 筛从拌和物中筛取砂浆，每次应筛净，并拌和均匀。将砂浆一次分别装入三个砂浆试样筒中，经振捣（或插捣 25 次）使其密实。砂浆表面应低于筒口约 10mm。编号后置于温度为（20±3）℃的环境中，加盖玻璃板或湿麻袋。在其他较为恒定的温度、湿度环境中进行试验时，应在试验结果中加以说明。

（2）从混凝土拌和加水完毕时起经 2h 开始贯入阻力测试。在测试前 2min 将砂浆筒底一侧垫高 20mm，使筒倾斜，用吸液管吸去表面泌水，吸水后平稳地复原。

（3）测试时，将砂浆筒置于磅秤上，读记砂浆与筒总质量作为基数。然后将测针端部与砂浆表面接触，按动手柄，徐徐贯入，经（10±2）s 使测针贯入砂浆深度（25±2）mm，读记磅秤显示的最大示值，此值扣除砂浆和筒的总质量即得贯入压力。每支砂浆筒每次测 1~2 个点。

（4）测试过程中按贯入阻力大小，以测针承压面积从大到小的次序更换测针，参考表 15-5 的规定。

表 15-5　　　　　　　　　　测 针 选 用 参 考 表
Tab. 15-5　　　　　　Referenced table of point gauge's selection

贯入阻力（MPa）	0.2~3.5	3.5~20	20~28
测针截面积（mm²）	100	50	20

（5）此后每隔 1h 测一次，或根据需要规定测试的间隔时间。测点间距应大于 15mm。临近初凝及终凝时间时，应适当缩短测试间隔时间。如此反复进行，直至贯入阻力大于 28MPa 为止。

3. 试验结果处理 Test result processing

（1）按下式计算贯入阻力

$$f_{PR} = \frac{P}{A}$$

式中　　f_{PR}——贯入阻力，MPa；

　　　　P——贯入压力，N；

　　　　A——相应的贯入仪测针截面积，mm²。

（2）以贯入阻力为纵坐标，测试时间为横坐标，绘制贯入阻力与时间关系曲线。

（3）以 3.5MPa 及 28MPa 划两条平行于横坐标的直线，直线与曲线交点的横坐标值，即分别为初凝和终凝时间。

（4）以三个试件测值的平均值作为试验结果。若三个测值中有一个与中间值之差超过 30min，取中间值作为该组试验的凝结时间；若最大、最小测值与中间值之差均超过 30min

时，则该组试验结果无效，应重做。

六、新拌混凝土配合比分析试验（水洗分析法）Fresh concrete mix proportions analysis test（washing analysis method）

测定新拌混凝土的水灰比，是现场混凝土质量控制的一个重要指标。通过它可以及时了解水灰比的波动情况。本方法适用于用水洗分析法测定普通新拌混凝土中四大组分（水泥、水、砂、石）的含量，但不适用于骨料含泥量波动较大以及用特细砂、山砂和机制砂配制的混凝土。

1. 主要仪器设备 **Key apparatus**

（1）托盘天平：称量 5kg，感量 5g。

（2）广口瓶：容积为 2000mL 的玻璃瓶，并配有玻璃盖板。

（3）标准筛：孔径为 5mm 和 0.16mm 的标准筛各 1 个。

（4）试样筒：容积为 5L 和 10L 的容量筒并配有玻璃盖板。

（5）台秤：称量 50kg、感量 50g 和称量 10kg、感量 5g 各一台。

2. 预备试验 **Preparation test**

在进行本试验前，应对下列混凝土原材料进行有关试验项目的测定：

（1）测定水泥表观密度；

（2）测试粗骨料、细骨料饱和面干状态的表观密度；

（3）细骨料修正系数应按下述方法测定：

向广口瓶中注水至筒口，再一边加水一边徐徐推进玻璃板，注意玻璃板下不带有任何气泡，盖严后擦净板面和广口瓶壁的余水，如玻璃板下有气泡，必须排除。测定广口瓶、玻璃板和水的总质量后，取具有代表性的两个细骨料试样，每个试样的质量为 2kg，精确至 5g。分别倒入盛水的广口瓶中，充分搅拌、排气后浸泡约半个小时；然后向广口瓶中注水至筒口，再一边加水一边徐徐推进玻璃板，注意玻璃板下不得带有任何气泡，盖严后擦净板面和瓶壁的余水，称得广口瓶、玻璃板、水和细骨料的总质量；则细骨料在水中的质量为

$$m_{ys} = m_{ks} - m_p$$

式中　　m_{ys}——细骨料在水中的质量，g；

　　　　m_{ks}——细骨料和广口瓶、水及玻璃板的总质量，g；

　　　　m_p——广口瓶、玻璃板和水的总质量，g。

应以两个试样试验结果的算术平均值作为测定值，计算应精确至 1g。

然后用 0.16mm 的标准筛将细骨料过筛，用以上同样的方法测得大于 0.16mm 的细骨料在水中的质量，即

$$m_{ys1} = m_{ks1} - m_p$$

式中　　m_{ys1}——大于 0.16mm 的细骨料在水中的质量，g；

　　　　m_{ks1}——大于 0.16mm 的细骨料和广口瓶、水及玻璃板的总质量，g。

应以两个试样试验结果的算术平均值作为测定值，计算应精确至 1g。

细骨料修正系数为

$$C_s = \frac{m_{ys}}{m_{ys1}}$$

式中　　C_s——细骨料修正系数。

计算应精确至 0.01。

3. 试验步骤 **Test procedure**

（1）整个试验过程的环境温度应在 $15\sim25℃$ 之间，从最后加水至试验结束，温差不应超过 $2℃$。

（2）称取质量为 m_0 的新拌混凝土试样，当粗骨料最大粒径 $\leqslant40mm$ 时，取样量 $\geqslant20L$，当粗骨料最大粒径 $>40mm$ 时，取样量 $\geqslant40L$，精确至 $50g$，按下式计算混凝土拌和物试样的体积

$$V = \frac{m_0}{\rho_0}$$

式中　　V ——试样的体积，L；

　　　　m_0 ——试样的质量，g；

　　　　ρ_0 ——混凝土拌和物的表观密度，g/cm^3。

（3）把试样全部移到 $5mm$ 筛上水洗过筛，水洗时，要用水将筛上粗骨料仔细冲洗干净，粗骨料上不得粘有砂浆，筛下应备有不透水的底盘，以收集全部冲洗过筛的砂浆与水的混合物；称量洗净的粗骨料试样在饱和面干状态下的质量 m_g，粗骨料饱和面干状态表观密度符号为 ρ_g，单位 g/cm^3。

（4）将全部冲洗过筛的砂浆与水的混合物全部移到试样筒中，加水至试样筒三分之二高度，用棒搅拌，以排除其中的空气；如水面上有不能破裂的气泡，可以加入少量的异丙醇试剂以消除气泡；让试样静止 $10min$ 以使固体物质沉积于容器底部。加水至满，再一边加水一边徐徐推进玻璃板，注意玻璃板下不得带有任何气泡，盖严后应擦净板面和筒壁的余水。称出砂浆与水的混合物和试样筒、水及玻璃板的总质量。应按下式计算砂浆的水中的质量

$$m'_m = m_k - m_D$$

式中　　m'_m ——砂浆在水中的质量，g；

　　　　m_k ——砂浆与水的混合物和试样筒、水及玻璃板的总质量，g；

　　　　m_D ——试样筒、玻璃板和水的总质量，g。

（5）将试样筒中的砂浆与水的混合物在 $0.16mm$ 筛上冲洗，然后将在 $0.16mm$ 筛上洗净的细骨料全部移至广口瓶中，加水至满，再一边加水一边徐徐推进玻璃板，注意玻璃板下不得带有任何气泡，盖严后应擦净板面和瓶壁的余水，称出细骨料试样、试样筒、水及玻璃板总质量，应按下式计算细骨料在水中的质量

$$m'_s = C_s(m_{cs} - m_p)$$

式中　　m'_s ——细骨料在水中的质量，g；

　　　　C_s ——细骨料修正系数；

　　　　m_{cs} ——细骨料试样、广口瓶、水及玻璃板总质量，g；

　　　　m_p ——广口瓶、玻璃板和水的总质量，g。

4. 结果计算 **Result computation**

新拌混凝土中四种组分的结果计算及确定应按下述方法进行：

（1）拌和物试样中四种组分的质量应按以下公式计算：

1）试样中的水泥质量应按下式计算

$$m_c = (m'_m - m'_s) \times \frac{\rho_c}{\rho_c - 1}$$

式中　　m_c ——试样中的水泥质量，g；

m'_m——砂浆在水中的质量，g；

m'_s——细骨料在水中的质量，g；

ρ_c——水泥的表观密度，g/cm³。

2）试样中细骨料的质量应按下式计算

$$m_\mathrm{s} = m'_\mathrm{s} \times \frac{\rho_\mathrm{s}}{\rho_\mathrm{s} - 1}$$

式中　m_s——试样中细骨料的质量，g；

m'_s——细骨料在水中的质量，g；

ρ_s——处于饱和面干状态下的细骨料的表观密度，g/cm³。

3）试样中的水的质量应按下式计算

$$m_\mathrm{w} = m_0 - (m_\mathrm{g} + m_\mathrm{s} + m_\mathrm{c})$$

式中　m_w——试样中的水的质量，g；

m_0——拌和物试样质量，g；

m_g、m_s、m_c——分别为试样中粗骨料、细骨料和水泥的质量，g。

以上计算应精确至1g。

（2）新拌混凝土中水泥、水、粗骨料、细骨料的单位用量，分别按下式计算

$$C = \frac{m_\mathrm{c}}{V} \times 1000$$

$$W = \frac{m_\mathrm{w}}{V} \times 1000$$

$$G = \frac{m_\mathrm{g}}{V} \times 1000$$

$$S = \frac{m_\mathrm{s}}{V} \times 1000$$

式中　C、W、G、S——分别为水泥、水、粗骨料、细骨料的单位用量，kg/m³；

m_c、m_w、m_g、m_s——分别为试样中水泥、水、粗骨料、细骨料的质量，g；

V——试样体积，L。

以上计算应精确至1kg/m³。

（3）以两个试样试验结果的算术平均值作为测定值，两次试验结果差值的绝对值应符合下列规定：水泥：≤6kg/m³；水：≤4kg/m³；砂：≤20kg/m³；石：≤30kg/m³，否则此次试验无效。

第五节　混 凝 土 试 验
Section 5　Concrete Test

混凝土试验是确定混凝土配合比例、控制混凝土质量的重要手段。主要包括混凝土的力学性能、热学性质以及耐久性等试验。本试验选编了混凝土抗压强度试验、混凝土抗拉强度试验、混凝土轴心抗压强度与静力抗压弹性模量试验、抗渗性、抗冻性等试验，并对混凝土强度的非破损试验方法作了简要介绍。

一、混凝土试件成型与养护方法的一般规定General regulation of concrete sample molding and curing method

（1）试模用钢或铸铁制成，一般要求是试模最小边长应不小于最大骨料粒径的三倍，试模要求拼装牢固，不漏浆，振捣时不变形。边长误差不超过边长的1/150，角度误差不超过0.5°，平整度误差不超过边长的0.05％。使用前应在拼装好的试模内壁刷一薄层矿物油。如新拌混凝土的骨料最大粒径超过试模最小边长的1/3时，应将大骨料用湿筛法剔除，并作记录。

（2）试件的成型方法应根据新拌混凝土的坍落度而定。坍落度不大于70mm时宜采用振动台振实，坍落度大于70mm时宜采用捣棒人工捣实。采用振动台成型时，应将新拌混凝土一次装入试模，装料时应用抹刀沿试模内壁略加振捣，并使新拌混凝土高出试模上口，振动应持续到混凝土表面出浆为止（振动时间一般为30s左右）。采用振捣棒人工插捣时，每层装料厚度不大于100mm，插捣应按螺旋方向从边缘向中心均匀进行，插捣底层时，捣棒应达到试模底面，插捣上层时，捣棒应穿至下层20～30mm，插捣时捣棒应保持垂直，同时，还应用抹刀沿试模内壁插入数次。每层的插捣次数一般每100cm² 不少于12次（以插捣密实为准）。成型方法需在试验报告中注明。试件成型后，在混凝土初凝前，需进行抹面，要求沿模口抹平。

（3）振动台：（50±3）Hz，空载时台面中心振幅（0.5±0.1）mm。

（4）捣棒：直径（16±0.5）mm，长650mm，一端为弹头形的金属棒。

（5）采用标准养护的试件，成型后的带模试件宜用湿布或塑料薄膜覆盖，以防止水分蒸发，并在（20±2）℃的室内静置24～48h，然后拆模并编号。拆模后的试件应立即放入标准养护室中养护，标准养护控制室温度在（20±2）℃，相对湿度在95％以上，并应避免用水直接冲淋试件。当无标准养护室时，混凝土试件可在温度为（20±2）℃的静水中养护，水的pH值不应小于7。

（6）每一龄期的试件个数，除特殊规定外，一般为一组3个试件。

二、混凝土立方体抗压强度试验Concrete cubic compressive strength test

试验目的：测定混凝土立方体试件的抗压强度，用以检验混凝土的质量。

1. 主要仪器设备**Key apparatus**

（1）压力机或万能试验机：试件的预计破坏荷载宜在试验机全量程的20％～80％。试验机应定期（一年）校正，示值相对误差应为±1％。

（2）钢制垫板：尺寸应比试件承压面稍大，平整度误差不大于边长的0.02％。

（3）试模：其尺寸随骨料的最大粒径按表15-6确定。

表15-6　　　　　　　　　骨料最大粒径与试模规格表
Tab. 15-6　　　　　Maximum aggregate dimension and sample specification

骨料最大粒径	试模规格	骨料最大粒径	试模规格
≤30	100×100×100	80	300×300×300
40	150×150×150	150（120）	450×450×450

2. 试验步骤**Test procedure**

（1）按上述方法成型和养护混凝土试件。到达试验龄期时，从养护室取出试件，并尽快试验。试验前须用湿布覆盖试件，防止试件干燥。

（2）测试前将试件擦拭干净，检查外观，测量尺寸，精确至1mm，并据此计算受压面积。当实测尺寸与公称尺寸之差不超过1mm时，可按公称尺寸计算受压面积。试件承压面不平度要求与试模的要求相同，承压面与相邻面的不垂直度偏差不大于±1°。当试件有严重缺陷时，应废弃。

（3）将试件放在试验机下压板的正中央，上下压板与试件间宜加垫板，加压方向与试件成型时的捣实方向垂直。开动试验机，当上垫板与上压板即将接触时，如有明显偏斜，应调整球座，使试件均匀受压。

（4）加荷应连续而均匀地进行（不得冲击）。混凝土强度等级＜C30时，加荷速度取每秒0.3～0.5MPa；混凝土强度等级≥C30且＜C60时，取每秒0.5～0.8MPa；混凝土等级≥C60时，取每秒钟0.8～1.0MPa。当试件接近破坏而开始迅速变形时，停止调整油门，直至试件破坏，记录破坏荷载。

3. 试验结果处理Test result processing

（1）按下式计算抗压强度（计算至0.1MPa）

$$f_{cc} = \frac{F}{A}$$

式中　　f_{cc}——抗压强度，MPa（计算结果应精确至0.1MPa）；

　　　　F——破坏荷载，N；

　　　　A——试件承压面积，mm^2。

（2）以3个试件测值的算术平均值作为该组试件的试验结果。三个测值的最大值或最小值中，如有一个与中间值的差超过该中间值的15%，则把最大及最小值一并舍除，取中间值作为该组混凝土的抗压强度值。如两个测值与中间值之差均超过15%，则此组试验结果无效。

（3）混凝土抗压强度以边长150mm的立方体试件为标准，其他尺寸试件的试验结果均应乘以尺寸换算系数折算成标准值。对边长为100mm的立方体试件，试验结果应乘以换算系数0.95，边长为300mm、450mm的立方体试件，试验结果应分别乘以换算系数1.15、1.36。

三、混凝土抗拉强度试验Concrete tensile strength test

试验目的：测定混凝土抗拉强度。混凝土的抗拉强度可用劈裂试验或轴向拉伸试验来测定。本试验仅介绍劈裂法。

1. 主要仪器设备Key apparatus

（1）标准立方试模，边长150mm，制作标准试件所用混凝土骨料的最大粒径不应大于40mm。

（2）钢垫条：截面5mm×5mm，长约200mm的钢制方垫条，要求平直。垫条不得重复使用。

（3）压力试验机：与抗压强度试验要求相同。

2. 试验步骤Test procedure

（1）试件的成型与养护与混凝土抗压强度相同。试件养护至规定龄期从养护室取出后，应尽快进行试验。试验前，应用湿布覆盖试件。

（2）测试前将试件擦拭干净，检查外观，测量尺寸（要求同混凝土抗压强度）。在试件成型时的顶面和底面中轴线处，划出相互平行的直线，以准确定出劈裂面的位置。

（3）将试件及钢垫条安放在压力机上下承压板的正中央。加荷时应连续而均匀地进行（不得冲击），混凝土强度等级＜C30 时，加荷速度取每秒 0.02～0.05MPa；混凝土强度等级≥C30 且＜C60 时，取每秒 0.05～0.08MPa；混凝土等级≥C60 时，取每秒钟 0.08～0.10MPa。当试件接近破坏时，停止调整油门，直至试件破坏，记录破坏荷载。

3. 试验结果处理 **Test result processing**

（1）按下式计算劈裂抗拉强度

$$f_{ts} = \frac{2P}{\pi A} = 0.637 \frac{P}{A}$$

式中　f_{ts}——劈裂抗拉强度，MPa（计算结果应精确至 0.01MPa）；

　　　P——破坏荷载，N；

　　　A——试件劈裂面面积，mm^2。

（2）以 3 个试件测值的算术平均值作为该组试件的试验结果。对异常测值的处理与抗压强度试验相同。当三个试件强度中的最大值或最小值之一，与中间值之差超过中间值的 15％时，取中间值。当三个试件测值中的最大值和最小值，与中间值之差均超过中间值的 15％时，该组试验应重做。

四、混凝土轴心抗压强度与静力抗压弹性模量试验 Concrete axial compressive strength and static compressive elastic modulus test

试验的目的：测定混凝土棱柱体的轴心抗压强度和静力抗压弹性模量。

1. 主要仪器设备 **Key apparatus**

（1）标准棱柱体试模：150mm×150mm×300mm（骨料最大粒径 40mm）。

（2）压力试验机：与抗压强度试验相同。

（3）变形测量仪表：精度不低于 0.001mm。

2. 试验步骤 **Test procedure**

（1）试件的成型与养护与混凝土抗压强度相同。试件到达试验龄期后，从养护室取出试件，用湿布覆盖，并在 1h 内进行试验。试验前应将试件表面擦净，检查外观、测量尺寸（要求同立方体抗压强度试验）。

（2）取 3 个试件，测定棱柱体抗压强度。试验结果处理同立方体抗压强度。混凝土强度≥C60 时，试件周围应设防崩裂网罩。

（3）测试弹模。将测量变形的仪表安装在试件两侧面的中心线上，测量标距 L 为 150mm。

（4）将试件置于压力机下压板上，仔细调整其在压力机上的位置，使试件轴心与下压板中心对准，开动压力试验机，当上压板与试件接近时调整球座，使接触均衡。

（5）按与立方体抗压强度相同的加荷速度，先加荷到应力为 0.5MPa 的初始荷载值（P_0），保持恒载 60s，并在以后的 30s 内记录每测点的变形读数 ε_0。然后应立即均匀连续地加载至应力为轴心抗压强度 f_c 的 1/3 的荷载值，保持恒载 60s，并在以后的 30s 内记录每测点的变形读数 ε_a。

（6）当以上这些变形值之差与它们平均值之比大于 20％时，应重新对中试件后重复第

（5）款的试验，一般要进行 2～3 次反复预压。如果无法使其减少到低于 20％时，则此次试验无效。

（7）在确认试件对中符合本条第（6）款规定后，再按与立方体抗压强度相同的加荷速度，先加荷到应力为 0.5MPa 的初始荷载值（P_0），保持恒载 60s，并在以后的 30s 内记录每测点的变形读数 ε_0。然后应立即均匀连续地加载至应力为轴心抗压强度 f_c 的 1/3 的荷载值，保持恒载 60s，并在以后的 30s 内记录每测点的变形读数 ε_a。

（8）最后卸除变形仪表，以同样加荷速度加压至破坏，记录破坏荷载，测得试件棱柱体抗压强度。

3. 试验结果处理 **Test result processing**

（1）按下式计算轴心抗压强度（精确至 0.1MPa）

$$f_c = \frac{P}{A}$$

式中 f_c——轴心抗压强度，MPa；

     P——破坏荷载，N；

     A——试件承压面积，mm^2。

（2）按下式计算试件静力抗压弹性模量 E_h（计算到 100MPa）

$$E_h = \frac{P_a - P_0}{A} \times \frac{L}{\Delta_n}$$

式中 P_0——初始荷载（应力为 0.5MPa 时的荷载），N；

     P_a——应力为 $1/3\,f_c$ 时的荷载，N；

     A——试件截面面积，mm^2；

     Δ_n——最后一次从 P_0 加荷到 P_a 时试件的变形值，$\Delta_n = \varepsilon_a - \varepsilon_0$，mm；

     L——测量标距，mm。

（3）以 3 个试件测值的算术平均值作为试验结果。如发现其中一个试件实际棱柱体抗压强度值与确定控制荷载的棱柱体抗压强度值相差超过后者的 20％时，则该测值剔除。如有两个试件超过规定，则试验结果无效。

五、混凝土抗渗性试验 Concrete impermeability test

试验目的：确定混凝土的抗渗等级。

1. 主要仪器设备 **Key apparatus**

（1）混凝土抗渗仪：HS—40 型混凝土渗透仪或其他符合要求的混凝土渗透仪；

（2）试模：上口内径 175mm、下口内径 185mm、高 150mm，或直径和高均为 150mm 的截头圆锥体（须与渗透仪配套）；

（3）密封材料：如石蜡加松香、水泥加黄油等；

（4）螺旋加压器、烘箱、电炉、瓷盘、钢丝刷等。

2. 试验步骤 **Test procedure**

（1）试件的成型与养护与混凝土抗压强度相同。抗渗试验以 6 个试件为一组。试件成型后 24h 拆模，在试件拆模时，用钢丝刷刷去两端面的水泥浆膜，然后送入养护室养护。

（2）到达试验龄期（一般为 28d）时，取出试件，擦拭干净并晾干表面。然后将熔化的石蜡火漆混合物（石蜡∶火漆≈4∶1）或其他防水材料均匀滚涂于试件侧面。再用螺旋加压器或压力机将试件压入经预热的抗渗仪试件套模内（预热温度约 50℃），要求试件与套模的底面压平为止，待套模稍冷却后，即可解除压力。

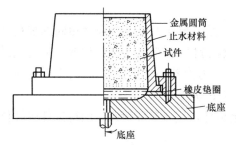

图 15 - 17　混凝土抗渗示意图

Fig. 15 - 17　Schematic diagram of

concrete impermeability

（3）排除渗透仪管路系统中的空气，并将密封好的试件安装在渗透仪上，如图 15 - 17 所示。

（4）试验开始时，施加 0.1MPa 的水压力，以后每隔 8h 增加 0.1MPa 的水压，并随时观察试件端面是否出现渗水现象（即出现水珠或潮湿痕迹）。

（5）当 6 个试件中有 3 个试件表面出现渗水时可停止试验，记下此时的水压力 H（MPa）。或加至规定压力，在 8h 内 6 个试件中表面渗水的试件不超过 2h，即可停止试验。

3. 试验结果处理 Test result processing

混凝土的抗渗等级，以每组 6 个试件中 4 个未出现渗水时的最大水压力（MPa）的 10 倍表示。抗渗等级按下式计算

$$W = 10H - 1$$

式中　　W ——混凝土抗渗等级；

H ——6 个试件中有 3 个渗水时的水压力，MPa。

在试验过程中，如发现水从试件周边渗出，则应停止试验，重新密封。若压力加至规定数值，在 8h 内，六个试件中表面渗水的试件少于三个，则试件的抗渗等级等于或大于规定值。

六、混凝土抗冻性试验（快冻法）Concrete freezing resistance test（quickfreeze method）

试验目的：检验混凝土的抗冻性能，确定混凝土抗冻等级。

1. 主要仪器设备 Key apparatus

（1）混凝土全自动快速冻融试验机：试件中心温度（-18±2）℃～（5±2）℃，冻融液温度 -25～20℃；一次冻融循环历时 2～4h；降温历时 1～2.5h；升温历时 1～2h，并不少于整个冻融时间的 1/4。

（2）动弹性模量测定仪：频率 100Hz～10kHz。

（3）测温设备：采用热电偶测量冻融过程中试件中心温度变化时，精度应达到 0.3℃。

（4）试模：规格为 100mm×100mm×400mm 的棱柱体。

（5）试件盒：由 4～5mm 厚的橡皮板制成，尺寸为 120mm×120mm×500mm。

（6）台秤：称量 10kg，感量 5g。

2. 试验步骤 Test procedure

（1）试件的成型与养护与混凝土抗压强度相同，试验以三个试件为一组，试验龄期如无特殊要求一般为 28d。到达试验龄期前的 4 天，将试件放在（20±3）℃的水中浸泡 4d（对于水中养护的试件，到达试验龄期时即可直接用于试验）。如冻融介质为海水，试件在养护到期后，应风干两昼夜后再浸泡海水两昼夜。

（2）将已浸水的试件擦去表面水后，用动弹性模量测定仪测出试件的横向（或纵向）自振频率，并称取试件质量，作为评定抗冻性的起始值，并做必要的外观描述或照相。

（3）将试件装入试件盒内，加入清水，使其没过试件顶约 20mm。将装有试件的试件盒放入冻融试验机。

（4）按所规定的制度进行冻融试验：

一次冻融循环历时 2～4h；降温历时 1～2.5h；升温历时 1～2h，并不少于整个冻融时间的 1/4。冻融温度以试件中心温度控制，在受冻及融化终了时，试件中心温度应在（−18±2）℃及（5±2）℃范围。

试件受冻时，每个试件从 6℃降至−15℃所用时间不得少于整个受冻时间的 1/2；试件融化时，每个试件从−15℃升至 6℃所用时间不得少于整个融化时间的 1/2；试件内外温差不宜超过 28℃。冻融之间的转换时间不应超过 10min。

（5）通常每做 25 次冻融循环对试件测试一次，也可根据试件抗冻性的高低确定测试的间隔次数。测试时，小心将试件取出，冲洗干净，擦去表面水，进行称量及横向（或纵向）自振频率的测定，并做必要的外观描述。测试完毕后，将试件调头重新装入试件盒，注入清水，继续试验。在测试过程中，应防止试件失水，待测试件须用湿布覆盖。

（6）试验因故中断，应将试件在受冻状态下保存。

（7）达到下述情况之一时，试验即可停止：

1）冻融至预定的循环次数；

2）相对动弹性模量下降至初始值的 60%；

3）质量损失率达 5%。

3. 试验结果处理 **Test result processing**

（1）相对动弹性模数按下式计算

$$P_n(\%) = \frac{f_n^2}{f_0^2} \times 100\%$$

式中　P_n——n 次冻融循环后试件相对动弹性模数，%；

　　　f_n——试件 n 次冻融循环后的自振频率，Hz；

　　　f_0——试件初始自振频率，Hz。

以三个试件试验结果的平均值为测定值。当最大值或最小值之一，与中间值之差超过中间值的 20% 时，剔除此值，取其余两值的平均值作为测定值；当最大值和最小值均超过中间值 20% 时，则取中间值作为测定值。

（2）质量损失率按下式计算

$$W_n = \frac{G_0 - G_n}{G_0} \times 100\%$$

式中　W_n——n 次冻融循环后试件质量损失率，%；

　　　G_0——试件初始质量，kg；

　　　G_n——n 次冻融循环后试件质量，kg。

以三个试件试验结果的平均值为测定值。但当三个试验结果中出现负值时，改负值为 0 值，仍取平均值。当三个值中，最大值或最小值超过中间值 1% 时，剔除此值，取其余两值的平均值作为测定值；当最大值和最小值与中间值的差均超过 1% 时，取中间值为测定值。

（3）以 3 个试件的算术平均值作为试验结果。当相对动弹性模量下降至初始值的 60% 或质量损失率达 5%（无论哪个指标先达到）的冻融循环次数，即为混凝土的抗冻等级。

若冻融至预定的循环次数，而相对动弹性模量或质量损失率均未到达上述指标，可认为试验的混凝土抗冻性已满足设计要求。

七、现场混凝土质量检测 Concrete quality detection in situ

检测混凝土抗压强度，作为检查混凝土质量的一种辅助手段。常用无损检验方法，如：超声波法、回弹法、回弹－超声综合法及射线法、谐振法、电测法、表面波法等。

（一）超声波法 Supersonic method

超声波法是基于混凝土越密实，超声波速越快的原理，通过测量超声波在混凝土中的传播速度来推求结构混凝土强度的方法。根据各测点强度的离散性，评定混凝土质量的均匀性、探测混凝土结构中内部缺陷的位置、大小及裂缝的宽度和深度等。

本方法不宜用于强度等级在 C30 以上或超声波传播方向上钢筋布置太密的混凝土。

1. 主要仪器设备 Key apparatus

（1）非金属超声检测仪：仪器最小分度 0.1μs。传播时间的测量误差不超过 1％；

（2）换能器：对于路径短的测量（如试件），宜用频率为 50～100kHz 的换能器；对路径较长的测量，宜用 50kHz 以下的换能器；

（3）耦合介质：可用黄油、农机油、浆糊等。

2. 试验步骤 Test procedure

（1）超声波检测仪零读数的校正。

仪器零读数指的是当发、收换能器之间仅有耦合介质的薄膜时，仪器的时间读数，以 t_0 表示。对于具有零校正回路的仪器，应按照仪器使用说明书，用仪器所附的标准棒在测量前校正好零读数，然后测量（此时仪器的读数已扣除零读数）。对于无零校正回路的仪器应事先求得零读数值 t_0，从每次仪器读数中扣除 t_0。

若仪器附有经过标定传播时间 t_1 的标准棒，测读通过标准棒的时间 t_2，则 $t_0 = t_2 - t_1$。当仪器性能允许时，也可将发、收换能器辐射面隔着耦合介质薄膜相对地直接接触，读取这时的时间读数即得 t_0。更换换能器时应另求 t_0 值。

（2）建立强度—波速关系。

①试件制作　试件三个为一组，不少于 10 组。一般为 150mm 的标准立方体试件，当骨料最大粒径超过 40mm 时，试件尺寸不小于 200mm×200mm×200mm。试件的原材料、配合比、振捣方法、养护条件应与被测建筑物混凝土一致。为了使同一批试件的强度、波速在较大范围内变化，可采用以下两种方法：如旨在检验建筑物混凝土强度时，可采用固定水泥、砂、石比例，使水灰比在一定范围内上下波动，在同一龄期测试；如旨在了解混凝土硬化过程中强度的变化时，可采用固定混凝土的配合比和水灰比，在不同龄期进行测试。

②试件的测试　超声波测试：每个试件的测试位置如图 15-18 所示。在测点处涂上耦合剂，将换能器压紧在测点上，调整增益，使所有被测试件接收信号第一个半波的幅度降至相同的某一幅度，读取时间读数。每个试件以五点测值的算术平均值作为试件混凝土中超声传播时间 t 的测量结果。尺寸测量：以不大于 1mm 的误差，沿超声传播方向测量试件各边长，取平均值作为传播距离 L。按下式计算波速

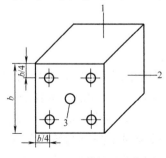

图 15-18　试件的测试位置

Fig. 15-18　Test position of sample

$$v = \frac{L}{t} \times 1000$$

式中　v——超声波波速，km/s；

　　　L——超声波在试件上的平均传播距离，m；

　　　t——超声波在试件上的传播时间，μs。

抗压强度测试：按"混凝土立方体抗压强度试验"规定执行。

③结果处理　波速或强度均取一组三个试件测值的平均值作为一个数据，以强度为纵坐标，波速为横坐标，绘制强度—波速关系曲线。较精确的方法是根据实测数据，以最小二乘法计算出曲线的回归方程式。对于方程式的函数形式，推荐二次函数式、指数函数式和幂函数式三种，可根据回归线的相关性和精度来选用。

二次函数　　　　　　　　$f_{cc} = a + bv + cv^2$

指数函数　　　　　　　　$f_{cc} = ae^{bv}$

幂函数　　　　　　　　$f_{cc} = av^b$

式中　f_{cc}——混凝土强度，MPa；

　　　v——超声波速，km/s；

　a、b、c——方程式的系数，用最小二乘法统计算得。

3. 现场测试 **Test in situ**

在建筑物相对的两面均匀地划出网格，网格的交点即为测点。相对两测点的距离即为超声波的传播路径长度 L。此长度的测量误差应不超过 1%。网格的大小，即测点疏密，视建筑物尺寸、质量优劣和要求的测量精度而定。网格边长一般为 20～100cm。

在测点处涂上耦合剂，将换能器压紧在相对的测点上。调整仪器增益，使接收信号第一个半波的幅度至某一幅度（与测试试件时同样大小），读取传播时间 t。按上述波速计算式计算该点的波速。

按比例绘制被测物体的图形及网格分布，将测得的波速标于图中的各测点处。在数值偏低的部位，可根据情况加密测点，再行测试。

4. 试验结果处理 **Test result processing**

将现场测得波速加以必要的修正后，按强度—波速关系式（或曲线）换算出各测点处的混凝土强度。并按数理统计方法计算平均强度（m_{fcc}）、标准差（σ）和变异系数（C_V）三个统计特征值，用以比较各部位混凝土的均匀性。

①钢筋对波速影响的修正。

a. 钢筋垂直于传播路径且钢筋排列较密的情况，将测得的传播速度乘以修正系数（见表 15 - 7），得混凝土的波速。

表 15 - 7　　　　　　　　钢筋垂直于传播路径时的波速修正系数

Tab. 15 - 7　　Corrected coefficient of wave speed when concrete reinforcing bars perpendicular to propagation path

L_S/L	$v_c = 3.00$km/s	$v_c = 4.00$km/s	$v_c = 5.00$km/s
1/12	0.96	0.97	0.99
1/10	0.95	0.97	0.99
1/8	0.94	0.96	0.99
1/6	0.92	0.95	0.98

注　v_c—混凝土的波速，取附近无钢筋处实测得的波速平均值。

L_S/L—传播路径中通过钢筋断面的长度 L_S 与总路径 L 之比。若探头正对钢筋，$L_s = \sum d$，d 为钢筋直径。

b. 钢筋平行于传播路径情况,由测得的传播时间 t,按下式粗略计算混凝土波速

$$v_c = \frac{2Dv_s}{\sqrt{4D^2 + (v_s t - L)^2}}$$

式中 v_c—— 混凝土波速,km/s;

v_s—— 钢筋中波速,km/s,随钢筋直径变化,通过试验求得或查图 15 - 19;

D—— 换能器边缘至钢筋的距离,km;

L—— 传播路径长度,km,即两换能器底面之间的直线距离。

测量时,换能器宜离钢筋轴线远一些,以避免钢筋影响。避开钢筋影响的最短距离 D_{min} 按下式计算

$$D_{min} \geqslant \frac{1}{2}\sqrt{\frac{v_s - v_c}{v_s + v_c}}$$

式中,符号意义与上式粗略计算混凝土波速式相同。一般粗略估计,也可取 $D_{min} = (1/8 \sim 1/6)L$。

②含水率和养护方法对波速影响的修正。

a. 率定试件与被测建筑物混凝土养护条件不一致时,应对波速进行修正。修正值通过试验确定,也可参考表 15 - 8。

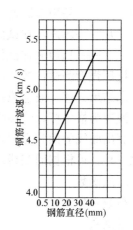

图 15 - 19 不同钢筋直径与波速的关系

Fig. 15 - 19 Connection between different reinforcement bar and wave velocity

表 15 - 8 不同养护条件下波速修正值 km/s

Tab. 15 - 8   Corrected value of wave speed at different curing conditions

含水率(%)	水中养护	潮湿养护
35~45	0.20	0
25~35	0.25	0.05
15~25	0.30	0.10
10~15	0.33	0.15

注 本表系以自然养护为标准,如采用水中或潮湿养护时,应将测得的波速减去表中相应值。

自然养护—24h 后脱膜,洒水覆盖 7d,然后在湿度为 70％左右的空气中养护。

潮湿养护—24h 后脱膜,然后在湿度为 95％以上的空气中养护。

水中养护—24h 后脱膜,然后在水中养护。

b. 率定试件与建筑物混凝土含水率不一致时,应对波速进行修正。一般当混凝土含水率增大 1％时,可近似认为波速也相应增大 1％。为进行这项修正,可从建筑物上取样,实测混凝土的含水率。

③测距对波速影响的修正。

测距修正系数宜通过对比试验确定。如难以确定,可参考表 15 - 9,将测得波速乘以修正系数。

表 15 - 9　　　　　　　　　　　　　　　测 距 修 正 系 数
Tab. 15 - 9　　　　　　　Corrected coefficient of distance measurement

测距（cm）	15	50	100	200	300	400	500
修正系数	1.000	1.003	1.015	1.023	1.027	1.030	1.031

注　表中未列数值可用内插法求得。

（二）回弹法 Resilience method

回弹法是利用回弹仪测试混凝土强度的一种方法。常用的 N 型回弹仪是一种重锤直撞式仪器，如图 15 - 20 所示。

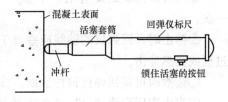

图 15 - 20　回弹仪测定混凝土强度示意图
Fig. 15 - 20　Schematic diagram of determination of concrete strength by rebound hammer

回弹法的原理是以一定冲击动能撞击混凝土表面后，回弹能量的大小取决于被测混凝土表面的弹性变形性质、混凝土表面硬度，并与抗压强度间存在相关关系。混凝土强度越低，表面硬度越低、塑性变形越大、吸收冲击动能越多、回弹能量越小。故可采用实验方法，建立回弹值与混凝土强度间的相关曲线（或公式）。根据建立的相关曲线（或公式），按所测出回弹值来反推混凝土强度。

由于回弹值只代表混凝土表面层 20～30mm 的质量，因此采用回弹法测强度的前提是要求混凝土结构（或构件）的表面质量与内部质量基本一致。

1. 目的及适用范围 Purpose and applicable scope

检测混凝土抗压强度，作为检测混凝土质量的一种辅助手段。适用于强度等级为 C10～C40 的混凝土。

2. 主要仪器设备 Key apparatus

（1）回弹仪：按回弹仪的标称动能可分为：中型回弹仪，标称动能为 2.2J；重型回弹仪，标称动能为 29.4J；

（2）压力机：2000kN 压力试验机；

（3）标定回弹仪的钢钻。其钻芯硬度值应符合如下要求：中型回弹仪和重型回弹仪的钻芯硬度（HRC）分别为 58～62、62～64；

（4）钢卷尺。

3. 试验步骤 Test procedure

（1）在被测混凝土结构或构件上均匀布置测区，测区数不少于 10 个。测区面积：用中型回弹仪，为 400cm²；重型回弹仪，为 2500cm²。

（2）根据混凝土结构、构件厚度或骨料最大粒径，选用回弹仪：

①混凝土结构或构件厚度≤60cm，或骨料最大粒径≤40mm，宜选中型回弹仪。

②混凝土结构或构件厚度＞60cm，或骨料最大粒径＞40mm，宜选重型回弹仪。

（3）检验回弹仪的标准状态：

①弹击锤与击杆碰撞的瞬间，弹击拉簧应处于自由状态，此时弹击锤起跳点应相应于指针指示刻度尺上的"0"位处。

②率定"N"值。将回弹仪在钢钻上进行率定，其率定值应符合下列要求：中型回弹仪，率定值"N"为 80±2；重型回弹仪，率定值"N"为 63±2。

（4）当回弹仪不符合标准状态时，不得用于工程测量。

（5）测试：

①每个测区应弹击 16 点。两测点间距一般不小于 5cm。当一个测区有两个侧面时，每一个侧面弹击 8 点。不具备二个侧面的测区，可在一个侧面上弹击 16 点。

②回弹值测试面要清洁、平整，测点应避开气孔或外露石子。一个测点只允许弹击一次。

③弹击时，回弹仪的轴线应垂直于结构或构件的混凝土表面，缓慢均匀施压，不宜用力过猛或突然冲击。

④读数时可将回弹仪顶住表面，或按下按钮，锁住机芯。

⑤当出现回弹值"N"过高或过低时，应查明原因。可在该测点附近（约 30mm）补测，舍弃原测点。

（6）碳化深度测量：

①当测试完毕后，一般可用电动冲击钻在回弹值的测区内，钻一个直径 20mm、深 70mm 的孔洞，测量混凝土碳化深度。

②测量混凝土碳化深度时，应将孔洞内的混凝土粉末清除干净，用 1.0% 酚酞乙醇溶液（含 20% 的蒸馏水）滴在孔洞内壁的边缘处，再用钢尺测量混凝土碳化深度值 L（不变色区的深度），读数精度为 0.5mm。

③测量的碳化深度小于 0.4mm 时，则按无碳化处理。

4. 试验结果处理 **Test result processing**

（1）从测区的 16 个回弹值中，舍弃三个最大值和三个最小值，将余下的 10 个回弹值按下式计算测区平均回弹值 m_N（精确至 0.1），即

$$m_N = \frac{1}{10} \sum_{i=1}^{10} N_i$$

式中　m_N——测区平均回弹值；

　　　　N_i——第 i 个测点回弹值（i=1，2，3…，10）。

（2）当回弹仪在非水平方向测试时，将测得的数据按上式求出测区平均回弹值 m_{N_a}，再按下式换算水平方向测试的测区平均回弹值 m_N（精确至 0.1）

$$m_N = m_{N_a} + \Delta N_a$$

式中　m_{N_a}——回弹仪与水平方向成 α 角测试时测区的平均回弹值；

　　　　ΔN_a——按表 15 - 10 查出的不同测试角度 α（回弹仪与水平方向的夹角）的回弹修正值。

（3）推定混凝土强度的回弹值应是水平方向测试的回弹值 m_N。

（4）在推定混凝土强度时，宜优先采用专用混凝土强度公式。

①对于重型回弹仪，可采用 30cm×30cm×30cm 的试件，建立强度与回弹值的关系。在浇制 30cm×30cm×30cm 立方体全级配混凝土大试件的同时，制作相应湿筛分的 15cm×15cm×15cm 的小试件。在大试件上测取回弹值，用小试件测定相应的抗压强度。

表 15 - 10　　　　　　　　　　回 弹 修 正 值 ΔN_a

Tab. 15 - 10　　　　　　　　　Corrected value of rebound ΔN_a

m_{Na}	测 试 角 度 α							
	$+90°$	$+60°$	$+45°$	$+30°$	$-30°$	$-45°$	$-60°$	$-90°$
20	-6.0	-5.0	-4.0	-3.0	+2.5	+3.0	+3.5	+4.0
30	-5.0	-4.0	-3.5	-2.5	+2.0	+2.5	+3.0	+3.5
40	-4.0	-3.5	-3.0	-2.0	+1.5	+2.0	+2.5	+3.0
50	-3.5	-3.0	-2.5	-1.5	+1.0	+1.5	+2.0	+2.5

②对于中型回弹仪，采用 15cm×15cm×15cm 的试件，建立强度—回弹值的关系。在试件上选取两个相对的测试面。每个测试面取八个测点（对于 30cm 立方体的大试件，测点可取自同一测试面）。测点距试件边缘不小于 3cm。测试时，将试件作用 2.0MPa 压力固定在压力机中。用回弹仪分别水平对准各测点，测定回弹值。然后按"混凝土立方体抗压强度试验"测定试件的抗压强度。

③根据实测的抗压强度、回弹值，以最小二乘法计算出曲线的方程式。回归方程式宜用以下两式

$$f_{ccN0} = A m_N^B$$
$$f_{ccN0} = A e^{m_N}$$

式中　f_{ccN0}——混凝土抗压强度，MPa；

　　　m_N——测区平均回弹值；

　A、B——试验常数。

（5）当无专用混凝土强度公式时，可根据回弹仪型号，采用下列混凝土强度公式推定：

①中型回弹仪

普通混凝土强度　　　　　　$f_{ccN0} = 0.02497 m_N^{2.0108}$

引气混凝土强度　　　　　　$f_{ccN0} = 15 m_N - 152$

②重型回弹仪　　　　　　　$f_{ccN0} = 77 e^{0.04 m_N}$

（6）当混凝土结构或构件碳化至一定深度时，须将推定的混凝土强度按下式修正：

$$f_{ccN} = f_{ccN0} C$$

式中　f_{ccN}——碳化深度修正后的混凝土强度值，MPa；

　　　f_{ccN0}——按公式推定的混凝土强度值，MPa；

　　　C——查表 15 - 11 的碳化深度修正值。

表 15 - 11　　　　　　　　　　碳 化 深 度 修 正 值

Tab. 15 - 11　　　　　　　　Corrected value of carburized depth

测区强度 MPa	碳化深度 mm					
	1.0	2.0	3.0	4.0	5.0	≥6.0
10.0~19.5	0.95	0.90	0.85	0.80	0.75	0.70
20.0~29.5	0.94	0.88	0.82	0.75	0.73	0.65
30.0~39.5	0.93	0.86	0.80	0.73	0.68	0.60
40.0~50.0	0.92	0.84	0.78	0.71	0.65	0.58

（7）根据各测点区的混凝土强度 f_{ccN}，计算构件的平均强度 $m_{f_{ccN}}$、标准差 σ 和变异系数 C_V，以此可评估构件的混凝土强度和均匀性。

第六节 砂 浆 试 验
Section 6　Mortar Test

为了评定新拌砂浆的质量，必须试验其和易性，砂浆和易性包括砂浆的沉入度和分层度等。为评定硬化砂浆的性能，须测定其抗压强度。

一、砂浆拌和物的拌制Preparation of mortar mixture

（一）一般规定Common regulation

1. 抽样Sample

（1）建筑砂浆试验用料应从同一盘砂浆或同一车砂浆中取样。取样量应不少于试验所需量的 4 倍。

（2）施工中取样进行砂浆试验时，其取样方法和原则应按相应的施工验收规范执行。一般在使用地点的砂浆槽、砂浆运送车或搅拌机出料口，至少从三个不同部位取样。现场取来的试样，试验前应人工搅拌均匀。

（3）从取样完毕到开始进行各项性能试验不宜超过 15min。

2. 试样的制备Sample preparation

（1）在试验室制备砂浆拌和物时，所用材料应提前 24h 运入室内。拌和时试验室的温度应保持在（20±5）℃。

注：需要模拟施工条件下所用的砂浆时，所用原材料的温度宜与施工现场保持一致。

（2）试验所用原材料应与现场使用材料一致。砂应通过公称粒径 5mm 筛。

（3）实验室拌制砂浆时，材料用量应以质量计。称量精度：水泥、外加剂、掺和料等为 ±0.5%；砂为±1%。

（4）在试验室搅拌砂浆时应采用机械搅拌，搅拌机应符合 JG/T 3033—1996《试验用砂浆搅拌机》的规定，搅拌的用量宜为搅拌机容量的 30%～70%，搅拌时间不应少于 120s。掺有掺和料和外加剂的砂浆，其搅拌时间不应少于 180s。

（二）主要仪器设备Key apparatus

（1）砂浆搅拌机。

（2）拌和铁板：约 1.5m×2m，厚度约 3mm。

（3）磅秤：称量 50kg，感量 50g。

（4）台秤：称量 10kg，感量 50g。

（5）拌铲、抹刀、量筒、盛器等。

（三）拌和方法Method of mixing

1. 机械拌和

（1）先拌适量砂浆（应与正式拌和的砂浆配合比相同），使搅拌机内壁黏附一薄层水泥砂浆，使正式拌和时的砂浆配合比成分准确。

（2）先称出各材料用量，再将砂、水泥装入搅拌机内。

（3）开动搅拌机，将水徐徐加入（混合砂浆需将石灰膏或黏土膏用水稀释至浆状），搅拌约 3min。（搅拌的用量不宜少于搅拌容量的 20%，搅拌时间不宜少于 2min）

（4）将砂浆拌和物倒入拌和铁板上，用拌铲翻拌约两次，使之均匀。

2. 人工拌和

（1）将称量好的砂子倒在拌板上，然后加入水泥，用拌铲拌和至混合物颜色均匀为止。

（2）将混合物堆成堆，在中间作凹槽，将称好的石灰膏（或黏土膏）倒入槽中（若为水泥砂浆，则将称好的水的一半倒入凹槽中），再加入适量的水将石灰膏（或黏土膏）调稀，然后与水泥、砂共同拌和，用量筒逐次加水并拌和，直至拌和物色泽一致，和易性凭经验调整符合要求为止。水泥砂浆每翻拌一次，需用铲将全部砂浆压切一次。一般需拌和 3～5min（从加水完毕时算起）。

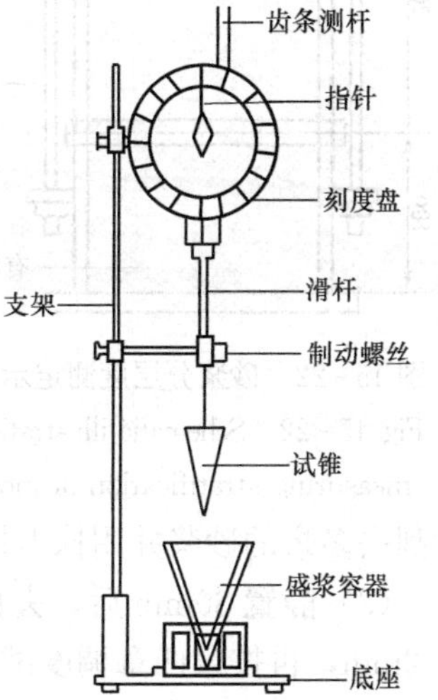

二、砂浆流动性实验Mortar fluidity test

（一）主要仪器设备Key apparatus

（1）砂浆沉入度测定仪：由试锥、容器和支座三部分组成，如图 15-21 所示，试锥由钢材或铜材制成，试锥高度为 145mm，锥底直径为 75mm，试锥连同滑杆的重量为（300±2）g；盛砂浆容器由钢板制成，筒高为 180mm，锥底内径为 150mm；支座分底座、支架及刻度显示三个部分，由铸铁、钢及其他金属制成。

（2）钢制捣棒：直径 10mm、长 350mm，端部磨圆。

（3）秒表等。

图 15-21　砂浆沉入度测定仪
Fig. 15-21　measurement apparatus of mortar fluidity

（二）试验步骤Experiment procedure

（1）将盛浆容器和试锥表面用湿布擦干净，检查滑杆能自由滑动。

（2）用少量润滑油轻擦滑杆，再将滑杆上多余的油用吸油纸擦净，使滑杆能自由滑动。

（3）用湿布擦净盛浆容器和试锥表面，将砂浆拌和物一次装入容器，使砂浆表面低于容器口约 10mm 左右。用捣棒自容器中心向边缘均匀地插捣 25 次，然后轻轻地将容器摇动或敲击 5～6 下，使砂浆表面平整，然后将容器置于稠度测定仪的底座上。

（4）拧松制动螺丝，向下移动滑杆，当试锥尖端与砂浆表面刚接触时，拧紧制动螺丝，使齿条侧杆下端刚接触滑杆上端，读出刻度盘上的读数（精确至 1mm）。

（5）拧松制动螺丝，同时计时间，10s 时立即拧紧螺丝，将齿条测杆下端接触滑杆上端，从刻度盘上读出下沉深度（精确至 1mm），二次读数的差值即为砂浆的沉入度值。

（6）盛装容器内的砂浆，只允许测定一次稠度，重复测定时，应重新取样测定。

（三）结果评定Assessment of result

取两次试验结果的算术平均值作为砂浆沉入度的测定结果，计算值精确至 1mm。若两次试验值之差大于 20mm，则应另取砂浆搅拌后重新测定。

三、砂浆保水性试验Experiment of water retention property of mortar

（一）试验原理及目的Principle and purpose of experiment

测定相隔一定时间后，沉入度的损失，反映砂浆失水程度及内部组成的稳定性。通过分层度的测定，评定砂浆的保水性。

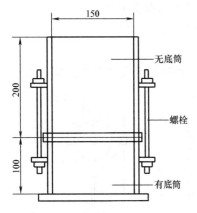

图 15 - 22　砂浆分层度测定示意图
Fig. 15 - 22　Schematic illustration of
measuring stratification of mortar

（二）主要仪器Main apparatus

（1）砂浆分层度筒（见图 15 - 22）内径为 150mm，上节高度为 200mm，下节带底净高为 100mm，用金属板制成，上、下层连接处需加宽到 3～5mm，并设有橡胶热圈。

（2）振动台：振幅（0.5±0.05）mm，频率（50±3）Hz。

（3）稠度仪、木锤等。

（三）试验方法Method of experiment

（1）首先将砂浆拌和物按稠度试验方法测定稠度。

（2）将砂浆拌和物一次装入分层度筒内，待装满后，用木锤在容器周围距离大致相等的四个不同部位轻轻敲击 1～2 下，如砂浆沉落到低于筒口，则应随时添加，然后刮去多余的砂浆并用抹刀抹平。

（3）静置 30min 后，去掉上节 200mm 砂浆，剩余的 100mm 砂浆倒出，放在拌和锅内拌 2min，再按第四章稠度试验方法测其稠度。前后测得的稠度之差即为该砂浆的分层度值（mm）。

（四）数据处理及结果评定Data processing and result assessing

（1）取两次试验结果的算术平均值作为该砂浆的分层度值。

（2）两次分层度试验值之差如大于 10mm，应重做试验。

四、抗压强度试验Experiment of compressive strength

（一）试验原理及目的Principle and purpose of experiment

将流动性和保水性符合要求的砂浆拌和物按规定成形，制成标准的立方体试件，经 28d 养护后，测其抗压破坏荷载，以此计算其抗压强度。通过砂浆试件抗压强度的测定，检验砂浆质量，确定、校核配合比是否满足要求，并确定砂浆强度等级。

（二）主要仪器设备Key apparatus

（1）试模：尺寸为 70.7mm×70.7mm×70.7mm 的带底试模，材质规定参照《混凝土试模》（JG 3019—1994）第 4.1.3 及 4.2.1 条，应具有足够的刚度并拆装方便。试模的内表面应机械加工，其不平度应为每 100mm 不超过 0.05mm，组装后各相邻面的不垂直度不应超过±0.5°。

（2）钢制捣棒：直径为 10mm，长为 350mm，端部应磨圆。

（3）压力试验机：精度为 1%，试件破坏荷载应不小于压力机量程的 20%，且不大于全量程的 80%。

（4）垫板：试验机上、下压板及试件之间可垫以钢垫板，垫板的尺寸应大于试件的承压面，其不平度应为每 100mm 不超过 0.02mm。

（5）振动台：空载中台面的垂直振幅应为（0.5±0.05）mm，空载频率应为（50±3）Hz，空载台面振幅均匀度不大于 10%，一次试验至少能固定（或用磁力吸盘）三个试模。

（三）试件制作及养护 **Preparation and curing of sample**

（1）采用立方体试件，每组试件 3 个。

（2）应用黄油等密封材料涂抹试模的外接缝，试模内涂刷薄层机油或脱模剂，将拌制好的砂浆一次性装满砂浆试模，成型方法根据稠度而定。当稠度≥50mm 时采用人工振捣成型，当稠度＜50mm 时采用振动台振实成型。

1）人工振捣：用捣棒均匀地由边缘向中心按螺旋方式插捣 25 次，插捣过程中如砂浆沉落低于试模口，应随时添加砂浆，可用油灰刀插捣数次，并用手将试模一边抬高 5～10mm 各振动 5 次，使砂浆高出试模顶面 6～8mm。

2）机械振动：将砂浆一次装满试模，放置到振动台上，振动时试模不得跳动，振动 5～10s 或持续到表面出浆为止；不得过振。

（3）待表面水分稍干后，将高出试模部分的砂浆沿试模顶面刮去并抹平。

（4）试件制作后应在室温为（20±5）℃的环境下静置（24±2）h，当气温较低时，可适当延长时间，但不应超过两昼夜，然后对试件进行编号、拆模。试件拆模后应立即放入温度为（20±2）℃，相对湿度为 90％以上的标准养护室中养护。养护期间，试件彼此间隔不小于 10mm，混合砂浆试件上面应覆盖，以防有水滴在试件上。

（四）抗压强度测定步骤 **Measurement procedure of compressive strength**

（1）试件从养护地点取出后应及时进行试验。试验前将试件表面擦拭干净，测量尺寸，并检查其外观。并据此计算试件的承压面积，如实测尺寸与公称尺寸之差不超过 1mm，可按公称尺寸进行计算。

（2）将试件安放在试验机的下压板（或下垫板）上，试件的承压面应与成型时的顶面垂直，试件中心应与试验机下压板（或下垫板）中心对准。开动试验机，当上压板与试件（或上垫板）接近时，调整球座，使接触面均衡受压。承压试验应连续而均匀地加荷，加荷速度应为每秒钟 0.25～1.5kN（砂浆强度不大于 5MPa 时，宜取下限，砂浆强度大于 5MPa 时，宜取上限），当试件接近破坏而开始迅速变形时，停止调整试验机油门，直至试件破坏，然后记录破坏荷载。

（五）结果计算 **Calculation of result**

单个试件的抗压强度按下式计算（精确至 0.1MPa）

$$f_{\mathrm{m,cu}} = \frac{F}{A}$$

式中　$f_{\mathrm{m,cu}}$——砂浆立方体抗压强度，MPa；

　　　F——立方体破坏荷载，N；

　　　A——试件承压面积，mm^2。

试件抗压强度应精确至 0.1MPa。

以三个试件测值的算术平均值的 1.3 倍（f_2）作为该组试件的砂浆立方体试件抗压强度平均值（精确至 0.1MPa）。

当三个测值的最大值或最小值中如有一个与中间值的差值超过中间值的 15％时，则把最大值及最小值一并舍除，取中间值作为该组试件的抗压强度值；如有两个测值与中间值的差值均超过中间值的 15％时，则该组试件的试验结果无效。

第七节　沥 青 材 料 试 验
Section 7　Asphalt Material Test

常用的沥青材料的试验方法有许多种，本节只针对石油沥青的几个主要技术指标针入度、延度、软化点介绍其试验方法。

试验时对每个取样单位，应从五个不同部位选取数量大致相等的试样，作为代表试样。试验时参照 JTG E20—2011《公路工程沥青及沥青混合料试验规程》进行。

一、针入度试验方法Method for penetration degree test

适用于测定针入度小于 350 的石油沥青的针入度。

1. 试验条件**Test condition**

石油沥青的针入度以标准针在一定的荷重、时间及温度条件下垂直穿入沥青试样的深度来表示，单位为 0.1mm。其试验标准条件为100，温度为 25℃，贯入时间为 5s。

针入度指数 PI 用以描述沥青的温度敏感性，按在 15、25℃和30℃，三个温度条件下测定的针入度计算，若 30℃时的针入度值过大，可用 5℃代替。

2. 主要仪器设备及材料**Main instruments and materials**

（1）针入度仪：常用的形式如图 15 - 23（a）所示。为提高测试精度，针入度试验宜采用能够自动计时的针入度仪进行测定，要求针和针连杆必须在无明显摩擦下垂直运动，针的贯入深度必须准确至 0.1mm。针和针连杆组合件总质量为（50±0.05）g，另附（50±0.05）g 砝码一只，试验时总质量为（100±0.05）g。

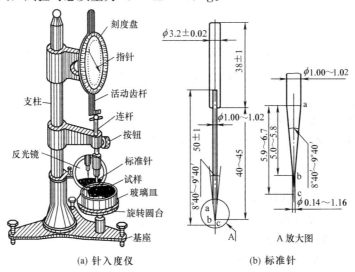

(a) 针入度仪　　　　　(b) 标准针

图 15 - 23　沥青针入度仪及标准针（单位：mm）

Fig. 15 - 23　Instrument of Penetration Test and Standard Testing Needle

（2）标准针：由硬化回火的不锈钢制成，洛氏硬度为 HRC54～60，表面粗糙度 Ra0.2～0.3μm，针及针杆总质量（2.5±0.05）g，形状及尺寸如图 15 - 23（b）所示。针杆上应打印有号码标志。针应设有固定用装置盒（筒），以免碰撞针尖，每根针必须附有计量部门的检验单，并定期进行检验。

（3）盛样皿：金属制圆柱形平底。小盛样皿的内径 55mm、深 35mm（适用于针入度小于 200）；大盛样皿的内径 70mm、深 45mm（适用于针入度为 200～350 的试样）；对针入度大于 350 的试样需使用特殊盛样皿，其深度不小于 60mm，试样体积不少于 125mL。

（4）恒温水槽：容量不小于 10L，控温的准确度为 0.1℃。水槽中应设有一带孔的搁架，位于水面下不少于 100mm、距槽底不少于 50mm 处。

（5）平底玻璃皿：容量不小于 1L，深度不小于 80mm。内设一个不锈钢三脚支架，能使盛样皿稳定。

（6）温度计或温度传感器：精度为 0.1℃。

（7）计时器：精度为 0.1s。

（8）位移计或位移传感器：精度为 0.1mm。

（9）盛样皿盖：平板玻璃，直径不小于盛样皿开口尺寸。

（10）溶剂：三氯乙烯等。

（11）其他：电炉或砂浴、石棉网、金属锅或瓷把坩埚等。

3. 试件制备 **Sample preparation**

（1）按试验要求将恒温水槽调节到要求的试验温度 25℃ 或 15℃、30℃（5℃），保持稳定。

（2）将试样注入盛样皿中，试样高度应超过预计针入度值 10mm，并盖上盛样皿，以防落入灰尘。盛有试样的盛样皿在 15～30℃ 室温中冷却不少于 1.5h（小盛样皿）、2h（大盛样皿）或 3h（特殊盛样皿）后，应移入保持规定试验温度 ±0.1℃ 的恒温水槽中，并应保温不少于 1.5h（小盛样皿）、2h（大试样皿）或 2.5h（特殊盛样皿）。

（3）调整针入度仪使之水平。检查针连杆和导轨，以确认无水和其他外来物，无明显摩擦。用三氯乙烯或其他溶剂清洗标准针，并擦干。将标准针插入针连杆，用螺钉固紧。按试验条件，加上附加砝码。

4. 试验步骤 **Test procedure**

（1）取出达到恒温的盛样皿，并移入水温控制在试验温度 ±0.1℃（可用恒温水槽中的水）的平底玻璃皿中的三脚支架上，试样表面以上的水层深度不小于 10mm。

（2）将盛有试样的平底玻璃皿置于针入度仪的平台上。慢慢放下针连杆，用适当位置的反光镜或灯光反射观察，使针尖恰好与试样表面接触，将位移计或刻度盘指针复位为零。

（3）开始试验时，用手紧压按钮，同时启动秒表，标准针自由下落插入沥青试样，5s 后立即停压按钮及秒表。

（4）读取位移计或刻度盘指针的读数，精确至 0.1mm。

（5）同一试样平行试验至少 3 次，各测试点之间及与盛样皿边缘的距离不应小于 10mm。每次试验后应将盛有盛样皿的平底玻璃皿放入恒温水槽，使平底玻璃皿中水温保持试验温度。每次试验应换一根干净标准针或将标准针取下用蘸有三氯乙烯溶剂的棉花或布揩净，再用干棉花或布擦干。

（6）测定针入度大于 200 的沥青试样时，至少用 3 支标准针，每次试验后将针留在试样中，直至 3 次平行试验完成后，才能将标准针取出。

（7）测定针入度指数 PI 时，按同样的方法在 15℃、25℃、30℃（或 5℃）3 个或 3 个以上（必要时增加 10℃、20℃ 等）温度条件下分别测定沥青的针入度，但用于仲裁试验的温度条件应为 5 个。

5. 试验结果处理 **Calculate of the test results**

同一试样 3 次平行试验结果的最大值和最小值之差在下列允许误差范围内时，计算 3 次试验结果的平均值，取整数作为针入度试验结果，以 0.1mm 计。

针入度（0.1mm）	允许误差(0.1mm)
0～49	2
50～14	4
150～249	12
250～500	20

当试验值不符合此要求时，应重新进行试验。

二、延度试验 Ductility test

延度的试验是用规定的沥青试样，在一定温度下，以一定的速度拉伸至断裂时的长度，以 cm 表标。本方法适用于测定道路石油沥青、聚合物改性沥青、液体石油沥青蒸馏残留物和乳化沥青蒸发残留物等材料的延度。沥青延度的试验温度与拉伸速率可根据要求采用，通常采用的试验温度为 25℃、15℃、10℃ 或 5℃，拉伸速度为 5cm/min±0.25cm/min。当低温采用 1cm/min±0.5cm/min 拉伸速度时，应在报告中注明。

1. 主要仪器设备与材料 **Main instruments and materials**

（1）延度仪：延度仪的测量长度不宜大于 150cm，仪器应有自动控温、控速系统。应满足试件浸没于水中，能保持规定的试验温度及规定的拉伸速度拉伸试件，且试验时应无明显振动。其形状及组或如图 15-24 所示。

（2）试模：黄铜制，由两个端模和两个侧模组成，其形状和尺寸如图 15-25 所示，试模内侧表面粗糙度 $Ra0.2\mu m$。

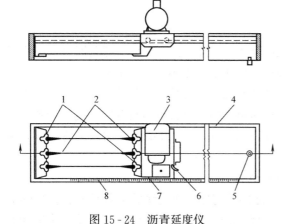

图 15-24　沥青延度仪

Fig. 15-24　Instrument of Asphalt ductility Test

1—试模；2—试样；3—电机；4—水槽；
5—泄水孔；6—开关柄；7—指针；8—标尺

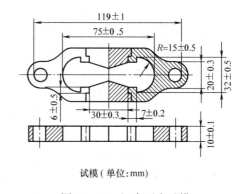

试模（单位：mm）

图 15-25　沥青延度试模

Fig. 15-25　Test Model of Asphalt ductility

（3）试模底板：玻璃板或磨光的铜板、不锈钢板（表面粗糙度 $Ra0.2\mu m$）。

（4）恒温水槽：容量不少于 10L，控制温度的准确度为 0.1℃。水槽中应设有带孔搁架，搁架距水槽底不得少于 50mm。试件浸入水中深度不小于 100mm。

（5）温度计：量程 0～50℃，分度值 0.1℃。

（6）砂浴或其他加热炉具。

（7）甘油滑石粉隔离剂（甘油与滑石粉的质量比为 2∶1）。

（8）其他：平刮刀、石棉网、酒精、食盐等。

2. 试件制备及设备 **Sample preparation and equipments**

（1）将隔离剂拌和均匀，涂于清洁干燥的试模底板和两个侧模的内侧表面，并将试模在试模底板上装妥。沥青延度试模如图 15 - 25 所示。

（2）准备试样，然后将试样仔细自试模的一端至另一端往返数次缓缓注入模中，最后略高出试模。灌模时不得使气泡混入。

（3）试件在室温中冷却不少于 1.5h，然后用热刮刀刮除高出试模的沥青，使沥青面与试模面齐平。沥青的刮法应自试模的中间刮向两端，且表面应刮得平滑。将试模连同底板再放入规定试验温度的水槽中保温 1.5h。

（4）检查延度仪延伸速度是否符合规定要求，然后移动滑板使其指针正对标尺的零点。将延度仪注水，并保温达到试验温度（25±0.1)℃。

3. 试验步骤 **Test procedure**

（1）将保温后的试件连同底板移入延度仪的水槽中，然后将盛有试样的试模自玻璃板或不锈钢板上取下，将试模两端的孔分别套在滑板及槽端固定板的金属柱上，并取下侧模。水面距试件表面应不小于 25mm。

（2）开动延度仪，并注意观察试样的延伸情况。此时应注意，在试验过程中，水温应始终保持在试验温度规定范围内，且仪器不得有振动，水面不得有晃动，当水槽采用循环水时，应暂时中断循环，停止水流。在试验中，当发现沥青细丝浮于水面或沉入槽底时，应在水中加入酒精或食盐，调整水的密度至与试样相近后，重新试验。

（3）试件拉断时，读取指针所指标尺上的读数，以 cm 计。在正常情况下，试件延伸时应呈锥尖状，拉断时实际断面接近于零。如不能得到这种结果，则应在报告中注明。

4. 试验结果处理 **Calculate of the test results**

同一试样，每次平行试验不少于 3 个，如 3 个测定结果均大于 100cm，试验结果记作"＞100cm"；特殊需要也可分别记录实测值。3 个测定结果中，当有一个以上的测定值小于 100cm 时，若最大值或最小值与平均值之差满足重复性试验精密度要求，则取 3 个测定结果的平均值的整数作为延度试验结果，若平均值大于 100cm，记作"＞100cm"；若最大值或最小值与平均值之差不符合重复性试验要求时，试验应重新进行。

三、软化点试验 Softening point test

软化试验点是沥青试件在规定条件下，因受热而下坠达 25.4mm 时的温度（℃）。

1. 主要仪器设备及材料 **Main instruments and materials**

（1）软化点测定仪：常用的形式如图 15 - 26 所示。由烧杯、支架、钢球、试样环、钢球定位环和温度计组成。

1）支架：由两个主杆和上、中、下三层平行的金属板组成。上层为一圆盘，直径略大于烧杯直径，中间有一圆孔，用以插放温度计。板上有两个孔，各放置金属环，中间有一小孔可支持温度计的测温端部。一侧立杆距环上面 51mm 处刻有水高标记。环下面距下层底板为 25.4mm，而下底板距烧杯底不小于 12.7mm，也不得大于 19mm。三层金属板和两个

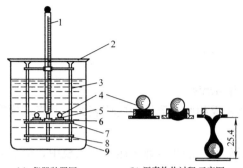

图 15 - 26　沥青软化测定仪 (单位：mm)

Fig. 15 - 26　Instrument for Measuring
Asphalt Softening Point

1—温度计；2—上盖板；3—立杆；4—钢球；
5—钢球定位环；6—金属环；7—中层板；
8—下底板；9—烧杯

主杆由两螺母固定在一起。

2) 试样环：黄铜制成的试件水平地放在中承板的圆孔中；下承板距试样环的下缘为 25.4mm。如图 15 - 27 所示。

3) 钢球：直径 9.53mm，质量（3.50±0.05）g。

4) 钢球定位环：黄钢或不锈钢制成。开关如图 15 - 28 所示。

5) 耐热玻璃烧杯：容量 800～1000mL，直径不小于 86mm，高不小于 120mm。

6) 温度计：量程 0 ～ 100℃，分度值 0.5℃。

（2）装有温度调节器的电炉或其他加热炉具（液化石油气、天然气等），应采用带有振荡搅拌器的加热电炉，振荡子置于烧杯底部。

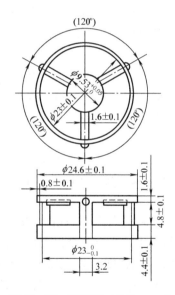

图 15 - 27　试样环（单位：mm）

Fig. 15 - 27　Circular-Casing of Test Sample

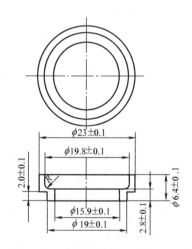

图 15 - 28　钢球固定环（单位：mm）

Fig. 15 - 28　Circular-Casing of Steel Ball

（3）当采用自动软化点仪时，温度采用温度传感器测定，并能自动显示或记录，且应对自动装置的准确性经常校验。

（4）试样底板：金属板（表面粗糙度应达 $Ra0.8\mu m$）或玻璃板。

（5）恒温水槽：控温的准确度为±0.5℃。

（6）平直刮刀。

（7）甘油、滑石粉隔离剂（甘油与滑石粉的质量比为 2∶1）。

（8）蒸馏水或纯净水。

（9）其他：石棉网。

2. 试件制备及设备**Sample preparation and equipments**

（1）将试件环置于涂有隔离剂的试样板上。如估计软化点在 120℃以上时，应将环和金属板预热至 80~100℃。

（2）将预先脱水的沥青加热熔化，将试样注入试件内至略高出环面为止。将试件置于室温中冷却 30min 后，用热刀将高出环面的沥青刮去，使环面齐平。

3. 试验步骤**Test procedure**

（1）试样软化点在 80℃以下者：

1）将装有试样的试样环连同试样底板置于装有（5±0.5）℃水的恒温水槽中至少 15min；同时将金属支架、钢球、钢球定位环等也置于相同水槽中。

2）烧杯内注入新煮沸并冷却至 5℃的蒸馏水或纯净水，水面略低于立杆上的深度标记。

3）从恒温水槽中取出盛有试样的试样环放置在支架中层板的圆孔中，套上定位环；然后将整个环架放入烧杯中，调整水面至深度标记，并保持水温为（5±0.5）℃。环架上任何部分不得附有气泡。将 0~100℃的温度计由上层板中心孔垂直插入，使端部测温头底部与试样环下面齐平。

4）将盛有水和环架的烧杯移至放有石棉网的加热炉具上，然后将钢球放在定位环中间的试样中央，立即开动电磁振荡搅拌器，使水微微振荡并开始加热，使杯中水温在 3min 内调节至维持每分钟上升（5±0.5）℃。在加热过程中，应记录每分钟上升的温度值，如温度上升速度超出此范围，则试验应重做。

5）试样受热软化逐渐下坠，至与下层底板表面接触时，立即读取温度，准确至 0.5℃。

（2）试样软化点在 80℃以上者：

1）将装有试样的试样环连同试样底板置于装有（32±1）℃甘油的恒温槽中至少 15min；同时将金属支架、钢球、钢球定位环等也置于甘油中。

2）在烧杯内注入预先加热至 32℃的甘油，其液面略低于立杆上的深度标记。

3）从恒温槽中取出装有试样的试样环，按上述"（1）"的方法进行测定，准确至 1℃。

4. 试验结果处理**Calculate of the test results**

（1）同一试样平行试验两次，当两次测定值的差值符合重复性试验允许误差要求时，取其平均值作为软化点试验结果，准确至 0.5℃。

（2）当试样软化点小于 80℃时，重复性试验的允许差为 1℃，再现性试验的允许差为 4℃。

（3）当试样软化点等于或大于 80℃时，重复性试验的允许误差为 2℃，再现性试验的允许差为 8℃。

第八节　沥青混凝土试验
Section 8　Asphalt Concrete Test

一、沥青混凝土马歇尔稳定度及流值试验Marshall stability and flow value test

沥青混凝土马歇尔稳定度和流值，是表征沥青混凝土稳定性和塑性变形能力的指标，已用于沥青混凝土配合比设计和现场质量控制。马歇尔试验所用矿料的最大粒径一般不大于 25mm。

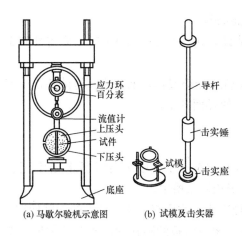

图 15 - 29　马歇尔试验设备示意图

Fig. 15 - 29　Diagram of Marshal Test Equipment for Test Ball

1. 主要仪器设备及材料 **Main instruments and materials**

（1）马歇尔试验机：马歇尔试验机示意图如图 15 - 29（a）所示。国家已有专门的试验仪标准，规范规定采用自动马歇尔试验仪，用计算机或 $x-y$ 记录仪记录荷载—位移曲线，并具有自动测定荷载与试件垂直变形的传感器、位移计，能自动显示或者打印试验结果。

1）当集料公称最大粒径小于或等于 26.5mm 时，宜采用 $\phi101.66$mm×63.5mm 的标准马歇尔试件，试验仪最大荷载不得小于 251kN，读数准确至 0.1kN，加载速率应能保持 50mm/min±5mm/min。钢球直径（16±0.05）mm，上下压头曲率半径为（50.8±0.08）mm。

2）当集料公称最大粒径大于 26.5mm 时，宜采用 $\phi152.4$mm×95.3mm 大型马歇尔试件，试验仪最大荷载不得小于 50kN，读数准确至 0.1kN。上下压头的曲率内径为 $\phi152.4$mm±0.2mm，上下压头间距（19.05±0.1）mm。

（2）试模及击实器：标准试模为内径 101.6mm、高（63.5±1.3）mm 的钢筒（配有套环及底板各一个）。击实器由金属锤和导杆组成，锤质量为 4.53kg，可沿导杆自由下落，落距为 45.7cm；导杆底端与一圆形击实座相固定。试模及击实器如图 15 - 29（b）所示。

（3）恒温水槽：控温准确至 1℃，深度不小于 150mm。

（4）真空饱水容器：包括真空泵及真空干燥器。

（5）烘箱。

（6）天平：感量不大于 0.1g。

（7）温度计：分度值 1℃。

（8）卡尺。

（9）其他：棉纱、黄油。

2. 准备工作 **preparation**

（1）标准马歇尔尺寸应符合直径（101.6±0.2）mm、高 63.5mm±1.3mm 的要求。对大型马歇尔试件，尺寸应符合直径 152.4mm±0.2mm、高 95.3mm±2.5mm 的要求。一组试件的数量最少不得少于 4 个。

（2）量测试件的直径及高度：用卡尺测量试件中部的直径，用马歇尔试件高度测定器或用卡尺在十字对称的 4 个方向量测离试件边缘 10mm 处的高度，准确至 0.1mm，并以其平均值作为试件的高度。如试件高度不符合 63.5mm±1.3mm 或 95.3mm±2.5mm 要求或两侧高度差大于 2mm 时，此试件应作废。

（3）按本规程规定的方法测定试件的密度、空隙率、沥青体积百分率、沥青饱和度、矿料间隙率等物理指标。

（4）将恒温水槽调节至要求的试验温度，对黏稠石油沥青或烘箱养生过的乳化沥青混合料为（60±1）℃，对煤沥青混合料为（33.8±1）℃，对空气养生的乳化沥青或液体沥青混合料为（25±1）℃。

3. 试验步骤 Test procedure

（1）将试件置于已达规定温度的恒温水槽中保温，保温时间对标准马歇尔试件需 30～40min，对大型马歇尔试件需 45～60min。试件之间应有间隔，底下应垫起，离容器底部不小于 5cm。

（2）将马歇尔试验仪的上下压头放入水槽或烘箱中达到同样温度。将上下压头从水槽或烘箱中取出擦干净内面。为使上下压头滑动自如，可在下压头的导棒上涂少量黄油。再将试件取出置于下压头上，盖上上压头，然后装在加载设备上。

（3）在上压头的球座上放妥钢球，并对准荷载测定装置的压头。

（4）当采用自动马歇尔试验仪时，将自动马歇尔试验低度的压力传感器、位移传感器与计算机或 $X-Y$ 记录仪正确连接，调整好适宜的放大比例，压力和位移传感器调零。

（5）当采用压力环和流值计时，将流值计安装在导棒上，使导向套管轻轻地压住上压头，同时将流值计读数调零。调整压力环中百分表，对零。

（6）启动加载设备，使试件承受荷载，加载速度为（50±5）mm/min。计算机或 $X-Y$ 记录仪自动记录传感器压力和试件变形曲线并将数据自动存入计算机。

（7）当试验荷载达到最大值的瞬间，取下流值计，同时读取压力环中百分表读数及流值计的流值读数。

（8）从恒温水槽中取出试件至测出最大荷载值的时间，不得超过 30s。

4. 浸水马歇尔试验方法 Immersion Marshal test method

浸水马歇尔试验方法与标准马歇尔试验方法的不同之处在于，试件在已达规定温度恒温水槽中保温时间为 48h，其余均与标准马歇尔试验方法相同。

5. 真空饱水马歇尔试验方法 Vacuum saturated Marshal test method

试件先放入真空干燥器中，关闭进水胶管，开动真空泵，使干燥器的真空度达 97.3kPa（730mmHg）以上，维持 15min，然后打开进水胶管，靠负压进入冷水流使试件全部浸入水中，浸水 15min 后恢复常压，取出试件再放入已达规定温度的恒温水槽中保温 48h，其余均与标准马歇尔试验方法相同。

6. 计算 Calculation

（1）试件的稳定度及流值

1）当采用自动马歇尔试验仪时，将计算机采集的数据绘制成压力和试件变形曲线，或由 $X-Y$ 记录仪自动记录的荷载～变形曲线，按图 15-30 所示的方法在切线方向延长曲线与横坐标轴相交于 O_1，将 O_1 作为修正原点，从 O_1 起量取相应于荷载最大值时的变形作为流值（FL），以 mm 计，准确至 0.1mm。最大荷载即为稳定度（MS），以 kN 计，准确至 0.01kN。

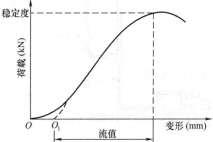

图 15-30　马歇尔试验结果的修正方法
Fig. 15-30　Modified Method of Stability and Liquidity for Marshal Test Results

2）采用压力环和流值计测定时，根据压力环标定曲线，将压力环中百分表的读数换算为荷载值，或者由荷载测定装置读取的最大值即为试样的稳定度（MS），以 kN 计，准确至 0.01kN。由流值计及位移传感器测定装置读取的试件垂直变形，即为试件的流值（FL），以 mm 计，准确至 0.1mm。

（2）试件的马歇尔模数按式（15-1）计算

$$T = \frac{MS}{FL} \tag{15-1}$$

式中　T——试件的马歇尔模数，kN/min；

　　　MS——试件的稳定度，kN；

　　　FL——试件的流值，mm。

（3）试件的浸水残留稳定度按式（15-2）计算

$$MS_0 = \frac{MS_1}{MS} \times 100 \tag{15-2}$$

式中　MS_0——试件的浸水残留稳定度，%；

　　　MS_1——试件浸水 48h 后的稳定度，kN。

（4）试件的真空饱水残留稳定度按式（15-3）计算

$$MS'_0 = \frac{MS_2}{MS} \times 100 \tag{15-3}$$

式中　MS'_0——试件的真空饱水残留稳定度，%；

　　　MS_2——真空饱水后浸水 48h 后的稳定度，kN。

7. 试验结果 Test results

（1）当一组测定值中某个测定值与平均值之差大于标准差的 k 倍时，该测定值应予舍弃，并以其余测定值的平均值作为试验结果。当试件数目 n 为 3、4、5、6 个时，k 值分别为 1.15、1.46、1.67、1.82。

（2）采用自动马歇尔试验时，试验结果应附上荷载～变形曲线原件或自动打印结果，并报告马歇尔稳定度、流值、马歇尔模数，以及试件尺寸、试件的密度、空隙率、沥青用量、沥青体积百分率、沥青饱和度、矿料间隙率等各项物理指标。

二、沥青混凝土的渗透试验 Asphalt concrete permeability test

为了评定沥青混凝土的抗渗性能，必须测定其渗透系数。一种比较简便的低水压、变水头测定渗透系数的方法如下所述。

1. 主要仪器设备 Key apparatus

（1）渗透试验装置，如图 15-31 所示；

（2）真空泵；

（3）测压管。

2. 试验步骤 Test procedure

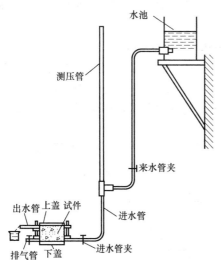

图 15-31　渗透试验示意图

Fig.15-31　Schematic Diagram of Measuring Asphaltic Concrete Permeability

（1）用真空抽气法将直径 100mm、高 64mm 的沥青混凝土试件吸水饱和。

（2）将已吸水饱和的试件放入渗透仪中，并用 1：1 的石蜡和沥青的热混合物将四周密封。

（3）渗透仪中装有直径为 2.0、1.0、0.6cm 的三种测压管，可根据试件渗透系数的大小选用。渗透系数小的可选用细测压管。

（4）将水送上供水瓶，再打开来水管夹将水注放测压管内（注意排除测压管内的气泡）。随后打开进水管和排气管的管夹，当排气管滴水时，关闭排气管。

（5）待试件渗出水后，并经过试测已达到渗流稳定时，关闭来水管夹，立即开动秒表进行测定。记录测压管的初始水头和时间，经时间 t 后，测定测压管最终水头和时间。

重复（4）、（5）的测试，一般应测定 4 次以上。

3. 试验结果Test results

（1）按下式计算沥青混凝土的渗透系数 K(mm/s)

$$K = 2.3 \frac{Ha}{At} \lg \frac{h_1}{h_2} \tag{15-4}$$

式中　H——试件高度，mm；

　　a——测压管断面积，mm^2；

　　A——试件渗透面积，mm^2；

　　t——渗水时间，s；

　　h_1——初始水头，mm；

　　h_2——最终水头，mm。

（2）取 3 次以上相近测定结果的平均值作为该试件的平均渗透系数。

第九节　木 材 试 验
Section 9　Lumber Test

木材物理力学试验的目的是研究木材性质和确定木材各项技术指标。仅介绍木材含水率、顺纹抗压、顺纹抗拉、顺纹抗剪及抗弯强度等项试验。

一、木材试验的一般规定General regulation of lumber test

本试验根据 GB/T 1935、1937、1938、1943—2009《木材物理力学性质试验方法》和 GB/T 1927.（1～10、12、17～20）—2021《无疵小试样木材物理力学性质试验方法》的有关规定，试样的制作按 GB/T 1927.2—2021《无疵小试样木材物理力学性质试验方法　第 2 部分：取样方法和一般要求》的规定进行。

试样毛坯含水率需达到当地平衡含水率时，才可制作试样。试样各面均应平整，其中，端部上其中两个相对的边棱应与试样端面的生长轮大致平行，并与其他两个边棱垂直，试样上不准许有明显的可见缺陷；对于试样精度，除试验方法中有具体规定者外，试样各相邻面均应用钢直角尺检验相互垂直，试样尺寸的允许误差：长、宽、厚均为 ±0.5mm，在整个试样上各尺寸的相对偏差，应不大于 0.1mm。每树种每项试验的有效试样必须满足规范要求，每个试样上必须清楚地写上编号。

二、木材含水率测定Determination of lumber water content

木材含水率是指木材中所包含的水分质量与全干木材质量的百分比（%）。

木材含水率测定按 GB/T 1927.4—2021《无疵小试样木材物理力学性质试验方法　第 4 部分：含水率测定》进行试验。

1. 主要仪器设备Key apparatus

（1）天平：天平精度（最小读数）应根据含水率精度的要求而确定。绝干质量为 10g 试样的含水率水平与天平精度见表 15 - 12。对于其他绝干质量的试样，天平的精度（最小读数）应按比例适当调整。

表 15 - 12　　　　　　　　**绝干质量为 10g 试样的含水率水平与天平精度**

Tab. 15 - 12　　Corresponding relationship between water content level of sample with absolute dry mass of 10g and balance accuracy

报告含水率精度水平 W ％	天平的精度（最小读数） mg
1.0	100
0.5	50
0.1	10
0.05	5
0.01	1

（2）烘箱［宜有空气循环功能，温度应能保持在（103±2)℃］、玻璃干燥器、称量瓶等。

2. 试样制备 **Sample preparation**

通常在需测定含水率的试材、试条上或在物理力学试验后的试样上，按所对应标准试验方法规定的截取试样，试样最小、尺寸为 20mm×20mm×20mm。附在试样上的木屑、碎片、毛刺宜清除干净，并标上编号。

3. 试验步骤 **Test procedure**

（1）试样截取后应先编号，尽快称量其质量（m），准确至含水率精度要求的水平。

（2）将同批试样放入烘箱内，在（103±2)℃的温度下烘 8h 后，从中取出 2～3 个试样进行第一次试称，之后每隔 8h 称量所选试样一次，至最后两次称量之差不超过 0.2％时，即认为试样达到全干。

（3）将试样从烘箱中取出，立即放入装有干燥剂的玻璃干燥器中，盖好干燥器盖。

（4）试样冷却至室温后，尽快称量，记录结果。

（5）如试样为含有较多挥发物质（树脂、树胶等）的木材时，为避免用烘干法测定的含水率产生过大误差，宜改用真空干燥法测定。

（6）如报告含水率精度水平在 0.1％及以上，应将试样放入称量瓶中称重。

4. 试验结果处理 **Test result processing**

试样的含水率 W（％）按下式计算（精确至 0.1％）

$$W = \frac{m_0 - m_1}{m_1} \times 100\%$$

式中　m_0、m_1——试样烘干前后的质量，g。

三、木材抗弯强度试验 Test of lumber bending strength

木材抗弯强度是指木材承受静力弯曲荷载的最大能力。

木材抗弯强度测定按 GB/T 1927.9—2021《无疵小试样木材物理力学性质试验方法第 9 部分：抗弯强度测定》进行试验。

1. 主要仪器设备 **Key apparatus**

（1）木材全能试验机或普通全能试验机能测定荷载的精度到 1％，试验机的支座及压头端部的曲率半径 30mm，支座间的跨距为 240mm。

（2）游标卡尺或其他尺寸测量工具，应能精确至 0.1mm。

（3）木材含水率测定设备，应符合 GB/T 1927.4—2021 的规定。

2. 试样制备 **Sample preparation**

试样制取应符合 GB/T 1927.2—2021 的规定，试样尺寸为 300mm(L)×20mm(R)×20mm(T)，L、R、T 分别为试样的纵、径、弦向。

3. 试验步骤 **Test procedure**

（1）抗弯强度采用弦向加荷试验，用卡尺在试件长度的中央测量径向尺寸（R）作为宽度 b、弦向（T）尺寸作为高度 h，精确至 0.1mm。

（2）采用三点弯曲中央加荷，将试件置于试验装置的两支座上，试验装置的压头垂直于试样的径面，在支座间试件中部以均匀速度加荷，在 1～2min 内使试件破坏（或将加荷速度设定为 5～10mm/min），将破坏荷载填入记录表中，精确至 10N。

（3）试件试验后，立即从靠近破坏处，锯取长约 20mm 的木块一段，按 GB/T 1927.4—2021 测定其含水率。

4. 试验结果处理 **Test result processing**

试样含水率为 W（%）时的抗弯强度 f_w 按下式计算（精确至 0.1MPa）

$$f_w = \frac{3Pl}{2bh^2}$$

式中　P——破坏荷载，N；

　　　l——支座间跨距，240mm；

　　　b——试件宽度，mm；

　　　h——试件高度，mm。

四、木材顺纹抗压强度试验 Test of lumber compression strength parallel to grain

木材顺纹抗压强度，是指木材沿纹理方向承受压力荷载的能力。

木材顺纹抗压强度测定按 GB/T 1927.11—2022《无疵小试样木材物理力学性质试验方法 第 11 部分：顺纹抗压强度测度》进行。

1. 主要仪器设备 **Key apparatus**

（1）试验机测定荷载的精度，应符合 GB/T 1927.2—2021 第五章的要求，即示值精度的 1%，并具有球面滑动支座，或上、下支座均能单向转动。

（2）测试量具测量尺寸应精确至 0.1mm。

（3）木材含水率测定和密度测定设备，应符合 GB/T 1927.4—2021 和 GB/T 1927.5—2021 的要求。

2. 试样制备 **Sample preparation**

试样锯解：

试材锯解及试样截取按 GB/T 1927.2—2021 中第 4 章的规定进行。

试样尺寸：

试样横截面为正方形，边长至少为 20mm，顺纹方向长度为边长的 1.5 倍。当生长轮宽度大于 4mm 时，应增大边长，使试样至少包含 5 个生长轮。

试样含水率：

(1) 试样可以是气干材或生材。

(2) 生材的含水率应不低于木材的纤维饱和点。

(3) 气干材试样含水率的调整,应符合 GB/T 1927.2—2021 中 5.3 和 5.4 的规定。

(4) 试样含水率调整后,应在合适条件下储存,使其含水率在试验前应保持不变。

3. 试验步骤 **Test procedure**

(1) 在试样长度方向中央位置,测量宽度及厚度;称其质量,参照 GB/T 1927.5—2021 测定气干密度。

(2) 将试样放在试验机球面活动支座的中心位置,以均匀速度加荷,在 1.0～5.0min 内使试样破坏,即试验机显示的荷载明显减少,记录破坏时的最大荷载。

(3) 试样破坏后,对整个试样参照 GB/T 1927.4—2021 测定试样含水率。

4. 试验结果处理 **Test result processing**

试样含水率为 W(%)时的木材顺纹抗压强度 f_w,按下式计算(精确至 0.1MPa)

$$f_w = \frac{P}{ab}$$

式中 P ——试件破坏时的最大荷载,N;

   a ——试件厚度,mm;

   b ——试件宽度,mm。

五、木材顺纹抗拉强度试验 Testing of lumber tensile strength parallel to grain

木材顺纹抗拉强度,是指木材沿纹理方向承受拉力荷载的能力。

木材顺纹抗拉强度测定按 GB/T 1927.14—2022《无疵小试样木材物理力学性质试验方法 第 14 部分:顺纹抗拉强度测定》进行。

1. 主要仪器设备 **Key apparatus**

(1) 试验机测定荷载的精度,应符合 GB/T 1927.2—2021 的相关要求。试验机的十字头、卡头或其他夹具行程不小于 400mm,夹钳的钳口尺寸为 10～20mm,并具有球面活动接头,以保证试样沿纵轴受拉,防止纵向扭曲。

(2) 测量工具为游标卡尺或其他测量工具,测量尺寸应精确至 0.1mm。

(3) 木材含水率测定设备,应符合 GB/T 1927.4—2021 规定。

(4) 木材密度测定设备,应符合 GB/T 1927.5—2021 规定。

2. 试样制备 **Sample preparation**

试材锯解和试样截取,应符合 GB/T 1927.2—2021 中第 4 章的规定。

试样按图 15 - 32 的形状和尺寸制作。

试样纹理应通直,生长轮的切线方向应垂直于试样有效部分(指中部 60mm 一段)的宽面。试样有效部分宽度 b(径向尺寸)为 10～30mm,厚度 h(弦向尺寸)为 4～10mm,与两端夹持部分之间的过渡弧表面应平滑,并与试样中心线相对称。

软质木材的试样,应在夹持部分的窄面,附以 90mm×14mm×8mm 的硬木夹垫,用胶合剂或木螺钉固定在试样上(图 15 - 32),硬质木材试样,可不用木夹垫。

生长轮较宽的树种,试样制作时至少有一个生长轮分界线位于试样有效部分宽面的中间倍位。

试样含水率的要求:

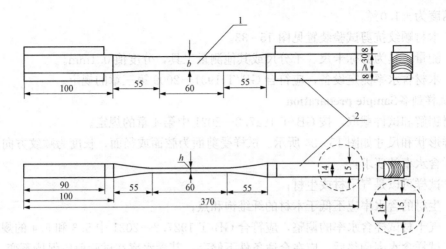

图 15 - 32　木材顺纹抗拉试样

Fig. 15 - 32　Lumber rift grain tensile sample

1—试样；2—木夹垫；3—木螺钉

(1) 试样可以是气干材或生材；

(2) 生材的含水率应不低于木材的纤维饱和点；

(3) 气干材试样含水率的调整，应符合 GB/T 1927.2—2021 中 5.3 和 5.4 的规定；

(4) 试样含水率调整后，应在合适条件下储存，其含水率在试验前应保持不变。

3. 试验步骤 **Test procedure**

(1) 在试件有效部分的中央，测量试件受力面的厚度 h 及宽度 b，精确至 0.1mm。

(2) 将试样两端夹紧在试验机的钳口中，使试件宽面与钳口相接触，两端靠近弧形部分露出不小于 25mm，竖直地安装在试验机上（先夹上端，调试验机零点，再夹下端）。

(3) 以均匀速度加荷，在 0.5～5.0min 内使试样破坏，记录破坏时的最大荷载 P（N），精确至 100N。若试件拉断处不在有效部分，该试验结果应予舍弃。

(4) 试验测试后，立即在有效部分选取一段，分别按照 GB/T 1927.4—2021、GB/T 1927.5—2021 测定试样含水率、密度。

4. 试验结果处理 **Test result processing**

试样含水率为 W（%）时的木材顺纹抗拉强度 f_w，按下式计算（精确至 0.1MPa）

$$f_w = \frac{P}{hb}$$

式中　P——试样破坏时的最大荷载，N；

　　　h——试样有效部分厚度，mm；

　　　b——试样有效部分宽度，mm。

六、木材顺纹抗剪强度试验 Test of lumber shear strength parallel to grain

木材顺纹抗剪强度，是指木材沿纹理方向抵抗剪应力的能力。

木材顺纹抗剪强度测定按 GB/T 1927.16—2022《无疵小试样木材物理力学性质试验方法　第 16 部分：顺纹抗剪强度测定》进行。

1. 主要仪器设备 **Key apparatus**

(1) 试验机测定荷载的精度，应符合 GB/T 1927.2—2021 中 5.5 的要求，试验机的载荷示值精度为±1.0%。

(2) 木材顺纹抗剪试验装置见图 15-33。

(3) 测量工具为游标卡尺、千分尺或其他测量工具，分度值 0.1mm。

(4) 木材含水率测定设备，应符合 GB/T 1931—2009 第三章的规定。

2. 试样制备 Sample preparation

试材锯解和试件截取，按 GB/T 1927.2—2021 中第 4 章的规定。

试样形状和尺寸如图 15-34 所示。试样受剪面为弦面或径面，长度为顺纹方向。

试样含水率的要求：

(1) 试样可以是气干材或生材；

(2) 生材的含水率应不低于木材的纤维饱和点；

(3) 气干材试样含水率的调整，应符合 GB/T 1927.2—2021 中 5.3 和 5.4 的规定；

(4) 试样含水率调整后，应在合适条件下储存，其含水率在试验前应保持不变。

试样长度、宽度和厚度的允许误差为±0.5mm。在整个试样上各尺寸的相对偏差，应不大于 0.1mm。试样缺角部分角度的精度应严格控制，必须用角度为 106°40′ 的角规检查，允许误差为±20′。

3. 试验步骤 Test procedure

(1) 测量试件受剪面的宽度 b 及长度 l，精确至 0.1mm。

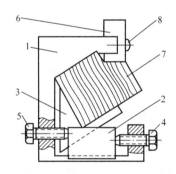

图 15-33 木材顺纹抗剪试验装置

Fig. 15-33 Lumber shearing resistance parallel to grain test device

1—附件主杆；2—楔块；3—L 形垫块；4、5—螺杆
6—压块；7—试样；8—圆头螺钉

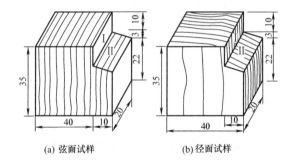

(a) 弦面试样　　　　(b) 径面试样

图 15-34 木材顺纹抗剪试样（单位为毫米）

Fig. 15-34 Lumber shearing resistance parallel to grain sample（Unit：mm）

I—直面；II—斜面

(2) 将试样装入木材抗剪夹具的斜 L 形垫块 3 上（图 15-33），调整螺杆 4 和 5，使试件的顶端和直面 I（见图 15-34）上部贴紧试验装置上部凹角的相邻两侧面，至试件不动为止。再将压块 6 置于试件斜面 II 上，并使其侧面紧靠试验装置的主体。

(3) 将装好试件的试验装置放在试验机上，使压块 6 的中心对准试验机上压头的中心位置。

(4) 试验以均匀速度加荷，在 1.0～3.0min 内使试样破坏。记录破坏时的最大荷载 $P(N)$，精确至 10N。

(5) 在试件破坏后的受剪面附近适当锯取小块试件，立即按 GB/T 1927.4—2021 规定的方法测定含水率。

4. 试验结果处理Test result processing

（1）当试样为生材时：

试样的弦面或径面顺纹抗剪强度，应按下式计算，精确至0.1MPa

$$\tau_w = \frac{0.96P}{bl}$$

式中 τ_w——试样含水率为W（%）时的弦面（或径面）顺纹抗剪强度，MPa；

P——试件破坏时的最大荷载，N；

b——试件宽度，mm；

l——试件长度，mm。

（2）当试样为气干材时：

1）试样含水率为W（%）时的弦面或径面顺纹抗剪强度，也按上式计算，精确至0.1MPa。

2）应将试样含水率为W（%）时的试样顺纹抗剪强度换算为含水率为12%时顺纹抗剪强度，按下式计算，并精确至0.1MPa

$$\tau_{12} = \tau_w[1 + 0.03(W - 12)]$$

式中 τ_{12}——试样含水率为12%时的弦面或径面顺纹抗剪强度，MPa；

W——试样含水率用百分数表示时除去%部分的数值。

试样含水率在7%～17%范围内，按上式计算有效。

七、木材标准含水率强度换算Conversion of lumber standard moisture content strength

含水率对木材强度的影响很大，应将试样含水率为W（%）时的强度f_w，换算成标准含水率（$W=12$%）的强度，方能相互比较。其强度换算式为

$$f_{12\%} = f_w[1 + \alpha(W - 12)]$$

式中 W（%）——试验时试样含水率，可按标准方法测出，也可根据试验时环境温度和相对湿度，由木材平衡含水率图查出；

α——含水率校正系数，按木材受力性质与树种选取。

八、木材试验结果评定Determination of lumber test result

由试验结果确定木材在标准含水率下的平均抗拉、抗压、抗弯及抗剪强度，并由此比较其拉、压、弯、剪强度的大小关系。

第十节 砌 墙 砖 试 验
Section 10　Test of The Wall Brick

砖有烧结普通砖、烧结多孔砖以及烧结空心砖和空心砖块等（本试验以下简称普通砖、多孔砖和空心砖）。按JC 446—1992（1996）《砌墙砖检验规则》的规定，对各类砌墙砖均要求检验的项目有：尺寸偏差、外观质量、强度等级和抗冻性能；仅对某类砌墙砖的特性检验项目包括：吸水率、饱和系数、泛霜、石灰爆裂、干燥收缩、碳化系数、传热系数、放射性物质、表观密度及孔洞率。确定砖样检验批的基本原则是尽可能使得批内砖质量分布均匀，具体实施中应做到：正常生产与非正常生产、原料变化、配料比例不同及不同强度等级

的砖不能混批。检验批量的大小宜在（3.5～15）万块范围内，不足 3.5 万块按一批计。

　　普通砖采用随机数码求取法抽取 50 块砖样做外观质量检验，然后从外观检验后的砖样中再随机抽取 35 块供检验其他项目之用。其中强度等级和抗冻性各 10 块，吸水率、石灰爆裂及泛霜各 5 块。强度等级和抗冻性能的 20 块砖样需先测量尺寸偏差，另外还需留备用砖样 5 块。放射性物质检验和传热系数分别按 GB 6566 和 GB/T 13475 的规定进行取样检测。

　　本试验依据为 GB/T 2542—2012《砌墙砖试验方法》，仅介绍普通砖、多孔砖及空心砖的强度试验。

一、普通砖强度试验The strength test of ordinary brick

　　普通砖的抗压强度是指试件受压时单位面积所承受的最大荷载。根据普通砖抗压强度的大小来划分普通砖的强度等级。

　　1. 仪器设备Instruments and equipment

　　（1）压力试验机：要求与混凝土抗压强度试验相同。

　　（2）水平尺：规定为 250～300mm。

　　（3）钢直尺：分度值 1mm。

　　（4）锯砖机和切砖机、镘刀及试件制作平台等。

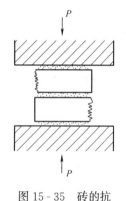

图 15-35　砖的抗
压强度试验
Fig. 15-35　brick
compressive
strength test

　　2. 试件制备Sample preparation

　　将试样切断或割成两个半截砖。断开的半截砖长不得小于 100mm，否则应另取备用试件补足。将半截砖放入室温净水中浸 10～20min 后取出，放在试件制备平台上，并以断口相反方向叠放，两者中间抹以厚度不超过 5mm 的稠度适宜的水泥净浆来黏结，上下两面用厚度不超过 3mm 的同种水泥净浆抹平，水泥净浆用 32.5MPa 强度等级普通硅酸盐水泥调制。制成的试件上下两面须相互平行，并垂直于侧面，如图 15-35 所示。试件制成后应置于不低于 10℃ 的不通风室内养护 3d，再进行试验。

　　3. 试验步骤Test procedure

　　（1）测量每个试件连接面或受压面的长、宽尺寸各两个（精确至 1mm），分别取其平均值。

　　（2）将试件平放在压力机加压板的中央，垂直于受压面加荷，以 (5±0.5) kN/s 的加荷速度均匀平稳加荷，不得发生冲击或振动，直至试件破坏，记录最大破坏荷载 P（N）。

　　4. 试验结果处理Test result processing

　　（1）每块砖样的抗压强度测定值 f_i 按下式计算（计算至 0.1NPa）

$$f_i = \frac{P}{ab}$$

式中　　P——最大破坏荷载，N；

　　　　a——受压面（或连接面）的长度，mm；

　　　　b——受压面（或连接面）的宽度，mm。

　　（2）每组 10 块砖样的抗压强度平均值 $\overline{f}$、抗压强度标准值 f_k 以及抗压强度标准差 S 和变异系数 δ 分别按下列公式计算：

$$\overline{f} = \frac{1}{10}\sum_{i=1}^{10} f_i$$

$$f_k = \overline{f} - 2.1S$$

$$S = \sqrt{\frac{1}{9}\sum_{i=1}^{10}(f_i - \overline{f})^2}$$

$$\delta = S/\overline{f}$$

（3）根据上述测得的抗压强度平均值和标准值等，按 GB/T 5101—2017《烧结普通砖》的强度标准值确定其强度等级。

样本量 $n=10$ 时的强度标准值按下式计算

$$f_k = \overline{f} - 1.83S$$

式中　f_k——抗压强度标准值，MPa，精确至 0.1。

二、多孔砖抗压强度试验The compressive strength test of cellular brick

多孔砖抗压强度试验结果是确定多孔砖强度等级的依据。

1. 主要仪器设备Key apparatus

压力试验机、水平尺及钢直尺等，要求同普通砖。

2. 试件制备Sample preparation

多孔砖的抗压试件是以单块整砖沿竖孔方向加压。试件制作采用坐浆法操作。即将玻璃板置于试件制备平台上，其上铺一张湿的垫纸，纸上铺一层厚度不超过 5mm 的水泥净浆（水泥净浆同普通砖），取出已在水中浸泡 10~20min 的试样，将受压面（大面）平稳地坐放在水泥浆上，在另一受压面上稍加压力，使整个水泥层与砖受压面相互黏结，砖的侧面（条面及顶面）应垂直于玻璃板。待水泥浆适当凝固后，连同玻璃板翻放在另一铺放纸浆的玻璃板上，再进行坐浆。用水平尺校正好玻璃板的水平。试件制成后应置于不低于 10℃ 的不通风室内养护 3d，再进行试验。

3. 试验步骤Test procedure

抗压强度试验：测量每块砖样两个大面中间处的长、宽尺寸各两个（精确至 1mm）。其他试验步骤同普通砖强度试验。

4. 试验结果处理Test result treatment

（1）每块多孔砖样的抗压强度计算方法同普通砖。每组多孔砖的抗压强度试验结果，以 5 块砖样测定值的算术平均值和单块最小值表示（计算至 0.1MPa）。

（2）根据上述测得的抗压强度的平均值和单块最小值，按 GB/T 13544—2011《烧结多孔砖和多孔砌块》的强度指标确定多孔砖的强度等级。

三、空心砖强度试验The strength test of hollow brick

空心砖强度试验包括大面和条面抗压强度试验及抗折荷重试验。其主要仪器设备、试件制备、试验步骤及试验结果处理均与多孔砖抗压强度试验相同。

根据测得的大面、条面各 5 块试件抗压强度测定值及抗折荷重测定值的算术平均值和单块最小值，按 GB/T 13545—2014《烧结空心砖和空心砌块》的强度指标确定空心砖的强度等级。

参 考 文 献

[1] 赵再琴，李建华，赵红. 建筑材料. 北京：北京理工大学出版社，2020.

[2] 余丽武. 建筑材料. 南京：东南大学出版社，2020.

[3] 夏正兵，邱鹏. 建筑工程材料与检测. 南京：东南大学出版社，2021.

[4] 伦云霞，李宗梅，龙奕珍. 土木工程材料. 武汉：华中科技大学出版社，2021.

[5] 张亚梅. 土木工程材料. 南京：东南大学出版社，2021.

[6] 彭小芹. 土木工程材料. 北京：人民交通出版社股份有限公司，2022.

[7] 伍勇华，何娟，杨守磊. 土木工程材料. 武汉：武汉理工大学出版社，2022.

[8] 赵亚丁. 土木工程材料. 哈尔滨：哈尔滨工业大学出版社，2022.

[9] 程瑶，刘富勤. 土木工程材料. 武汉：武汉理工大学出版社，2022.

[10] 张伟，土木工程材料. 北京：中国建筑工业出版社，2022.

[11] 陈先华. 土木工程材料学. 南京：东南大学出版社，2021.

[12] 汪振双，张聪. 建筑材料. 北京：中国建筑工业出版社，2021.

[13] 张兰芳，李京军，王萧萧. 建筑材料. 北京：中国建材工业出版社，2021.

[14] 陈忠购，付传清. 土木工程材料. 北京：中国水利水电出版社，2020.

[15] 黄晓明，高英，周扬. 土木工程材料. 南京：东南大学出版社，2020.

[16] 刘燕燕. 建筑材料. 3 版. 重庆：重庆大学出版社，2020.

[17] 方坤河，何真. 建筑材料. 7 版，北京：中国水利水电出版社，2015.

[18] 付明琴，龙奕珍. 建筑材料. 杭州：浙江大学出版社，2015.

[19] 郭秋兰，建筑材料. 哈尔滨：哈尔滨工业大学出版社，2015.

[20] 黄显斌，李静. 建筑材料试验及检测. 武汉：武汉理工大学出版社，2015.

[21] 李宏斌，任淑霞. 建筑材料. 2 版. 北京：中国水利水电出版社，2014.

[22] 苑芳友. 建筑材料与检测技术. 2 版. 北京：北京理工大学出版社，2013.

[23] 钱晓倩. 建筑材料. 杭州：浙江大学出版社，2013.

[24] 谭平，张立，张瑞红. 建筑材料. 2 版. 北京：北京理工大学出版社，2013.

[25] 王立久. 建筑材料学. 3 版. 北京：中国水利水电出版社，2013.

[26] 杨彦克，李固华，潘绍伟. 建筑材料. 3 版. 成都：西南交通大学出版社，2013.

[27] 高琼英. 建筑材料. 4 版. 武汉：武汉理工大学出版社，2012.

[28] 王欣，陈梅梅. 建筑材料. 2 版. 北京：北京理工大学出版社，2015.

[29] 徐友辉，何展荣. 建筑材料. 北京：北京理工大学出版社，2012.

[30] 祝叶，王红峡. 建筑材料与检测. 天津：天津大学出版社，2012.

[31] 张冬秀. 建筑工程材料的检测与选择. 天津：天津大学出版社，2011.

[32] 艾学明. 建筑材料与构造. 南京：东南大学出版社，2014.

[33] 施惠生，郭晓潞. 土木工程材料. 2 版. 重庆：重庆大学出版社，2013.

[34] 邢振贤. 土木工程材料. 北京：中国建材工业出版社，2011.

[35] 潘旺林. 最新建筑材料手册. 合肥：安徽科学技术出版社，2014.

[36] 柯国军. 土木工程材料. 2 版. 北京：北京大学出版社，2012.

[37] 吴科如，张雄. 土木工程材料. 3 版. 上海：同济大学出版社，2013.